実用数学技能検定® 数検

# 要点整理

THE MATHEMATICS CERTIFICATION INSTITUTE OF JAPAN
[THE Pre 1st GRADE]

*Pre* 1

公益財団法人 日本数学検定協会

# まえがき

このたびは，実用数学技能検定「数検」（数学検定・算数検定，以下「数検」）に興味をお持ちくださり誠にありがとうございます。

さて，「数検」の正式名称は実用数学技能検定ですが，この実用数学という部分にまず着目してください。

「PISA2022」（OECD生徒の学習到達度調査）において日本の数学的リテラシーの平均得点は536点で，OECD加盟国37か国中で1位という成績となり，その数学的リテラシーの高さに各国から驚きと称賛の声が寄せられました。一方で，生徒への質問調査の結果，実生活の課題に数学を絡ませて考えたり，実生活にある数学的な側面を見つけたりすることに自信があるとする割合は低く，数学的思考力の育成についての指標に関しては36位という結果となり，数学力を実社会において十分に発揮できていないのではないかという課題が浮き彫りとなりました。

このような状況に対して，当協会では当初から数学の活用力を高めることを重要視しており，それが「数検」の正式名称にも表れています。そして，もう1つの重要な点として，「数検」は生涯学習を主眼として開発されてきた検定でもあります。

今回の「要点整理準1級」の改訂は，2024年度から実施される学習指導要領における「数学Ⅲ」の内容の変更や，「数学C」の復活が大きく関わっていることはご理解いただけると思いますが，本書では学習指導要領では扱いの弱い単元についても触れています。目次を見ていただければすぐに気がつくと思いますが，それは「行列」です。

行列の歴史はたいへん古く，古代中国の数学書である九章算術で掃き出し法に相当する連立方程式の解法に行列が用いられたことが最初といわれています。その後さまざまな数学者の研究によって19世紀には行列の概念が確立され，コンピュータの発達でさらにその有効性が認められることになりました。現在では，工学分野はもとより，多くの変数を扱いながら分析を行うデータサイエンスやAIといった領域にはなくてはならない内容となっています。

「数検」準1級は高等学校で扱う数学の集大成であるとともに，これからの社会で役立つ数学に結びつける内容が詰まっており，生涯にわたってあなたの支えとなってくれると確信しています。

公益財団法人 日本数学検定協会

# 目　次

# 本書の使い方

本書は「基礎から発展まで多くの問題を知りたい」「苦手な内容をしっかりと学習したい」という人に向けて学習内容ごとにまとめられています。それぞれ，基本事項のまとめと難易度別の問題があります。

## 1 基本事項のまとめを確認する

はじめに，基本事項についてのまとめがあります。
苦手な内容を学習したい場合は，このページからしっかり理解していきましょう。

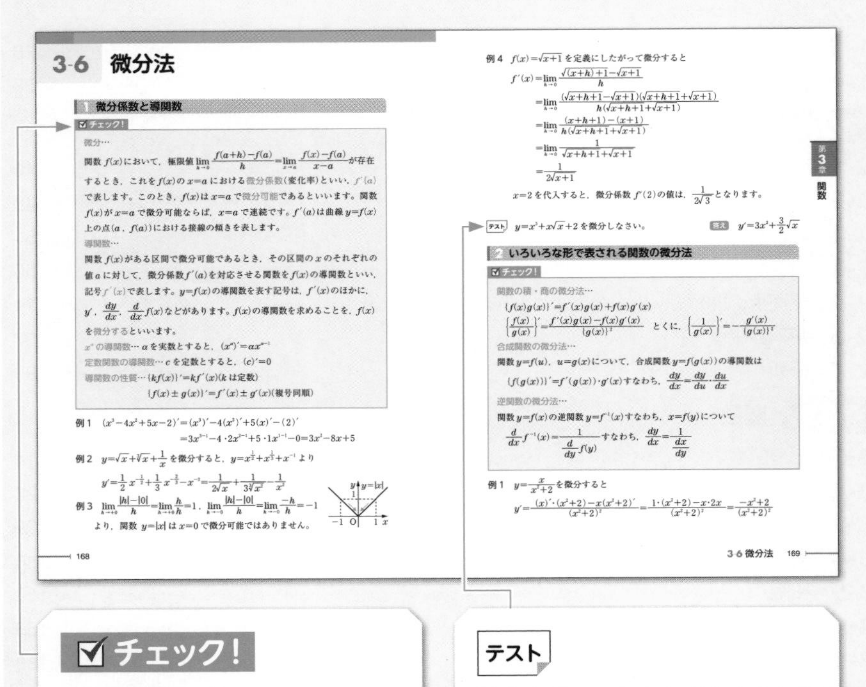

### 3-6 微分法

#### 1 微分係数と導関数

☑チェック！

微分…

関数 $f(x)$ において，極限値 $\lim_{h\to0}\frac{f(a+h)-f(a)}{h}=\lim_{x\to a}\frac{f(x)-f(a)}{x-a}$ が存在するとき，これを $f(x)$ の $x=a$ における微分係数(変化率)といい，$f'(a)$ で表します。このとき，$f(x)$ は $x=a$ で微分可能であるといいます。関数 $f(x)$ が $x=a$ で微分可能ならば，$x=a$ で連続です。$f'(a)$ は曲線 $y=f(x)$ 上の点 $(a,\ f(a))$ における接線の傾きを表します。

導関数…

関数 $f(x)$ がある区間で微分可能であるとき，その区間の $x$ のそれぞれの値 $a$ に対して，微分係数 $f'(a)$ を対応させる関数を $f(x)$ の導関数といい，記号 $f'(x)$ で表します。$y=f(x)$ の導関数を表す記号は，$f'(x)$ のほかに，$y'$，$\frac{dy}{dx}$，$\frac{d}{dx}f(x)$ などがあります。$f(x)$ の導関数を求めることを，$f(x)$ を微分するといいます。

$x^\alpha$ の導関数… $\alpha$ を実数とすると，$(x^\alpha)'=\alpha x^{\alpha-1}$

定数関数の導関数… $c$ を定数とすると，$(c)'=0$

導関数の性質… $\{kf(x)\}'=kf'(x)$ ($k$ は定数)

$\{f(x)\pm g(x)\}'=f'(x)\pm g'(x)$ (複号同順)

例 1 $(x^3-4x^2+5x-2)'=(x^3)'-4(x^2)'+5(x)'-(2)'$
$=3x^{3-1}-4\cdot2x^{2-1}+5\cdot1x^{1-1}-0=3x^2-8x+5$

例 2 $y=\sqrt{x}+\sqrt[3]{x}+\frac{1}{x}$ を微分すると，$y=x^{\frac{1}{2}}+x^{\frac{1}{3}}+x^{-1}$ より

$y'=\frac{1}{2}x^{-\frac{1}{2}}+\frac{1}{3}x^{-\frac{2}{3}}-x^{-2}=\frac{1}{2\sqrt{x}}+\frac{1}{3\sqrt[3]{x^2}}-\frac{1}{x^2}$

例 3 $\lim_{h\to+0}\frac{|h|-|0|}{h}=\lim_{h\to+0}\frac{h}{h}=1$，$\lim_{h\to-0}\frac{|h|-|0|}{h}=\lim_{h\to-0}\frac{-h}{h}=-1$
より，関数 $y=|x|$ は $x=0$ で微分可能ではありません。





例 4 $f(x)=\sqrt{x+1}$ を定義にしたがって微分すると

$$f'(x)=\lim_{h\to0}\frac{\sqrt{(x+h)+1}-\sqrt{x+1}}{h}$$
$$=\lim_{h\to0}\frac{(\sqrt{x+h+1}-\sqrt{x+1})(\sqrt{x+h+1}+\sqrt{x+1})}{h(\sqrt{x+h+1}+\sqrt{x+1})}$$
$$=\lim_{h\to0}\frac{(x+h+1)-(x+1)}{h(\sqrt{x+h+1}+\sqrt{x+1})}$$
$$=\lim_{h\to0}\frac{1}{\sqrt{x+h+1}+\sqrt{x+1}}$$
$$=\frac{1}{2\sqrt{x+1}}$$

$x=2$ を代入すると，微分係数 $f'(2)$ の値は，$\frac{1}{2\sqrt{3}}$ となります。

テスト $y=x^3+x\sqrt{x}+2$ を微分しなさい。 答え $y'=3x^2+\frac{3}{2}\sqrt{x}$

#### 2 いろいろな形で表される関数の微分法

☑チェック！

関数の積・商の微分法…

$\{f(x)g(x)\}'=f'(x)g(x)+f(x)g'(x)$

$\left\{\frac{f(x)}{g(x)}\right\}'=\frac{f'(x)g(x)-f(x)g'(x)}{\{g(x)\}^2}$ とくに，$\left\{\frac{1}{g(x)}\right\}'=-\frac{g'(x)}{\{g(x)\}^2}$

合成関数の微分法…

関数 $y=f(u)$，$u=g(x)$ について，合成関数 $y=f(g(x))$ の導関数は

$\{f(g(x))\}'=f'(g(x))\cdot g'(x)$ すなわち，$\frac{dy}{dx}=\frac{dy}{du}\cdot\frac{du}{dx}$

逆関数の微分法…

関数 $y=f(x)$ の逆関数 $y=f^{-1}(x)$ すなわち，$x=f(y)$ について

$\frac{d}{dx}f^{-1}(x)=\frac{1}{\frac{d}{dy}f(y)}$ すなわち，$\frac{dy}{dx}=\frac{1}{\frac{dx}{dy}}$

例 1 $y=\frac{x}{x^2+2}$ を微分すると

$y'=\frac{(x)'\cdot(x^2+2)-x(x^2+2)'}{(x^2+2)^2}=\frac{1\cdot(x^2+2)-x\cdot2x}{(x^2+2)^2}=\frac{-x^2+2}{(x^2+2)^2}$



第3章 関数

**☑チェック！**

基本事項のまとめの中でもとくに確認しておきたい要点です。

**テスト**

基本事項のまとめを確認するためのテストです。

# 2 難易度別の問題で理解を深める

難易度別の問題でステップアップしながら学習し，少しずつ着実に理解を深めていきましょう。

基本問題 ➡ 応用問題 ➡ 発展問題

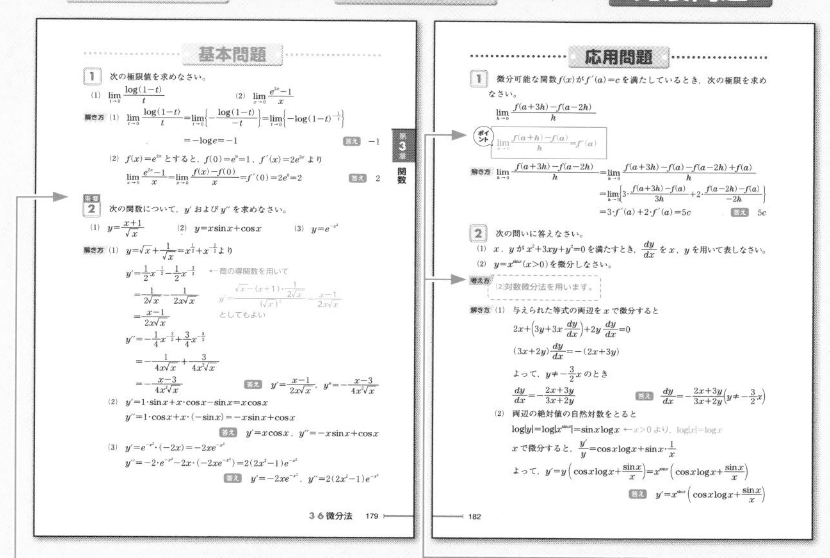

基本問題

1 次の極限値を求めなさい。

(1) $\lim_{t\to0}\frac{\log(1-t)}{t}$　(2) $\lim_{x\to0}\frac{e^{2x}-1}{x}$

解き方 (1) $\lim_{t\to0}\frac{\log(1-t)}{t}=\lim_{t\to0}\left\{-\frac{\log(1-t)}{-t}\right\}=\lim_{t\to0}\left\{-\log(1-t)^{-\frac{1}{t}}\right\}$

$=-\log e=-1$　答え $-1$

(2) $f(x)=e^{2x}$ とすると，$f(0)=e^0=1$，$f'(x)=2e^{2x}$ より

$\lim_{x\to0}\frac{e^{2x}-1}{x}=\lim_{x\to0}\frac{f(x)-f(0)}{x}=f'(0)=2e^0=2$　答え 2

第3章 関数

重要 2 次の関数について，$y'$ および $y''$ を求めなさい。

(1) $y=\frac{x+1}{\sqrt{x}}$　(2) $y=x\sin x+\cos x$　(3) $y=e^{-x^2}$

解き方 (1) $y=\sqrt{x}+\frac{1}{\sqrt{x}}=x^{\frac{1}{2}}+x^{-\frac{1}{2}}$ より

$y'=\frac{1}{2}x^{-\frac{1}{2}}-\frac{1}{2}x^{-\frac{3}{2}}$　←商の導関数を用いて $y'=\frac{\sqrt{x}-(x+1)\cdot\frac{1}{2\sqrt{x}}}{(\sqrt{x})^2}=\frac{x-1}{2x\sqrt{x}}$ としてもよい

$=\frac{1}{2\sqrt{x}}-\frac{1}{2x\sqrt{x}}$

$=\frac{x-1}{2x\sqrt{x}}$

$y''=-\frac{1}{4}x^{-\frac{3}{2}}+\frac{3}{4}x^{-\frac{5}{2}}$

$=-\frac{1}{4x\sqrt{x}}+\frac{3}{4x^2\sqrt{x}}$

$=-\frac{x-3}{4x^2\sqrt{x}}$　答え $y'=\frac{x-1}{2x\sqrt{x}}$，$y''=-\frac{x-3}{4x^2\sqrt{x}}$

(2) $y'=1\cdot\sin x+x\cdot\cos x-\sin x=x\cos x$

$y''=1\cdot\cos x+x\cdot(-\sin x)=-x\sin x+\cos x$

答え $y'=x\cos x$，$y''=-x\sin x+\cos x$

(3) $y'=e^{-x^2}\cdot(-2x)=-2xe^{-x^2}$

$y''=-2\cdot e^{-x^2}-2x\cdot(-2xe^{-x^2})=2(2x^2-1)e^{-x^2}$

答え $y'=-2xe^{-x^2}$，$y''=2(2x^2-1)e^{-x^2}$

3-6 微分法　179

応用問題

1 微分可能な関数 $f(x)$ が $f'(a)=c$ を満たしているとき，次の極限を求めなさい。

$\lim_{h\to0}\frac{f(a+3h)-f(a-2h)}{h}$

ポイント $\lim_{h\to0}\frac{f(a+h)-f(a)}{h}=f'(a)$

解き方 $\lim_{h\to0}\frac{f(a+3h)-f(a-2h)}{h}=\lim_{h\to0}\frac{f(a+3h)-f(a)-f(a-2h)+f(a)}{h}$

$=\lim_{h\to0}\left\{3\cdot\frac{f(a+3h)-f(a)}{3h}+2\cdot\frac{f(a-2h)-f(a)}{-2h}\right\}$

$=3\cdot f'(a)+2\cdot f'(a)=5c$　答え $5c$

2 次の問いに答えなさい。

(1) $x$，$y$ が $x^2+3xy+y^2=0$ を満たすとき，$\frac{dy}{dx}$ を $x$，$y$ を用いて表しなさい。

(2) $y=x^{\sin x}\ (x>0)$ を微分しなさい。

考え方 (2)対数微分法を用います。

解き方 (1) 与えられた等式の両辺を $x$ で微分すると

$2x+\left(3y+3x\frac{dy}{dx}\right)+2y\frac{dy}{dx}=0$

$(3x+2y)\frac{dy}{dx}=-(2x+3y)$

よって，$y\neq-\frac{3}{2}x$ のとき

$\frac{dy}{dx}=-\frac{2x+3y}{3x+2y}$　答え $\frac{dy}{dx}=-\frac{2x+3y}{3x+2y}\left(y\neq-\frac{3}{2}x\right)$

(2) 両辺の絶対値の自然対数をとると

$\log|y|=\log|x^{\sin x}|=\sin x\log x$　←$x>0$ より，$\log|x|=\log x$

$x$ で微分すると，$\frac{y'}{y}=\cos x\log x+\sin x\cdot\frac{1}{x}$

よって，$y'=y\left(\cos x\log x+\frac{\sin x}{x}\right)=x^{\sin x}\left(\cos x\log x+\frac{\sin x}{x}\right)$

答え $y'=x^{\sin x}\left(\cos x\log x+\frac{\sin x}{x}\right)$

182

**重要**

とくに重要な問題です。検定直前に復習するときは，このマークのついた問題を優先的に確認し，確実に解けるようにしておきましょう。

**考え方**

**解き方** にたどりつくまでのヒントです。わからないときは，これを参考にしましょう。

# 3 練習問題にチャレンジ！

**練習問題**　学習した内容がしっかりと身についているか，「練習問題」で確認しましょう。
練習問題の解き方と答えは別冊に掲載されています。

# 検定概要

## 「実用数学技能検定」とは

「実用数学技能検定」(後援＝文部科学省。対象：1 ～ 11 級)は，数学・算数の実用的な技能(計算・作図・表現・測定・整理・統計・証明)を測る「記述式」の検定で，公益財団法人日本数学検定協会が実施している全国レベルの実力・絶対評価システムです。

## 検定階級

1 級，準 1 級，2 級，準 2 級，3 級，4 級，5 級，6 級，7 級，8 級，9 級，10 級，11 級，かず・かたち検定のゴールドスター，シルバースターがあります。おもに，数学領域である 1 級から 5 級までを「数学検定」と呼び，算数領域である 6 級から 11 級，かず・かたち検定までを「算数検定」と呼びます。

## 1 次：計算技能検定／ 2 次：数理技能検定

数学検定(1 ～ 5 級)には，計算技能を測る「1 次：計算技能検定」と数理応用技能を測る「2 次：数理技能検定」があります。算数検定(6 ～ 11 級，かず・かたち検定)には，1 次・2 次の区分はありません。

## 「実用数学技能検定」の特長とメリット

### ①「記述式」の検定

解答を記述することで，答えに至る過程や結果について理解しているかどうかをみることができます。

### ②学年をまたぐ幅広い出題範囲

準 1 級から 10 級までの出題範囲は，目安となる学年とその下の学年の 2 学年分または 3 学年分にわたります。1 年前，2 年前に学習した内容の理解についても確認することができます。

### ③入試優遇や単位認定

実用数学技能検定の取得を，入試の際や単位認定に活用する学校が増えています。

入試優遇

単位認定

# 受検方法

受検方法によって，検定日や検定料，受検できる階級や申込方法などが異なります。くわしくは公式サイトでご確認ください。

## 個人受検

日曜日に年 3 回実施する個人受検 A 日程と，土曜日に実施する個人受検 B 日程があります。
個人受検 B 日程で実施する検定回や階級は，会場ごとに異なります。

## 団体受検

団体受検とは，学校や学習塾などで受検する方法です。団体が選択した検定日に実施されます。
くわしくは学校や学習塾にお問い合わせください。

## 検定日当日の持ち物

| 持ち物＼階級 | 1～5級 | | 6～8級 | 9～11級 | かず・かたち検定 |
|---|---|---|---|---|---|
| | 1次 | 2次 | | | |
| 受検証(写真貼付)※1 | 必須 | 必須 | 必須 | 必須 | |
| 鉛筆またはシャープペンシル(黒のHB・B・2B) | 必須 | 必須 | 必須 | 必須 | 必須 |
| 消しゴム | 必須 | 必須 | 必須 | 必須 | 必須 |
| ものさし(定規) | | 必須 | 必須 | 必須 | |
| コンパス | | 必須 | 必須 | | |
| 分度器 | | | 必須 | | |
| 電卓(算盤)※2 | | 使用可 | | | |

※1　団体受検では受検証は発行・送付されません。
※2　使用できる電卓の種類　○一般的な電卓　○関数電卓　○グラフ電卓
通信機能や印刷機能をもつもの，携帯電話・スマートフォン・電子辞書・パソコンなどの電卓機能は使用できません。

# 階級の構成

| | 階級 | 構成 | 検定時間 | 出題数 | 合格基準 | 目安となる学年 |
|---|---|---|---|---|---|---|
| 数学検定 | 1級 | 1次：<br>計算技能検定<br>2次：<br>数理技能検定<br>があります。<br>はじめて受検するときは1次・2次両方を受検します。 | 1次：60分<br>2次：120分 | 1次：7問<br>2次：2題必須・5題より2題選択 | 1次：<br>全問題の70%程度<br>2次：<br>全問題の60%程度 | 大学程度・一般 |
| | 準1級 | | | | | 高校3年程度<br>(数学Ⅲ・数学C程度) |
| | 2級 | | 1次：50分<br>2次：90分 | 1次：15問<br>2次：2題必須・5題より3題選択 | | 高校2年程度<br>(数学Ⅱ・数学B程度) |
| | 準2級 | | | 1次：15問<br>2次：10問 | | 高校1年程度<br>(数学Ⅰ・数学A程度) |
| | 3級 | | 1次：50分<br>2次：60分 | 1次：30問<br>2次：20問 | | 中学校3年程度 |
| | 4級 | | | | | 中学校2年程度 |
| | 5級 | | | | | 中学校1年程度 |
| 算数検定 | 6級 | 1次／2次の区分はありません。 | 50分 | 30問 | 全問題の70%程度 | 小学校6年程度 |
| | 7級 | | | | | 小学校5年程度 |
| | 8級 | | | | | 小学校4年程度 |
| | 9級 | | 40分 | 20問 | | 小学校3年程度 |
| | 10級 | | | | | 小学校2年程度 |
| | 11級 | | | | | 小学校1年程度 |
| かず・かたち検定 | ゴールドスター | | | 15問 | 10問 | 幼児 |
| | シルバースター | | | | | |

# 準1級の検定基準（抄）

| 検定の内容 | 技能の概要 | 目安となる学年 |
|---|---|---|
| 数列と極限，関数と極限，いろいろな関数（分数関数・無理関数），合成関数，逆関数，微分法・積分法，行列の演算と一次変換，いろいろな曲線，複素数平面，基礎的統計処理 など | **情報科学社会に対応して生じる課題を創造的に解決するために必要な数学技能**<br>①自然現象や社会現象の変化の特徴を掴み，表現することができる。<br>②身の回りの事象を数学を用いて表現できる。 | **高校3年程度** |
| 式と証明，分数式，高次方程式，いろいろな関数（指数関数・対数関数・三角関数・高次関数），点と直線，円の方程式，軌跡と領域，微分係数と導関数，不定積分と定積分，複素数，方程式の解，確率分布と統計的な推測 など | **日常生活や業務で生じる課題を合理的に解決するために必要な数学技能（数学的な活用）**<br>①複雑なグラフの表現ができる。<br>②情報の特徴を掴み，グループ分けや基準を作ることができる。<br>③身の回りの事象を数学的に発見できる。 | **高校2年程度** |

## 準 1 級の検定内容の構造

| 高校 3 年程度 | 高校 2 年程度 | 特有問題 |
|---|---|---|
| 50% | 40% | 10% |

※割合はおおよその目安です。
※検定内容の 10% にあたる問題は，実用数学技能検定特有の問題です。

# 準1級合格をめざすためのチェックポイント

## ■ベクトル(p.56 ～)

内積…$\vec{a}\cdot\vec{b}=|\vec{a}||\vec{b}|\cos\theta$($\theta$ は $\vec{a}$ と $\vec{b}$ のなす角で，$0\leqq\theta\leqq180°$)

$\vec{a}=(a_1,\ a_2)$，$\vec{b}=(b_1,\ b_2)$ のとき，$\vec{a}\cdot\vec{b}=a_1b_1+a_2b_2$

平行条件・垂直条件…$\vec{a}\neq\vec{0}$，$\vec{b}\neq\vec{0}$ のとき

$\vec{a}/\!/\vec{b}\Leftrightarrow\vec{b}=k\vec{a}$ となる実数 $k$ が存在，$\vec{a}\perp\vec{b}\Leftrightarrow\vec{a}\cdot\vec{b}=0$

面積…$\overrightarrow{\mathrm{OA}}=\vec{a}$，$\overrightarrow{\mathrm{OB}}=\vec{b}$ とするとき，△OAB の面積は，$S=\dfrac{1}{2}\sqrt{|\vec{a}|^2|\vec{b}|^2-(\vec{a}\cdot\vec{b})^2}$

とくに，$\overrightarrow{\mathrm{OA}}=(a_1,\ a_2)$，$\overrightarrow{\mathrm{OB}}=(b_1,\ b_2)$ のとき，$S=\dfrac{1}{2}|a_1b_2-a_2b_1|$

## ■平面上の曲線(p.71 ～)

放物線…放物線 $y^2=4px$ の焦点の座標は $(p,\ 0)$，準線の方程式は $x=-p$

楕円…楕円 $\dfrac{x^2}{a^2}+\dfrac{y^2}{b^2}=1$ の焦点の座標，長軸の長さ，短軸の長さはそれぞれ

$a>b>0$ のとき $(\pm\sqrt{a^2-b^2},\ 0)$，$2a$，$2b$

$b>a>0$ のとき $(0,\ \pm\sqrt{b^2-a^2})$，$2b$，$2a$

双曲線…双曲線 $\dfrac{x^2}{a^2}-\dfrac{y^2}{b^2}=1$ の焦点の座標は $\left(\pm\sqrt{a^2+b^2},\ 0\right)$，

双曲線 $\dfrac{x^2}{a^2}-\dfrac{y^2}{b^2}=-1$ の焦点の座標は $\left(0,\ \pm\sqrt{a^2+b^2}\right)$，

漸近線の方程式はともに $y=\pm\dfrac{b}{a}x$

## ■複素数平面(p.87 ～)

極形式…$z=a+bi=r(\cos\theta+i\sin\theta)$(ただし，$r=|z|=\sqrt{a^2+b^2}$，$0\leqq\theta<2\pi$)

ド・モアブルの定理…$(\cos\theta+i\sin\theta)^n=\cos n\theta+i\sin n\theta$($n$ は整数)

## ■極限(p.150 ～)

無限等比数列の極限…数列 $\{r^n\}$ の極限は $r>1$ のとき正の無限大に発散，

$r=1$ のとき 1 に収束，$|r|<1$ のとき 0 に収束，

$r\leqq-1$ のとき振動(極限はない)

無限等比級数…$\displaystyle\sum_{n=1}^{\infty}ar^{n-1}$ は $a\neq0$ のとき $|r|<1$ ならば $\dfrac{a}{1-r}$ に収束，

$|r|\geqq1$ ならば発散，$a=0$ のとき 0 に収束

三角関数の極限…$\displaystyle\lim_{\theta\to0}\frac{\sin\theta}{\theta}=1$，$\displaystyle\lim_{\theta\to0}\frac{\tan\theta}{\theta}=1$

## ■微分法（p.168 ～）

自然対数の底 $e$ …$\lim_{t\to 0}(1+t)^{\frac{1}{t}}=e$，$\lim_{t\to\infty}\left(1+\frac{1}{t}\right)^{t}=e$

$x^{\alpha}$ の導関数…$(x^{\alpha})'=\alpha x^{\alpha-1}$（$\alpha$ は実数）

三角関数の導関数…$(\sin x)'=\cos x$，$(\cos x)'=-\sin x$，$(\tan x)'=\frac{1}{\cos^2 x}$

指数関数の導関数…$(e^x)'=e^x$，$(a^x)'=a^x\log_e a$（$a>0$，$a\neq 1$）

対数関数の導関数…$(\log_e x)'=\frac{1}{x}$，$(\log_a x)'=\frac{1}{x\log_e a}$（$a>0$，$a\neq 1$）

## ■積分法（p.188 ～）

以下，$C$ を積分定数とする。

$x^{\alpha}$ の積分…$\alpha\neq -1$ のとき $\int x^{\alpha}dx=\frac{1}{\alpha+1}x^{\alpha+1}+C$，

$\alpha=-1$ のとき $\int \frac{1}{x}dx=\log_e|x|+C$

三角関数の積分…$\int \sin x\,dx=-\cos x+C$，$\int \cos x\,dx=\sin x+C$，

$\int \tan x\,dx=-\log_e|\cos x|+C$

指数関数の積分…$\int e^x dx=e^x+C$，

$\int a^x dx=\frac{a^x}{\log_e a}+C$（$a>0$，$a\neq 1$）

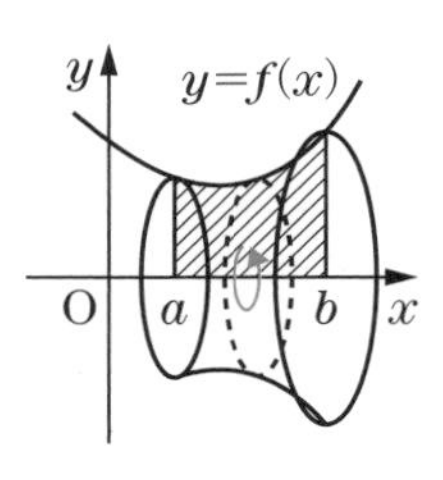


回転体の体積…曲線 $y=f(x)$ と $x$ 軸，$x=a$，$x=b$ で囲まれた図形を $x$ 軸のまわりに1回転させてできる回転体の体積は

$V=\pi\int_a^b \{f(x)\}^2 dx$

曲線の長さ…曲線 $y=f(x)$（$a\leqq x\leqq b$）の長さは，$L=\int_a^b \sqrt{1+\{f'(x)\}^2}\,dx$

時刻 $t$ における点 P$(x,\ y)$ が $\alpha\leqq t\leqq\beta$ の範囲を動く道のりは

$\ell=\int_{\alpha}^{\beta}\sqrt{\left(\frac{dx}{dt}\right)^2+\left(\frac{dy}{dt}\right)^2}\,dt$

## ■確率分布と統計的な推測（p.210 ～）

1次式の平均，分散…$X$ を確率変数，$a$，$b$ を定数とするとき

$E(aX+b)=aE(X)+b$，$V(aX+b)=a^2V(X)$

確率変数の和の平均…$X$，$Y$ を確率変数とするとき，$E(X+Y)=E(X)+E(Y)$

独立な確率変数…$X$ と $Y$ が独立な確率変数であるとき

$E(XY)=E(X)E(Y)$，$V(X+Y)=V(X)+V(Y)$

二項分布…確率変数 $X$ が二項分布 $B(n,\ p)$ に従うとき

$E(X)=np$，$V(X)=np(1-p)$

# 正規分布表

下の表は確率変数 $X$ が平均 0，分散 1 の正規分布に従うときの $0 \leqq X \leqq u$ である確率を表します。

| $u$ | 0.00 | 0.01 | 0.02 | 0.03 | 0.04 | 0.05 | 0.06 | 0.07 | 0.08 | 0.09 |
|---|---|---|---|---|---|---|---|---|---|---|
| 0.0 | 0.00000 | 0.00399 | 0.00798 | 0.01197 | 0.01595 | 0.01994 | 0.02392 | 0.02790 | 0.03188 | 0.03586 |
| 0.1 | 0.03983 | 0.04380 | 0.04776 | 0.05172 | 0.05567 | 0.05962 | 0.06356 | 0.06749 | 0.07142 | 0.07535 |
| 0.2 | 0.07926 | 0.08317 | 0.08706 | 0.09095 | 0.09483 | 0.09871 | 0.10257 | 0.10642 | 0.11026 | 0.11409 |
| 0.3 | 0.11791 | 0.12172 | 0.12552 | 0.12930 | 0.13307 | 0.13683 | 0.14058 | 0.14431 | 0.14803 | 0.15173 |
| 0.4 | 0.15542 | 0.15910 | 0.16276 | 0.16640 | 0.17003 | 0.17364 | 0.17724 | 0.18082 | 0.18439 | 0.18793 |
| 0.5 | 0.19146 | 0.19497 | 0.19847 | 0.20194 | 0.20540 | 0.20884 | 0.21226 | 0.21566 | 0.21904 | 0.22240 |
| 0.6 | 0.22575 | 0.22907 | 0.23237 | 0.23565 | 0.23891 | 0.24215 | 0.24537 | 0.24857 | 0.25175 | 0.25490 |
| 0.7 | 0.25804 | 0.26115 | 0.26424 | 0.26730 | 0.27035 | 0.27337 | 0.27637 | 0.27935 | 0.28230 | 0.28524 |
| 0.8 | 0.28814 | 0.29103 | 0.29389 | 0.29673 | 0.29955 | 0.30234 | 0.30511 | 0.30785 | 0.31057 | 0.31327 |
| 0.9 | 0.31594 | 0.31859 | 0.32121 | 0.32381 | 0.32639 | 0.32894 | 0.33147 | 0.33398 | 0.33646 | 0.33891 |
| 1.0 | 0.34134 | 0.34375 | 0.34614 | 0.34849 | 0.35083 | 0.35314 | 0.35543 | 0.35769 | 0.35993 | 0.36214 |
| 1.1 | 0.36433 | 0.36650 | 0.36864 | 0.37076 | 0.37286 | 0.37493 | 0.37698 | 0.37900 | 0.38100 | 0.38298 |
| 1.2 | 0.38493 | 0.38686 | 0.38877 | 0.39065 | 0.39251 | 0.39435 | 0.39617 | 0.39796 | 0.39973 | 0.40147 |
| 1.3 | 0.40320 | 0.40490 | 0.40658 | 0.40824 | 0.40988 | 0.41149 | 0.41309 | 0.41466 | 0.41621 | 0.41774 |
| 1.4 | 0.41924 | 0.42073 | 0.42220 | 0.42364 | 0.42507 | 0.42647 | 0.42785 | 0.42922 | 0.43056 | 0.43189 |
| 1.5 | 0.43319 | 0.43448 | 0.43574 | 0.43699 | 0.43822 | 0.43943 | 0.44062 | 0.44179 | 0.44295 | 0.44408 |
| 1.6 | 0.44520 | 0.44630 | 0.44738 | 0.44845 | 0.44950 | 0.45053 | 0.45154 | 0.45254 | 0.45352 | 0.45449 |
| 1.7 | 0.45543 | 0.45637 | 0.45728 | 0.45818 | 0.45907 | 0.45994 | 0.46080 | 0.46164 | 0.46246 | 0.46327 |
| 1.8 | 0.46407 | 0.46485 | 0.46562 | 0.46638 | 0.46712 | 0.46784 | 0.46856 | 0.46926 | 0.46995 | 0.47062 |
| 1.9 | 0.47128 | 0.47193 | 0.47257 | 0.47320 | 0.47381 | 0.47441 | 0.47500 | 0.47558 | 0.47615 | 0.47670 |
| 2.0 | 0.47725 | 0.47778 | 0.47831 | 0.47882 | 0.47932 | 0.47982 | 0.48030 | 0.48077 | 0.48124 | 0.48169 |
| 2.1 | 0.48214 | 0.48257 | 0.48300 | 0.48341 | 0.48382 | 0.48422 | 0.48461 | 0.48500 | 0.48537 | 0.48574 |
| 2.2 | 0.48610 | 0.48645 | 0.48679 | 0.48713 | 0.48745 | 0.48778 | 0.48809 | 0.48840 | 0.48870 | 0.48899 |
| 2.3 | 0.48928 | 0.48956 | 0.48983 | 0.49010 | 0.49036 | 0.49061 | 0.49086 | 0.49111 | 0.49134 | 0.49158 |
| 2.4 | 0.49180 | 0.49202 | 0.49224 | 0.49245 | 0.49266 | 0.49286 | 0.49305 | 0.49324 | 0.49343 | 0.49361 |
| 2.5 | 0.49379 | 0.49396 | 0.49413 | 0.49430 | 0.49446 | 0.49461 | 0.49477 | 0.49492 | 0.49506 | 0.49520 |
| 2.6 | 0.49534 | 0.49547 | 0.49560 | 0.49573 | 0.49585 | 0.49598 | 0.49609 | 0.49621 | 0.49632 | 0.49643 |
| 2.7 | 0.49653 | 0.49664 | 0.49674 | 0.49683 | 0.49693 | 0.49702 | 0.49711 | 0.49720 | 0.49728 | 0.49736 |
| 2.8 | 0.49744 | 0.49752 | 0.49760 | 0.49767 | 0.49774 | 0.49781 | 0.49788 | 0.49795 | 0.49801 | 0.49807 |
| 2.9 | 0.49813 | 0.49819 | 0.49825 | 0.49831 | 0.49836 | 0.49841 | 0.49846 | 0.49851 | 0.49856 | 0.49861 |
| 3.0 | 0.49865 | 0.49869 | 0.49874 | 0.49878 | 0.49882 | 0.49886 | 0.49889 | 0.49893 | 0.49896 | 0.49900 |
| 3.1 | 0.49903 | 0.49906 | 0.49910 | 0.49913 | 0.49916 | 0.49918 | 0.49921 | 0.49924 | 0.49926 | 0.49929 |
| 3.2 | 0.49931 | 0.49934 | 0.49936 | 0.49938 | 0.49940 | 0.49942 | 0.49944 | 0.49946 | 0.49948 | 0.49950 |
| 3.3 | 0.49952 | 0.49953 | 0.49955 | 0.49957 | 0.49958 | 0.49960 | 0.49961 | 0.49962 | 0.49964 | 0.49965 |
| 3.4 | 0.49966 | 0.49968 | 0.49969 | 0.49970 | 0.49971 | 0.49972 | 0.49973 | 0.49974 | 0.49975 | 0.49976 |
| 3.5 | 0.49977 | 0.49978 | 0.49978 | 0.49979 | 0.49980 | 0.49981 | 0.49981 | 0.49982 | 0.49983 | 0.49983 |

# 第1章 数と式

# 1-1 式の計算

## 1 展開，因数分解

**☑ チェック！**

3 次式の乗法公式…

$(a+b)^3=a^3+3a^2b+3ab^2+b^3$

$(a-b)^3=a^3-3a^2b+3ab^2-b^3$

$(a+b)(a^2-ab+b^2)=a^3+b^3$

$(a-b)(a^2+ab+b^2)=a^3-b^3$

例 1　$(2x+y)^3=(2x)^3+3\cdot(2x)^2\cdot y+3\cdot 2x\cdot y^2+y^3$ ←$a=2x$，$b=y$

$=8x^3+12x^2y+6xy^2+y^3$

例 2　$(2x-3y)(4x^2+6xy+9y^2)=(2x-3y)\{(2x)^2+2x\cdot 3y+(3y)^2\}$

↑$a=2x$，$b=3y$

$=(2x)^3-(3y)^3$

$=8x^3-27y^3$

テスト　$(a-3b)^3$ を展開して計算しなさい。　　答え　$a^3-9a^2b+27ab^2-27b^3$

**☑ チェック！**

3 次式の因数分解…

$a^3+b^3=(a+b)(a^2-ab+b^2)$

$a^3-b^3=(a-b)(a^2+ab+b^2)$

例 1　$x^3-8=(x-2)(x^2+x\cdot 2+2^2)$ ←$a=x$，$b=2$

$=(x-2)(x^2+2x+4)$

例 2　$a^6-7a^3-8=(a^3)^2-7a^3-8$

$=(a^3+1)(a^3-8)$

$=(a+1)(a^2-a+1)(a-2)(a^2+2a+4)$

$=(a+1)(a-2)(a^2-a+1)(a^2+2a+4)$

テスト　$27a^3+b^3$ を因数分解しなさい。　　答え　$(3a+b)(9a^2-3ab+b^2)$

## 2 二項定理

**チェック！**

**組合せ**…異なる $n$ 個のものから $r$ 個取り出した1組を，組合せといいます。
その総数を ${}_n\mathrm{C}_r$ で表し，次の式が成り立ちます。

$${}_n\mathrm{C}_r=\frac{n(n-1)(n-2)\cdots(n-r+1)}{r(r-1)(r-2)\cdots\cdot 3\cdot 2\cdot 1}\quad ただし，{}_n\mathrm{C}_0=1$$

$(a+b)^n$ の展開式における $a^{n-r}b^r$ の項の係数は，$n$ 個の $a+b$ から $a$ を $(n-r)$ 個，$b$ を $r$ 個取り出した組合せの総数 ${}_n\mathrm{C}_r$ に等しくなります。

**パスカルの三角形**…

$(a+b)^n$ の展開式における各項の係数を，右のように三角形状に並べたものをパスカルの三角形といいます。パスカルの三角形について，次のような性質が成り立ちます。

| | |
|---|---|
| $(a+b)^1$ | 1 1 |
| $(a+b)^2$ | 1 2 1 |
| $(a+b)^3$ | 1 3 3 1 |
| $(a+b)^4$ | 1 4 6 4 1 |
| $(a+b)^5$ | 1 5 10 10 5 1 |
| … | |

${}_{n-1}\mathrm{C}_{r-1}+{}_{n-1}\mathrm{C}_r={}_n\mathrm{C}_r$

①$n$ 段めの数の並びは

${}_n\mathrm{C}_0$，${}_n\mathrm{C}_1$，${}_n\mathrm{C}_2$，…，${}_n\mathrm{C}_r$，…，${}_n\mathrm{C}_n$

②数の配列は左右対称である。$({}_n\mathrm{C}_r={}_n\mathrm{C}_{n-r})$

③各行の両端の数は1である。$({}_n\mathrm{C}_0={}_n\mathrm{C}_n=1)$

④両端以外の各数は，その左上の数と右上の数との和に等しい。

$({}_{n-1}\mathrm{C}_{r-1}+{}_{n-1}\mathrm{C}_r={}_n\mathrm{C}_r)$

**二項定理**…

$$(a+b)^n={}_n\mathrm{C}_0a^n+{}_n\mathrm{C}_1a^{n-1}b+{}_n\mathrm{C}_2a^{n-2}b^2+\cdots+{}_n\mathrm{C}_ra^{n-r}b^r+\cdots+{}_n\mathrm{C}_{n-1}ab^{n-1}+{}_n\mathrm{C}_nb^n$$

**一般項，二項係数**…二項定理における ${}_n\mathrm{C}_ra^{n-r}b^r$ を $(a+b)^n$ の展開式の一般項といい，係数 ${}_n\mathrm{C}_r$ を二項係数といいます。

例1　$(x-1)^5={}_5\mathrm{C}_0x^5+{}_5\mathrm{C}_1x^4(-1)+{}_5\mathrm{C}_2x^3(-1)^2+{}_5\mathrm{C}_3x^2(-1)^3+{}_5\mathrm{C}_4x(-1)^4+{}_5\mathrm{C}_5(-1)^5$
$=x^5-5x^4+10x^3-10x^2+5x-1$　　↖$a=x$，$b=-1$，$n=5$

例2　$(x-1)^5$ の展開式の一般項は，${}_5\mathrm{C}_rx^{5-r}(-1)^r$

**テスト**　$(x+4)^6$ の展開式における $x^4$ の項の係数を求めなさい。

**答え**　240

## 3 分数式

**☑チェック！**

多項式の割り算…

多項式 $A$，$B$ が与えられたとき

$A=BQ+R$　ただし，$R$ は $0$ か，$B$ より次数の低い多項式

を満たす多項式 $Q$，$R$ はただ1通りに定まります。この $Q$，$R$ を求めることを $A$ を $B$ で割るといい，$Q$ を商，$R$ を余りといいます。$R=0$ になるとき，$A$ は $B$ で割り切れるといいます。

例1　右のような筆算により，

$x^3-3x^2+4x-5$ を $x^2+x+2$ で割ったときの商は $x-4$，余りは $6x+3$ となることがわかります。

$$\begin{array}{r}
x-4\phantom{)} \\
x^2+x+2\,\overline{)\,x^3-3x^2+4x-5} \\
\underline{x^3+\ \ x^2+2x\phantom{-5}} \\
-4x^2+2x-5 \\
\underline{-4x^2-4x-8} \\
6x+3
\end{array}$$

テスト　$2x^3-8x+5$ を $2x^2+4x-1$ で割ったときの商と余りを求めなさい。

答え　商… $x-2$，余り… $x+3$

**☑チェック！**

分数式…多項式 $A$ と定数でない多項式 $B$ を用いて $\dfrac{A}{B}$ の形に表される式を分数式といい，$A$ を分子，$B$ を分母といいます。

約分…分数式の分母と分子をその共通因数で割ることを約分するといい，それ以上約分できない分数式を既約分数式といいます。

通分…2つ以上の分数式の分母を同じにすること

例1　$\dfrac{x^2-4}{x^2-6x+8}=\dfrac{(x+2)(x-2)}{(x-2)(x-4)}=\dfrac{x+2}{x-4}$

例2　$\dfrac{3}{x}-\dfrac{2}{x+2}=\dfrac{3(x+2)}{x(x+2)}-\dfrac{2x}{x(x+2)}=\dfrac{3(x+2)-2x}{x(x+2)}=\dfrac{x+6}{x(x+2)}$

例3　$\dfrac{1}{1-\dfrac{1}{x}}=\dfrac{1}{1-\dfrac{1}{x}}\cdot\dfrac{x}{x}=\dfrac{x}{x-1}$

テスト　$\dfrac{1}{x-1}+\dfrac{1}{x+1}$ を計算しなさい。

答え　$\dfrac{2x}{(x-1)(x+1)}$

## 基本問題



**重要 1** 次の式を計算しなさい。

(1) $(4x-3y)^3$　　(2) $(x+1)^6$　　(3) $\dfrac{4}{x^2-4}-\dfrac{2}{x^2-2x}$

**ポイント**
(1) $(a-b)^3=a^3-3a^2b+3ab^2-b^3$
(2) $(a+b)^n={}_n\mathrm{C}_0a^n+{}_n\mathrm{C}_1a^{n-1}b+{}_n\mathrm{C}_2a^{n-2}b^2+\cdots+{}_n\mathrm{C}_ra^{n-r}b^r+\cdots+{}_n\mathrm{C}_nb^n$

**解き方** (1) $(4x-3y)^3=(4x)^3-3\cdot(4x)^2\cdot3y+3\cdot4x\cdot(3y)^2-(3y)^3$

$$=64x^3-144x^2y+108xy^2-27y^3$$

**答え** $64x^3-144x^2y+108xy^2-27y^3$

(2) $(x+1)^6={}_6\mathrm{C}_0x^6+{}_6\mathrm{C}_1x^5+{}_6\mathrm{C}_2x^4+{}_6\mathrm{C}_3x^3+{}_6\mathrm{C}_4x^2+{}_6\mathrm{C}_5x+{}_6\mathrm{C}_6$

$$=x^6+6x^5+15x^4+20x^3+15x^2+6x+1$$

**答え** $x^6+6x^5+15x^4+20x^3+15x^2+6x+1$

(3) $\dfrac{4}{x^2-4}-\dfrac{2}{x^2-2x}=\dfrac{4}{(x+2)(x-2)}-\dfrac{2}{x(x-2)}$ ←分母を因数分解

$=\dfrac{4x-2(x+2)}{x(x+2)(x-2)}$ ←通分

$=\dfrac{2(x-2)}{x(x+2)(x-2)}$

$=\dfrac{2}{x(x+2)}$ ←約分

**答え** $\dfrac{2}{x(x+2)}$

**重要 2** 次の式を因数分解しなさい。

(1) $8x^3+125$　　(2) $x^6-y^6$

**ポイント**
$a^3+b^3=(a+b)(a^2-ab+b^2)$，$a^3-b^3=(a-b)(a^2+ab+b^2)$

**解き方** (1) $8x^3+125=(2x)^3+5^3=(2x+5)\{(2x)^2-2x\cdot5+5^2\}$

$$=(2x+5)(4x^2-10x+25)$$

**答え** $(2x+5)(4x^2-10x+25)$

(2) $x^6-y^6=(x^3)^2-(y^3)^2=(x^3+y^3)(x^3-y^3)$

$$=(x+y)(x^2-xy+y^2)(x-y)(x^2+xy+y^2)$$

**答え** $(x+y)(x-y)(x^2+xy+y^2)(x^2-xy+y^2)$

# 応用問題

重要 **1** $\dfrac{1}{a^2+a}+\dfrac{1}{a^2+3a+2}+\dfrac{1}{a^2+5a+6}$ を簡単にしなさい。

**解き方1** $\dfrac{1}{a^2+a}+\dfrac{1}{a^2+3a+2}+\dfrac{1}{a^2+5a+6}$

$$=\frac{1}{a(a+1)}+\frac{1}{(a+1)(a+2)}+\frac{1}{(a+2)(a+3)}$$

$$=\frac{(a+2)+a}{a(a+1)(a+2)}+\frac{1}{(a+2)(a+3)}=\frac{2(a+1)}{a(a+1)(a+2)}+\frac{1}{(a+2)(a+3)}$$

$$=\frac{2}{a(a+2)}+\frac{1}{(a+2)(a+3)}=\frac{2(a+3)+a}{a(a+2)(a+3)}$$

$$=\frac{3(a+2)}{a(a+2)(a+3)}=\frac{3}{a(a+3)}$$

**解き方2** $\dfrac{1}{(a+k)(a+k+1)}=\dfrac{1}{a+k}-\dfrac{1}{a+k+1}$ となることを用いて計算すると

$$(\text{与式})=\left(\frac{1}{a}-\frac{1}{a+1}\right)+\left(\frac{1}{a+1}-\frac{1}{a+2}\right)+\left(\frac{1}{a+2}-\frac{1}{a+3}\right)$$

$$=\frac{1}{a}-\frac{1}{a+3}=\frac{3}{a(a+3)}$$

**答え** $\dfrac{3}{a(a+3)}$

重要 **2** $\dfrac{1-\dfrac{2}{x+1}}{1-\dfrac{1}{x}}$ を簡単にしなさい。

**考え方** 分母と分子が多項式になるように $x$ と $x+1$ をかけます。

**解き方** $\dfrac{1-\dfrac{2}{x+1}}{1-\dfrac{1}{x}}=\dfrac{1-\dfrac{2}{x+1}}{1-\dfrac{1}{x}}\cdot\dfrac{x(x+1)}{x(x+1)}=\dfrac{x(x+1-2)}{(x-1)(x+1)}$

$$=\frac{x(x-1)}{(x-1)(x+1)}=\frac{x}{x+1}$$

**答え** $\dfrac{x}{x+1}$

重要 **3** $a+b=5$，$ab=-1$ のとき，$a^3+b^3$ の値を求めなさい。

**考え方** $a^3+b^3$ を $a+b$，$ab$ を用いて表します。

**解き方** $(a+b)^3=a^3+3a^2b+3ab^2+b^3=a^3+b^3+3ab(a+b)$ より

$a^3+b^3=(a+b)^3-3ab(a+b)=5^3-3\cdot(-1)\cdot5=140$

**答え** 140

**4** $n$ が正の整数のとき，次の和を $n$ を用いて表しなさい。

$${}_n\mathrm{C}_0+2{}_n\mathrm{C}_1+2^2{}_n\mathrm{C}_2+2^3{}_n\mathrm{C}_3+\cdots+2^{n-1}{}_n\mathrm{C}_{n-1}+2^n{}_n\mathrm{C}_n$$

**考え方** 二項定理を用いて，$(a+b)^n$ の展開式を考えます。

**解き方** 求める和は，二項定理の式

$$(a+b)^n={}_n\mathrm{C}_0a^n+{}_n\mathrm{C}_1a^{n-1}b+{}_n\mathrm{C}_2a^{n-2}b^2+\cdots+{}_n\mathrm{C}_{n-1}ab^{n-1}+{}_n\mathrm{C}_nb^n$$

に $a=1$，$b=2$ を代入したものであるから

$${}_n\mathrm{C}_0+2{}_n\mathrm{C}_1+2^2{}_n\mathrm{C}_2+\cdots+2^{n-1}{}_n\mathrm{C}_{n-1}+2^n{}_n\mathrm{C}_n=(1+2)^n=3^n$$

**答え** $3^n$

**5** $p$，$q$，$r$ はいずれも 0 以上の整数で，$p+q+r=n$ とします。$(a+b+c)^n$ の展開式における $a^pb^qc^r$ の項の係数は $\dfrac{n!}{p!q!r!}$ であることを証明しなさい。

**ポイント** ${}_n\mathrm{C}_r=\dfrac{n(n-1)(n-2)\cdots\cdots(n-r+1)}{r(r-1)(r-2)\cdots\cdots3\cdot2\cdot1}=\dfrac{n!}{r!(n-r)!}$

**答え** $\{(a+b)+c\}^n$ の展開式において，$(a+b)^{p+q}c^r$ を含む項は

$${}_n\mathrm{C}_r(a+b)^{p+q}c^r={}_n\mathrm{C}_{n-r}(a+b)^{p+q}c^r={}_n\mathrm{C}_{p+q}(a+b)^{p+q}c^r$$

$(a+b)^{p+q}$ の展開式における $a^pb^q$ の項の係数は ${}_{p+q}\mathrm{C}_q$ であるから，$a^pb^qc^r$ の項の係数は

$${}_n\mathrm{C}_{p+q}\cdot{}_{p+q}\mathrm{C}_q=\frac{n!}{(p+q)!(n-p-q)!}\cdot\frac{(p+q)!}{q!(p+q-q)!}=\frac{n!}{(p+q)!r!}\cdot\frac{(p+q)!}{q!p!}=\frac{n!}{p!q!r!}$$

**重要 6** $6x^3-x^2+3x+2$ を多項式 $B$ で割ると，商が $3x+1$，余りが $-2x$ となります。このとき，多項式 $B$ を求めなさい。

**ポイント** 多項式 $A$ を多項式 $B$ で割った商 $Q$，余り $R$ について，$A=BQ+R$

**解き方** $6x^3-x^2+3x+2=B(3x+1)-2x$

$6x^3-x^2+5x+2=B(3x+1)$

よって，$B$ は $6x^3-x^2+5x+2$ を $3x+1$ で割った商より，$2x^2-x+2$ である。

**答え** $B=2x^2-x+2$

## 練習問題

答え：別冊 p.3 ～ p.5

重要
**1** 次の式を計算しなさい。

(1) $(4x-y)^3$

(2) $(a-3)^5$

(3) $\dfrac{3}{x^2-x-2}+\dfrac{x-6}{x^2-4}$

(4) $\dfrac{\dfrac{1}{x-1}-x+1}{1-\dfrac{2}{x+2}}$

重要
**2** 次の式を因数分解しなさい。

(1) $125a^3+27$

(2) $a^3-4a^2+8a-8$

**3** 次の問いに答えなさい。

(1) $a^3+b^3+c^3-3abc$ を因数分解しなさい。

(2) (1)の結果を用いて，$x^3+8y^3-6xy+1$ を因数分解しなさい。

重要
**4** 次の問いに答えなさい。

(1) 多項式 $x^3-3x+4$ を $x^2+4x+1$ で割ったときの商と余りを求めなさい。

(2) 多項式 $A$ を $x+4$ で割ると，商が $x^2-x+1$，余りが $-2$ となります。このとき，多項式 $A$ を求めなさい。

重要
**5** 次の問いに答えなさい。

(1) $(3x-2y)^7$ の展開式における $x^2y^5$ の項の係数を求めなさい。

(2) $(x^2+2x-1)^{10}$ の展開式における $x^3$ の項の係数を求めなさい。

**6** 次の等式を証明しなさい。

$${}_nC_0-{}_nC_1+{}_nC_2-{}_nC_3+\cdots+(-1)^n{}_nC_n=0$$

# 1-2 等式・不等式の証明

## 1 恒等式の利用

☑チェック！

恒等式…式中の文字にどのような値を代入しても，常に成り立つ等式

恒等式の性質…

多項式$P$，$Q$について，次の性質が成り立ちます。

①$P=Q$が恒等式 $\Leftrightarrow$ $P$と$Q$の次数が等しく，両辺の同じ次数の項の係数がそれぞれ等しい

$ax^2+bx+c=a'x^2+b'x+c'$が$x$についての恒等式

$\Leftrightarrow$ $a=a'$，$b=b'$，$c=c'$

②$P=0$が恒等式 $\Leftrightarrow$ $P$の各項の係数がすべて0

$ax^2+bx+c=0$が$x$についての恒等式 $\Leftrightarrow$ $a=b=c=0$

例1　以下の等式は，文字にどのような値を代入しても成り立つ恒等式です。

$a^2-b^2=(a+b)(a-b)$，$a^3+b^3=(a+b)^3-3ab(a+b)$，$x=x$

## 2 等式・不等式の証明

☑チェック！

等式$A=B$の証明方法…

$A=B$であることを証明するには，次のような方法があります。

①$A$(左辺)または$B$(右辺)を変形し，他方を導く。

②両辺$A$，$B$を変形し，$A=C$，$B=C$であることを導く。

③$A-B=0$であることを示す。

例1　等式$a^2+b^2+c^2-ab-bc-ca=\frac{1}{2}\{(a-b)^2+(b-c)^2+(c-a)^2\}$は，以下のように示せます。

$$\underbrace{\frac{1}{2}\{(a-b)^2+(b-c)^2+(c-a)^2\}}_{\text{右辺}}=\frac{1}{2}(a^2-2ab+b^2+b^2-2bc+c^2+c^2-2ca+a^2)$$

$$=\underline{a^2+b^2+c^2-ab-bc-ca} \leftarrow \text{左辺}$$

よって，$a^2+b^2+c^2-ab-bc-ca=\frac{1}{2}\{(a-b)^2+(b-c)^2+(c-a)^2\}$が成り立ちます。

**チェック！**

**不等式 $A>B$（$A\geqq B$）の証明方法…**

不等式 $A>B$（$A\geqq B$）の証明は，$A-B>0$（$A-B\geqq 0$）を示します。

**実数の性質…**

① $a^2\geqq 0$（等号が成り立つ条件は，$a=0$）

② $a^2+b^2\geqq 0$（等号が成り立つ条件は，$a=b=0$）

③ $a\geqq 0$，$b\geqq 0$ のとき，$a\geqq b \iff a^2\geqq b^2$

④ $|a|\geqq 0$，$|a|\geqq a$，$|a|\geqq -a$，$|a|^2=a^2$

**相加平均と相乗平均の大小関係…**

$a\geqq 0$，$b\geqq 0$ のとき，$\dfrac{a+b}{2}\geqq\sqrt{ab}$ すなわち，$a+b\geqq 2\sqrt{ab}$

等号が成り立つ条件は，$a=b$

例 1　不等式 $x^2+xy+y^2\geqq 0$ は，次のように示せます。

$$x^2+xy+y^2=\left(x^2+xy+\frac{1}{4}y^2\right)+\frac{3}{4}y^2$$

$$=\left(x+\frac{1}{2}y\right)^2+\frac{3}{4}y^2\geqq 0 \leftarrow a^2+b^2\geqq 0$$

等号が成り立つ条件は，$\underline{x+\frac{1}{2}y=0 \text{ かつ } y=0}$ より，$x=y=0$ です。
（$a=0$ かつ $b=0$）

例 2　不等式 $|a-b|\leqq|a|+|b|$ は，次のように示せます。

両辺の平方の差（（右辺）$^2$－（左辺）$^2$）を考えると

$$(|a|+|b|)^2-|a-b|^2=|a|^2+2|a||b|+|b|^2-(a-b)^2$$

$$=a^2+2|ab|+b^2-(a^2-2ab+b^2)$$

$$=2(|ab|+ab)\geqq 0 \leftarrow |ab|\geqq -ab$$

よって，$|a-b|^2\leqq(|a|+|b|)^2$

$|a-b|\geqq 0$，$|a|+|b|\geqq 0$ より，$|a-b|\leqq|a|+|b|$ が成り立ちます。

等号が成り立つ条件は，$|ab|=-ab$ より，$ab\leqq 0$ です。

**テスト**　$x^2-2xy+3y^2-y+\dfrac{1}{8}\geqq 0$ を示し，等号が成り立つ条件を求めなさい。

**答え**　$x^2-2xy+3y^2-y+\dfrac{1}{8}=(x-y)^2+2y^2-y+\dfrac{1}{8}=(x-y)^2+2\left(y-\dfrac{1}{4}\right)^2\geqq 0$

等号が成り立つ条件は，$x-y=0$ かつ $y-\dfrac{1}{4}=0$ より，$x=y=\dfrac{1}{4}$ である。

## 基本問題



重要 **1** 次の等式が $x$ についての恒等式となるように，$a$，$b$，$c$ の値を定めなさい。

$(x+1)^2=a(x-1)^2+b(x-1)+c$

ポイント $P=Q$ が恒等式 $\Leftrightarrow$ $P$ と $Q$ の次数が等しく，各項の係数が等しい。

**解き方** 等式の両辺を $x$ について整理すると

(左辺)$=x^2+2x+1$

(右辺)$=ax^2-2ax+a+bx-b+c=ax^2+(-2a+b)x+(a-b+c)$

各項の係数を比較して，$1=a$，$2=-2a+b$，$1=a-b+c$

よって，$a=1$，$b=4$，$c=4$ である。　**答え** $a=1$，$b=4$，$c=4$

**2** $a$，$b$ を実数とするとき，次の不等式を証明しなさい。また，等号が成り立つ条件を求めなさい。

(1) $a^2+b^2 \geqq 2a+4b-5$　　(2) $a+\dfrac{4}{a} \geqq 4$(ただし，$a>0$)

**解き方** (1) (左辺)−(右辺)$=A^2+B^2$ の形に変形する。

**答え** (左辺)−(右辺)$=a^2+b^2-(2a+4b-5)$

$=(a^2-2a+1)+(b^2-4b+4)$

$=(a-1)^2+(b-2)^2 \geqq 0$

よって，$a^2+b^2 \geqq 2a+4b-5$ が成り立つ。

等号が成り立つ条件は，$a-1=0$ かつ $b-2=0$ より，$a=1$，$b=2$ である。

(2) 相加平均と相乗平均の関係を用いる。

**答え** $a>0$，$\dfrac{4}{a}>0$ であるから，相加平均と相乗平均の大小関係より

$a+\dfrac{4}{a} \geqq 2\sqrt{a\cdot\dfrac{4}{a}}=2\cdot2=4$

よって，$a+\dfrac{4}{a} \geqq 4$ が成り立つ。

等号が成り立つ条件は，$a>0$ かつ $a=\dfrac{4}{a}$ より，$a=2$ である。

## 応用問題

**1** $a+b+c=0$ のとき，次の等式が成り立つことを証明しなさい。

$a^3+b^3+c^3=3abc$

**解き方** 与えられた条件式から1文字を消去する，または(左辺)−(右辺)を因数分解して条件式を用いる。

**答え1** $a+b+c=0$ より，$c=-(a+b)$ であるから

$$a^3+b^3+c^3=a^3+b^3+\{-(a+b)\}^3$$
$$=a^3+b^3-(a^3+3a^2b+3ab^2+b^3)$$
$$=-3ab(a+b)$$
$$3abc=3ab\{-(a+b)\}$$
$$=-3ab(a+b)$$

よって，$a+b+c=0$ のとき，$a^3+b^3+c^3=3abc$ が成り立つ。

**答え2** $a+b+c=0$ より

$$(\text{左辺})-(\text{右辺})=a^3+b^3+c^3-3abc$$
$$=(a+b+c)(a^2+b^2+c^2-ab-bc-ca)=0$$

よって，$a+b+c=0$ のとき，$a^3+b^3+c^3=3abc$ が成り立つ。

重要 **2** $\dfrac{a}{b}=\dfrac{c}{d}$ を満たすとき，次の等式が成り立つことを証明しなさい。

$$\frac{2a+c}{2b+d}=\frac{2a-c}{2b-d}$$

**解き方** 比例式では，条件の式を $\dfrac{a}{b}=\dfrac{c}{d}=k$ とおいて，等式の左辺，右辺それぞれに $a=bk$，$c=dk$ を代入する。

**答え** $\dfrac{a}{b}=\dfrac{c}{d}=k$ とおくと，$a=bk$，$c=dk$ より

$$\frac{2a+c}{2b+d}=\frac{2bk+dk}{2b+d}=\frac{k(2b+d)}{2b+d}=k$$
$$\frac{2a-c}{2b-d}=\frac{2bk-dk}{2b-d}=\frac{k(2b-d)}{2b-d}=k$$

よって，$\dfrac{2a+c}{2b+d}=\dfrac{2a-c}{2b-d}$ が成り立つ。

重要

**3** $x$，$y$ が正の実数であるとき，$\left(x+\dfrac{1}{y}\right)\left(y+\dfrac{9}{x}\right)$ の最小値を求めなさい。また，そのときの $x$，$y$ の条件を求めなさい。



**解き方** $\left(x+\dfrac{1}{y}\right)\left(y+\dfrac{9}{x}\right)=xy+x\cdot\dfrac{9}{x}+\dfrac{1}{y}\cdot y+\dfrac{1}{y}\cdot\dfrac{9}{x}=xy+\dfrac{9}{xy}+10$

$xy>0$，$\dfrac{9}{xy}>0$ であるから，相加平均と相乗平均の大小関係より

$xy+\dfrac{9}{xy}\geqq 2\sqrt{xy\cdot\dfrac{9}{xy}}=2\cdot 3=6$

よって，$\left(x+\dfrac{1}{y}\right)\left(y+\dfrac{9}{x}\right)=xy+\dfrac{9}{xy}+10\geqq 6+10=16$

等号が成り立つ条件は，$xy>0$ かつ $xy=\dfrac{9}{xy}$ より，$xy=3$ である。

したがって，$\left(x+\dfrac{1}{y}\right)\left(y+\dfrac{9}{x}\right)$ は $xy=3$ のとき最小値 16 をとる。

**答え** $xy=3$ のとき最小値 16

**4** $0<a<b$，$a+b=2$ のとき，2，$2ab$，$a^2+b^2$ の大小関係を，不等号を用いて表しなさい。

**考え方** たとえば，$a=\dfrac{1}{2}$，$b=\dfrac{3}{2}$ とすると，$2ab=\dfrac{3}{2}$，$a^2+b^2=\dfrac{5}{2}$ となるので，$2ab<2<a^2+b^2$ と予想できます。等号が成り立つかどうかに注意します。

**解き方** $a>0$，$b>0$ より，相加平均と相乗平均の大小関係から，$\sqrt{ab}\leqq\dfrac{a+b}{2}$

$a+b=2$ より，$\sqrt{ab}\leqq\dfrac{a+b}{2}=\dfrac{2}{2}=1$ すなわち，$ab\leqq 1$

$a\neq b$ より等号は成り立たないから，$ab<1$ すなわち，$2ab<2$ …①

また $a+b=2$ より，$b=2-a$ であるから

$$\begin{aligned}a^2+b^2-2&=a^2+(2-a)^2-2\\&=2a^2-4a+2\\&=2(a-1)^2\geqq 0\end{aligned}$$

$0<a<b$，$a+b=2$ より，$0<a<1$ であるから等号は成り立たない。

$0<a^2+b^2-2$ より，$2<a^2+b^2$ …②

①，②より，$2ab<2<a^2+b^2$

**答え** $2ab<2<a^2+b^2$

## 発展問題

**1** 正の実数 $a$，$b$，$c$，$d$ について，次の問いに答えなさい。

(1) 次の不等式が成り立つことを証明しなさい。

$a+b+c+d \geqq 4\sqrt[4]{abcd}$

(2) (1)で $d=\dfrac{a+b+c}{3}$ とおくことで，次の不等式が成り立つことを証明しなさい。

$a+b+c \geqq 3\sqrt[3]{abc}$

**解き方** (1) $a$，$b$ と $c$，$d$ さらに $a+b$，$c+d$ に相加平均と相乗平均の大小関係を用いる。

**答え** (1) $a>0$，$b>0$ であるから，相加平均と相乗平均の大小関係より

$a+b \geqq 2\sqrt{ab}$ …①

等号が成り立つ条件は，$a=b$ である。

同様に，$c>0$，$d>0$ であるから，$c+d \geqq 2\sqrt{cd}$ …②

等号が成り立つ条件は，$c=d$ である。

$a+b$，$c+d$ についても相加平均と相乗平均の大小関係より

$a+b+c+d \geqq 2\sqrt{(a+b)(c+d)}$ …③

等号が成り立つ条件は，$a+b=c+d$ である。

③に①，②をそれぞれ用いると

$a+b+c+d \geqq 2\sqrt{(a+b)(c+d)} \geqq 2\sqrt{2\sqrt{ab}\cdot 2\sqrt{cd}}=4\sqrt[4]{abcd}$

等号が成り立つ条件は，$a+b=c+d$ かつ $a=b$ かつ $c=d$ より，$a=b=c=d$ である。

(2) (1)の不等式において，$d=\dfrac{a+b+c}{3}$ とおくと

$a+b+c+\dfrac{a+b+c}{3} \geqq 4\sqrt[4]{abc\cdot\dfrac{a+b+c}{3}}$

$\dfrac{4}{3}(a+b+c) \geqq 4\cdot\sqrt[4]{abc}\cdot\dfrac{\sqrt[4]{a+b+c}}{\sqrt[4]{3}}$

$\sqrt[4]{(a+b+c)^3} \geqq \sqrt[4]{3^3}\cdot\sqrt[4]{abc}$

両辺を $\dfrac{4}{3}$ 乗すると，$a+b+c \geqq 3\sqrt[3]{abc}$ が成り立つ。また，等号が成り立つ条件は(1)より，$a=b=c$ である。

## 練習問題

答え：別冊 p.5 ～ p.7



重要

**1** すべての実数 $k$ について次の等式が成り立つように，$x$，$y$ の値を定めなさい。

$(2k+1)x+ky+3=0$

**2** どの 2 つの和も 0 でない実数 $x$，$y$，$z$ が

$$\frac{x+y}{6}=\frac{y+z}{3}=\frac{z+x}{2}$$

を満たすとき，$\dfrac{x^2+y^2+z^2}{(x+y+z)^2}$ の値を求めなさい。

**3** $a+b+c=0$ のとき，次の等式を証明しなさい。

$ac+2b^2=-(a-b)(b-c)$

重要

**4** 次の不等式を証明しなさい。また，等号が成り立つ条件を求めなさい。

(1)　$(a^2+b^2)(x^2+y^2)\geqq(ax+by)^2$

(2)　$(a+b)\left(\dfrac{1}{a}+\dfrac{4}{b}\right)\geqq 9$（ただし，$a>0$，$b>0$）

**5** $x>-1$ のとき，$\dfrac{x^2+x+4}{x+1}$ の最小値を求めなさい。また，そのときの $x$ の値を求めなさい。

# 1-3 複素数

## 1 複素数とその四則計算

**チェック！**

**虚数単位…**

2乗すると$-1$になる数のうちの1つ，すなわち，$i^2=-1$を満たす数$i$

**複素数…**

2つの実数$a$，$b$を用いて$a+bi$と表される数を複素数といいます。$a$を実部，$b$を虚部といい，$b\neq0$であるものを虚数，さらに$a=0$であるものを純虚数といいます。また，2つの複素数$\alpha=a+bi$，$\beta=c+di$　($a$，$b$，$c$，$d$は実数)について，「$\alpha=\beta \iff a=c$かつ$b=d$」(複素数の相等)が成り立ちます。

**共役な複素数…**

$\alpha=a+bi$に対して$a-bi$を$\alpha$と共役な複素数といい，$\overline{\alpha}$で表します。

例1　$a>0$のとき，$-a$の平方根は，$\pm\sqrt{a}\,i$となります。

テスト　$-12$の平方根を求めなさい。　答え　$\pm2\sqrt{3}\,i$

**チェック！**

**複素数の四則計算…**

加法　$(a+bi)+(c+di)=(a+c)+(b+d)i$

減法　$(a+bi)-(c+di)=(a-c)+(b-d)i$

乗法　$(a+bi)(c+di)=(ac-bd)+(ad+bc)i$

除法　$\dfrac{c+di}{a+bi}=\dfrac{ac+bd}{a^2+b^2}+\dfrac{ad-bc}{a^2+b^2}i$

**互いに共役な複素数の和と積…**

$(a+bi)+(a-bi)=2a$，$(a+bi)(a-bi)=a^2+b^2$

例1　$\dfrac{5}{1+2i}=\dfrac{5}{1+2i}\cdot\dfrac{1-2i}{1-2i}=\dfrac{5(1-2i)}{1^2-(2i)^2}=\dfrac{5(1-2i)}{1-(-4)}=1-2i$

$1+2i$と共役な複素数$1-2i$を分母と分子にかける

テスト　$\dfrac{3+i}{3-i}$を計算しなさい。　答え　$\dfrac{4+3i}{5}$

## 2 2次方程式の複素数の解

**チェック!**

**2次方程式の解の公式…**

$ax^2+bx+c=0$（$a$，$b$，$c$ は実数で，$a \neq 0$）の解は，$x=\dfrac{-b \pm\sqrt{b^2-4ac}}{2a}$

**2次方程式の解の種類の判別…**

2次方程式 $ax^2+bx+c=0$ について，$D=b^2-4ac$ を**判別式**といい，判別式と解について，次のことが成り立ちます。

① $D>0$ $\Leftrightarrow$ 異なる2つの実数解をもつ

② $D=0$ $\Leftrightarrow$ ただ1つの実数解（重解）をもつ

③ $D<0$ $\Leftrightarrow$ 異なる2つの虚数解をもつ

**2次方程式の解と係数の関係…**

2次方程式 $ax^2+bx+c=0$ の2つの解を $\alpha$，$\beta$ とすると

$\alpha+\beta=-\dfrac{b}{a}$，$\alpha\beta=\dfrac{c}{a}$

**例1** 2次方程式 $x^2-x+3=0$ の解は

$$x=\frac{-(-1)\pm\sqrt{(-1)^2-4\cdot1\cdot3}}{2}=\frac{1\pm\sqrt{-11}}{2}=\frac{1\pm\sqrt{11}i}{2}$$

**例2** 2次方程式 $x^2+x+1=0$ の判別式を $D$ とすると

$D=1^2-4\cdot1\cdot1=-3<0$

であるから，この2次方程式は異なる2つの虚数解をもちます。

**例3** 2次方程式 $3x^2-x+2=0$ の2つの解 $\alpha$，$\beta$ について

$\alpha+\beta=\dfrac{1}{3}$，$\alpha\beta=\dfrac{2}{3}$

**テスト** 次の問いに答えなさい。

(1) 2次方程式 $x^2+4x+6=0$ を解きなさい。

(2) 2次方程式 $x^2+3x+4=0$ の2つの解を $\alpha$，$\beta$ とするとき，$\alpha+\beta$，$\alpha\beta$ の値を求めなさい。

**答え** (1) $x=-2\pm\sqrt{2}i$　(2) $\alpha+\beta=-3$，$\alpha\beta=4$

# 基本問題

**1** 次の計算をしなさい。

(1) $(3+2i)(3-2i)$ (2) $\dfrac{2}{1+i}$ (3) $i^{123}$

**考え方**
(1) $(a+b)(a-b)=a^2-b^2$ を使います。
(2) 分母と共役な複素数を分母と分子にかけて，分母を実数にします。
(3) $i^2=-1$ より，$i^4=1$ となります。

**解き方** (1) $(3+2i)(3-2i)=3^2-(2i)^2=9-(-4)=13$ **答え** 13

(2) $\dfrac{2}{1+i}=\dfrac{2(1-i)}{(1+i)(1-i)}=\dfrac{2(1-i)}{1^2-i^2}=\dfrac{2(1-i)}{2}=1-i$ **答え** $1-i$

(3) $i^2=-1$ より，$i^4=(i^2)^2=(-1)^2=1$

$i^{123}=(i^4)^{30}\cdot i^3=1^{30}\cdot(-i)=-i$ **答え** $-i$

**2** 次の2次方程式を解きなさい。

(1) $x^2+3x+7=0$ (2) $3x^2-4x+5=0$

**ポイント** (2) 2次方程式の解の公式で $b=2b'$ とすると，$x=\dfrac{-b'\pm\sqrt{b'^2-ac}}{a}$

**解き方** (1) $x=\dfrac{-3\pm\sqrt{3^2-4\cdot1\cdot7}}{2\cdot1}=\dfrac{-3\pm\sqrt{-19}}{2}=\dfrac{-3\pm\sqrt{19}i}{2}$

**答え** $x=\dfrac{-3\pm\sqrt{19}i}{2}$

(2) $x=\dfrac{-(-2)\pm\sqrt{(-2)^2-3\cdot5}}{3}=\dfrac{2\pm\sqrt{-11}}{3}=\dfrac{2\pm\sqrt{11}i}{3}$

**答え** $x=\dfrac{2\pm\sqrt{11}i}{3}$

重要

**3** 2次方程式 $4x^2+x+3=0$ の2つの解を $\alpha$，$\beta$ とするとき，$\alpha^2+\beta^2$ の値を求めなさい。

**解き方** 解と係数の関係より，$\alpha+\beta=-\dfrac{1}{4}$，$\alpha\beta=\dfrac{3}{4}$ が成り立つので

$\alpha^2+\beta^2=(\alpha+\beta)^2-2\alpha\beta=\left(-\dfrac{1}{4}\right)^2-2\cdot\dfrac{3}{4}=-\dfrac{23}{16}$ **答え** $\alpha^2+\beta^2=-\dfrac{23}{16}$

## 応用問題

重要 **1** $x=\dfrac{1}{1+\sqrt{2}i}$，$y=\dfrac{1}{1-\sqrt{2}i}$ について，次の計算をしなさい。

(1) $x+y$ (2) $xy$ (3) $x^3+y^3$

ポイント (3) $a^3+b^3=(a+b)(a^2-ab+b^2)=(a+b)^3-3ab(a+b)$

**解き方** (1) $x+y=\dfrac{1}{1+\sqrt{2}i}+\dfrac{1}{1-\sqrt{2}i}=\dfrac{(1-\sqrt{2}i)+(1+\sqrt{2}i)}{(1+\sqrt{2}i)(1-\sqrt{2}i)}=\dfrac{2}{1^2-2i^2}=\dfrac{2}{3}$

答え $\dfrac{2}{3}$

(2) $xy=\dfrac{1}{(1+\sqrt{2}i)(1-\sqrt{2}i)}=\dfrac{1}{1^2-2i^2}=\dfrac{1}{3}$ 答え $\dfrac{1}{3}$

(3) $x^3+y^3=(x+y)(x^2-xy+y^2)=(x+y)\{(x+y)^2-3xy\}$

$=\dfrac{2}{3}\left\{\left(\dfrac{2}{3}\right)^2-3\cdot\dfrac{1}{3}\right\}=\dfrac{2}{3}\cdot\left(-\dfrac{5}{9}\right)=-\dfrac{10}{27}$

$x^3+y^3=(x+y)^3-3xy(x+y)$ で考えてもよい。 答え $-\dfrac{10}{27}$

**2** 2次方程式 $4x^2+2ax+a+2=0$ が虚数解をもつとき，実数 $a$ のとり得る値の範囲を求めなさい。

ポイント 2次方程式 $ax^2+bx+c$（$a$，$b$，$c$ は実数）が虚数解をもつ $\Leftrightarrow$ （判別式）$<0$
2次方程式 $ax^2+2b'x+c=0$ の判別式を $D$ とすると，$\dfrac{D}{4}=b'^2-ac$

**解き方** 与えられた2次方程式の判別式を $D$ とすると

$\dfrac{D}{4}=a^2-4(a+2)=a^2-4a-8<0$

よって，$2-2\sqrt{3}<a<2+2\sqrt{3}$ 答え $2-2\sqrt{3}<a<2+2\sqrt{3}$

**3** $x^3-3x^2+4x-12$ を複素数の範囲で因数分解しなさい。

**解き方** $x^3-3x^2+4x-12=x^2(x-3)+4(x-3)$

$=(x-3)(x^2+4)$

$=(x-3)\{x^2-(2i)^2\}$

$=(x-3)(x+2i)(x-2i)$ 答え $(x-3)(x+2i)(x-2i)$

## 練習問題

答え：別冊 p.7 ～ p.9

重要

**1** 次の計算をしなさい。ただし，$i$ は虚数単位を表します。

(1) $(1+2i)(3+4i)$　　(2) $(2+i)^3$

(3) $\dfrac{1-\sqrt{3}\,i}{1+\sqrt{3}\,i}$　　(4) $\dfrac{2}{1-i}+\dfrac{10}{2+i}$

**2** $x=\dfrac{-1-\sqrt{13}i}{3}$ のとき，$18x^2+12x-7$ の値を求めなさい。ただし，$i$ は虚数単位を表します。

重要

**3** 2 次方程式 $x^2+5x+3=0$ の 2 つの解を $\alpha$，$\beta$ とするとき，次の値を求めなさい。

(1) $(\alpha+2)(\beta+2)$　　(2) $\alpha^2+\beta^2$　　(3) $\dfrac{\beta^2}{\alpha}+\dfrac{\alpha^2}{\beta}$

**4** $2+\sqrt{5}\,i$，$2-\sqrt{5}\,i$ を解にもつ 2 次方程式を 1 つ求めなさい。ただし，$i$ は虚数単位を表します。

**5** 次の等式を満たす複素数 $x$ を求めなさい。ただし，$i$ は虚数単位を表します。

$x^2=21+20i$

**6** $x$ の 2 次方程式 $(1-i)x^2+(a+1-4i)x+(-9+a^2i)=0$ が実数解をもつとき，実数 $a$ の値を求めなさい。また，そのときの解を求めなさい。ただし，$i$ は虚数単位を表します。

# 1-4 高次方程式



## 1 剰余の定理，因数定理

**チェック！**

剰余の定理…多項式 $P(x)$ を1次式 $x-a$ で割ったときの余りは，$P(a)$

多項式 $P(x)$ を1次式 $ax+b$ で割ったときの余りは，$P\left(-\dfrac{b}{a}\right)$

因数定理…1次式 $x-a$ が多項式 $P(x)$ の因数である $\iff$ $P(a)=0$

**例1**　多項式 $P(x)=2x^3+x^2+3x+1$ について

$P(-1)=2\cdot(-1)^3+(-1)^2+3\cdot(-1)+1=-3$

より，$P(x)$ を $x+1$ で割ったときの余りは $-3$ です。

**例2**　多項式 $P(x)=x^3+4x^2-11x-30$ について

$P(-2)=(-2)^3+4\cdot(-2)^2-11\cdot(-2)-30$

$=-8+16+22-30=0$

より，$P(x)$ は $x+2$ で割り切れます。

割り算を用いると

$$
\begin{array}{r}
x^2+2x-15 \\
x+2\,\overline{)\,x^3+4x^2-11x-30} \\
\underline{x^3+2x^2\phantom{-11x-30}} \\
2x^2-11x\phantom{-30} \\
\underline{2x^2+\phantom{1}4x\phantom{-30}} \\
-15x-30 \\
\underline{-15x-30} \\
0
\end{array}
$$

$P(x)=(x+2)(x^2+2x-15)=(x+2)(x+5)(x-3)$

と因数分解できます。

**例3**　$x^{100}$ を $x^2+1$ で割ったときの商を $Q(x)$，余りを $ax+b$ とするとき

$x^{100}=(x^2+1)Q(x)+ax+b$

と表せます。

両辺に $x=i$ を代入すると，$i^2+1=0$ より

$i^{100}=ai+b$

$1=ai+b$

$a$，$b$ は実数より，$a=0$，$b=1$

よって，$x^{100}$ を $x^2+1$ で割ったときの余りは1です。

**テスト**　多項式 $P(x)=x^3-4x+6$ を $x-1$ で割ったときの余りを求めなさい。

**答え**　3

## 2 高次方程式

**チェック!**

**高次方程式とその解…**

$x$ の多項式 $P(x)$ が $n$ 次式のとき，方程式 $P(x)=0$ を $n$ 次方程式といいます。とくに，3 次以上の方程式を高次方程式といいます。また，係数がすべて実数である $n$ 次方程式が虚数解 $\alpha$ をもつとき，$\alpha$ と共役な複素数 $\overline{\alpha}$ も解となります。

**高次方程式の解き方…**

①3 次式の因数分解の公式や置き換えなどを用いて解く方法

②因数定理を用いて因数分解し，2 次方程式の解の公式などを用いて解く方法

**重解…**

多項式 $P(x)$ が $(x-\alpha)^m$ ($m$ は 2 以上の整数)を因数にもつとき，$x=\alpha$ は方程式 $P(x)=0$ の重解（**$m$ 重解**）であるといいます。$m$ 重解を $m$ 個の解とみなせば，一般に，$n$ 次方程式は $n$ 個の解をもつことが知られています。

**3 乗根…** 3 乗して $\alpha$ になる数，すなわち $x^3=\alpha$ の解を，$\alpha$ の 3 乗根または**立方根**といいます。$\alpha \neq 0$ を満たす実数 $\alpha$ の 3 乗根は 3 つあり，1 つは実数，2 つは虚数です。

**3 次方程式の解と係数の関係…**

3 次方程式 $ax^3+bx^2+cx+d=0$ の 3 つの解を $\alpha$，$\beta$，$\gamma$ とすると，次の式が成り立ちます。

$$\alpha+\beta+\gamma=-\frac{b}{a},\quad \alpha\beta+\beta\gamma+\gamma\alpha=\frac{c}{a},\quad \alpha\beta\gamma=-\frac{d}{a}$$

**例 1** 3 次方程式 $x^3+5x^2+3x-9=0$ は，次のように解くことができます。

左辺を $P(x)$ とすると

$P(1)=1^3+5\cdot1^2+3\cdot1-9=0$ より

$P(x)=(x-1)(x^2+6x+9)=(x-1)(x+3)^2$

よって，$x^3+5x^2+3x-9=0$ の解は $x=1$，$-3$ で，$x=-3$ は方程式 $P(x)=0$ の 2 重解です。

$$\begin{array}{r|l} & x^2+6x+9 \\ x-1 & x^3+5x^2+3x-9 \\ & x^3-\ x^2 \\ \hline & 6x^2+3x \\ & 6x^2-6x \\ \hline & 9x-9 \\ & 9x-9 \\ \hline & 0 \end{array}$$

**テスト** 方程式 $x^3-2x^2+9x-18=0$ を解きなさい。 **答え** $x=2$，$\pm 3i$

## 基本問題



**重要 1** 次の問いに答えなさい。

(1) 多項式 $2x^3+5x^2-3x+1$ を $x+3$ で割ったときの余りを求めなさい。

(2) 多項式 $x^3+2x^2-ax+4$ が $x-2$ で割り切れるとき，定数 $a$ の値を求めなさい。

(1)剰余の定理　$P(x)$ を $x-a$ で割ったときの余りは，$P(a)$

(2)因数定理　$P(x)$ が $x-a$ で割り切れる　$\Leftrightarrow$　$P(a)=0$

**解き方** (1) 剰余の定理より

$2\cdot(-3)^3+5\cdot(-3)^2-3\cdot(-3)+1=1$　　**答え** 1

(2) 与えられた多項式を $P(x)$ とすると

$P(2)=2^3+2\cdot2^2-2a+4=20-2a$

$P(2)=0$ であるから，$20-2a=0$ すなわち，$a=10$　　**答え** $a=10$

**重要 2** 次の方程式を解きなさい。

(1) $x^3=8$　　(2) $x^4-2x^2-35=0$　　(3) $x^3-x^2-5x-3=0$

**考え方**

(2) $x^2=X$ とおき $X$ の2次方程式で考えます。

(3)因数定理を用いて因数を見つけます。

**解き方** (1) $x^3-8=0$ より

$(x-2)(x^2+2x+4)=0$

$x=2,\ -1\pm\sqrt{3}i$　　**答え** $x=2,\ -1\pm\sqrt{3}i$

(2) $x^2=X$ とおくと，与えられた方程式は，$X^2-2X-35=0$

$(X+5)(X-7)=0$ すなわち，$(x^2+5)(x^2-7)=0$

よって，$x=\pm\sqrt{5}i,\ \pm\sqrt{7}$　　**答え** $x=\pm\sqrt{5}i,\ \pm\sqrt{7}$

(3) 方程式の左辺を $P(x)$ とおくと

$P(-1)=(-1)^3-(-1)^2-5\cdot(-1)-3=0$ ←$P(3)=0$ より $(x-3)(x^2+2x+1)=0$ としてもよい

より，因数定理から

$(x+1)(x^2-2x-3)=0$

$(x+1)^2(x-3)=0$

$x=-1,\ 3$　　**答え** $x=-1,\ 3$

## 応用問題

重要

**1** 多項式 $P(x)$ を $x-1$ で割ったときの余りは $-1$，$x+2$ で割ったときの余りは5です。$P(x)$ を $(x-1)(x+2)$ で割ったときの余りを求めなさい。

**考え方** $P(x)=(x-1)(x+2)Q(x)+ax+b$ とおき，$x=1$，$-2$ をそれぞれ代入します。

**解き方** $P(x)$ を $(x-1)(x+2)$ で割ったときの余りは1次式か定数であるから，$ax+b$ とおける。また，商を $Q(x)$ とおくと

$P(x)=(x-1)(x+2)Q(x)+ax+b$ ←(割られる式)=(割る式)×(商)+(余り)

であるから

$P(1)=a+b$，$P(-2)=-2a+b$

条件より，$P(1)=-1$，$P(-2)=5$ であるから，$a+b=-1$，$-2a+b=5$

よって，$a=-2$，$b=1$ であるから求める余りは，$-2x+1$ **答え** $-2x+1$

**2** 3次方程式 $x^3+2x^2-5x-7=0$ の解を $\alpha$, $\beta$, $\gamma$ とするとき, 次の値を求めなさい。

(1) $\alpha^2+\beta^2+\gamma^2$ (2) $\alpha^5+\beta^5+\gamma^5$

**考え方** 式変形をし，解と係数の関係を使って値を求めます。

$\alpha+\beta+\gamma=-\dfrac{b}{a}$，$\alpha\beta+\beta\gamma+\gamma\alpha=\dfrac{c}{a}$，$\alpha\beta\gamma=-\dfrac{d}{a}$

**解き方** 解と係数の関係より

$\alpha+\beta+\gamma=-2$，$\alpha\beta+\beta\gamma+\gamma\alpha=-5$，$\alpha\beta\gamma=7$

(1) $\alpha^2+\beta^2+\gamma^2=(\alpha+\beta+\gamma)^2-2(\alpha\beta+\beta\gamma+\gamma\alpha)$

$=(-2)^2-2\cdot(-5)=14$ **答え** 14

(2) $\alpha$ は $x^3+2x^2-5x-7=0$ の解より，$\alpha^3=-2\alpha^2+5\alpha+7$ であるから

$\alpha^4=-2\alpha^3+5\alpha^2+7\alpha=-2(-2\alpha^2+5\alpha+7)+5\alpha^2+7\alpha=9\alpha^2-3\alpha-14$

$\alpha^5=9\alpha^3-3\alpha^2-14\alpha=9(-2\alpha^2+5\alpha+7)-3\alpha^2-14\alpha=-21\alpha^2+31\alpha+63$

同様に，$\beta^5=-21\beta^2+31\beta+63$，$\gamma^5=-21\gamma^2+31\gamma+63$ より

$\alpha^5+\beta^5+\gamma^5=-21(\alpha^2+\beta^2+\gamma^2)+31(\alpha+\beta+\gamma)+63\cdot3$

$=-21\cdot14+31\cdot(-2)+189=-167$ **答え** $-167$

## 発展問題

**1** $a$を実数とします。方程式 $2x^4-3x^3+ax^2-3x+2=0$ …(∗)について，次の問いに答えなさい。

(1) $t=x+\dfrac{1}{x}\ (x\neq 0)$ とおくとき，(∗)を $t$ の方程式で表しなさい。

(2) (∗)が異なる4つの実数解をもつように，$a$ の値の範囲を定めなさい。

**考え方**
(2)(1)で求めた $t$ の2次方程式において，異なる2つの実数解をもつ条件を求めます。その際，$t$ の範囲($t<-2$，$2<t$)に注意します。

**解き方** (1) $x=0$ は(∗)を満たさないので，(∗)の両辺を $x^2$ で割ると

$2x^2-3x+a-\dfrac{3}{x}+\dfrac{2}{x^2}=0$　　$2\left(x^2+\dfrac{1}{x^2}\right)-3\left(x+\dfrac{1}{x}\right)+a=0$

$t^2=\left(x+\dfrac{1}{x}\right)^2=x^2+\dfrac{1}{x^2}+2$ より，$x^2+\dfrac{1}{x^2}=t^2-2$ であるから

$2t^2-3t+a-4=0$ …①　　**答え** $2t^2-3t+a-4=0$

(2) $x+\dfrac{1}{x}=t$ の分母を払って整理すると，$x^2-tx+1=0$ …②

これが異なる2つの実数解をもつ条件は，$t^2-4\cdot1\cdot1=(t+2)(t-2)>0$

すなわち，$t<-2$，$2<t$ …③

ここで，③の範囲で，$t$ の値1つにつき②を満たす $x$ は2つあり，$t$ の値が異なれば $x$ の値も異なるから(∗)を満たす実数 $x$ が4つ存在するためには①かつ③を満たす異なる2つの実数 $t$ が存在すればよい。

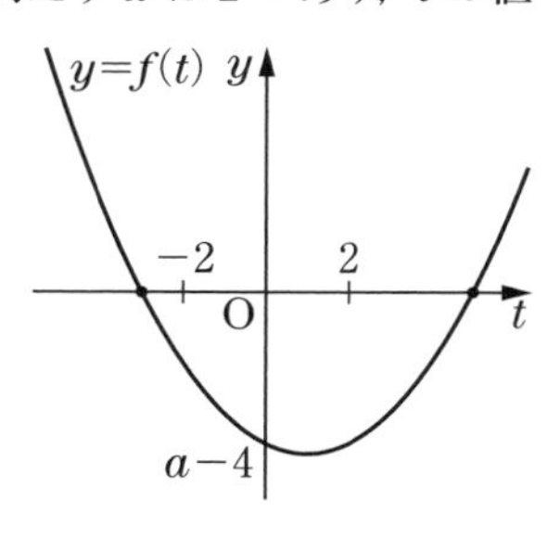


①の左辺を $f(t)$ とするとき，$y=f(t)$ のグラフは下に凸の放物線で軸は直線 $t=\dfrac{3}{4}$ であるから，①が③の範囲で異なる2つの実数解をもつとき，一方は $t<-2$，もう一方は $2<t$ である。

よって，求める条件は $f(-2)<0$ …④ かつ $f(2)<0$ …⑤

$f(-2)=2\cdot(-2)^2-3\cdot(-2)+a-4=10+a<0$ すなわち，$a<-10$

$f(2)=2\cdot2^2-3\cdot2+a-4=-2+a<0$ すなわち，$a<2$

よって，求める $a$ の値の範囲は，$a<-10$　　**答え** $a<-10$

# 練習問題

答え：別冊 p.9 ～ p.12

**1** 多項式 $2x^3+x^2+ax-8$ が $x-2$ で割り切れるように，$a$ の値を定めなさい。

重要
**2** $P(x)$ は2次以上の多項式で，$P(x)$ を $x+2$ で割ったときの余りは $-1$，$x-3$ で割ったときの余りは4です。$P(x)$ を $(x+2)(x-3)$ で割ったときの余りを求めなさい。

重要
**3** 次の方程式を解きなさい。ただし，虚数単位は $i$ を用いるものとします。

(1) $x^4+7x^2-18=0$　　(2) $x(x+1)(x+2)=4\cdot5\cdot6$

**4** 1の3乗根のうち，虚数であるものの1つを $\omega$（オメガ）とするとき，次の値を求めなさい。

(1) $\omega^{20}+\omega^{21}+\omega^{22}+\dfrac{1}{\omega}+\dfrac{1}{\omega^2}$　　(2) $\dfrac{\omega^8+8\omega+1}{\omega^2+1}$

**5** $a$，$b$ を実数とします。3次方程式 $x^3-5x^2+ax+b=0$ の3つの解のうち，1つが $2-3i$ となるように，$a$，$b$ の値を定めなさい。また，そのときの3次方程式の他の解を求めなさい。ただし，$i$ は虚数単位を表します。

重要
**6** 3次方程式 $x^3-3x^2-x+10=0$ の解を $\alpha$, $\beta$, $\gamma$ とするとき，次の値を求めなさい。

(1) $\dfrac{\alpha}{\beta\gamma}+\dfrac{\beta}{\gamma\alpha}+\dfrac{\gamma}{\alpha\beta}$　　(2) $\alpha^3+\beta^3+\gamma^3$

**7** $\alpha=\sqrt[3]{\sqrt{5}+2}$，$\beta=\sqrt[3]{\sqrt{5}-2}$ とするとき，$\alpha-\beta$ は整数であることを証明し，その値を求めなさい。

# 第2章 図形

# 2-1 点と直線

## 1 内分点・外分点と三角形の重心

**チェック!**

**2点間の距離，内分点・外分点の座標…**

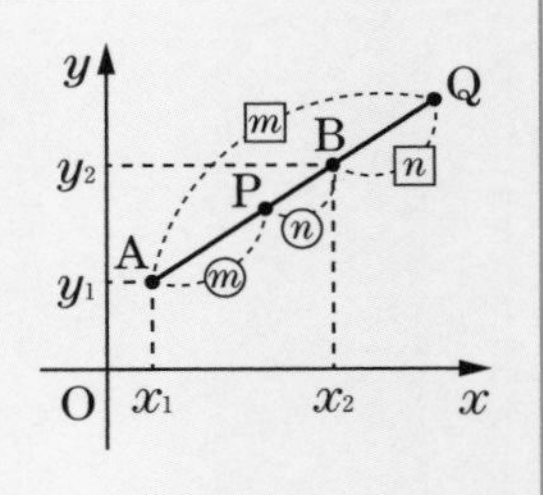


2点 $A(x_1,\ y_1)$，$B(x_2,\ y_2)$について

A，B間の距離は

$\sqrt{(x_2-x_1)^2+(y_2-y_1)^2}$

線分 AB を $m:n$ に内分する点 P の座標は

$$P\left(\frac{nx_1+mx_2}{m+n},\ \frac{ny_1+my_2}{m+n}\right)$$

線分 AB を $m:n$ に外分する点 Q の座標は

$$Q\left(\frac{-nx_1+mx_2}{m-n},\ \frac{-ny_1+my_2}{m-n}\right)$$

とくに，線分 AB の中点 M の座標は

$$M\left(\frac{x_1+x_2}{2},\ \frac{y_1+y_2}{2}\right)$$

**三角形の重心…**

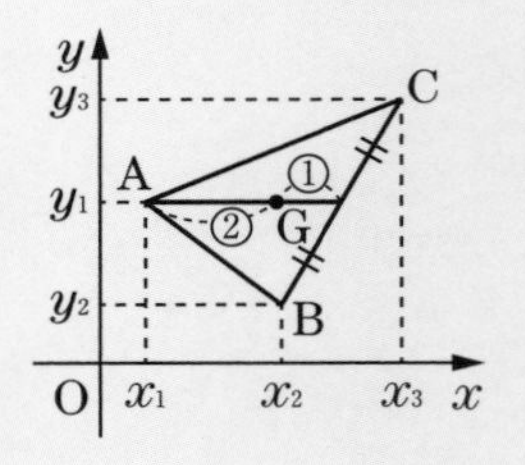


3点 $A(x_1,\ y_1)$，$B(x_2,\ y_2)$，$C(x_3,\ y_3)$を頂点とする△ABC の重心 G の座標は

$$G\left(\frac{x_1+x_2+x_3}{3},\ \frac{y_1+y_2+y_3}{3}\right)$$

**例1**　3点 $A(-1,\ -2)$，$B(5,\ 4)$，$C(2,\ 1)$において

線分 AB を 2：1 に内分する点の座標は

$\left(\frac{1\cdot(-1)+2\cdot5}{2+1},\ \frac{1\cdot(-2)+2\cdot4}{2+1}\right)$より，$(3,\ 2)$

線分 BC を 3：2 に外分する点の座標は

$\left(\frac{-2\cdot5+3\cdot2}{3-2},\ \frac{-2\cdot4+3\cdot1}{3-2}\right)$より，$(-4,\ -5)$

3点 A，B，C を頂点とする△ABC の重心の座標は

$\left(\frac{-1+5+2}{3},\ \frac{-2+4+1}{3}\right)$より，$(2,\ 1)$

## 2 直線の方程式

**チェック!**

直線の方程式…

①点$(x_1,\ y_1)$を通り，傾きが$m$の直線の方程式は

$$y-y_1=m(x-x_1)$$

②異なる2点$\mathrm{A}(x_1,\ y_1)$，$\mathrm{B}(x_2,\ y_2)$を通る直線の方程式は

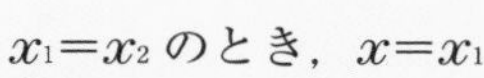

$x_1 \neq x_2$のとき，$y-y_1=\dfrac{y_2-y_1}{x_2-x_1}(x-x_1)$

$x_1=x_2$のとき，$x=x_1$

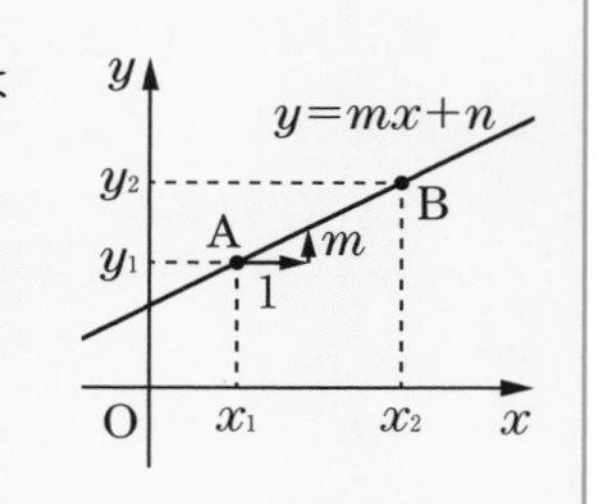


2直線の平行と垂直…

2直線$y=m_1x+n_1$，$y=m_2x+n_2$について

2直線が平行　⇔　$m_1=m_2$

2直線が垂直　⇔　$m_1m_2=-1$

**例1**　点$(4,\ 1)$を通り，傾きが$\dfrac{1}{2}$の直線の方程式は

$y-1=\dfrac{1}{2}(x-4)$すなわち，$y=\dfrac{1}{2}x-1$

## 3 点と直線の距離

**チェック!**

点と直線の距離…

点$\mathrm{A}(x_1,\ y_1)$と直線$ax+by+c=0$の距離$d$は

$$d=\frac{|ax_1+by_1+c|}{\sqrt{a^2+b^2}}$$

とくに，原点Oと直線$ax+by+c=0$の距離$d'$は

$$d'=\frac{|c|}{\sqrt{a^2+b^2}}$$

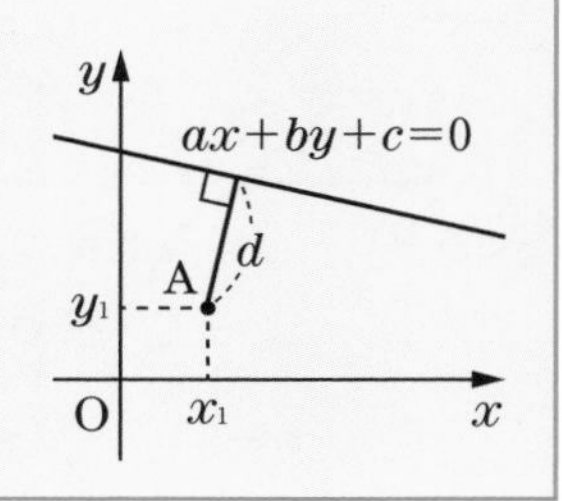


**例1**　点$(-3,\ 5)$と直線$2x+y-9=0$の距離は

$$\frac{|2\cdot(-3)+5-9|}{\sqrt{2^2+1^2}}=\frac{|-10|}{\sqrt{5}}=2\sqrt{5}$$

# 基本問題

3 点 A(3, 0), B(7, 4), C(2, 2)について，次の問いに答えなさい。

(1) 線分 AB を 1：3 に内分する点 P の座標を求めなさい。

(2) 線分 AC を 3：2 に外分する点 Q の座標を求めなさい。

(3) △ABC の重心 G の座標を求めなさい。

ポイント

(1)内分点$\left(\dfrac{nx_1+mx_2}{m+n},\ \dfrac{ny_1+my_2}{m+n}\right)$

(2)外分点$\left(\dfrac{-nx_1+mx_2}{m-n},\ \dfrac{-ny_1+my_2}{m-n}\right)$

(3)重心$\left(\dfrac{x_1+x_2+x_3}{3},\ \dfrac{y_1+y_2+y_3}{3}\right)$

解き方 (1) $\left(\dfrac{3\cdot3+1\cdot7}{1+3},\ \dfrac{3\cdot0+1\cdot4}{1+3}\right)$より，(4, 1) 答え P(4, 1)

(2) $\left(\dfrac{-2\cdot3+3\cdot2}{3-2},\ \dfrac{-2\cdot0+3\cdot2}{3-2}\right)$より，(0, 6) 答え Q(0, 6)

(3) $\left(\dfrac{3+7+2}{3},\ \dfrac{0+4+2}{3}\right)$より，(4, 2) 答え G(4, 2)

重要 2

次の問いに答えなさい。

(1) 点(6, 3)を通り，直線 $y=3x$ に垂直な直線の方程式を求めなさい。

(2) 点(2, −1)と直線 $4x-3y-1=0$ の距離を求めなさい。

(1)傾きが $m_1$, $m_2$ である 2 直線が垂直 ⇔ $m_1m_2=-1$

(2)点$(x_1,\ y_1)$と直線 $ax+by+c=0$ の距離 $d$ は，$d=\dfrac{|ax_1+by_1+c|}{\sqrt{a^2+b^2}}$

解き方 (1) 求める直線の傾きを $m$ とおくと，$3m=-1$ より，$m=-\dfrac{1}{3}$

よって，求める直線の方程式は

$y-3=-\dfrac{1}{3}(x-6)$

$y=-\dfrac{1}{3}x+5$ 答え $y=-\dfrac{1}{3}x+5$

(2) $\dfrac{|4\cdot2-3\cdot(-1)-1|}{\sqrt{4^2+(-3)^2}}=\dfrac{|10|}{5}=2$

答え 2

# 応用問題

重要 **1** 3点A(5，−1)，B(−2，4)，C(−3，−5)について，次のものを求めなさい。

(1) 線分ABの長さ　(2) 直線ABの方程式　(3) △ABCの面積

**考え方** (3)点Cと直線ABの距離が，ABを底辺としたときの△ABCの高さとなります。

**解き方** (1) $AB=\sqrt{(-2-5)^2+\{4-(-1)\}^2}=\sqrt{74}$　**答え** $\sqrt{74}$

(2) 直線ABの方程式は

$$y-(-1)=\frac{4-(-1)}{-2-5}(x-5)$$

$5x+7y-18=0$　**答え** $5x+7y-18=0$

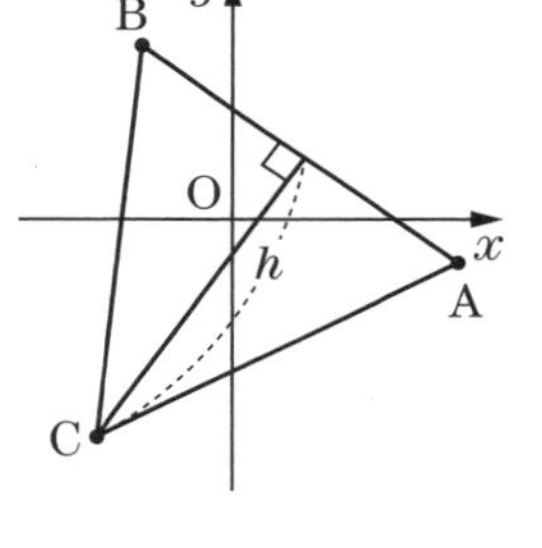


(3) 点Cと直線ABの距離を$h$とする。

$$h=\frac{|5\cdot(-3)+7\cdot(-5)-18|}{\sqrt{5^2+7^2}}=\frac{68}{\sqrt{74}}$$

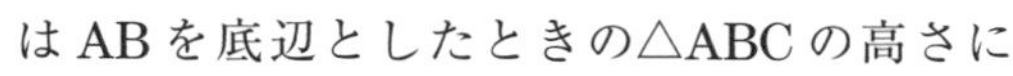

はABを底辺としたときの△ABCの高さに等しいから，求める面積は

$$\frac{1}{2}\cdot AB\cdot h=\frac{1}{2}\cdot\sqrt{74}\cdot\frac{68}{\sqrt{74}}=34$$

**答え** 34

重要 **2** 2直線$2x-y=0$，$x+3y+2=0$の交点と点(4，2)を通る直線の方程式を求めなさい。

**考え方** 方程式$2x-y+k(x+3y+2)=0$（$k$は定数）で表される直線は，2直線$2x-y=0$，$x+3y+2=0$の交点を通ります。

**解き方** 与えられた2直線の交点を通る直線は，定数$k$を用いて

$2x-y+k(x+3y+2)=0$　…①

と表される。これが点(4，2)を通ることから

$2\cdot4-2+k(4+3\cdot2+2)=0$ すなわち，$k=-\frac{1}{2}$

①に代入して，$2x-y-\frac{1}{2}(x+3y+2)=0$ より，$3x-5y-2=0$

**答え** $3x-5y-2=0$

## 練習問題

答え：別冊 p.12 ～ p.13

重要 **1** $xy$ 平面上の2点 $A(-1,\ 2)$，$B(7,\ -2)$ について，次の問いに答えなさい。

(1) 2点A，B間の距離を求めなさい。

(2) 線分 AB を $1:3$ に内分する点Pの座標を求めなさい。

(3) 線分 AB を $1:3$ に外分する点Qの座標を求めなさい。

(4) $\triangle ABC$ の重心Gの座標が $G(3,\ 2)$ となるように，点Cの座標を定めなさい。

重要 **2** $xy$ 平面上の2点 $A(0,\ -2)$，$B(4,\ 4)$ について，次の問いに答えなさい。

(1) 線分 AB の中点Mの座標を求めなさい。

(2) 線分 AB の垂直二等分線の方程式を求めなさい。また，原点からこの直線までの距離を求めなさい。

**3** $xy$ 平面上の2直線 $ax+y=1$，$(a+2)x+ay=2$ が垂直に交わるように，$a$ の値を定めなさい。

**4** $xy$ 平面上に，2点 $A(2,\ 1)$，$B(0,\ -1)$ および放物線 $y=x^2+2$ 上を動く点Pがあります。$\triangle ABP$ の面積が最小となるとき，点Pの座標を求めなさい。

# 2-2 円



## 1 円の方程式

**チェック！**

**円の方程式…**

点 C$(a,\ b)$を中心とする半径 $r$ の円の方程式は

$(x-a)^2+(y-b)^2=r^2$

これを展開して整理すると

$x^2+y^2+\ell x+my+n=0$（$\ell$, $m$, $n$ は定数）

とくに，原点 O を中心とする半径 $r$ の円の方程式は

$x^2+y^2=r^2$

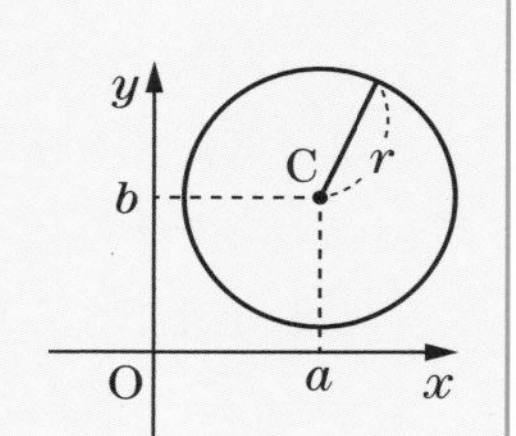


**円の方程式の求め方…**

①円の中心の座標と半径がわかっているとき

$(x-a)^2+(y-b)^2=r^2$ に，円の中心の $x$ 座標，$y$ 座標の値をそれぞれ $a$，$b$ に，半径を $r$ に代入します。

②円周上の 3 点の座標がわかっているとき

$x^2+y^2+\ell x+my+n=0$ に，3 点の $x$ 座標，$y$ 座標の値をそれぞれ代入して，$\ell$, $m$, $n$ に関する連立方程式を導き，それを解きます。

**方程式 $(x-a)^2+(y-b)^2=k$ の表す図形…**

方程式 $(x-a)^2+(y-b)^2=k$ の表す図形は，$k$ の値によって変わります。

$k>0$ のとき，中心$(a,\ b)$，半径 $\sqrt{k}$ の円を表します。

$k=0$ のとき，1 点$(a,\ b)$を表します。

$k<0$ のとき，表す図形はありません。

例 1　方程式 $x^2+y^2+6x-4y-3=0$ で表される円の中心の座標と半径は，次のように求められます。

$x^2+6x+y^2-4y-3=0$

$(x+3)^2-3^2+(y-2)^2-2^2-3=0$

$(x+3)^2+(y-2)^2=16$ ←$a=-3$，$b=2$，$r^2=4^2$

これより，円の中心の座標は$(-3,\ 2)$，半径は 4 とわかります。

**例2**　3点(4，3)，(2，−1)，(−2，1)を通る円の方程式は，次のように求められます。

求める円の方程式は次のように表せます。

$x^2+y^2+\ell x+my+n=0$　…①

①が3点を通ることから

$\begin{cases} 4^2+3^2+4\ell+3m+n=0 \\ 2^2+(-1)^2+2\ell-m+n=0 \\ (-2)^2+1^2-2\ell+m+n=0 \end{cases}$ すなわち，$\begin{cases} 4\ell+3m+n=-25 & \cdots② \\ 2\ell-m+n=-5 & \cdots③ \\ -2\ell+m+n=-5 & \cdots④ \end{cases}$

②，③，④を連立して解くと，$\ell=-2$，$m=-4$，$n=-5$

これらを①に代入すると，求める方程式は，$x^2+y^2-2x-4y-5=0$

これを変形すると，$(x-1)^2+(y-2)^2=10$ となるので，円の中心の座標は(1，2)，半径は$\sqrt{10}$とわかります。

## 2　円と直線の共有点

**チェック！**

**円と直線の共有点…**

円と直線の共有点の座標は，円の方程式と直線の方程式の共通解$(x，y)$です。

**円と直線の共有点の個数…**

円と直線の共有点の個数について考えるのに，次の2つの方法があります。

①円の方程式と直線の方程式から$y$を消去して得られる，$x$の2次方程式の判別式$D$と0の大小関係について考える方法

②円の中心と直線の距離$d$と円の半径$r$の大小関係について考える方法

| ① $D$と0の大小関係 | $D>0$ | $D=0$ | $D<0$ |
|---|---|---|---|
| ② $d$と$r$の大小関係 | $d<r$ | $d=r$ | $d>r$ |
| 円と直線の位置関係 | 異なる2点で交わる<br>($r$, $d$) | 接する<br>($r$, $d$) | 共有点をもたない<br>($r$, $d$) |
| 共有点の個数 | 2個 | 1個 | 0個 |

**例1**　円 $x^2+y^2=5$ と直線 $y=2x+k$ が異なる2点で交わるような定数 $k$ の値の範囲を，判別式を用いて求めます。

$y=2x+k$ を $x^2+y^2=5$ に代入すると

$x^2+(2x+k)^2=5$

$5x^2+4kx+k^2-5=0$

(判別式 $D$) $>0$ より

$\frac{D}{4}=(2k)^2-5(k^2-5)=-k^2+25>0$

よって，求める $k$ の値の範囲は，$-5<k<5$

**例2**　円 $x^2+y^2=5$ と直線 $y=2x+k$ が異なる2点で交わるような定数 $k$ の値の範囲を，円の中心と直線の距離を用いて求めます。

円の中心(0，0)と直線 $2x-y+k=0$ の距離は，円の半径 $\sqrt{5}$ より小さいので

$\frac{|k|}{\sqrt{2^2+(-1)^2}}<\sqrt{5}$　←直線 $ax+by+c=0$ と点 $(x_1,\ y_1)$ との距離は $\frac{|ax_1+by_1+c|}{\sqrt{a^2+b^2}}$

$|k|<5$

よって，求める $k$ の値の範囲は，$-5<k<5$

## 3 円の接線

**チェック!**

円の接線の方程式…

円 $x^2+y^2=r^2$ 上の点 $(x_1,\ y_1)$ における接線の方程式は

$x_1x+y_1y=r^2$

円 $(x-a)^2+(y-b)^2=r^2$ 上の点 $(x_1,\ y_1)$ における接線の方程式は

$(x_1-a)(x-a)+(y_1-b)(y-b)=r^2$

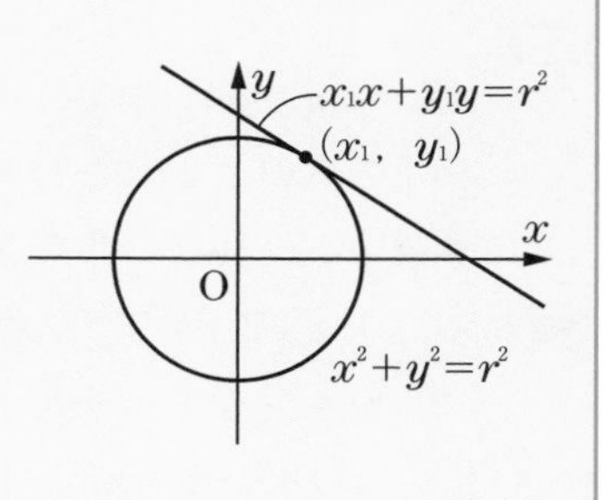


**例1**　円 $(x+1)^2+(y-5)^2=65$ 上の点(3，$-2$)における接線の方程式は

$(3+1)(x+1)+(-2-5)(y-5)=65$ すなわち，$4x-7y=26$

**テスト**　円 $x^2+y^2=25$ 上の点(4，$-3$)における接線の方程式を求めなさい。

**答え**　$4x-3y=25$

# 基本問題

重要

**1** 次の条件を満たす円の方程式を求めなさい。

(1) 点$(1,\ -3)$を中心とし，半径が4である。

(2) 2点$(5,\ 4)$，$(-1,\ 2)$が直径の両端である。

(3) 点$(2,\ -1)$を中心とし，直線$2x+y+2=0$に接する。

**考え方**
(2)直径の中点が円の中心となります。
(3)円の中心と直線の距離が半径に等しいことを用います。

**解き方** (1) $(x-1)^2+\{y-(-3)\}^2=4^2$ すなわち，$(x-1)^2+(y+3)^2=16$

答え $(x-1)^2+(y+3)^2=16$

(2) 2点$(5,\ 4)$，$(-1,\ 2)$を結ぶ線分の中点が中心であり，その座標は

$\left(\dfrac{5-1}{2},\ \dfrac{4+2}{2}\right)=(2,\ 3)$

半径は，$\sqrt{(5-2)^2+(4-3)^2}=\sqrt{10}$

よって，$(x-2)^2+(y-3)^2=10$ 答え $(x-2)^2+(y-3)^2=10$

(3) 半径は，点$(2,\ -1)$と直線$2x+y+2=0$の距離に等しいので

$\dfrac{|2\cdot2-1+2|}{\sqrt{2^2+1^2}}=\dfrac{5}{\sqrt{5}}=\sqrt{5}$

よって，$(x-2)^2+(y+1)^2=5$

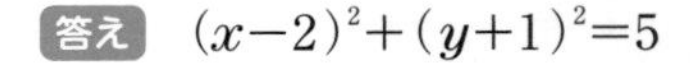

答え $(x-2)^2+(y+1)^2=5$

重要

**2** 円$x^2+y^2=5$について，次の問いに答えなさい。

(1) 円上の点$(1,\ 2)$における接線の方程式を求めなさい。

(2) 直線$y=x-1$との共有点の座標を求めなさい。

**解き方** (1) $1\cdot x+2\cdot y=5$ すなわち，$x+2y=5$ 答え $x+2y=5$

(2) $y=x-1$を$x^2+y^2=5$に代入すると

$x^2+(x-1)^2=5$

$x^2-x-2=0$

$(x+1)(x-2)=0$

$x=-1,\ 2$

$x$の値を直線の方程式に代入することにより，共有点の座標は

$(-1,\ -2)$，$(2,\ 1)$ 答え $(-1,\ -2)$，$(2,\ 1)$

## 応用問題

**1** 方程式 $x^2-2kx+y^2+4y-2k+5=0$ が円を表すように，$k$ の値の範囲を定めなさい。



**考え方**
方程式 $(x-a)^2+(y-b)^2=k$ が表す図形について
$k>0$ ならば，中心 $(a,\ b)$，半径 $\sqrt{k}$ の円を表します。
$k=0$ ならば，1点 $(a,\ b)$ を表します。
$k<0$ ならば，表す図形はありません。

**解き方** $x^2-2kx+y^2+4y-2k+5=0$ より，$(x-k)^2-k^2+(y+2)^2-2^2-2k+5=0$

$(x-k)^2+(y+2)^2=k^2+2k-1$

これが円を表すための条件は，$k^2+2k-1>0$ より

$k<-1-\sqrt{2}$，$-1+\sqrt{2}<k$ **答え** $k<-1-\sqrt{2}$，$-1+\sqrt{2}<k$

重要
**2** 点 $(-4,\ 2)$ を通り，円 $x^2+y^2=10$ に接する直線の方程式を求めなさい。

**考え方**
接点の座標を $(x_1,\ y_1)$ とおいて，円の接線 $x_1x+y_1y=10$ が点 $(-4,\ 2)$ を通ることから，$x_1$，$y_1$ に関する方程式を導きます。

**解き方** 接点の座標を $(x_1,\ y_1)$ とおくと，$x_1^2+y_1^2=10$ …①

接線の方程式は $x_1x+y_1y=10$ …②と表せ，これが点 $(-4,\ 2)$ を通るので

$-4x_1+2y_1=10$ すなわち，$y_1=2x_1+5$ …③

③を①に代入して，$x_1^2+(2x_1+5)^2=10$

$x_1^2+4x_1+3=0$ より，$x_1=-3$，$-1$

それぞれ③に代入することにより

$(x_1,\ y_1)=(-3,\ -1)$，$(-1,\ 3)$

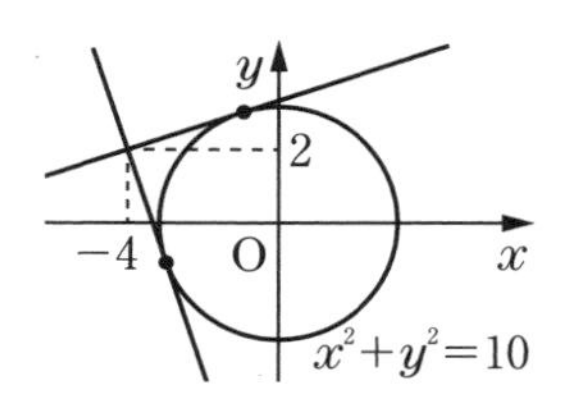


それぞれ②に代入して

$-3x-y=10$ すなわち，$3x+y+10=0$

$-x+3y=10$ すなわち，$x-3y+10=0$

以上より，求める接線の方程式は，$3x+y+10=0$，$x-3y+10=0$

**答え** $3x+y+10=0$，$x-3y+10=0$

# 練習問題

答え：別冊 p.14 ～ p.16

重要 **1** $xy$ 平面上の円が次の条件を満たすとき，その方程式を求めなさい。

(1) 点$(-4,\ 2)$を中心とし，半径が $2\sqrt{5}$ である円

(2) 中心が $x$ 軸上にあり，2 点$(-1,\ 2)$，$(4,\ -3)$を通る円

(3) 3 点$(2,\ 2)$，$(6,\ 0)$，$(5,\ -7)$を通る円

**2** $xy$ 平面において，次の方程式はどのような図形を表しますか。

$x^2+y^2+4x-8y+20=0$

重要 **3** $xy$ 平面上の直線 $y=3x+k$ が円$(x-1)^2+y^2=25$ と異なる 2 つの共有点をもつように，$k$ の値の範囲を定めなさい。

重要 **4** $xy$ 平面上の点$(2,\ 4)$を通り，円 $x^2+y^2=4$ に接する直線の方程式を求めなさい。

**5** $xy$ 平面上の円 $x^2+y^2=9$ と直線 $y=-2x+5$ は 2 点 A，B で交わります。このとき，線分 AB の長さを求めなさい。

重要 **6** $xy$ 平面において，中心が点$(4,\ 3)$で，円 $(x-1)^2+(y+1)^2=4$ に接する円の方程式を求めなさい。

# 2-3 軌跡と領域



**チェック!**

軌跡…与えられた条件を満たす点全体が表す図形

軌跡の求め方…

・点Pの軌跡を求めるとき，点Pの座標を$(x,\ y)$として，与えられた条件を$x$，$y$の関係式で表し，それがどのような図形を表すか調べます。

・その図形上の任意の点Pが，与えられた条件を満たすかどうかを確かめます。

**例1**　2点A(1，5)，B(3，−1)から等距離にある点Pの軌跡は次のように求めます。

$P(x,\ y)$とすると，$AP^2=BP^2$より

$(x-1)^2+(y-5)^2=(x-3)^2+(y+1)^2$ すなわち，$4x-12y+16=0$

よって，求める軌跡は，直線$x-3y+4=0$となります。

**チェック!**

領域…不等式を満たす点$(x,\ y)$全体の集合

直線を境界線とする領域…

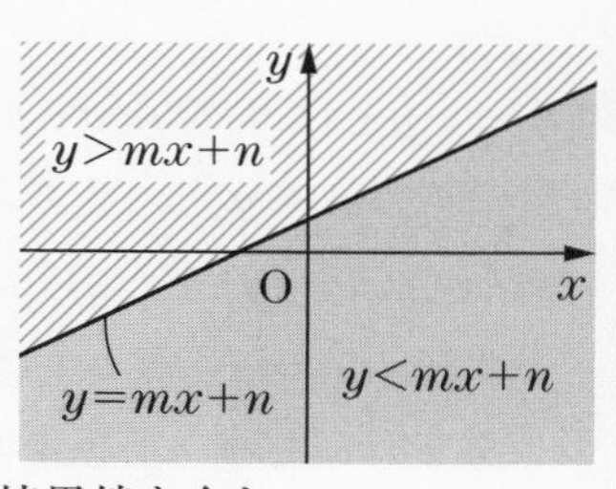


①不等式$y>mx+n$で表される領域は，直線$y=mx+n$の上側

②不等式$y<mx+n$で表される領域は，直線$y=mx+n$の下側

$y\geqq mx+n$や$y\leqq mx+n$で表される領域は，境界線を含む。

円を境界線とする領域…

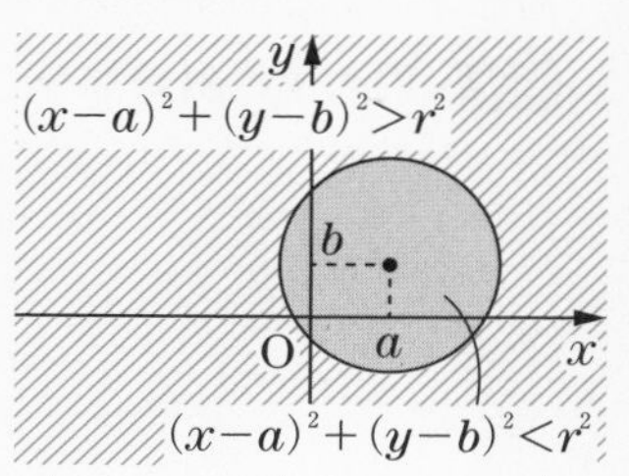


①不等式$(x-a)^2+(y-b)^2<r^2$で表される領域は，円$(x-a)^2+(y-b)^2=r^2$の内部

②不等式$(x-a)^2+(y-b)^2>r^2$で表される領域は，円$(x-a)^2+(y-b)^2=r^2$の外部

$(x-a)^2+(y-b)^2\leqq r^2$や

$(x-a)^2+(y-b)^2\geqq r^2$で表される領域は，境界線を含む。

# 基本問題

**重要**

**1**　2点A$(-2,\ 0)$，B$(1,\ 0)$について，PA：PB$=2:1$を満たす点Pの軌跡を求めなさい。

**解き方**　点Pの座標を$(x,\ y)$とする。

PA：PB$=2:1$より，$PA^2=2^2PB^2$であるから

$(x+2)^2+y^2=4\{(x-1)^2+y^2\}$

$3x^2-12x+3y^2=0$

$x^2-4x+y^2=0$

$(x-2)^2+y^2=2^2$

よって，求める軌跡は，点$(2,\ 0)$を中心とする半径2の円である。

**答え**　点$(2,\ 0)$を中心とする半径2の円

**2**　次の連立不等式の表す領域を図示しなさい。

$$\begin{cases} x-y+4 \leqq 0 \\ (x-1)^2+(y-2)^2 \leqq 17 \end{cases}$$

**考え方**　それぞれの不等式の表す領域の共通部分を考えます。

**解き方**　$x-y+4\leqq 0$は$y\geqq x+4$と表されるから，この不等式は直線$y=x+4$およびその上側を表す。

$(x-1)^2+(y-2)^2\leqq 17$は，点$(1,\ 2)$を中心とする半径$\sqrt{17}$の円の周および内部を表す。

与えられた連立不等式の表す領域はこれらの共通部分である。

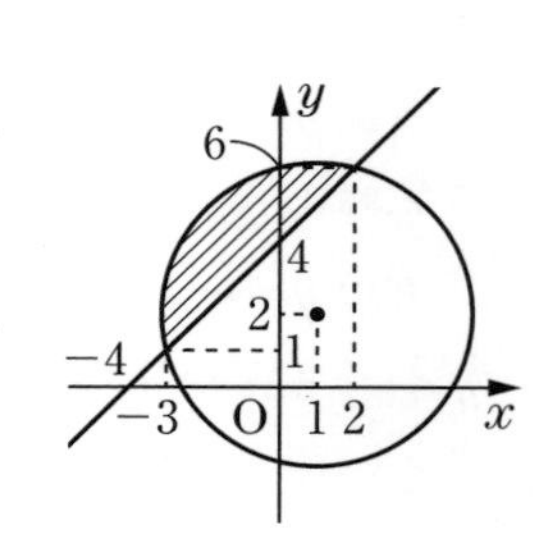


**答え**　右の図の斜線部分，ただし，境界線を含む。

## 応用問題

重要 **1** 点 A(0, 2) があり，点 Q が直線 $y=2x-4$ 上を動くとき，線分 AQ の中点 P の軌跡を求めなさい。

**考え方** Q$(s, t)$，P$(x, y)$ として $s$，$t$，$x$，$y$ の間の関係式を導きます。$s$，$t$ を消去して $x$ と $y$ だけの式で表します。

**解き方** Q$(s, t)$ とすると，点 Q は直線 $y=2x-4$ 上の点であるから

$t=2s-4$　…①

P$(x, y)$ とすると，点 P は線分 AQ の中点より，$x=\dfrac{0+s}{2}$，$y=\dfrac{2+t}{2}$

それぞれ $s$，$t$ について解くと，$s=2x$　…②，$t=2y-2$　…③

②，③を①に代入すると，$2y-2=2\cdot 2x-4$ すなわち，$y=2x-1$

よって，求める軌跡は，直線 $y=2x-1$ である。 **答え** 直線 $y=2x-1$

重要 **2** $x$，$y$ が 4 つの不等式 $x\geqq 0$，$y\geqq 0$，$y\leqq -3x+9$，$y\leqq -\dfrac{1}{2}x+4$ を満たすとき，$x+y$ の最大値と最小値，およびそのときの $x$，$y$ の値を求めなさい。

**考え方** $x+y=k$ とおいて，$k$ の図形的な意味に着目します。

**解き方** 連立不等式の表す領域 $D$ は右の図の斜線部分である。ただし，境界線を含む。

ここで，$x+y=k$　…①とおくと，①は $y=-x+k$ と変形され，傾きが $-1$，$y$ 切片が $k$ の直線を表すから，直線①が $D$ と共有点をもつような $k$（$y$ 切片）の最大値および最小値を考えればよい。

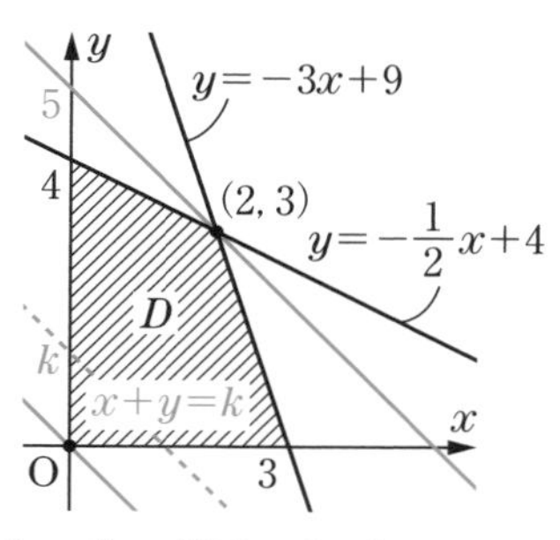


直線①が点(2, 3)を通るとき $k$ が最大となり，その値は，$2+3=5$

直線①が原点(0, 0)を通るとき $k$ が最小となり，その値は，$0+0=0$

よって，$x+y$ は $x=2$，$y=3$ のとき最大値 5，$x=y=0$ のとき最小値 0 をとる。 **答え** $x=2$，$y=3$ のとき最大値 5，$x=y=0$ のとき最小値 0

# 発展問題

**1** 定数 $a$ がすべての実数値をとるとき，直線 $y=ax+a^2$ が通過する領域を求め，図示しなさい。

**考え方** 与式を $a$ の 2 次方程式とみなし，それが実数解をもつ条件を考えます。

**解き方** この直線が点$(X,\ Y)$を通るとすると，$Y=aX+a^2$

これを $a$ について整理すると，$a^2+Xa-Y=0$　…①

①を満たす実数 $a$ が存在することから，$a$ の 2 次方程式①の判別式を $D$ とすると，$D\geqq 0$ より

$D=X^2+4Y\geqq 0$ すなわち，$Y\geqq -\dfrac{1}{4}X^2$

逆に，$Y\geqq -\dfrac{1}{4}X^2$ のとき，実数 $a$ の値を適当に定めると，直線は点$(X,\ Y)$を通る。

よって，求める領域は，$y\geqq -\dfrac{1}{4}x^2$ である。

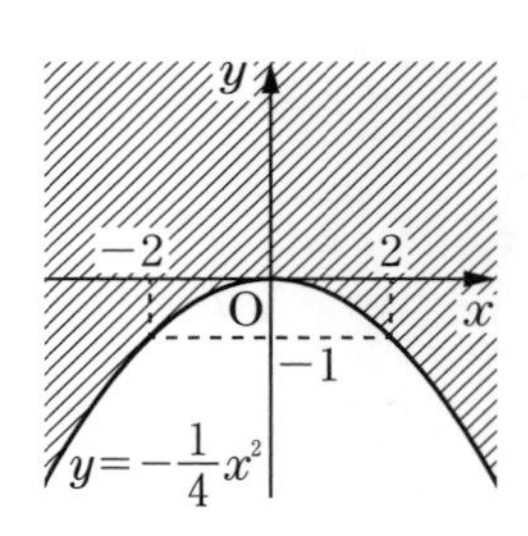


**答え** 右の図の斜線部分，ただし，境界線を含む。

**2** 実数 $x$，$y$ が不等式 $x^2+y^2\leqq 1$ を満たしながら変化するとき，$X=x+y$，$Y=xy$ によって定められる点$(X,\ Y)$の存在範囲を求め，図示しなさい。

**解き方** $X=x+y$　…①，$Y=xy$　…②より，$x^2+y^2=(x+y)^2-2xy=X^2-2Y$

$x^2+y^2\leqq 1$ であるから，$X^2-2Y\leqq 1$ すなわち，$Y\geqq \dfrac{1}{2}X^2-\dfrac{1}{2}$　…③

一方，①，②より，$x$，$y$ は $t$ の 2 次方程式 $t^2-Xt+Y=0$ の実数解であるから，判別式を $D$ とすると，$D\geqq 0$ より

$D=X^2-4Y\geqq 0$ すなわち，$Y\leqq \dfrac{1}{4}X^2$　…④

③，④より，求める領域は，$y\geqq \dfrac{1}{2}x^2-\dfrac{1}{2}$，$y\leqq \dfrac{1}{4}x^2$ の表す領域の共通部分である。

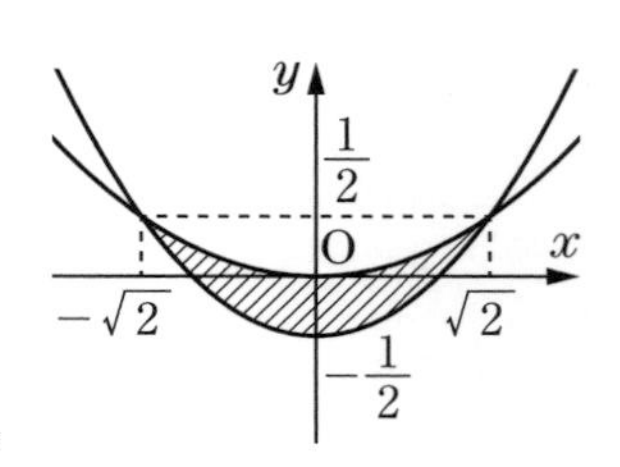


**答え** 右の図の斜線部分，ただし，境界線を含む。

# 練習問題

答え：別冊 p.17 ～ p.19



重要 **1** 　$xy$ 平面上の 2 点 A(0，1)，B(0，−3) について，次の問いに答えなさい。

(1) 2 点 A，B から等距離にある点 P の軌跡を求めなさい。

(2) QA：QB=3：1 を満たす点 Q の軌跡を求めなさい。

重要 **2** 　$xy$ 平面において，点 A(6，0) と円 $x^2+y^2=16$ 上を動く点 Q があります。線分 AQ の中点 P の軌跡を求めなさい。

**3** 　$xy$ 平面において，直線 $y=2x$ 上を動く点 A があります。直線 $y=x+1$ に関して，点 A と対称な点を P とするとき，P の軌跡を求めなさい。

**4** 　次の不等式で表される領域を $xy$ 平面に図示しなさい。

(1) $x^2+y^2-4x+2y<0$　　(2) $(x-y)(2x+y+3)\geqq 0$

重要 **5** 　$xy$ 平面において，実数 $x$，$y$ が 2 つの不等式 $x^2+y^2\leqq 25$，$y\geqq 0$ を満たすとき，$3x+4y$ の最大値と最小値，およびそのときの $x$，$y$ の値を求めなさい。

**6** 　ある工場では製品 X，Y を作っており，これらの製品 1kg を作るために必要な原料 A，B およびそれぞれの原料の在庫は右の表のようになっています。

| | 原料 A | 原料 B |
|---|---|---|
| 製品 X | 2.4kg | 1.2kg |
| 製品 Y | 1.8kg | 2.4kg |
| 在庫 | 18kg | 12kg |

製品 X，Y 1kg あたりの利益は，それぞれ 4 万円，5 万円です。利益を最大にするには，X，Y それぞれ何 kg 作ればよいですか。また，そのときの利益はいくらですか。

# 2-4 ベクトル

## 1 ベクトルとその演算

**☑チェック!**

**有向線分**…線分 AB に A から B へと向きを定めたもの

**ベクトル**…有向線分について，その位置を問題にせず，
向きと大きさだけで定まる量

B 終点
$\overrightarrow{\mathrm{AB}}$
A 始点

**ベクトルの表し方**…

有向線分 AB によって定められるベクトルを，記号「→」を用いて $\overrightarrow{\mathrm{AB}}$ と表します。このとき，A を**始点**，B を**終点**といいます。ベクトルは１つの文字で $\vec{a}$ のように表すこともあります。

**ベクトルの大きさ**…ベクトルの長さのことをベクトルの大きさといい，$\vec{a}$ の大きさを $|\vec{a}|$ と表します。

**ベクトルの相等**…２つのベクトル $\vec{a}$，$\vec{b}$ が向きも大きさも等しいとき，２つのベクトルは**等しい**といい，$\vec{a}=\vec{b}$ と表します。

**例１**　１辺の長さが１の正六角形 ABCDEF について

$\overrightarrow{\mathrm{AB}}=\overrightarrow{\mathrm{ED}}$ ←正六角形の向かいあう辺は平行で，長さが等しい

また，$|\overrightarrow{\mathrm{AB}}|=1$，$|\overrightarrow{\mathrm{FC}}|=2$ が成り立ちます。

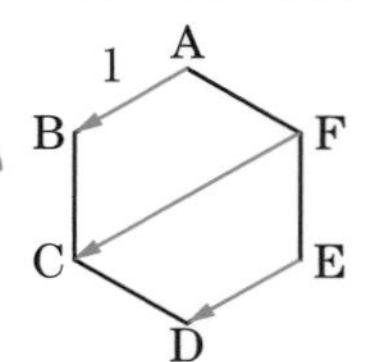


**☑チェック!**

**逆ベクトル**…$\vec{a}$ と大きさが等しく，向きは逆であるベクトルを，$\vec{a}$ の逆ベクトルといい，$-\vec{a}$ と表します。

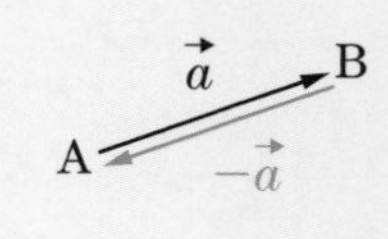


**零ベクトル**…始点と終点が一致したベクトルを零ベクトルといい，$\vec{0}$ と表します（$\overrightarrow{\mathrm{AA}}=\vec{0}$）。$\vec{0}$ の大きさは０です。

**単位ベクトル**…大きさが１であるベクトルを単位ベクトルといいます。$\vec{a}$ と平行な単位ベクトルは $\pm\dfrac{\vec{a}}{|\vec{a}|}$ となります。

**例１**　$\overrightarrow{\mathrm{AB}}$ の逆ベクトル $-\overrightarrow{\mathrm{AB}}$ について，$-\overrightarrow{\mathrm{AB}}=\overrightarrow{\mathrm{BA}}$ が成り立ちます。

**☑チェック！**

**ベクトルの加法，減法，実数倍…**

$\overrightarrow{AB}$，$\overrightarrow{BC}$ に対して，$\overrightarrow{AC}$ を $\overrightarrow{AB}$ と $\overrightarrow{BC}$ の**和**といい，$\overrightarrow{AB}+\overrightarrow{BC}=\overrightarrow{AC}$ で表します。2つのベクトル $\vec{a}$，$\vec{b}$ に対して，$\vec{a}-\vec{b}=\vec{a}+(-\vec{b})$ を，$\vec{a}$ から $\vec{b}$ をひいた**差**といいます。$\overrightarrow{AB}+\overrightarrow{BC}=\overrightarrow{AC}$ より，$\overrightarrow{BC}=\overrightarrow{AC}-\overrightarrow{AB}$ が成り立ちます。

$\overrightarrow{AB}+\overrightarrow{BC}=\overrightarrow{AC}$ より
$\overrightarrow{BC}=\overrightarrow{AC}-\overrightarrow{AB}$

$\vec{0}$ でない $\vec{a}$ と正の実数 $k$ に対して

① $k\vec{a}$ は $\vec{a}$ と同じ向きで，大きさが $k$ 倍のベクトル

② $-k\vec{a}$ は $\vec{a}$ と逆向きで，大きさが $k$ 倍のベクトル

ただし，$k\vec{0}=-k\vec{0}=\vec{0}$ と定義します。

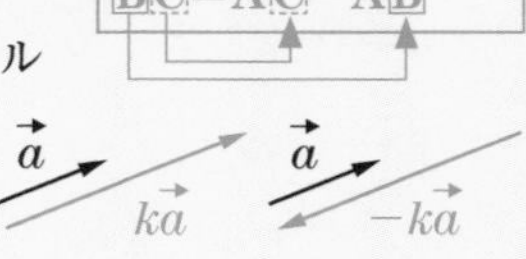


**ベクトルの平行…**

$\vec{0}$ でない2つのベクトル $\vec{a}$，$\vec{b}$ について

$\vec{a} /\!/ \vec{b} \iff \vec{b}=k\vec{a}$ となる実数 $k$ が存在する。

例1　$(\vec{a}+2\vec{b})+3(\vec{a}-\vec{b})=\vec{a}+2\vec{b}+3\vec{a}-3\vec{b}=4\vec{a}-\vec{b}$

例2　平行四辺形ABCDにおいて，$\overrightarrow{AB}=\vec{b}$，$\overrightarrow{AD}=\vec{d}$，BCの中点をMとすると

$\overrightarrow{AC}=\overrightarrow{AB}+\overrightarrow{BC}=\overrightarrow{AB}+\overrightarrow{AD}=\vec{b}+\vec{d}$

$\overrightarrow{CM}=-\overrightarrow{BM}=-\frac{1}{2}\overrightarrow{BC}=-\frac{1}{2}\overrightarrow{AD}=-\frac{1}{2}\vec{d}$

$\overrightarrow{DB}=\overrightarrow{AB}-\overrightarrow{AD}=\vec{b}-\vec{d}$

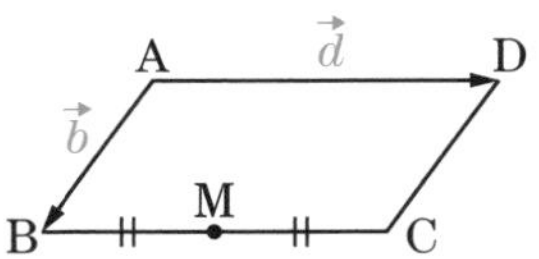


## 2 ベクトルの成分と大きさ

**☑チェック！**

**成分表示…**

座標平面上で，原点Oを始点，点A$(a_1, a_2)$を終点とするベクトル $\vec{a}=\overrightarrow{OA}$ を $\vec{a}=(a_1, a_2)$で表し，$a_1$ を **$x$ 成分**，$a_2$ を **$y$ 成分**といいます。座標空間内のベクトルには **$z$ 成分**が加わり，$\vec{a}=(a_1, a_2, a_3)$となります。

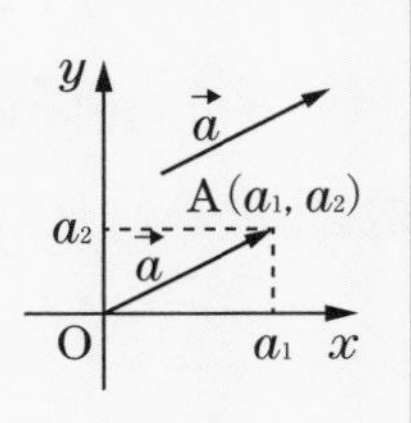


**成分表示されたベクトルの大きさ…**

$\vec{a}=(a_1, a_2)$の大きさは，$|\vec{a}|=\sqrt{a_1^2+a_2^2}$

$\vec{a}=(a_1, a_2, a_3)$の大きさは，$|\vec{a}|=\sqrt{a_1^2+a_2^2+a_3^2}$

☑ チェック！

**成分によるベクトルの加法，減法，実数倍…**

座標平面上のベクトルの加法，減法，実数倍は，次のように各成分ごとに行えます。$z$ 成分が加わった座標空間内のベクトルについても同様の演算が成り立ちます。

$\vec{a}=(a_1,\ a_2)$，$\vec{b}=(b_1,\ b_2)$および実数 $k$ について

$\vec{a}+\vec{b}=(a_1+b_1,\ a_2+b_2)$　　$\vec{a}-\vec{b}=(a_1-b_1,\ a_2-b_2)$　　$k\vec{a}=(ka_1,\ ka_2)$

例 1　$\vec{a}=(-2,\ 5)$，$\vec{b}=(6,\ 9)$のとき

$2\vec{a}-\frac{4}{3}\vec{b}=\left(2\times(-2)-\frac{4}{3}\times6,\ 2\times5-\frac{4}{3}\times9\right)=(-12,\ -2)$

また，$\left|2\vec{a}-\frac{4}{3}\vec{b}\right|=\sqrt{(-12)^2+(-2)^2}=2\sqrt{37}$

## 3 内積

☑ チェック！

**ベクトルの内積…**

$\vec{0}$ でない 2 つのベクトル $\vec{a}$ と $\vec{b}$ のなす角が $\theta(0^\circ\leqq\theta\leqq180^\circ)$ のとき，

$|\vec{a}||\vec{b}|\cos\theta$ を $\vec{a}$ と $\vec{b}$ の**内積**といい，記号「・」を用いて $\vec{a}\cdot\vec{b}$ と表します。

ただし，$\vec{a}=\vec{0}$ または $\vec{b}=\vec{0}$ のときは，$\vec{a}\cdot\vec{b}=0$ とします。

**成分表示と内積…**

$\vec{a}=(a_1,\ a_2)$，$\vec{b}=(b_1,\ b_2)$について，$\vec{a}\cdot\vec{b}=a_1b_1+a_2b_2$

$\vec{a}=(a_1,\ a_2,\ a_3)$，$\vec{b}=(b_1,\ b_2,\ b_3)$について，$\vec{a}\cdot\vec{b}=a_1b_1+a_2b_2+a_3b_3$

例 1　$\vec{a}$ と $\vec{b}$ のなす角が $45^\circ$ で，$|\vec{a}|=4$，$|\vec{b}|=1$ のとき

$\vec{a}\cdot\vec{b}=|\vec{a}||\vec{b}|\cos45^\circ=4\times1\times\frac{\sqrt{2}}{2}=2\sqrt{2}$ ←内積の計算結果は，実数になる。

例 2　$\vec{a}=(2,\ 4)$，$\vec{b}=(3,\ -2)$のとき

$\vec{a}\cdot\vec{b}=2\times3+4\times(-2)=-2$

テスト　1 辺の長さが 3 の正三角形 OAB において，内積 $\overrightarrow{OA}\cdot\overrightarrow{OB}$ を求めなさい。

答え　$\frac{9}{2}$

**チェック！**

**内積の基本性質…**

$\vec{a}\cdot\vec{b}=\vec{b}\cdot\vec{a}$　　$\vec{a}\cdot\vec{a}=|\vec{a}|^2$

$\vec{a}\cdot(\vec{b}+\vec{c})=\vec{a}\cdot\vec{b}+\vec{a}\cdot\vec{c}$　　$(\vec{a}+\vec{b})\cdot(\vec{c}+\vec{d})=\vec{a}\cdot\vec{c}+\vec{a}\cdot\vec{d}+\vec{b}\cdot\vec{c}+\vec{b}\cdot\vec{d}$

**ベクトルのなす角…**

$\vec{0}$でない2つのベクトル$\vec{a}$・$\vec{b}$のなす角$\theta$（$0^\circ \leqq \theta \leqq 180^\circ$）について

$$\cos\theta=\frac{\vec{a}\cdot\vec{b}}{|\vec{a}||\vec{b}|}$$

**ベクトルの垂直…**

$\vec{0}$でない2つのベクトル$\vec{a}$，$\vec{b}$について，$\vec{a}\perp\vec{b} \iff \vec{a}\cdot\vec{b}=0$

**例1**　2つのベクトル$\vec{a}$，$\vec{b}$とそのなす角$\theta$について，$|\vec{a}|=3$，$|\vec{b}|=4$，$\theta=120^\circ$のとき

$$\begin{aligned}|2\vec{a}+\vec{b}|^2&=(2\vec{a}+\vec{b})\cdot(2\vec{a}+\vec{b})\\&=4\vec{a}\cdot\vec{a}+4\vec{a}\cdot\vec{b}+\vec{b}\cdot\vec{b}\\&=4|\vec{a}|^2+4|\vec{a}||\vec{b}|\cos120^\circ+|\vec{b}|^2 \quad \leftarrow \vec{a}\cdot\vec{a}=|\vec{a}|^2,\ \vec{a}\cdot\vec{b}=|\vec{a}||\vec{b}|\cos\theta\\&=4\times3^2+4\times3\times4\times\left(-\frac{1}{2}\right)+4^2\\&=28\end{aligned}$$

$|2\vec{a}+\vec{b}|\geqq0$より，$|2\vec{a}+\vec{b}|=2\sqrt{7}$

**例2**　2つのベクトル$\vec{a}$，$\vec{b}$について，$|\vec{a}|=5$，$|\vec{b}|=3$，$\vec{a}\cdot\vec{b}=10$のとき，$\vec{a}$と$\vec{b}$のなす角$\theta$（$0^\circ \leqq \theta \leqq 180^\circ$）について

$$\cos\theta=\frac{\vec{a}\cdot\vec{b}}{|\vec{a}||\vec{b}|}=\frac{10}{5\times3}=\frac{2}{3}$$

**例3**　$\vec{a}=(6,\ 2)$，$\vec{b}=(1,\ -3)$はいずれも$\vec{0}$でなく

$\vec{a}\cdot\vec{b}=6\times1+2\times(-3)=0$

が成り立つから，$\vec{a}\perp\vec{b}$

**テスト**　次の問いに答えなさい。

(1)　2つのベクトル$\vec{a}$，$\vec{b}$とそのなす角$\theta$について，$|\vec{a}|=3$，$|\vec{b}|=\sqrt{3}$，$\theta=150^\circ$のとき，$|3\vec{a}-2\vec{b}|$を求めなさい。

(2)　2つのベクトル$\vec{a}=(p,\ 3)$，$\vec{b}=(p-1,\ -4)$が垂直であるとき，定数$p$の値を求めなさい。

**答え**　(1)　$7\sqrt{3}$　(2)　$p=4,\ -3$

# 4 位置ベクトル

## ☑チェック！

**位置ベクトル…**

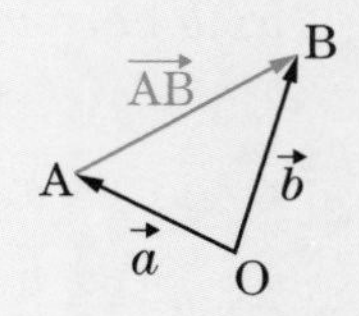


平面上もしくは空間内で，2点O，Aが与えられたとき，$\vec{a}=\overrightarrow{OA}$ を点Aの点Oに対する位置ベクトルといい，A$(\vec{a})$ で表します。また，2点A$(\vec{a})$，B$(\vec{b})$が与えられているとき，任意の点Oに対して，$\overrightarrow{AB}=\vec{b}-\vec{a}$ が成り立ちます。

**内分点，外分点，重心の位置ベクトル…**

異なる2点A$(\vec{a})$，B$(\vec{b})$と直線AB上にない点C$(\vec{c})$について

線分ABを $m:n$ に内分する点Pの位置ベクトル $\vec{p}$ は，$\vec{p}=\dfrac{n\vec{a}+m\vec{b}}{m+n}$

線分ABを $m:n$ に外分する点Qの位置ベクトル $\vec{q}$ は，$\vec{q}=\dfrac{-n\vec{a}+m\vec{b}}{m-n}$

△ABCの重心Gの位置ベクトル $\vec{g}$ は，$\vec{g}=\dfrac{\vec{a}+\vec{b}+\vec{c}}{3}$

**3点が同一直線上にある条件…**

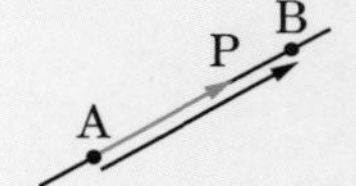


異なる2点A$(\vec{a})$，B$(\vec{b})$およびP$(\vec{p})$について

点Pが直線AB上にある　⇔　$\overrightarrow{AP}=t\overrightarrow{AB}$ を満たす実数 $t$ が存在する

$\overrightarrow{OP}=(1-t)\overrightarrow{OA}+t\overrightarrow{OB}$ より，$\vec{p}=s\vec{a}+t\vec{b}$($s$，$t$ は実数，$s+t=1$)と表せます。

**4点が同一平面上にある条件…**

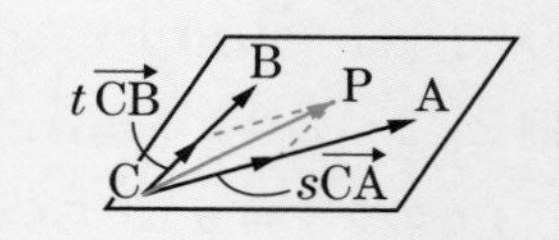


同一直線上にない3点A$(\vec{a})$，B$(\vec{b})$，C$(\vec{c})$および P$(\vec{p})$について

点Pが平面ABC上にある⇔$\overrightarrow{CP}=s\overrightarrow{CA}+t\overrightarrow{CB}$ を満たす実数 $s$，$t$ が存在する

$\overrightarrow{OP}=s\overrightarrow{OA}+t\overrightarrow{OB}+(1-s-t)\overrightarrow{OC}$ より，

$\vec{p}=s\vec{a}+t\vec{b}+u\vec{c}$($s$，$t$，$u$ は実数，$s+t+u=1$)と表せます。

**三角形の面積…**

異なる3点O，A，Bについて，$\overrightarrow{OA}=\vec{a}$，$\overrightarrow{OB}=\vec{b}$ とするとき，△OABの面積 $S$ は，$S=\dfrac{1}{2}\sqrt{|\vec{a}|^2|\vec{b}|^2-(\vec{a}\cdot\vec{b})^2}$

とくに，$\overrightarrow{OA}=(a_1,\ a_2)$，$\overrightarrow{OB}=(b_1,\ b_2)$のとき，$S=\dfrac{1}{2}|a_1b_2-a_2b_1|$

## 基本問題

**1** $\vec{x}+2\vec{a}=4\vec{b}-\vec{x}$ を満たすベクトル $\vec{x}$ を，$\vec{a}$，$\vec{b}$ を用いて表しなさい。

**解き方** $2\vec{x}=-2\vec{a}+4\vec{b}$ より，$\vec{x}=-\vec{a}+2\vec{b}$

**答え** $\vec{x}=-\vec{a}+2\vec{b}$



**2** 2点A(1，1)，B(3，2)の位置ベクトルをそれぞれ $\vec{a}$，$\vec{b}$ とするとき，次の問いに答えなさい。

(1) $3(\vec{a}-2\vec{b})-2(\vec{a}-\vec{b})$ を成分表示しなさい。

(2) $\vec{c}=(7,\ 4)$ を $\vec{a}$，$\vec{b}$ を用いて表しなさい。

(3) O(0，0)とします。△OABの面積 $S$ を求めなさい。

**ポイント** 3点O(0，0)，A($a_1$，$a_2$)，B($b_1$，$b_2$)について，$\triangle OAB=\frac{1}{2}|a_1b_2-a_2b_1|$

**解き方** (1) $3(\vec{a}-2\vec{b})-2(\vec{a}-\vec{b})=\vec{a}-4\vec{b}=(-11,\ -7)$

**答え** $(-11,\ -7)$

(2) $\vec{c}=s\vec{a}+t\vec{b}$（$s$，$t$ は実数）とおくと，$\vec{c}=(s+3t,\ s+2t)$ と表される。

$\vec{c}=(7,\ 4)$ より，$s+3t=7$，$s+2t=4$

よって，$s=-2$，$t=3$ から，$\vec{c}=-2\vec{a}+3\vec{b}$

**答え** $\vec{c}=-2\vec{a}+3\vec{b}$

(3) $\overrightarrow{OA}=(1,\ 1)$，$\overrightarrow{OB}=(3,\ 2)$ より

$S=\frac{1}{2}|1\times2-1\times3|=\frac{1}{2}$

**答え** $S=\frac{1}{2}$

**重要** **3** 2つのベクトル $\vec{a}=(3,\ 1)$，$\vec{b}=(-4,\ 2)$ について，次の問いに答えなさい。

(1) $\vec{a}$ と $\vec{b}$ の内積 $\vec{a}\cdot\vec{b}$ を求めなさい。

(2) $\vec{a}$ と $\vec{b}$ のなす角 $\theta$ $(0^\circ\leqq\theta\leqq180^\circ)$ を求めなさい。

**解き方** (1) $\vec{a}\cdot\vec{b}=3\times(-4)+1\times2=-10$

**答え** $\vec{a}\cdot\vec{b}=-10$

(2) $|\vec{a}|=\sqrt{3^2+1^2}=\sqrt{10}$，$|\vec{b}|=\sqrt{(-4)^2+2^2}=2\sqrt{5}$

これと(1)より，$\cos\theta=\frac{\vec{a}\cdot\vec{b}}{|\vec{a}||\vec{b}|}=\frac{-10}{\sqrt{10}\times2\sqrt{5}}=-\frac{1}{\sqrt{2}}$

$0^\circ\leqq\theta\leqq180^\circ$ より，$\theta=135^\circ$

**答え** $\theta=135^\circ$

重要

**4** 2つのベクトル $\vec{a}$，$\vec{b}$ が $|\vec{a}|=2$，$\vec{a}\cdot\vec{b}=4$，$|3\vec{a}-\vec{b}|=\sqrt{37}$ を満たすとき，$\vec{b}$ の大きさを求めなさい。

**考え方** $|3\vec{a}-\vec{b}|^2$ を計算し，$|\vec{a}|$，$\vec{a}\cdot\vec{b}$ の値を代入します。

**解き方** $|3\vec{a}-\vec{b}|^2=(\sqrt{37})^2$ より

$9|\vec{a}|^2-6\vec{a}\cdot\vec{b}+|\vec{b}|^2=37$

$9\times2^2-6\times4+|\vec{b}|^2=37$

$|\vec{b}|^2=25$

$|\vec{b}|\geqq0$ より，$|\vec{b}|=5$

**答え** 5

**5** AB＝3，AD＝4，AE＝5である直方体ABCD－EFGHについて，次の内積を求めなさい。

(1) $\overrightarrow{AB}\cdot\overrightarrow{AD}$　　(2) $\overrightarrow{AH}\cdot\overrightarrow{FD}$

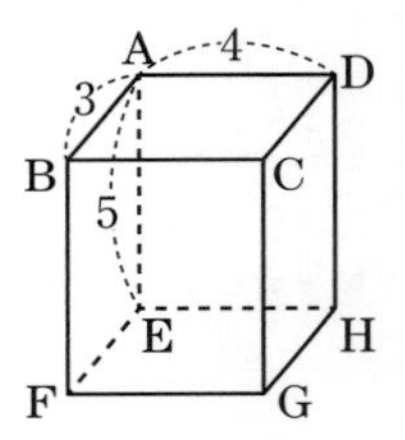


**考え方** $\overrightarrow{AB}=\vec{b}$，$\overrightarrow{AD}=\vec{d}$，$\overrightarrow{AE}=\vec{e}$ とおいて，それぞれのベクトルを $\vec{b}$，$\vec{d}$，$\vec{e}$ を用いて表し，式の展開と同様に内積を計算します。

**解き方** (1) AB⊥AD より，$\overrightarrow{AB}\cdot\overrightarrow{AD}=0$

**答え** 0

(2) $\overrightarrow{AB}=\vec{b}$，$\overrightarrow{AD}=\vec{d}$，$\overrightarrow{AE}=\vec{e}$ とおくと，$|\vec{b}|=3$，$|\vec{d}|=4$，$|\vec{e}|=5$

また，$\vec{b}\perp\vec{d}$，$\vec{d}\perp\vec{e}$，$\vec{e}\perp\vec{b}$ であるから，$\vec{b}\cdot\vec{d}=\vec{d}\cdot\vec{e}=\vec{e}\cdot\vec{b}=0$

ここで

$\overrightarrow{AH}=\overrightarrow{AD}+\overrightarrow{AE}=\vec{d}+\vec{e}$

$\overrightarrow{FD}=\overrightarrow{AD}-\overrightarrow{AF}=\overrightarrow{AD}-(\overrightarrow{AB}+\overrightarrow{AE})=\vec{d}-\vec{b}-\vec{e}$

であるから

$\overrightarrow{AH}\cdot\overrightarrow{FD}=(\vec{d}+\vec{e})\cdot(\vec{d}-\vec{b}-\vec{e})$

$=|\vec{d}|^2-\vec{d}\cdot\vec{b}-d\cdot\vec{e}+\vec{e}\cdot\vec{d}-\vec{e}\cdot\vec{b}-|\vec{e}|^2$

$=4^2-0-0+0-0-5^2=-9$

**答え** $-9$

**6** △ABCの3辺AB，BC，CAをそれぞれ4：3に外分する点をD，E，Fとします。3つの頂点A，B，Cの位置ベクトルをそれぞれ$\vec{a}$，$\vec{b}$，$\vec{c}$とするとき，次の問いに答えなさい。

(1) Dの位置ベクトル$\vec{d}$を$\vec{a}$，$\vec{b}$を用いて表しなさい。

(2) △ABCの重心Gと△DEFの重心G′は一致することを証明しなさい。



解き方 (1) $\vec{d}=\dfrac{-3\vec{a}+4\vec{b}}{4-3}=-3\vec{a}+4\vec{b}$ 答え $\vec{d}=-3\vec{a}+4\vec{b}$

(2) $\dfrac{\vec{a}+\vec{b}+\vec{c}}{3}$と$\dfrac{\vec{d}+\vec{e}+\vec{f}}{3}$が一致することを示す。

答え E，Fの位置ベクトルをそれぞれ$\vec{e}$，$\vec{f}$とすると，(1)と同様に

$\vec{e}=-3\vec{b}+4\vec{c}$，$\vec{f}=-3\vec{c}+4\vec{a}$

よって，G，G′の位置ベクトルをそれぞれ$\vec{g}$，$\vec{g'}$とすると

$$\vec{g}=\frac{\vec{a}+\vec{b}+\vec{c}}{3}$$

$$\vec{g'}=\frac{\vec{d}+\vec{e}+\vec{f}}{3}=\frac{(-3\vec{a}+4\vec{b})+(-3\vec{b}+4\vec{c})+(-3\vec{c}+4\vec{a})}{3}=\frac{\vec{a}+\vec{b}+\vec{c}}{3}$$

であるから，GとG′は一致する。

**7** 2つのベクトル$\vec{a}=(-1,\ 3,\ 1)$，$\vec{b}=(2,\ -4,\ -1)$の両方に垂直な単位ベクトル$\vec{e}$を求めなさい。

ポイント $\vec{0}$でない2つのベクトル$\vec{p}$，$\vec{q}$について，$\vec{p}\perp\vec{q} \iff \vec{p}\cdot\vec{q}=0$

解き方 $\vec{e}=(x,\ y,\ z)$とおくと，$\vec{a}\perp\vec{e}$かつ$\vec{b}\perp\vec{e}$であるから

$\vec{a}\cdot\vec{e}=\vec{b}\cdot\vec{e}=0$より，$-x+3y+z=0$ …①，$2x-4y-z=0$ …②

また，$|\vec{e}|=1$より$|\vec{e}|^2=1$であるから，$x^2+y^2+z^2=1$ …③

①，②より，$y=x$ …④，$z=-2x$ …⑤

④，⑤を③に代入すると，$x^2+x^2+(-2x)^2=1$すなわち，$x=\pm\dfrac{1}{\sqrt{6}}$

これと④，⑤より，$\vec{e}=\left(\pm\dfrac{1}{\sqrt{6}},\ \pm\dfrac{1}{\sqrt{6}},\ \mp\dfrac{2}{\sqrt{6}}\right)$(複号同順)

答え $\left(\pm\dfrac{1}{\sqrt{6}},\ \pm\dfrac{1}{\sqrt{6}},\ \mp\dfrac{2}{\sqrt{6}}\right)$(複号同順)

## 応用問題

**1** 座標平面上に4点A(3, 0), B(0, 5), C(−2, 2), Dがあります。次の問いに答えなさい。

(1) 四角形ABCDが平行四辺形であるとき，点Dの座標を求めなさい。

(2) 4点A，B，C，Dが平行四辺形の4頂点となるような点Dは，(1)で求めたもの以外にあと2つあります。それらの座標を求めなさい。

**ポイント** (1)四角形ABCDが平行四辺形 $\Leftrightarrow$ $\overrightarrow{AD}=\overrightarrow{BC}$

**解き方** (1) D(p, q)とする。

$\overrightarrow{AD}=\overrightarrow{BC}$ であるから

$(p-3,\ q-0)=(-2-0,\ 2-5)$

$(p-3,\ q)=(-2,\ -3)$

各成分を比較して，$p=1$，$q=-3$

よって，D(1, −3)

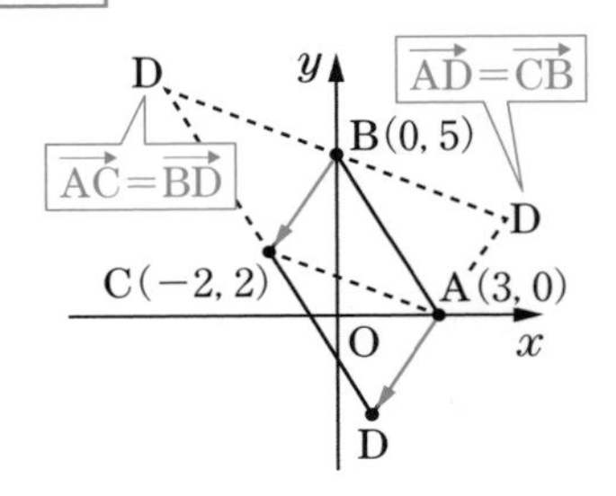


**答え** D(1, −3)

(2) (1)の他に条件を満たすのは，$\overrightarrow{AD}=\overrightarrow{CB}$ または $\overrightarrow{AC}=\overrightarrow{BD}$ のときであり，それぞれ(1)と同様に求めると，(5, 3)，(−5, 7)となる。

**答え** (5, 3)，(−5, 7)

重要

**2** 2つのベクトル $\vec{a}=(3,\ 1,\ -2)$，$\vec{b}=(0,\ 2,\ -1)$ について，$\vec{c}=\vec{a}+t\vec{b}$ ($t$は実数)とします。$|\vec{c}|$ の最小値およびそのときの $t$ の値を求めなさい。

**考え方** $|\vec{c}|^2$ は $t$ の2次式となるので，平方完成を使います。

**解き方** $\vec{c}=\vec{a}+t\vec{b}=(3,\ 1+2t,\ -2-t)$ より

$|\vec{c}|^2=3^2+(1+2t)^2+(-2-t)^2=5t^2+8t+14=5\left(t+\frac{4}{5}\right)^2+\frac{54}{5}$

$|\vec{c}|^2$ は $t=-\frac{4}{5}$ のとき最小値 $\frac{54}{5}$ をとる。

$|\vec{c}|\geqq 0$ より，$|\vec{c}|$ の最小値は $\sqrt{\frac{54}{5}}=\frac{3\sqrt{30}}{5}$

**答え** $t=-\frac{4}{5}$ のとき最小値 $\frac{3\sqrt{30}}{5}$

**3** △OABにおいて，辺OAを3：5に内分する点をC，辺OBを2：5に内分する点をDとし，2直線AD，BCの交点をPとします。

(1) $\overrightarrow{OA}=\vec{a}$，$\overrightarrow{OB}=\vec{b}$ とするとき，$\overrightarrow{OP}$ を $\vec{a}$ と $\vec{b}$ を用いて表しなさい。

(2) 四角形OCPDの面積は，△OABの面積の何倍ですか。

ポイント (1)点Pが直線AD上にある
$\Leftrightarrow$ $\overrightarrow{OP}=(1-s)\overrightarrow{OA}+s\overrightarrow{OD}$ を満たす実数 $s$ が存在する



**解き方** (1) 条件より，$\overrightarrow{OC}=\frac{3}{8}\vec{a}$，$\overrightarrow{OD}=\frac{2}{7}\vec{b}$



点Pは直線AD上にあるから

$\overrightarrow{OP}=(1-s)\overrightarrow{OA}+s\overrightarrow{OD}=(1-s)\vec{a}+\frac{2}{7}s\vec{b}$ …①

を満たす実数 $s$ が存在する。

同様に，点Pは直線BC上にあるから

$\overrightarrow{OP}=(1-t)\overrightarrow{OB}+t\overrightarrow{OC}=\frac{3}{8}t\vec{a}+(1-t)\vec{b}$ …②

を満たす実数 $t$ が存在する。

$\vec{a}$ と $\vec{b}$ は平行でなく，いずれも $\vec{0}$ ではないから，①，②より

$1-s=\frac{3}{8}t$，$\frac{2}{7}s=1-t$ すなわち，$s=\frac{7}{10}$，$t=\frac{4}{5}$

となるから，$\overrightarrow{OP}=\frac{3}{10}\vec{a}+\frac{1}{5}\vec{b}$

**答え** $\overrightarrow{OP}=\frac{3}{10}\vec{a}+\frac{1}{5}\vec{b}$

(2) (1)より $s=\frac{7}{10}$，$t=\frac{4}{5}$ であるから，AP：PD＝7：3，BP：PC＝4：1

$\triangle OCP=\frac{1}{5}\triangle OCB=\frac{1}{5}\left(\frac{3}{8}\triangle OAB\right)=\frac{3}{40}\triangle OAB$

$\triangle ODP=\frac{3}{10}\triangle OAD=\frac{3}{10}\left(\frac{2}{7}\triangle OAB\right)=\frac{3}{35}\triangle OAB$

したがって

(四角形OCPD)＝$\triangle OCP+\triangle ODP=\left(\frac{3}{40}+\frac{3}{35}\right)\triangle OAB=\frac{9}{56}\triangle OAB$

よって，四角形OCPDの面積は△OABの面積の $\frac{9}{56}$ 倍である。

**答え** $\frac{9}{56}$ 倍

四面体OABCについて，辺OAを1：2に内分する点をD，辺OCの中点をE，辺ABを3：1に内分する点をFとし，3点D，E，Fを通る平面と辺BCとの交点をPとします。$\overrightarrow{OA}=\vec{a}$，$\overrightarrow{OB}=\vec{b}$，$\overrightarrow{OC}=\vec{c}$とするとき，次の問いに答えなさい。

(1) $\overrightarrow{OD}$，$\overrightarrow{OE}$，$\overrightarrow{OF}$をそれぞれ$\vec{a}$，$\vec{b}$，$\vec{c}$を用いて表しなさい。

(2) $\overrightarrow{OP}$を$\vec{a}$，$\vec{b}$，$\vec{c}$を用いて表しなさい。

ポイント　点Pが平面DEF上にある　⇔　$\overrightarrow{OP}=s\overrightarrow{OD}+t\overrightarrow{OE}+(1-s-t)\overrightarrow{OF}$

**解き方** (1) $\overrightarrow{OD}=\frac{1}{3}\overrightarrow{OA}=\frac{1}{3}\vec{a}$，$\overrightarrow{OE}=\frac{1}{2}\overrightarrow{OC}=\frac{1}{2}\vec{c}$，

$$\overrightarrow{OF}=\frac{\overrightarrow{OA}+3\overrightarrow{OB}}{3+1}=\frac{1}{4}\vec{a}+\frac{3}{4}\vec{b}$$

**答え** $\overrightarrow{OD}=\frac{1}{3}\vec{a}$，$\overrightarrow{OE}=\frac{1}{2}\vec{c}$，$\overrightarrow{OF}=\frac{1}{4}\vec{a}+\frac{3}{4}\vec{b}$

(2) 点Pは平面DEF上にあるから，

$\overrightarrow{FP}=s\overrightarrow{FD}+t\overrightarrow{FE}$を満たす実数$s$，$t$が存在する。

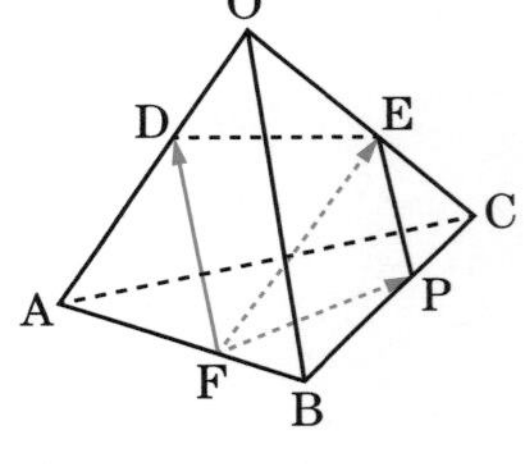


$$\overrightarrow{OP}=s\overrightarrow{OD}+t\overrightarrow{OE}+(1-s-t)\overrightarrow{OF}$$
$$=\frac{1}{3}s\vec{a}+\frac{1}{2}t\vec{c}+(1-s-t)\left(\frac{1}{4}\vec{a}+\frac{3}{4}\vec{b}\right)$$
$$=\left(\frac{1}{4}+\frac{1}{12}s-\frac{1}{4}t\right)\vec{a}+\frac{3-3s-3t}{4}\vec{b}+\frac{1}{2}t\vec{c}$$

ここで，点Pは直線BC上にあり，4点O，A，B，Cは同一平面上にないので

$$\frac{1}{4}+\frac{1}{12}s-\frac{1}{4}t=0,\quad \frac{3-3s-3t}{4}+\frac{1}{2}t=1$$

←点Pは直線BC上にあるから$\overrightarrow{OP}$の$\vec{a}$の係数は0，$\vec{b}$と$\vec{c}$の係数の和が1

$s-3t+3=0$，$3s+t+1=0$

$s=-\frac{3}{5}$，$t=\frac{4}{5}$

よって

$$\overrightarrow{OP}=\frac{3-3\times\left(-\frac{3}{5}\right)-3\times\frac{4}{5}}{4}\vec{b}+\frac{1}{2}\times\frac{4}{5}\vec{c}=\frac{3}{5}\vec{b}+\frac{2}{5}\vec{c}$$

**答え** $\overrightarrow{OP}=\frac{3}{5}\vec{b}+\frac{2}{5}\vec{c}$

重要

## 5 次の問いに答えなさい。

(1) 点$(x_1, y_1)$を通り，ベクトル$\vec{n}=(a, b)$に垂直な直線の方程式は
$a(x-x_1)+b(y-y_1)=0$と表されることを証明しなさい。

(2) 座標平面上の円$(x-a)^2+(y-b)^2=r^2 (r>0)$の周上の点$(x_1, y_1)$における接線の方程式は，$(x_1-a)(x-a)+(y_1-b)(y-b)=r^2$となることを確かめなさい。

**考え方** 直線上の点を$P(\vec{p})$とし，$\vec{p}$の満たす条件を内積を用いて表します。

**解き方** (1) 直線の方向ベクトルと$\vec{n}=(a, b)$の内積が0となる。

**答え** $\vec{p}=(x, y)$，$\vec{q}=(x_1, y_1)$とおくと

$\vec{p}-\vec{q}=(x-x_1, y-y_1)$

$P(\vec{p})$が求める直線上にあるための必要十分条件は，$\vec{p}=\vec{q}$または$(\vec{p}-\vec{q})\perp\vec{n}$であるから

$(\vec{p}-\vec{q})\cdot\vec{n}=0$

よって，$a(x-x_1)+b(y-y_1)=0$ ←

$\vec{n}$をこの直線の法線ベクトルといい，一般に直線$ax+by+c=0$は$\vec{n}=(a, b)$に垂直

(2) 接線上の点を$(x, y)$とする。

条件より，円の接線は点$(x_1, y_1)$を通り，$\vec{n}=(x_1-a, y_1-b)$に垂直である。接線は，$(x-x_1, y-y_1)$に平行であるから，(1)の結果より

$(x_1-a)(x-x_1)+(y_1-b)(y-y_1)=0$

$(x_1-a)\{(x-a)-(x_1-a)\}+(y_1-b)\{(y-b)-(y_1-b)\}=0$

$(x_1-a)(x-a)+(y_1-b)(y-b)=(x_1-a)^2+(y_1-b)^2$

点$(x_1, y_1)$は円周上の点であるから，$(x_1-a)^2+(y_1-b)^2=r^2$

よって，求める方程式は，$(x_1-a)(x-a)+(y_1-b)(y-b)=r^2$

**答え** $(x_1-a)(x-a)+(y_1-b)(y-b)=r^2$

## 6 点C(2, −3, 5)を中心とする半径3の球面の方程式を求めなさい。

**解き方** 求める球面上の点を$P(x, y, z)$とすると

$\overrightarrow{CP}=(x-2, y+3, z-5)$

$|\overrightarrow{CP}|=3$より$|\overrightarrow{CP}|^2=3^2$であるから，求める方程式は

$(x-2)^2+(y+3)^2+(z-5)^2=9$ **答え** $(x-2)^2+(y+3)^2+(z-5)^2=9$

# 発展問題

**1** 2点A(1，5，0)，B(3，6，1)を通る直線$\ell$と2点C(−5，7，0)，D(−4，6，1)を通る直線$m$があります。点Pが$\ell$上を，点Qが$m$上をそれぞれ動くとき，線分PQの長さの最小値およびそのときの2点P，Qの座標を求めなさい。

**考え方** AB⊥PQ かつ CD⊥PQ となるとき，線分PQの長さが最小

**解き方** 条件より，$\overrightarrow{OP}=\overrightarrow{OA}+s\overrightarrow{AB}$，$\overrightarrow{OQ}=\overrightarrow{OC}+t\overrightarrow{CD}$($s$，$t$は実数)と表せる。

$\overrightarrow{AB}=(2,\ 1,\ 1)$，$\overrightarrow{CD}=(1,\ -1,\ 1)$より

$\overrightarrow{OP}=(1,\ 5,\ 0)+s(2,\ 1,\ 1)=(2s+1,\ s+5,\ s)$ …①

$\overrightarrow{OQ}=(-5,\ 7,\ 0)+t(1,\ -1,\ 1)=(t-5,\ -t+7,\ t)$ …②

よって

$\overrightarrow{PQ}=\overrightarrow{OQ}-\overrightarrow{OP}=(-2s+t-6,\ -s-t+2,\ -s+t)$ …③

PQの長さが最小となるのはPQ⊥$\ell$かつPQ⊥$m$のときであるから

$\overrightarrow{AB}\cdot\overrightarrow{PQ}=0$ …④かつ $\overrightarrow{CD}\cdot\overrightarrow{PQ}=0$ …⑤

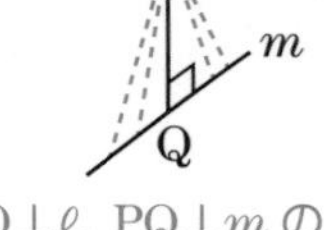

PQ⊥$\ell$，PQ⊥$m$のとき，PQは最小

④より

$2\times(-2s+t-6)+1\times(-s-t+2)+1\times(-s+t)=0$

$3s-t=-5$ …⑥

⑤より

$1\times(-2s+t-6)+(-1)\times(-s-t+2)+1\times(-s+t)=0$

$2s-3t=-8$ …⑦

⑥，⑦を連立して解くと，$s=-1$，$t=2$

このとき③より，$\overrightarrow{PQ}=(-2,\ 1,\ 3)$

よって，PQの長さ，すなわち$|\overrightarrow{PQ}|$の最小値は，$\sqrt{(-2)^2+1^2+3^2}=\sqrt{14}$

また①，②より，P(−1，4，−1)，Q(−3，5，2)

以上より，PQの長さは，P(−1，4，−1)，Q(−3，5，2)のときに最小値$\sqrt{14}$をとる。

**答え** P(−1，4，−1)，Q(−3，5，2)のとき最小値$\sqrt{14}$

# 練習問題

答え：別冊 p.20 ～ p.24

**重要 1**　$x$ を実数とします。2つのベクトル $\vec{a}=(4,\ 2)$，$\vec{b}=(x,\ x+3)$ について，次の問いに答えなさい。

(1)　$\vec{a}$ と同じ向きの単位ベクトルを成分表示しなさい。

(2)　$\vec{a}/\!/\vec{b}$ であるとき，$x$ の値を求めなさい。

(3)　$\vec{a}\perp\vec{b}$ であるとき，$x$ の値を求めなさい。

**重要 2**　2つのベクトル $\vec{a}$，$\vec{b}$ が $|\vec{a}|=4$，$|\vec{b}|=3$，$|2\vec{a}-\vec{b}|=7$ を満たすとき，次の問いに答えなさい。

(1)　$\vec{a}$ と $\vec{b}$ の内積 $\vec{a}\cdot\vec{b}$ を求めなさい。

(2)　$\vec{a}$ と $\vec{b}$ のなす角 $\theta(0^\circ \leqq \theta \leqq 180^\circ)$ を求めなさい。

**3**　2つのベクトル $\vec{a}$，$\vec{b}$ は，$|\vec{a}|=3$，$|\vec{b}|=2$，$\vec{a}\cdot\vec{b}=5$ を満たします。$\vec{c}=\vec{a}+t\vec{b}$ とするとき，$|\vec{c}|$ の大きさの最小値およびそのときの実数 $t$ の値を求めなさい。

**4**　△ABC の内部にある点 P が $4\overrightarrow{\mathrm{PA}}+3\overrightarrow{\mathrm{PB}}+6\overrightarrow{\mathrm{PC}}=\vec{0}$ を満たすとき，次の問いに答えなさい。

(1)　$\overrightarrow{\mathrm{AP}}$ を $\overrightarrow{\mathrm{AB}}$，$\overrightarrow{\mathrm{AC}}$ を用いて表しなさい。

(2)　直線 AP と辺 BC の交点を Q とします。△ABC：△PBQ をもっとも簡単な整数の比で表しなさい。

**重要 5**　△ABC の辺 AB を 3：2，辺 AC を 2：1 に内分する点をそれぞれ D，E とし，2つの線分 BE，CD の交点を P とします。$\overrightarrow{\mathrm{AB}}=\vec{b}$，$\mathrm{AC}=\vec{c}$ とするとき，次の問いに答えなさい。

(1)　$\overrightarrow{\mathrm{AP}}$ を $\vec{b}$ と $\vec{c}$ を用いて表しなさい。

(2)　$|\vec{b}|=5$，$|\vec{c}|=3$，$\vec{b}\cdot\vec{c}=6$ のとき，AP の長さを求めなさい。

**6**　△ABC において，$\overrightarrow{AB}=\vec{b}$，$\overrightarrow{AC}=\vec{c}$ とします。∠A の二等分線と辺 BC との交点を D とするとき，実数 $k$ を用いて $\overrightarrow{AD}=k\left(\dfrac{\vec{b}}{|\vec{b}|}+\dfrac{\vec{c}}{|\vec{c}|}\right)$ と表せます。このとき，$k$ を $|\vec{b}|$，$|\vec{c}|$ を用いて表しなさい。

**7**　平面上に互いに異なる 3 点 O，A，B があります。直線 OA に関して点 B と対称な点を C とします。$\overrightarrow{OA}=\vec{a}$，$\overrightarrow{OB}=\vec{b}$，$\overrightarrow{OC}=\vec{c}$ とするとき，$\vec{c}$ を $\vec{a}$，$\vec{b}$ を用いて表しなさい。

重要
**8**　$xyz$ 空間内に 3 点 A(2，1，3)，B(5，−1，−3)，C(1，4，−2) があります。次の問いに答えなさい。

(1)　内積 $\overrightarrow{CA}\cdot\overrightarrow{CB}$ を求めなさい。

(2)　△ABC の面積を求めなさい。

(3)　点 P(3，3，$z$) が平面 ABC 上にあるとき，実数 $z$ の値を求めなさい。

重要
**9**　AB=3，AD=AE=4，AE⊥(平面 ABCD)，∠BAD=60° である四角柱 ABCD−EFGH があります。直線 DF 上に，AI⊥DF を満たす点 I をとります。

$\overrightarrow{AB}=\vec{b}$，$\overrightarrow{AD}=\vec{d}$，$\overrightarrow{AE}=\vec{e}$ とするとき，$\overrightarrow{AI}$ を $\vec{b}$，$\vec{d}$，$\vec{e}$ を用いて表しなさい。

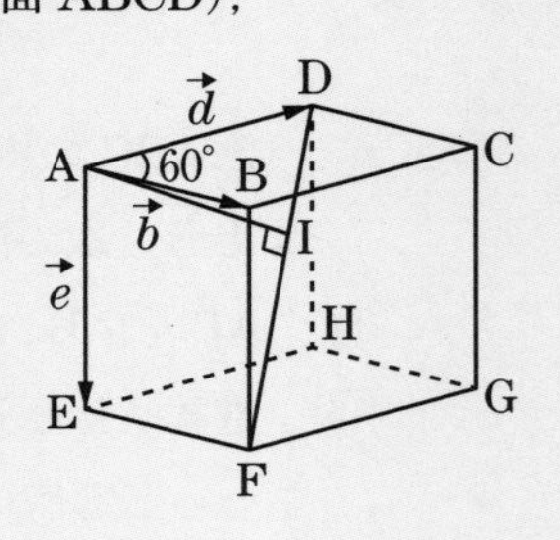


**10**　$xy$ 平面上の点 C(1，3) を中心とする半径 $\sqrt{10}$ の円周上の点 A(2，6) における接線を $\ell$ とします。これについて，次の問いに答えなさい。

(1)　$\ell$ の方程式を求めなさい。

(2)　$\ell$ と直線 $x-2y+4=0$ のなす鋭角 $\alpha$ を求めなさい。

# 2-5 平面上の曲線

## 1 放物線

☑チェック!

放物線…

定点Fと F を通らない定直線 $\ell$ からの距離が等しい点Pの軌跡を放物線といい，点Fを焦点，直線 $\ell$ を準線といいます。放物線の焦点を通って準線に垂直な直線を放物線の軸といい，放物線は軸に関して対称となります。放物線はその軸と1点で交わり，この交点を放物線の頂点といいます。

放物線の方程式…

点$(p,\ 0)$を焦点，直線 $x=-p$ を準線とする放物線の方程式は

$y^2=4px$

放物線 $y^2=4px$ の頂点は原点，軸は $x$ 軸です。

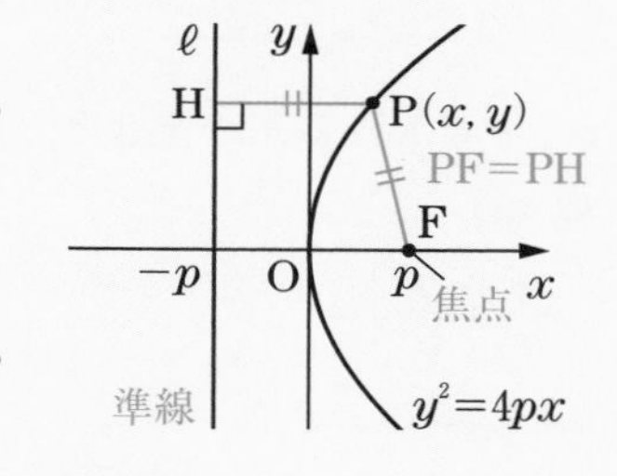


放物線の接線の方程式…

放物線 $y^2=4px$ 上の点$(x_1,\ y_1)$における接線の方程式は

$y_1y=2p(x+x_1)$

**例1**　放物線 $y^2=-x$ について，$y^2=4\cdot\left(-\frac{1}{4}\right)x$ より（$p=-\frac{1}{4}$）

焦点Fの座標は，$\left(-\frac{1}{4},\ 0\right)$

準線 $\ell$ は，直線 $x=\frac{1}{4}$

**例2**　放物線 $y^2=-x$ 上の点$(-1,\ 1)$における接線の方程式は

$1\cdot y=2\cdot\left(-\frac{1}{4}\right)\cdot\{x+(-1)\}$ すなわち，$y=-\frac{1}{2}(x-1)$

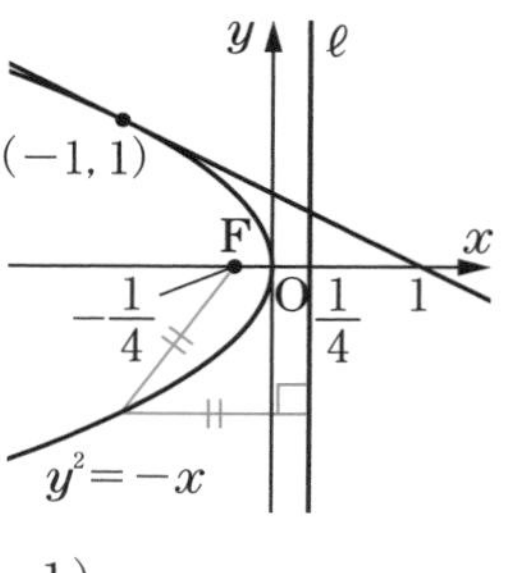


テスト　放物線 $y^2=12x$ の焦点の座標および準線の方程式を求めなさい。

答え　焦点の座標…$(3,\ 0)$，準線の方程式… $x=-3$

## 2 楕円

### ☑チェック!

**楕円…**

異なる2定点F，F′からの距離の和が一定である点Pの軌跡を**楕円**といい，この2定点F，F′を楕円の**焦点**といいます。直線FF′と楕円との2交点を結ぶ線分を，楕円の**長軸**といい，長軸の長さは2焦点から楕円上の点までの距離の和に等しくなります。また，線分FF′の垂直二等分線と楕円との2交点を結ぶ線分を，楕円の**短軸**といい，長軸と短軸の交点，端点をそれぞれ**中心**，**頂点**といいます。楕円は長軸，短軸，中心に関してそれぞれ対称です。

**楕円の方程式…**

$a$，$b$を異なる正の定数とします。長軸，短軸が座標軸と重なる楕円の方程式は

$$\frac{x^2}{a^2}+\frac{y^2}{b^2}=1$$

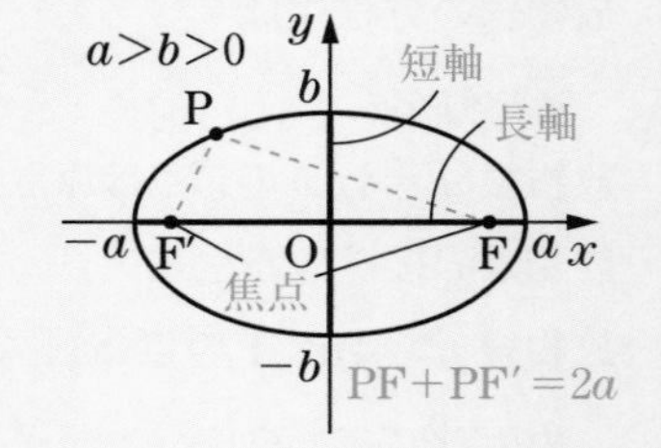


$a>b>0$ のとき

焦点の座標は$(\pm\sqrt{a^2-b^2},\ 0)$

長軸の長さは$2a$，短軸の長さは$2b$

2焦点から楕円上の点までの距離の和は$2a$

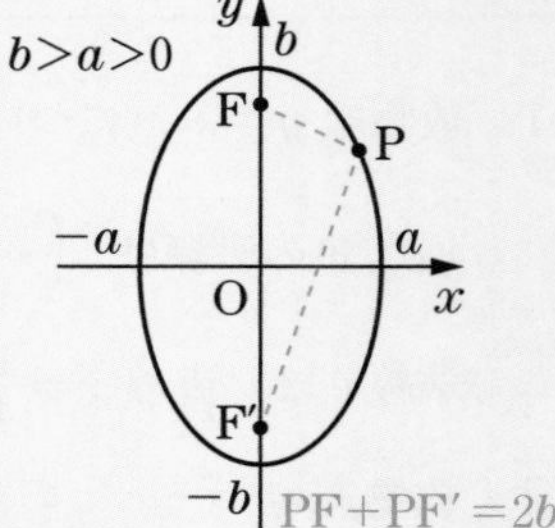


$b>a>0$ のとき

焦点の座標は$(0,\ \pm\sqrt{b^2-a^2})$

長軸の長さは$2b$，短軸の長さは$2a$

2焦点から楕円上の点までの距離の和は$2b$

**楕円の接線の方程式…**

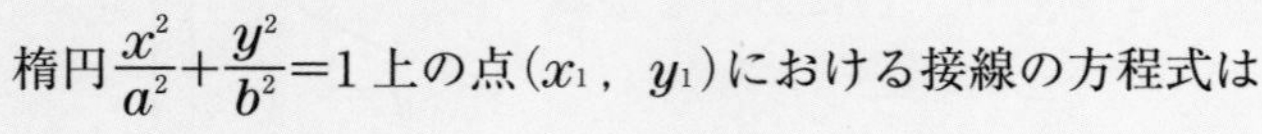
楕円$\frac{x^2}{a^2}+\frac{y^2}{b^2}=1$上の点$(x_1,\ y_1)$における接線の方程式は

$$\frac{x_1x}{a^2}+\frac{y_1y}{b^2}=1$$

**例1**　楕円$\frac{x^2}{7}+\frac{y^2}{16}=1$について，$\frac{x^2}{(\sqrt{7})^2}+\frac{y^2}{4^2}=1$と$\sqrt{16-7}=3$より

焦点の座標$(0,\ 3)$，$(0,\ -3)$，長軸の長さ$2\cdot4=8$，短軸の長さ$2\sqrt{7}$

## 3 双曲線

**チェック!**

**双曲線…**

異なる2定点F，F′からの距離の差が一定である点Pの軌跡を双曲線といい，この2定点F，F′を双曲線の**焦点**といいます。双曲線は**漸近線**を2つもちます。直線FF′を双曲線の**主軸**，主軸と双曲線との2つの交点を双曲線の**頂点**といい，2頂点の中点を**中心**といいます。双曲線は主軸と中心に関してそれぞれ対称です。

**双曲線の方程式…**

$a$，$b$を正の定数とします。$x$軸と$y$軸に関して対称な双曲線の方程式は

$\dfrac{x^2}{a^2}-\dfrac{y^2}{b^2}=1$ または $\dfrac{x^2}{a^2}-\dfrac{y^2}{b^2}=-1$

と表せ，漸近線の方程式はともに

$y=\pm\dfrac{b}{a}x$

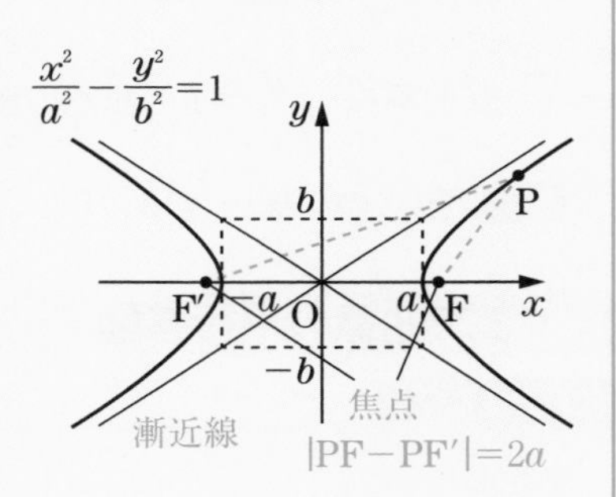


双曲線$\dfrac{x^2}{a^2}-\dfrac{y^2}{b^2}=1$について

焦点の座標は$(\pm\sqrt{a^2+b^2},\ 0)$

頂点の座標は$(\pm a,\ 0)$

2焦点から双曲線上の点までの距離の差は$2a$

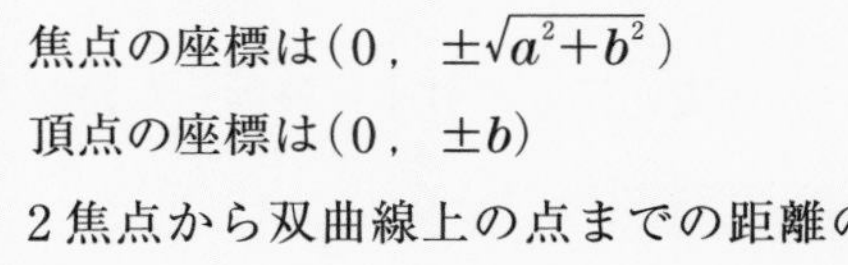

双曲線$\dfrac{x^2}{a^2}-\dfrac{y^2}{b^2}=-1$について

焦点の座標は$(0,\ \pm\sqrt{a^2+b^2})$

頂点の座標は$(0,\ \pm b)$

2焦点から双曲線上の点までの距離の差は$2b$

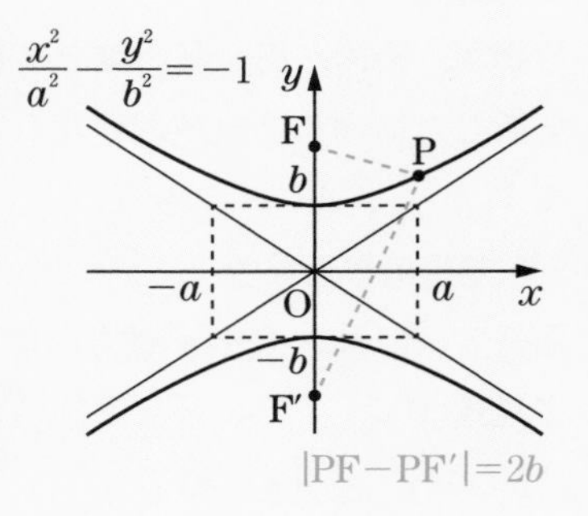


**双曲線の接線の方程式…**

双曲線$\dfrac{x^2}{a^2}-\dfrac{y^2}{b^2}=\pm1$上の点$(x_1,\ y_1)$における接線の方程式は

$\dfrac{x_1x}{a^2}-\dfrac{y_1y}{b^2}=\pm1$（複号同順）

**例 1**　双曲線 $\dfrac{x^2}{16}-\dfrac{y^2}{9}=-1$ について,

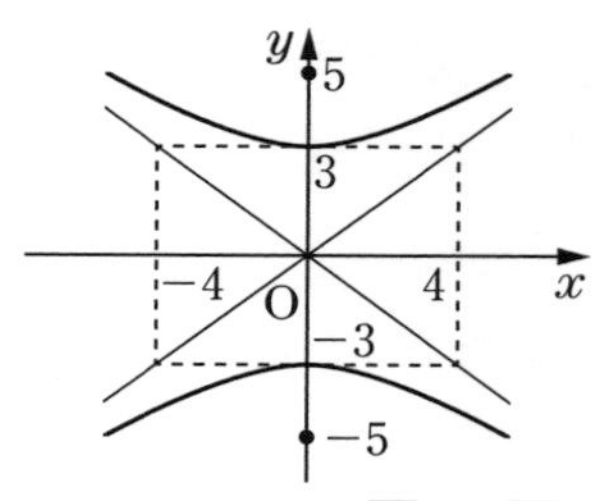


$\dfrac{x^2}{4^2}-\dfrac{y^2}{3^2}=-1$ と $\sqrt{16+9}=5$ より

焦点の座標は $(0,\ 5)$, $(0,\ -5)$

漸近線の方程式は $y=\dfrac{3}{4}x$, $y=-\dfrac{3}{4}x$

**例 2**　双曲線 $\dfrac{x^2}{9}-\dfrac{y^2}{4}=1$ 上の点 $(3\sqrt{3},\ 2\sqrt{2})$ に

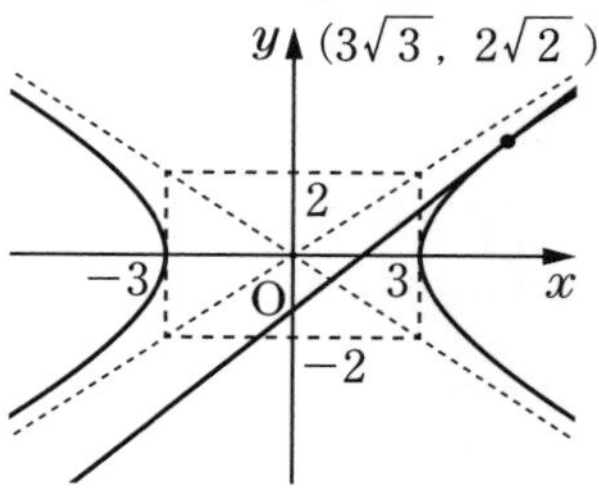


おける接線の方程式は

$\dfrac{3\sqrt{3}}{9}x-\dfrac{2\sqrt{2}}{4}y=1$

すなわち, $\dfrac{\sqrt{3}}{3}x-\dfrac{\sqrt{2}}{2}y=1$

**テスト**　双曲線 $\dfrac{x^2}{9}-\dfrac{y^2}{4}=1$ の焦点の座標と漸近線の方程式を求めなさい。

**答え**　焦点の座標…$(\sqrt{13},\ 0)$, $(-\sqrt{13},\ 0)$, 漸近線…$y=\dfrac{2}{3}x$, $y=-\dfrac{2}{3}x$

## 4　2次曲線の平行移動

**チェック!**

**2次曲線…**

放物線, 楕円, 円, 双曲線をまとめて2次曲線といいます。円錐を平面で切断した断面に2次曲線が現れることから, 2次曲線を**円錐曲線**ともいいます。

**2次曲線の平行移動…**

曲線 $F(x,\ y)=0$ を $x$ 軸方向に $p$, $y$ 軸方向に $q$ だけ平行移動した曲線の方程式は

$F(x-p,\ y-q)=0$

**例 1**　放物線 $y^2=4x$ を $x$ 軸方向に2, $y$ 軸方向に−1だけ平行移動した放物線の方程式は

$(y+1)^2=4(x-2)$

となります。その焦点は $(1+2,\ -1)$ すなわち, $(3,\ -1)$ となり, 準線の方程式は $x=-1+2$ すなわち, $x=1$ となります。

## 5 媒介変数と媒介変数表示

**☑チェック！**

**媒介変数表示…**

ある曲線上の点の $x$ 座標と $y$ 座標をそれぞれ $t$ の関数として $x=f(t)$, $y=g(t)$ と表すことを曲線の媒介変数表示（パラメータ表示）といい，$t$ を媒介変数（パラメータ）といいます。

**曲線の平行移動と媒介変数表示…**

$x=f(t)$，$y=g(t)$ で表された曲線 $C$ を $x$ 軸方向に $p$，$y$ 軸方向に $q$ だけ平行移動した曲線 $C'$ の媒介変数表示は

$$x=f(t)+p,\ y=g(t)+q$$

**例 1**　円 $x^2+y^2=r^2\ (r>0)$ の媒介変数表示の 1 つは

$$x=r\cos\theta,\ y=r\sin\theta$$

**例 2**　楕円 $\dfrac{x^2}{a^2}+\dfrac{y^2}{b^2}=1\ (a>0,\ b>0)$ の媒介変数表示の 1 つは

$$x=a\cos\theta,\ y=b\sin\theta$$

**例 3**　$1+\tan^2\theta=\dfrac{1}{\cos^2\theta}$ すなわち，$\dfrac{1}{\cos^2\theta}-\tan^2\theta=1$ を用いて，双曲線 $\dfrac{x^2}{a^2}-\dfrac{y^2}{b^2}=1\ (a>0,\ b>0)$ を媒介変数表示すると

$$x=\frac{a}{\cos\theta},\ y=b\tan\theta$$

**例 4**　$x=4+3t$，$y=-3+2t$ は，$(x,\ y)=(4,\ -3)+t(3,\ 2)$ とも表されるので，これは点 $(4,\ -3)$ を通り，ベクトル $\vec{d}=(3,\ 2)$ に平行な直線を媒介変数表示したものです。

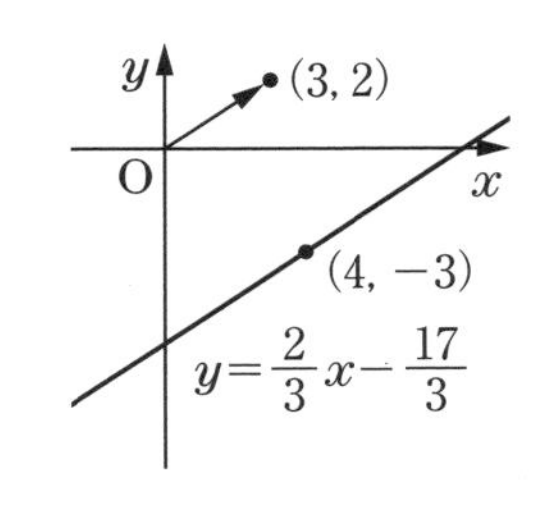


また，媒介変数 $t$ を消去することにより

$$y=\frac{2}{3}x-\frac{17}{3}$$

となります。

**テスト**　$x=2\cos\theta$，$y=3\sin\theta$ と媒介変数表示される曲線は，どのような曲線ですか。

**答え**　楕円 $\dfrac{x^2}{4}+\dfrac{y^2}{9}=1$

## 6 極座標と極方程式

**☑チェック!**

**極座標…**

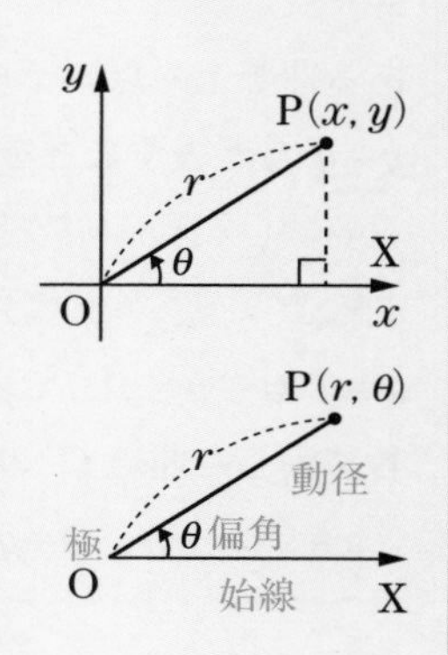


$xy$ 平面において，点Pの座標は原点Oと点Pを結んだ線分OPの長さ$r$と，直線OPと$x$軸とのなす角$\theta$によって決まります。平面上に点Oと半直線OXを定め，平面上の点Pについて，OPの長さ$r$とOXから線分OPへ測った角$\theta$を用いて，**$(r,\ \theta)$**を点Pの極座標といいます。定点Oを**極**，半直線OXを**始線**，角$\theta$を**偏角**，$r$を**動径**といいます。$(0,\ \theta)$は極Oを表します。極座標に対して，点Pの位置を$x$座標と$y$座標で定めたものを**直交座標**といいます。

**極座標と直交座標の変換…**

点Pの直交座標を$(x,\ y)$，極座標を$(r,\ \theta)$とするとき

①極座標から直交座標への変換　$x=r\cos\theta$，$y=r\sin\theta$

②直交座標から極座標への変換　$r=\sqrt{x^2+y^2}$，$\cos\theta=\dfrac{x}{r}$，$\sin\theta=\dfrac{y}{r}$

**極方程式**…平面上の曲線を，極座標$(r,\ \theta)$を用いた方程式**$r=f(\theta)$**や**$F(r,\ \theta)=0$**を極方程式といいます。ただし，極方程式において$r<0$のとき，$(r,\ \theta)$は点$(-r,\ \theta+\pi)$を表します。

**例1**　極座標が$\left(2,\ \dfrac{3}{4}\pi\right)$である点Pを直交座標で表すと

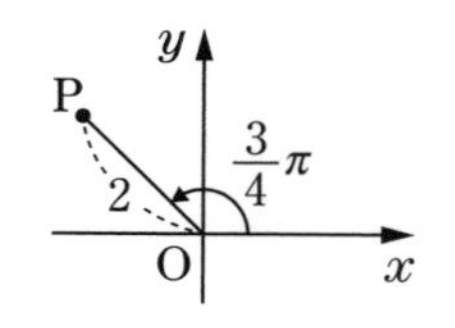


$x=2\cos\dfrac{3}{4}\pi=2\cdot\left(-\dfrac{\sqrt{2}}{2}\right)=-\sqrt{2}$

$y=2\sin\dfrac{3}{4}\pi=2\cdot\dfrac{\sqrt{2}}{2}=\sqrt{2}$

より，$(-\sqrt{2},\sqrt{2})$となります。

**例2**　直交座標が$(\sqrt{3},-3)$である点Qを極座標で表すと

$r=\sqrt{(\sqrt{3})^2+(-3)^2}=2\sqrt{3}$

$\cos\theta=\dfrac{\sqrt{3}}{2\sqrt{3}}=\dfrac{1}{2}$，$\sin\theta=\dfrac{-3}{2\sqrt{3}}=-\dfrac{\sqrt{3}}{2}$

より，$0\leqq\theta<2\pi$で考えると$\theta=\dfrac{5}{3}\pi$であり，$\left(2\sqrt{3},\ \dfrac{5}{3}\pi\right)$となります。

テスト　次の問いに答えなさい。

(1)　直交座標が$(0,\ 4)$である点を極座標$(r,\ \theta)$ $(r>0,\ 0\leqq\theta<2\pi)$で表しなさい。

(2)　極座標が$\left(6,\ -\dfrac{\pi}{6}\right)$である点を直交座標で表しなさい。

答え　(1)　$\left(4,\ \dfrac{\pi}{2}\right)$　(2)　$(3\sqrt{3},\ -3)$



例3　極方程式$r=a$（$a$は正の定数）が表す図形は，極Oを中心とする半径$a$の円です。

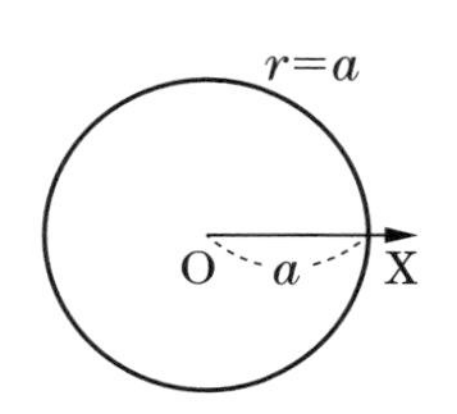


例4　極方程式$\theta=\dfrac{\pi}{3}$が表す図形は，極Oを通り，始線OXとのなす角が$\dfrac{\pi}{3}$である直線です。

例5　極方程式$r\cos(\theta-\alpha)=a$（$a$，$\alpha$は定数）が表す図形は，点$\mathrm{A}(a,\ \alpha)$を通り，線分OAに垂直な直線です。

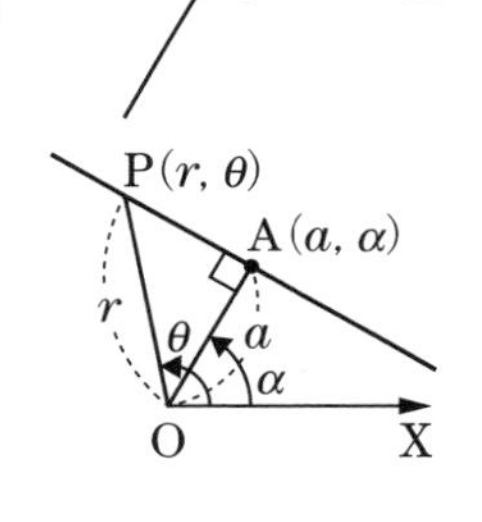


これを直交座標の方程式に直すと

$x\cos\alpha+y\sin\alpha=a$（ヘッセの標準系）

とくに，点$\mathrm{B}\left(a,\ \dfrac{\pi}{2}\right)$を通り，始線と平行な直線は

$r\cos\left(\theta-\dfrac{\pi}{2}\right)=a$ すなわち，$r\sin\theta=a$

例6　極方程式$r=a\cos(\theta-\alpha)$（$a$，$\alpha$は定数）が表す図形は，極Oと点$\mathrm{A}(a,\ \alpha)$を直径の両端とする円です。

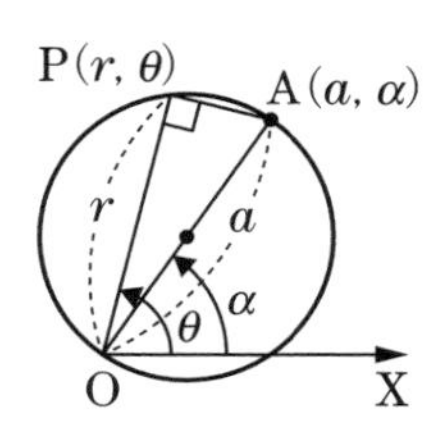


とくに，極Oと点$\mathrm{B}\left(a,\ \dfrac{\pi}{2}\right)$を直径の両端とする円は

$r=a\cos\left(\theta-\dfrac{\pi}{2}\right)$ すなわち，$r=a\sin\theta$

テスト　極座標が$\left(2,\ \dfrac{3}{4}\pi\right)$である点Aを通り，線分OAと垂直な直線を，極方程式で表しなさい。

答え　$r\cos\left(\theta-\dfrac{3}{4}\pi\right)=2$

# 基本問題

**1** 次の問いに答えなさい。

(1) 点(2, 0)を焦点，直線 $x=-2$ を準線とする放物線の方程式を求めなさい。

(2) 楕円 $\frac{x^2}{9}+\frac{y^2}{6}=1$ の焦点の座標を求めなさい。

(3) 2点(0, 2)，(0, −2)を焦点とし，長軸の長さが8である楕円の方程式を求めなさい。

(4) 2点(4, 0)，(−4, 0)を焦点とし，点(5, 3)を通る双曲線の方程式を求めなさい。

**解き方** (1) この放物線の頂点は原点で，焦点は $x$ 軸上にあるから，その方程式は

$y^2=4\cdot 2x$ すなわち，$y^2=8x$ **答え** $y^2=8x$

(2) 焦点の座標は，$(\sqrt{9-6},\ 0)$，$(-\sqrt{9-6},\ 0)$

すなわち，$(\sqrt{3},\ 0)$，$(-\sqrt{3},\ 0)$ **答え** $(\sqrt{3},\ 0)$，$(-\sqrt{3},\ 0)$

(3) 焦点は $y$ 軸上にあり，2焦点を結ぶ線分の中点は原点であるから，

求める方程式は，$\frac{x^2}{a^2}+\frac{y^2}{b^2}=1\ (b>a>0)$ と表される。

条件より

$\sqrt{b^2-a^2}=2$，$2b=8$ すなわち，$a=2\sqrt{3}$，$b=4$

よって，求める方程式は

$\frac{x^2}{12}+\frac{y^2}{16}=1$ **答え** $\frac{x^2}{12}+\frac{y^2}{16}=1$

(4) 焦点は $x$ 軸上にあり，2焦点を結ぶ線分の中点は原点であるから，

求める方程式は，$\frac{x^2}{a^2}-\frac{y^2}{b^2}=1\ (a>0,\ b>0)$ と表される。

条件より，$\sqrt{a^2+b^2}=4$

また，2焦点から双曲線上の点(5, 3)までの距離の差は $2a$ より

$2a=|\sqrt{(5-4)^2+3^2}-\sqrt{\{5-(-4)\}^2+3^2}|=|\sqrt{10}-3\sqrt{10}|=2\sqrt{10}$

よって，$a=\sqrt{10}$，$b=\sqrt{6}$ であるから，求める方程式は

$\frac{x^2}{10}-\frac{y^2}{6}=1$ **答え** $\frac{x^2}{10}-\frac{y^2}{6}=1$

重要
**2** 次の曲線上の点における接線の方程式を求めなさい。

(1) 楕円$\dfrac{x^2}{5}+\dfrac{y^2}{4}=1$上の点$\left(\dfrac{\sqrt{15}}{2},\ 1\right)$における接線

(2) 双曲線$x^2-y^2=-1$上の点$(3,\ -\sqrt{10})$における接線

ポイント
(1)楕円$\dfrac{x^2}{a^2}+\dfrac{y^2}{b^2}=1$上の点$(x_1,\ y_1)$における接線$\dfrac{x_1x}{a^2}+\dfrac{y_1y}{b^2}=1$
(2)双曲線$\dfrac{x^2}{a^2}-\dfrac{y^2}{b^2}=-1$上の点$(x_1,\ y_1)$における接線$\dfrac{x_1x}{a^2}-\dfrac{y_1y}{b^2}=-1$

解き方 (1) 求める接線の方程式は，$\dfrac{\frac{\sqrt{15}}{2}\cdot x}{5}+\dfrac{1\cdot y}{4}=1$

すなわち，$\dfrac{\sqrt{15}}{10}x+\dfrac{y}{4}=1$　　答え $\dfrac{\sqrt{15}x}{10}+\dfrac{y}{4}=1$

(2) 求める接線の方程式は，$3x-(-\sqrt{10})\cdot y=-1$

すなわち，$3x+\sqrt{10}y=-1$　　答え $3x+\sqrt{10}y=-1$

**3** $t$および$\theta$を媒介変数とするとき，次の式はどのような曲線を表しますか。

(1) $x=t^2$，$y=-3t$　　(2) $x=3\cos\theta-2$，$y=2\sin\theta+1$

(3) $x=\cos\theta$，$y=\cos2\theta$

考え方
$t$および$\theta$を消去して，$x$，$y$の関係式を導きます。

解き方 (1) $y=-3t$より$t=-\dfrac{y}{3}$であるから，これを$x=t^2$に代入すると

$x=\dfrac{y^2}{9}$すなわち，$y^2=9x$　　答え 放物線$y^2=9x$

(2) $\cos\theta=\dfrac{x+2}{3}$，$\sin\theta=\dfrac{y-1}{2}$を$\cos^2\theta+\sin^2\theta=1$に代入すると

$\dfrac{(x+2)^2}{9}+\dfrac{(y-1)^2}{4}=1$　　答え 楕円$\dfrac{(x+2)^2}{9}+\dfrac{(y-1)^2}{4}=1$

(3) $y=\cos2\theta=2\cos^2\theta-1$に$x=\cos\theta$を代入すると

$y=2x^2-1$

また，$-1\leqq\cos\theta\leqq1$より$-1\leqq x\leqq1$であるから，これは放物線の一部を表す。　　答え 放物線$y=2x^2-1$の$-1\leqq x\leqq1$の部分

重要

**4** 次の問いに答えなさい。

(1) 極座標が$\left(6,\ \dfrac{5}{6}\pi\right)$である点を直交座標で表しなさい。

(2) 直交座標が$(-4,\ 4)$である点を極座標で表しなさい。ただし，偏角$\theta$は$0 \leqq \theta < 2\pi$とします。

ポイント

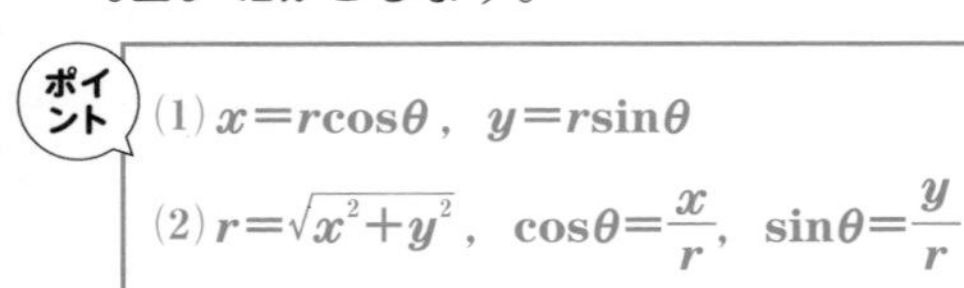

(1) $x=r\cos\theta$，$y=r\sin\theta$

(2) $r=\sqrt{x^2+y^2}$，$\cos\theta=\dfrac{x}{r}$，$\sin\theta=\dfrac{y}{r}$

**解き方** (1) 求める直交座標を$(x,\ y)$とすると

$$x=6\cos\frac{5}{6}\pi=-3\sqrt{3}，y=6\sin\frac{5}{6}\pi=3$$

よって，$(-3\sqrt{3},\ 3)$ 　　**答え** $(-3\sqrt{3},\ 3)$

(2) 求める極座標を$(r,\ \theta)\ (r>0)$とすると

$$r=\sqrt{(-4)^2+4^2}=4\sqrt{2}，\cos\theta=\frac{-4}{4\sqrt{2}}=-\frac{1}{\sqrt{2}}，\sin\theta=\frac{4}{4\sqrt{2}}=\frac{1}{\sqrt{2}}$$

$0 \leqq \theta < 2\pi$で条件を満たす$\theta$は，$\theta=\dfrac{3}{4}\pi$

よって，$\left(4\sqrt{2},\ \dfrac{3}{4}\pi\right)$ 　　**答え** $\left(4\sqrt{2},\ \dfrac{3}{4}\pi\right)$

重要

**5** 極座標が$(a,\ 0)$である点を中心とし，半径が$a$である円の極方程式を求めなさい。

**解き方** この円は極Oおよび点A$(2a,\ 0)$を通る。

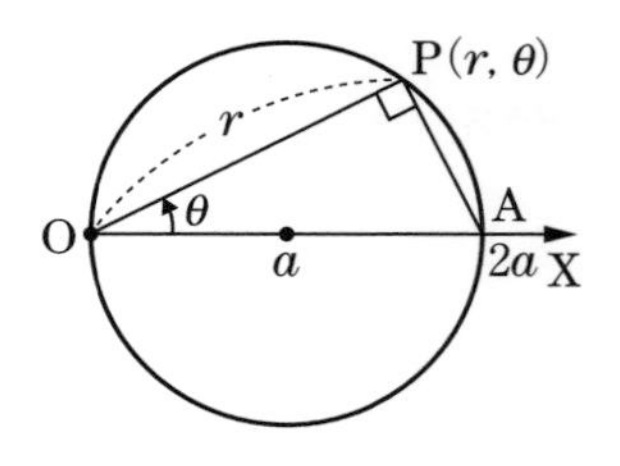


円周上の点Pの極座標を$(r,\ \theta)$とする。PがO，A以外の点のとき，$\angle \mathrm{OPA}=\dfrac{\pi}{2}$より，

△OAPにおいて

$$\cos\theta=\frac{r}{2a}$$

$$r=2a\cos\theta \quad \cdots①$$

点PがA$(2a,\ 0)$に一致するときも①は成り立つ。

また極Oの極座標を$\left(0,\ \dfrac{\pi}{2}\right)$と考えると，点Pが極Oに一致するときも①は成り立つ。

以上より，求める極方程式は，$r=2a\cos\theta$ 　　

$r=2a\cos\theta$

# 応用問題

**1** 2点P$(s,\ 0)$，Q$(0,\ t)$が，それぞれ$x$軸上，$y$軸上をPQ$=3$を満たしながら動くとき，線分PQを2：1に内分する点Rの軌跡を求めなさい。

**考え方** Rの座標$(x,\ y)$を$s$および$t$を用いて表し，$s$，$t$間の関係式に代入します。

**解き方** $PQ^2=3^2$より，$s^2+t^2=9$ …①

R$(x,\ y)$とすると，RはPQを2：1に内分する点であるから

$$x=\frac{1\cdot s+2\cdot 0}{2+1}=\frac{1}{3}s,\quad y=\frac{1\cdot 0+2\cdot t}{2+1}=\frac{2}{3}t$$

すなわち，$s=3x$，$t=\frac{3}{2}y$であるから，これらを①に代入すると

$$(3x)^2+\left(\frac{3}{2}y\right)^2=9 \text{ すなわち，} x^2+\frac{y^2}{4}=1$$

よって，点Rの軌跡は，楕円$x^2+\frac{y^2}{4}=1$である。 **答え** 楕円$x^2+\frac{y^2}{4}=1$

**2** 双曲線$x^2-y^2=-1$について，傾きが$\frac{1}{2}$の接線の方程式を求めなさい。

**考え方** 双曲線と直線の共有点の$x$座標を求める2次方程式が重解をもつことを利用します。

**解き方** 求める直線の方程式は，$y=\frac{1}{2}x+n$（$n$は定数）と表せ，これを双曲線の方程式に代入すると

$$x^2-\left(\frac{1}{2}x+n\right)^2=-1 \quad 3x^2-4nx-4n^2+4=0$$

この$x$の2次方程式の判別式を$D$とすると

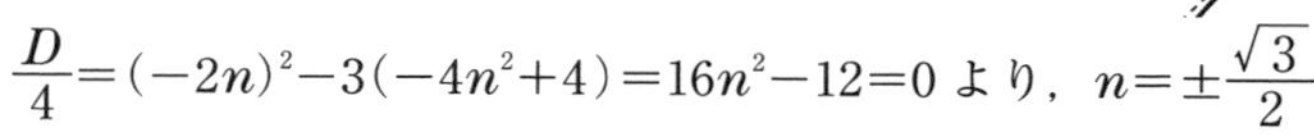

$$\frac{D}{4}=(-2n)^2-3(-4n^2+4)=16n^2-12=0 \text{ より，} n=\pm\frac{\sqrt{3}}{2}$$

よって，求める方程式は，$y=\frac{1}{2}x\pm\frac{\sqrt{3}}{2}$

**答え** $y=\frac{1}{2}x+\frac{\sqrt{3}}{2}$，$y=\frac{1}{2}x-\frac{\sqrt{3}}{2}$

重要

**3** 媒介変数 $t$ を用いて，$x=\dfrac{1+4t+t^2}{1+t^2}$，$y=\dfrac{3+t^2}{1+t^2}$ と表される曲線 $C$ があります。$C$ を $x$，$y$ の方程式で表し，その概形をかきなさい。

**考え方** $t$ を消去する際，除かれる点に注意します。

**解き方** $y=1+\dfrac{2}{1+t^2}$ より，$1<y\leqq 3$ …①となることに注意する。

$x=\dfrac{1+4t+t^2}{1+t^2}$ より

$x(1+t^2)=1+4t+t^2$ すなわち，$(x-1)t^2-4t=1-x$ …②

$y=\dfrac{3+t^2}{1+t^2}$ より

$y(1+t^2)=3+t^2$ すなわち，$(y-1)t^2=3-y$ …③

③×$(x-1)$－②×$(y-1)$ より

$$4(y-1)t=(3-y)(x-1)-(1-x)(y-1)$$
$$=2(x-1)$$

①より $y\neq 1$ であるから，両辺 $4(y-1)$ で割ると，$t=\dfrac{x-1}{2(y-1)}$

これを③に代入すると

$$(y-1)\left\{\frac{x-1}{2(y-1)}\right\}^2=3-y$$

$$(x-1)^2=4(y-1)(3-y)$$

$$(x-1)^2+4(y-2)^2=4$$

よって，$\dfrac{(x-1)^2}{4}+(y-2)^2=1$（ただし，$y\neq 1$）

これは，①を満たす。



**答え** $\dfrac{(x-1)^2}{4}+(y-2)^2=1$（ただし，$y\neq 1$），概形は上の図

**4** 極方程式 $r=2(\cos\theta+\sin\theta)$ で表される曲線は，どのような曲線ですか。

**解き方1** $\cos\theta+\sin\theta=\sqrt{2}\cos\left(\theta-\dfrac{\pi}{4}\right)$ より，$r=2\sqrt{2}\cos\left(\theta-\dfrac{\pi}{4}\right)$

これは，極座標が $\left(\sqrt{2},\ \dfrac{\pi}{4}\right)$ である点を中心とする半径 $\sqrt{2}$ の円を表す。

**答え** 極座標が $\left(\sqrt{2},\ \dfrac{\pi}{4}\right)$ である点を中心とする半径 $\sqrt{2}$ の円

**解き方2** 両辺を $r$ 倍すると，$r^2=2r(\cos\theta+\sin\theta)$

$r^2=x^2+y^2$，$r\cos\theta=x$，$r\sin\theta=y$ であるから

$x^2+y^2=2x+2y$ すなわち，$(x-1)^2+(y-1)^2=2$

これは直交座標において，中心$(1,\ 1)$，半径$\sqrt{2}$ の円を表す。

**答え** 直交座標が$(1,\ 1)$である点を中心とする半径$\sqrt{2}$ の円

**重要 5** 極座標が$(a,\ 0)$である点Aを通り，始線OXに垂直な直線を$\ell$とします。点Pから$\ell$に下ろした垂線と$\ell$の交点をHとするとき，$\dfrac{\mathrm{OP}}{\mathrm{PH}}$が一定の値$e$となる点Pの軌跡について考えます。($e$の値は離心率と呼ばれ，$e=1$のときはPの軌跡は放物線になります。)

点Pの軌跡の方程式が$r=\dfrac{ea}{1+e\cos\theta}$と表されることを用いて，$0<e<1$のとき，点Pの軌跡は楕円となることを証明しなさい。

**解き方** $r=\sqrt{x^2+y^2}$，$r\cos\theta=x$ となることを用いて，楕円の方程式$\dfrac{x^2}{a^2}+\dfrac{y^2}{b^2}=1$となることを示す。

**答え** $r=\dfrac{ea}{1+e\cos\theta}$より，$r=e(a-r\cos\theta)$

点Pの直交座標を$(x,\ y)$とすると，$r=\sqrt{x^2+y^2}$，$r\cos\theta=x$ であるから，$\sqrt{x^2+y^2}=e(a-x)$



$\sqrt{x^2+y^2}\geqq 0$ より，$a-x\geqq 0$ …①

$x^2+y^2=e^2a^2-e^2\cdot 2ax+e^2x^2$

$(1-e^2)x^2+2ae^2x+y^2=a^2e^2$

$(1-e^2)\left(x+\dfrac{ae^2}{1-e^2}\right)^2+y^2=\dfrac{a^2e^2}{1-e^2}$

$0<e<1$ より $1-e^2>0$ に注意すると，$\dfrac{\left(x+\dfrac{ae^2}{1-e^2}\right)^2}{\left(\dfrac{ae}{1-e^2}\right)^2}+\dfrac{y^2}{\dfrac{a^2e^2}{1-e^2}}=1$

これは①を満たす。

ここで，$\alpha=\dfrac{ae}{1-e^2}$，$\beta=\dfrac{ae}{\sqrt{1-e^2}}$ $(\alpha>0,\ \beta>0,\ \alpha\neq\beta)$とおけば，

$\dfrac{(x+\alpha e)^2}{\alpha^2}+\dfrac{y^2}{\beta^2}=1$ となり，$0<e<1$ のとき点Pの軌跡は楕円を表す。

# 発展問題

**1** 放物線 $y^2=4x$ を $P$ とし，$P$ の焦点 F(1，0)を通る，互いに垂直な直線 $\ell_1$，$\ell_2$ を考えます。$\ell_1$ の傾きは正，$\ell_2$ の傾きは負とします。2 直線と $P$ との 4 つの交点を，$y$ 座標が大きい順に A，B，C，D とし，直線 FA と $x$ 軸の正の向きとのなす角を $\theta$ とするとき，次の問いに答えなさい。

(1) 線分 FA の長さを $\theta$ を用いて表しなさい。

(2) $\dfrac{1}{\mathrm{FA}\cdot\mathrm{FC}}+\dfrac{1}{\mathrm{FB}\cdot\mathrm{FD}}$ は $\theta$ によらず一定の値になります。その値を求めなさい。

**解き方** (1) 点 A から放物線 $P$ の準線 $x=-1$ に下ろした垂線と準線の交点を H とすると，放物線の定義から，FA=AH …①

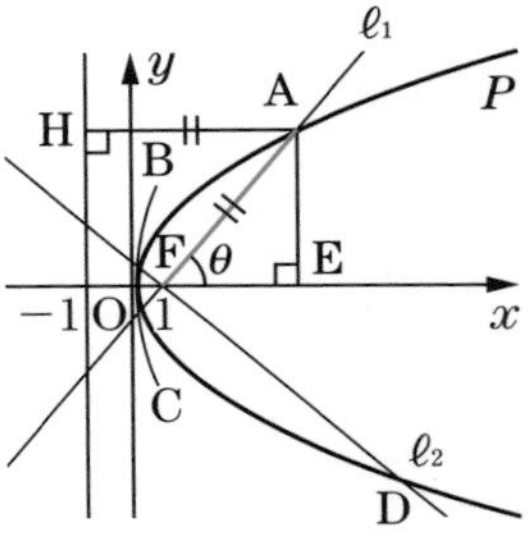

点 A から $x$ 軸に下ろした垂線と $x$ 軸の交点を E とすると，$\mathrm{FE}=\mathrm{FA}\cdot\cos\theta$ …②

AH=FE+2 であるから，①，②より

$\mathrm{FA}=\mathrm{FA}\cdot\cos\theta+2$

$(1-\cos\theta)\mathrm{FA}=2$

条件より $\cos\theta\neq1$ であるから，$\mathrm{FA}=\dfrac{2}{1-\cos\theta}$

**答え** $\mathrm{FA}=\dfrac{2}{1-\cos\theta}$

(2) (1)と同様に考えると

$$\mathrm{FB}=\frac{2}{1-\cos\left(\theta+\frac{\pi}{2}\right)},\ \mathrm{FC}=\frac{2}{1-\cos(\theta+\pi)},\ \mathrm{FD}=\frac{2}{1-\cos\left(\theta+\frac{3}{2}\pi\right)}$$

すなわち

$$\mathrm{FB}=\frac{2}{1+\sin\theta},\ \mathrm{FC}=\frac{2}{1+\cos\theta},\ \mathrm{FD}=\frac{2}{1-\sin\theta}$$

よって

$$\frac{1}{\mathrm{FA}\cdot\mathrm{FC}}+\frac{1}{\mathrm{FB}\cdot\mathrm{FD}}=\frac{1-\cos\theta}{2}\cdot\frac{1+\cos\theta}{2}+\frac{1+\sin\theta}{2}\cdot\frac{1-\sin\theta}{2}$$

$$=\frac{1}{4}(2-\cos^2\theta-\sin^2\theta)$$

$$=\frac{1}{4}$$

**答え** $\dfrac{1}{4}$

## 練習問題

答え：別冊 p.24 ～ p.29



**重要 1** 次の問いに答えなさい。

(1) $xy$ 平面上の放物線 $x^2=2y$ の焦点の座標および準線の方程式を求めなさい。

(2) $xy$ 平面上の 2 点 $\mathrm{A}(0, \sqrt{3})$，$\mathrm{B}(0, -\sqrt{3})$ に対し，$\mathrm{AP}+\mathrm{BP}=4$ を満たす点 P の軌跡を求めなさい。

(3) $xy$ 平面上の双曲線 $\dfrac{x^2}{9}-\dfrac{y^2}{4}=-1$ の焦点の座標および漸近線の方程式を求めなさい。

**重要 2** 次の問いに答えなさい。

(1) $xy$ 平面において，楕円 $\dfrac{x^2}{6}+\dfrac{y^2}{3}=1$ 上の点 $(2, 1)$ における接線の方程式を求めなさい。

(2) $xy$ 平面において，方程式 $3x^2-y^2+4y-7=0$ は，どのような曲線を表しますか。

(3) $xy$ 平面上の双曲線 $x^2-y^2=1$ と直線 $y=2x+n$ が共有点をもつように，定数 $n$ の値の範囲を定めなさい。

**3** $\theta$，$t$ を媒介変数とするとき，次の式はどのような曲線を表しますか。

(1) $x=2\cos\theta+1$，$y=\sqrt{5}\sin\theta-3$

(2) $x=\dfrac{4}{t^2}$，$y=\dfrac{2}{t}$

**4** 次の問いに答えなさい。

(1) 直交座標が $(-3\sqrt{3}, 9)$ である点の極座標を求めなさい。

(2) 極座標が $\left(\sqrt{5}, \dfrac{3}{2}\pi\right)$ である点の直交座標を求めなさい。

重要 **5**　次の極方程式で表される図形は，どのような図形か答えなさい。

(1)　$r\cos\left(\theta-\dfrac{\pi}{6}\right)=2\sqrt{3}$　　　(2)　$r=\cos\theta+\sqrt{3}\sin\theta$

重要 **6**　$xy$ 平面上の 2 点 A(2，4)，B(2，$-2$)について，$|\mathrm{AP}-\mathrm{BP}|=2$ を満たす点 P の軌跡を求めなさい。

重要 **7**　$xy$ 平面上で，楕円$\dfrac{x^2}{5}+\dfrac{y^2}{4}=1$ の接線のうち，点(3，0)を通るものは 2 つあります。それらの方程式を求めなさい。

重要 **8**　$\theta$ を媒介変数とするとき，$x=\sin2\theta$，$y=\sin\theta+\cos\theta$ はどのような曲線を表しますか。

**9**　極方程式 $r=\dfrac{\sin\theta}{\cos2\theta}$ を直交座標で表し，それがどのような曲線を表すか答えなさい。

**10**　$xy$ 平面上に双曲線$\dfrac{x^2}{4}-\dfrac{y^2}{16}=1$ があります。双曲線上の点 P($a$，$b$)における接線と，双曲線の 2 つの漸近線との交点をそれぞれ Q，R とするとき，P は線分 QR の中点であることを示しなさい。

# 2-6 複素数平面



## 1 複素数平面

☑チェック!

**複素数平面…**

複素数$z=a+bi$($a$，$b$は実数)に，$xy$平面上の点$(a, b)$が対応している平面を複素数平面(**複素平面**)または**ガウス平面**といい，$x$軸を**実軸**，$y$軸を**虚軸**といいます。複素数平面上では，$z$の表す点を**点$z$**または**A($z$)**のように表します。点$z$と点$-z$は原点O，点$z$と点$\overline{z}$($z$の共役な複素数)は実軸に関してそれぞれ対称です。

**複素数の絶対値と距離…**

$z$の絶対値$|z|$は，原点Oから点$z$までの距離を表します。また，2点A($\alpha$)，B($\beta$)間の距離について，$\mathrm{AB}=|\beta-\alpha|$が成り立ちます。

## 2 複素数の極形式

☑チェック!

**複素数の極形式…**

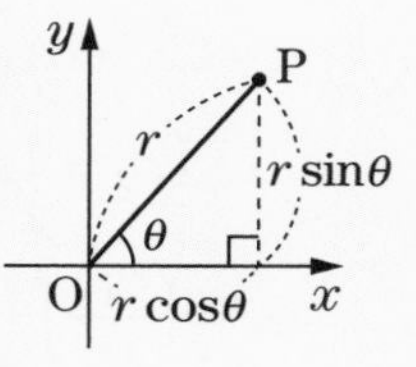


0でない複素数$z=a+bi$が表す点P($z$)に対し，$\mathrm{OP}=|z|=r$とし，実軸の正の部分と線分OPとのなす角を$\theta$とすると，$z=r(\cos\theta+i\sin\theta)$と表せます。この表し方を極形式といいます。また，$\theta$を$z$の**偏角**といい，**$\arg z$**で表します。$\theta$は通常，$0\leqq\theta<2\pi$の範囲で考えます。

**複素数の積，商…**

0でない複素数$z_1=r_1(\cos\theta_1+i\sin\theta_1)$，$z_2=r_2(\cos\theta_2+i\sin\theta_2)$について

$$z_1z_2=r_1r_2\{\cos(\theta_1+\theta_2)+i\sin(\theta_1+\theta_2)\},\quad |z_1z_2|=|z_1||z_2|,$$

$$\arg(z_1z_2)=\arg z_1+\arg z_2$$

$$\frac{z_1}{z_2}=\frac{r_1}{r_2}\{\cos(\theta_1-\theta_2)+i\sin(\theta_1-\theta_2)\},\quad \left|\frac{z_1}{z_2}\right|=\frac{|z_1|}{|z_2|},\quad \arg\frac{z_1}{z_2}=\arg z_1-\arg z_2$$

とくに，$\dfrac{1}{z_1}=\dfrac{1}{r_1}\{\cos(-\theta_1)+i\sin(-\theta_1)\}$，$\overline{z_1}=r_1\{\cos(-\theta_1)+i\sin(-\theta_1)\}$

**チェック！**

ド・モアブルの定理…

$(\cos\theta+i\sin\theta)^n=\cos n\theta+i\sin n\theta$（$n$ は整数）

1の $n$ 乗根…

正の整数 $n$ に対して，1の $n$ 乗根は

$\cos\frac{2k\pi}{n}+i\sin\frac{2k\pi}{n}$（$k=0$，1，2，…，$n-1$）

例1　$\alpha=-\sqrt{3}+i$ を極形式で表すと，$r=|\alpha|=\sqrt{(-\sqrt{3})^2+1^2}=2$，

$\cos\theta=-\frac{\sqrt{3}}{2}$，$\sin\theta=\frac{1}{2}$ であるから $\theta=\frac{5}{6}\pi$ より，$\alpha=2\left(\cos\frac{5}{6}\pi+i\sin\frac{5}{6}\pi\right)$

例2　$z_1=-1+\sqrt{3}i$，$z_2=3+\sqrt{3}i$ のとき

$|z_1|=\sqrt{(-1)^2+(\sqrt{3})^2}=2$，$|z_2|=\sqrt{3^2+(\sqrt{3})^2}=2\sqrt{3}$ より

$z_1=2\left(\cos\frac{2}{3}\pi+i\sin\frac{2}{3}\pi\right)$，$z_2=2\sqrt{3}\left(\cos\frac{\pi}{6}+i\sin\frac{\pi}{6}\right)$

$$z_1z_2=2\cdot2\sqrt{3}\left\{\cos\left(\frac{2}{3}\pi+\frac{\pi}{6}\right)+i\sin\left(\frac{2}{3}\pi+\frac{\pi}{6}\right)\right\}$$

$$=4\sqrt{3}\left(\cos\frac{5}{6}\pi+i\sin\frac{5}{6}\pi\right)$$

$$=-6+2\sqrt{3}i$$

例3　$z=1-i$ のとき，$|z|=\sqrt{1^2+(-1)^2}=\sqrt{2}$ より

$$z=\sqrt{2}\left\{\cos\left(-\frac{\pi}{4}\right)+i\sin\left(-\frac{\pi}{4}\right)\right\}$$

$$z^6=(\sqrt{2})^6\left\{\cos\left(-\frac{\pi}{4}\cdot6\right)+i\sin\left(-\frac{\pi}{4}\cdot6\right)\right\}=8\cdot1=8$$

$$z^{-5}=\left(\frac{1}{\sqrt{2}}\right)^5\left(\cos\frac{5}{4}\pi+i\sin\frac{5}{4}\pi\right)=\frac{1}{4\sqrt{2}}\left(-\frac{1}{\sqrt{2}}-\frac{1}{\sqrt{2}}i\right)=-\frac{1}{8}-\frac{1}{8}i$$

例4　$1=\cos2\pi+i\sin2\pi$ の3乗根は

$\cos\frac{2k\pi}{3}+i\sin\frac{2k\pi}{3}$（$k=0$，1，2）より，1，$\frac{-1\pm\sqrt{3}i}{2}$

**テスト**　次の問いに答えなさい。

(1)　$\alpha=-2-2i$ を極形式で表しなさい。ただし，$0\leqq\arg\alpha<2\pi$ とします。

(2)　$z=1-\sqrt{3}i$ のとき，$z^8$ を求めなさい。　　(3)　1の6乗根を求めなさい。

**答え**　(1)　$\alpha=2\sqrt{2}\left(\cos\frac{5}{4}\pi+i\sin\frac{5}{4}\pi\right)$　(2)　$-128-128\sqrt{3}i$

(3)　$\pm1$，$\frac{\pm1\pm\sqrt{3}i}{2}$（複号任意）

## 3 複素数の図形への応用

**チェック！**

**線分の内分点，外分点，三角形の重心…**

2 点 $\mathrm{A}(\alpha)$，$\mathrm{B}(\beta)$ について

①線分 AB を $m:n$ に内分する点を表す複素数は，$\dfrac{n\alpha+m\beta}{m+n}$

②線分 AB を $m:n$ に外分する点を表す複素数は，$\dfrac{-n\alpha+m\beta}{m-n}$

同一直線上にない 3 点 $\mathrm{A}(\alpha)$，$\mathrm{B}(\beta)$，$\mathrm{C}(\gamma)$ を頂点とする△ABC の重心 G を表す複素数は，$\dfrac{\alpha+\beta+\gamma}{3}$

**等式の表す図形，不等式の表す領域…**

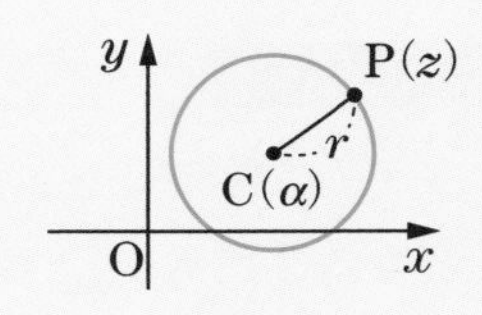


$r$ は正の実数，$\alpha$，$\beta$ が異なる複素数を表すとき

① $|z-\alpha|=r$ の表す図形は

　点 $\mathrm{C}(\alpha)$ を中心とする半径 $r$ の円

　$|z-\alpha|<r$，$|z-\alpha|>r$ の表す領域はそれぞれ

　点 $\mathrm{C}(\alpha)$ を中心とする半径 $r$ の円の内部および外部

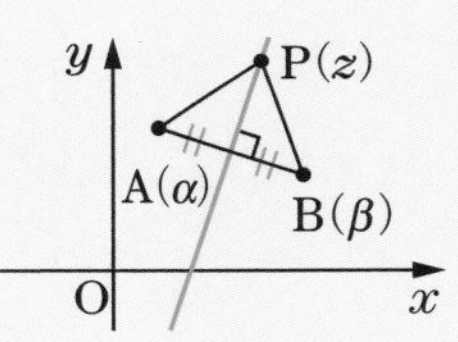


② $|z-\alpha|=|z-\beta|$ の表す図形は

　2 点 $\mathrm{A}(\alpha)$，$\mathrm{B}(\beta)$ を結ぶ線分 AB の垂直二等分線

**平行移動，回転移動…**

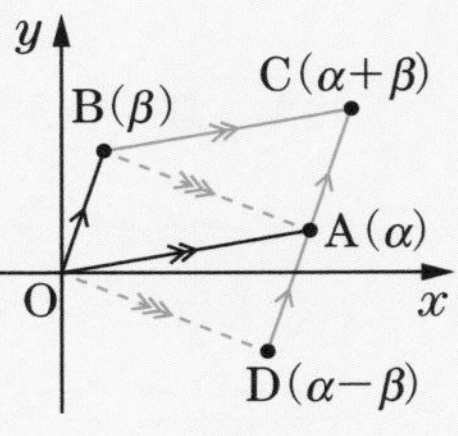


2 点 $\mathrm{A}(\alpha)$，$\mathrm{B}(\beta)$ に対して

① $\mathrm{C}(\alpha+\beta)$ は，線分 OB を原点 O が点 A に重なるように平行移動したときの点 B の位置

② $\mathrm{D}(\alpha-\beta)$ は，線分 AB を点 B が原点 O に重なるように平行移動したときの点 A の位置

C は $\overrightarrow{\mathrm{OC}}=\overrightarrow{\mathrm{OA}}+\overrightarrow{\mathrm{OB}}$ を満たす点
D は $\overrightarrow{\mathrm{OD}}=\overrightarrow{\mathrm{OA}}-\overrightarrow{\mathrm{OB}}$ を満たす点

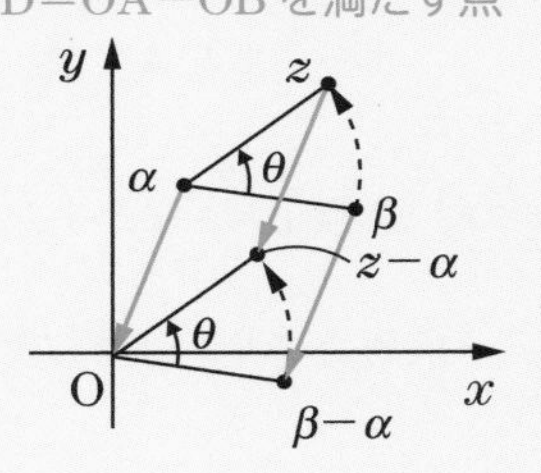


点 $z_1$ を原点 O を中心として $\theta$ だけ回転し，原点からの距離を $r$ 倍($r>0$)した点を表す複素数 $z$ は

$$z=z_1r(\cos\theta+i\sin\theta)$$

2 点 $\alpha$，$\beta$ について，点 $\beta$ を点 $\alpha$ を中心として $\theta$ だけ回転した点を表す複素数 $z$ は

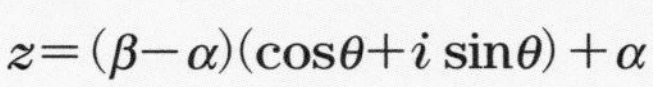

$$z=(\beta-\alpha)(\cos\theta+i\sin\theta)+\alpha$$

**例1**　$|z-(1+i)|=2$ を満たす点 $z$ の全体が表す図形は

点 $1+i$ を中心とする半径2の円

**例2**　$|z-3|=|z-2i|$ を満たす点 $z$ の全体が表す図形は

2点3，$2i$ を結ぶ線分の垂直二等分線

**例3**　点 $3+2i$ を，原点Oを中心に $\frac{\pi}{2}$ だけ回転した点を表す複素数 $z$ は

$$z=(3+2i)\left(\cos\frac{\pi}{2}+i\sin\frac{\pi}{2}\right)=(3+2i)\cdot i=-2+3i$$

**テスト**　点 $6-2i$ を，原点Oを中心に $\frac{3}{4}\pi$ だけ回転した点を表す複素数を求めなさい。

**答え**　$-2\sqrt{2}+4\sqrt{2}\,i$

**チェック！**

**3点の位置関係…**

異なる3点 $A(\alpha)$，$B(\beta)$，$C(\gamma)$ について

$$\angle BAC=\arg\frac{\gamma-\alpha}{\beta-\alpha}$$

（この場合，$\angle BAC$ は向きも考えます。）

このことから次のことが成り立ちます。

$AB\perp AC \iff \dfrac{\gamma-\alpha}{\beta-\alpha}$ が純虚数

3点A，B，Cが同一直線上にある $\iff \dfrac{\gamma-\alpha}{\beta-\alpha}$ が実数

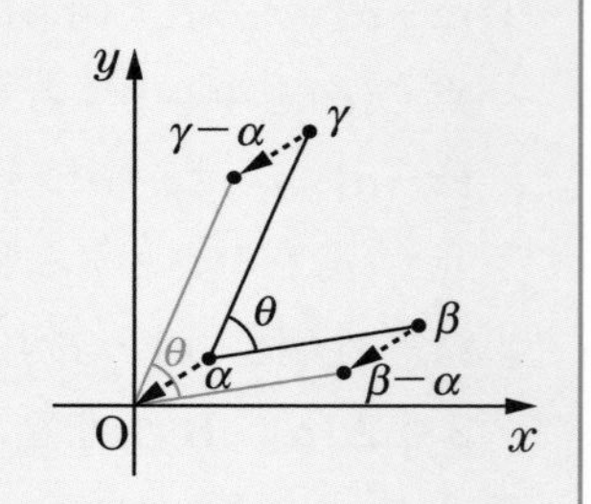


**例1**　$c$ を実数とします。3点 $A(1+i)$，$B(5+3i)$，$C(c-i)$ について

$$\frac{(c-i)-(1+i)}{(5+3i)-(1+i)}=\frac{(c-1)-2i}{4+2i}=\frac{4(c-2)-2(c+3)i}{20}\quad\cdots①$$

となるので，$AB\perp AC$ のとき①が純虚数となるので，$c=2$

また，3点A，B，Cが同一直線上にあるとき①が実数となるので，$c=-3$

**テスト**　3点 $\alpha=-\sqrt{3}+i$，$\beta=1-\sqrt{3}$，$\gamma=1+\sqrt{3}\,i$ について，$\arg\dfrac{\gamma-\alpha}{\beta-\alpha}$ の値を求めなさい。ただし，$0\leqq\arg\dfrac{\gamma-\alpha}{\beta-\alpha}<2\pi$ とします。

**答え**　$\frac{\pi}{3}$

# 基本問題

**1** 　Oを原点とし，$\alpha=2+2i$，$\beta=4+5i$ の表す点をそれぞれA，Bとします。これについて，次の問いに答えなさい。

(1)　OAの長さを求めなさい。

(2)　$\alpha$ を極形式で表しなさい。ただし，$0 \leqq \arg\alpha < 2\pi$ とします。

(3)　ABの長さを求めなさい。

(4)　Bと実軸，虚軸，Oに関して対称な点をそれぞれC，D，Eとするとき，C，D，Eを表す複素数を求めなさい。

**解き方** (1)　$OA=|\alpha|=\sqrt{2^2+2^2}=2\sqrt{2}$　**答え**　$2\sqrt{2}$

(2)　(1)の結果を用いて

$$\alpha=2\sqrt{2}\left(\frac{1}{\sqrt{2}}+\frac{1}{\sqrt{2}}i\right)=2\sqrt{2}\left(\cos\frac{\pi}{4}+i\sin\frac{\pi}{4}\right)$$

**答え**　$2\sqrt{2}\left(\cos\frac{\pi}{4}+i\sin\frac{\pi}{4}\right)$

(3)　$AB=|\beta-\alpha|=|2+3i|=\sqrt{2^2+3^2}=\sqrt{13}$

**答え**　$\sqrt{13}$

(4)　C，D，Eを表す複素数はそれぞれ $\overline{\beta}$，$-\overline{\beta}$，$-\beta$ であるから

C$(4-5i)$，D$(-4+5i)$，E$(-4-5i)$

**答え**　C$(4-5i)$，D$(-4+5i)$，E$(-4-5i)$

**2** 　$z=-1+\sqrt{3}i$ とします。点 $z$ を原点を中心に $-\frac{\pi}{3}$ だけ回転させ，原点からの距離を $2\sqrt{3}$ 倍した点を表す複素数を求めなさい。

**ポイント**　点 $z_1$ を原点Oを中心として $\theta$ だけ回転し，原点からの距離を $r$ 倍 $(r>0)$ した点を表す複素数 $z$ は，$z=z_1 r(\cos\theta+i\sin\theta)$

**解き方**　求める複素数は

$$(-1+\sqrt{3}i)\cdot 2\sqrt{3}\left\{\cos\left(-\frac{\pi}{3}\right)+i\sin\left(-\frac{\pi}{3}\right)\right\}$$

$$=(-1+\sqrt{3}i)(\sqrt{3}-3i)$$

$$=2\sqrt{3}+6i$$

**答え**　$2\sqrt{3}+6i$

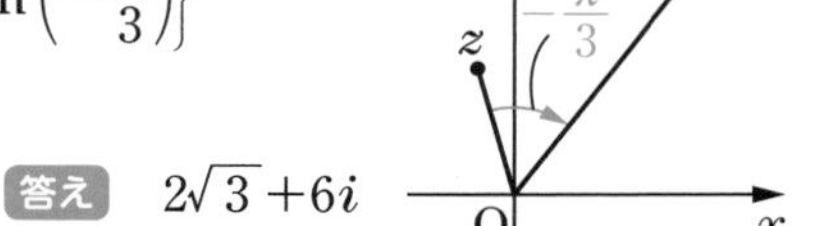




第2章 図形

3 $z=-2+2i$ について，次の問いに答えなさい。

(1) $z^5$ を求めなさい。

(2) $n$ を正の整数とします。$z^n$ が実数となる $n$ の値を求めなさい。

ポイント ド・モアブルの定理 $(\cos\theta+i\sin\theta)^n=\cos n\theta+i\sin n\theta$ ($n$ は整数)

解き方 (1) $|z|=\sqrt{(-2)^2+2^2}=2\sqrt{2}$ より

$$z=2\sqrt{2}\left(-\frac{1}{\sqrt{2}}+\frac{1}{\sqrt{2}}i\right)=2\sqrt{2}\left(\cos\frac{3}{4}\pi+i\sin\frac{3}{4}\pi\right)$$

ド・モアブルの定理を用いて

$$z^5=(2\sqrt{2})^5\left(\cos\frac{3}{4}\pi+i\sin\frac{3}{4}\pi\right)^5$$

← $\{r(\cos\theta+i\sin\theta)\}^n=r^n(\cos n\theta+i\sin n\theta)$ ($n$ は整数)

$$=128\sqrt{2}\left(\cos\frac{15}{4}\pi+i\sin\frac{15}{4}\pi\right)$$

$$=128\sqrt{2}\left(\cos\frac{7}{4}\pi+i\sin\frac{7}{4}\pi\right)$$

← $\sin(\theta+2n\pi)=\sin\theta$
$\cos(\theta+2n\pi)=\cos\theta$ ($n$ は整数)

$$=128\sqrt{2}\left(\frac{1}{\sqrt{2}}-\frac{1}{\sqrt{2}}i\right)$$

$$=128-128i$$

答え $128-128i$

(2) $\arg z^n=\dfrac{3}{4}n\pi$

$\dfrac{3}{4}n\pi=m\pi$ ($m$ は整数) のとき，$z^n$ は実数となるので

$n=4k$ ($k$ は正の整数)

答え $n=4k$ ($k$ は正の整数)

4 次の等式を満たす点 P($z$) の全体はどのような図形を表しますか。

(1) $|z+2-i|=3$　　(2) $|z-2|=|z-3-i|$

ポイント
(1) $|z-\alpha|=r$ $(r>0)$ …点 $\alpha$ を中心とする半径 $r$ の円
(2) $|z-\alpha|=|z-\beta|$ … 2 点 $\alpha$，$\beta$ を結ぶ線分の垂直二等分線

解き方 (1) $|z-(-2+i)|=3$ より，点 P($z$) の全体は，点 $-2+i$ を中心とする半径 3 の円

答え 点 $-2+i$ を中心とする半径 3 の円

(2) $|z-2|=|z-(3+i)|$ より，点 P($z$) の全体は，2 点 2，$3+i$ を結ぶ線分の垂直二等分線

答え 2 点 2，$3+i$ を結ぶ線分の垂直二等分線

# 応用問題

重要 **1** 方程式 $z^3=-i$ を解きなさい。

考え方 方程式の両辺を極形式で表し，両辺の絶対値と偏角を比較します。

解き方 $z$ の極形式を $z=r(\cos\theta+i\sin\theta)$ …①とするとド・モアブルの定理により

$z^3=r^3(\cos3\theta+i\sin3\theta)$

また，$-i=\cos\frac{3}{2}\pi+i\sin\frac{3}{2}\pi$ より

$r^3(\cos3\theta+i\sin3\theta)=\cos\frac{3}{2}\pi+i\sin\frac{3}{2}\pi$

両辺の絶対値と偏角を比較すると，$r^3=1$，$3\theta=\frac{3}{2}\pi+2k\pi$（$k$ は整数）

偏角については一般角で考える

$r>0$ より，$r=1$ …②，$\theta=\frac{\pi}{2}+\frac{2}{3}k\pi$

$0\leqq\theta<2\pi$ の範囲で考えると，$k=0$，1，2 より，$\theta=\frac{\pi}{2}$，$\frac{7}{6}\pi$，$\frac{11}{6}\pi$ …③

②，③を①に代入して，$z=i$，$-\frac{\sqrt{3}+i}{2}$，$\frac{\sqrt{3}-i}{2}$

答え $z=i$，$-\frac{\sqrt{3}+i}{2}$，$\frac{\sqrt{3}-i}{2}$

**2** $\left|\frac{z-2i}{z+i}\right|=\frac{1}{2}$ を満たす点 P$(z)$ の全体はどのような図形を表しますか。

考え方 $(z+\alpha)(\overline{z+\alpha})=r^2$ すなわち，$|z+\alpha|=r$ の形にします。

解き方 与えられた等式を変形すると，$2|z-2i|=|z+i|$ より ←点 P の軌跡は 2 点 $2i$，$-i$ からの距離の比が 1：2 である点全体の集合（アポロニウスの円）

$4|z-2i|^2=|z+i|^2$

$4(z-2i)(\overline{z-2i})=(z+i)(\overline{z+i})$ ←$|\alpha|^2=\alpha\overline{\alpha}$

$4(z-2i)(\overline{z}+2i)=(z+i)(\overline{z}-i)$

$4(z\overline{z}+2iz-2i\overline{z}-4i^2)=z\overline{z}-iz+i\overline{z}-i^2$

$z\overline{z}+3iz-3i\overline{z}=-5$

$(z-3i)(\overline{z}+3i)=4$

$\overline{z}+3i=\overline{z-3i}$ より，$(z-3i)(\overline{z-3i})=2^2$ すなわち，$|z-3i|=2$

よって，求める図形は，点 $3i$ を中心とした半径 2 の円である。

答え 点 $3i$ を中心とした半径 2 の円

重要

**3** 複素数 $z$，$w$ が $w=i(z-2)$ を満たします。点 $z$ が原点 O を中心とする半径 1 の円上を動くとき，点 $w$ の全体はどのような図形を表しますか。

**考え方** $z$ を $w$ の式で表し，$z$ が満たす条件式に代入します。

**解き方** $w=i(z-2)$ より

$$z=\frac{w}{i}+2=\frac{w+2i}{i}$$

条件より，$|z|=1$ から

$$\left|\frac{w+2i}{i}\right|=1$$

$$\frac{|w+2i|}{|i|}=1 \quad \leftarrow \left|\frac{\alpha}{\beta}\right|=\frac{|\alpha|}{|\beta|}$$

$$|w-(-2i)|=1 \quad \leftarrow |i|=1$$

よって，$w$ の描く図形は，点 $-2i$ を中心とした半径 1 の円である。

**答え** 点 $-2i$ を中心とした半径 1 の円

**4** 3 点 P(1)，Q$(3+2i)$，R$(z)$ について，△PQR が正三角形であるとき，複素数 $z$ を求めなさい。

**考え方** PQ＝PR，$\angle \mathrm{QPR}=\frac{\pi}{3}$ より，回転移動を考えます。

**解き方** 点 R は，点 P を中心として点 Q を $\frac{\pi}{3}$ または $-\frac{\pi}{3}$ だけ回転した点である。

$\frac{\pi}{3}$ だけ回転したとき

$$z-1=\{(3+2i)-1\}\left(\cos\frac{\pi}{3}+i\sin\frac{\pi}{3}\right)$$

$$z=2-\sqrt{3}+(1+\sqrt{3})i$$

$-\frac{\pi}{3}$ だけ回転したとき

$$z=(2+2i)\left\{\cos\left(-\frac{\pi}{3}\right)+i\sin\left(-\frac{\pi}{3}\right)\right\}+1=2+\sqrt{3}+(1-\sqrt{3})i$$



よって，$z=2\pm\sqrt{3}+(1\mp\sqrt{3})i$

**答え** $z=2\pm\sqrt{3}+(1\mp\sqrt{3})i$（複号同順）

**重要 5** 3点 A$(i)$，B$(3+2i)$，C$(4-i)$があるとき，∠BAC の大きさを求めなさい。また，△ABC はどのような三角形ですか。

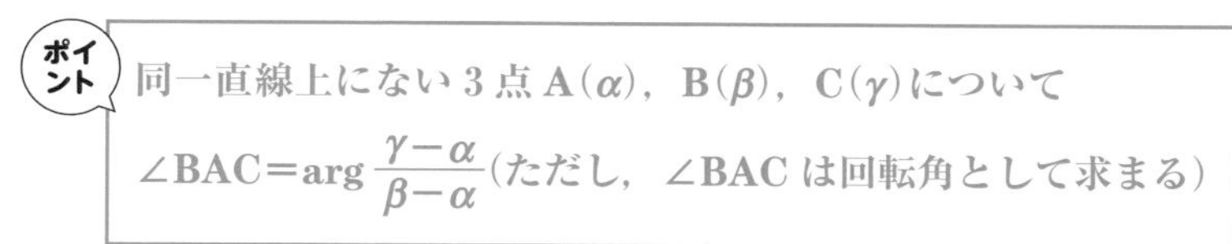
ポイント
同一直線上にない3点 A$(\alpha)$，B$(\beta)$，C$(\gamma)$について

$\angle\mathrm{BAC}=\arg\dfrac{\gamma-\alpha}{\beta-\alpha}$（ただし，∠BAC は回転角として求まる）

**解き方1** $\alpha=i$，$\beta=3+2i$，$\gamma=4-i$ とおくと

$$\frac{\gamma-\alpha}{\beta-\alpha}=\frac{4-2i}{3+i}=1-i$$

$$1-i=\sqrt{2}\left\{\cos\left(-\frac{\pi}{4}\right)+i\sin\left(-\frac{\pi}{4}\right)\right\}\quad\cdots①$$

よって，$\angle\mathrm{BAC}=\dfrac{\pi}{4}$

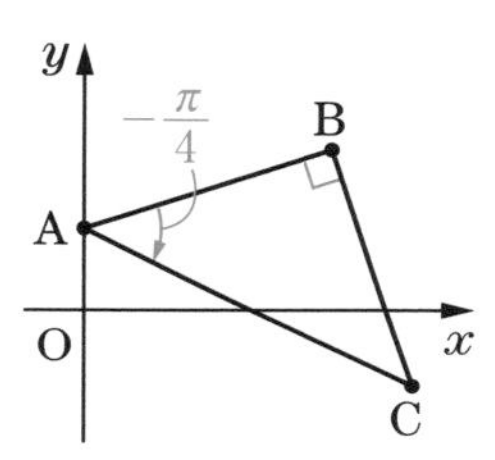


①より点 C は，点 A を中心として点 B を$-\dfrac{\pi}{4}$回転し，点 A からの距離を$\sqrt{2}$倍にした点である。

$\mathrm{AB}:\mathrm{AC}=1:\sqrt{2}$，$\angle\mathrm{BAC}=\dfrac{\pi}{4}$より，△ABC は$\angle\mathrm{ABC}=\dfrac{\pi}{2}$の直角二等辺三角形である。

**解き方2** $\mathrm{AB}=|(3+2i)-i|=\sqrt{10}$，$\mathrm{BC}=|(4-i)-(3+2i)|=\sqrt{10}$，

$\mathrm{AC}=|(4-i)-i|=2\sqrt{5}$

$\mathrm{AB}:\mathrm{BC}:\mathrm{AC}=1:1:\sqrt{2}$ より，△ABC は$\angle\mathrm{ABC}=\dfrac{\pi}{2}$の直角二等辺三角形であるから，$\angle\mathrm{BAC}=\dfrac{\pi}{4}$

**解き方3** A$(0,\ 1)$，B$=(3,\ 2)$，C$=(4,\ -1)$とすると，$\overrightarrow{\mathrm{AB}}=(3,\ 1)$，$\overrightarrow{\mathrm{AC}}=(4,\ -2)$より

$$\cos\angle\mathrm{BAC}=\frac{\overrightarrow{\mathrm{AB}}\cdot\overrightarrow{\mathrm{AC}}}{|\overrightarrow{\mathrm{AB}}||\overrightarrow{\mathrm{AC}}|}=\frac{10}{\sqrt{10}\cdot\sqrt{20}}=\frac{1}{\sqrt{2}}$$

よって，$\angle\mathrm{BAC}=\dfrac{\pi}{4}$

また，$|\overrightarrow{\mathrm{AC}}|=\sqrt{2}|\overrightarrow{\mathrm{AB}}|$ より，△ABC は$\angle\mathrm{ABC}=\dfrac{\pi}{2}$の直角二等辺三角形である。

**答え** $\angle\mathrm{BAC}=\dfrac{\pi}{4}$，$\angle\mathrm{ABC}=\dfrac{\pi}{2}$の直角二等辺三角形

# 発展問題

**1** 点 $z$ が点4を通って実軸に垂直な直線上を動くとき，$w=\frac{1}{z}$ で表される点 $w$ の全体はどのような図形を表しますか。

**解き方1** 点 $z$ は原点と点8を結ぶ線分の垂直二等分線上にあるから

$|z|=|z-8|$ …①

また，$w=\frac{1}{z}$ から $w\neq0$ …②において，$z=\frac{1}{w}$ …③

③を①に代入すると，$\left|\frac{1}{w}\right|=\left|\frac{1}{w}-8\right|$

$1=|1-8w|$

$\left|w-\frac{1}{8}\right|=\frac{1}{8}$

これと②より，点 $w$ の描く図形は，点 $\frac{1}{8}$ を中心とする半径 $\frac{1}{8}$ の円から原点を除いた図形である。

**解き方2** 点 $z$ と点 $\overline{z}$ の中点を表す複素数が4であるから

$\frac{z+\overline{z}}{2}=4$ すなわち，$z+\overline{z}=8$ …④

また，$w=\frac{1}{z}$ から $w\neq0$ …⑤において，$z=\frac{1}{w}$ …⑥

⑥を④に代入すると，$\frac{1}{w}+\frac{1}{\overline{w}}=8$

$\overline{w}+w=8w\overline{w}$

$w\overline{w}-\frac{1}{8}w-\frac{1}{8}\overline{w}=0$

$\left(w-\frac{1}{8}\right)\left(\overline{w-\frac{1}{8}}\right)-\frac{1}{64}=0$

$\left|w-\frac{1}{8}\right|=\frac{1}{8}$

これと⑤より，求める図形は，点 $\frac{1}{8}$ を中心とする半径 $\frac{1}{8}$ の円から原点を除いた図形である。

**答え** 点 $\frac{1}{8}$ を中心とする半径 $\frac{1}{8}$ の円から原点を除いた図形

## 練習問題

答え：別冊 p.29 ～ p.33

**1** Oを原点とする複素数平面上で，$\alpha=3+\sqrt{3}i$，$\beta=4+(2+\sqrt{3})i$ の表す点をそれぞれA，Bとします。これについて，次の問いに答えなさい。

(1) $\alpha$ を極形式で表しなさい。ただし，$0\leqq\arg\alpha<2\pi$ とします。

(2) 点 $z$ に対して，点 $\alpha z$ はどのような点を表しますか。

(3) 線分ABの長さを求めなさい。

重要
**2** $z=1+\sqrt{3}i$ について，$z^7$ を計算しなさい。

**3** $z=\dfrac{\sqrt{3}-i}{1-i}$ について，次の問いに答えなさい。

(1) $z$ を極形式で表しなさい。ただし，$0\leqq\arg z<2\pi$ とします。

(2) $n$ を正の整数とするとき，$z^n$ が実数となるような $n$ の最小値を求めなさい。

重要
**4** 方程式 $z^4=-2+2\sqrt{3}i$ について，次の問いに答えなさい。

(1) この方程式を解きなさい。

(2) 方程式の解を，偏角が小さい順に $z_0$，$z_1$，$z_2$，$z_3$ とし，複素数平面上において，それぞれの複素数が表す点を $\mathrm{A}(z_0)$，$\mathrm{B}(z_1)$，$\mathrm{C}(z_2)$，$\mathrm{D}(z_3)$ とします。四角形ABCDはどのような四角形ですか。

**5** 複素数平面上に2点 $\mathrm{A}(1+3i)$，$\mathrm{B}(5+i)$ があります。点Bを，点Aを中心として $\dfrac{\pi}{4}$ だけ回転した点を表す複素数を求めなさい。

**6**　2つの複素数 $\alpha=2+i$，$\beta=-3+xi$ に対して，O を原点とする複素数平面上の2点 A$(\alpha)$，B$(\beta)$ を考えます。
OA⊥OB が成り立つように，実数 $x$ の値を定めなさい。

**7**　O を原点とする複素数平面上に，O と異なる2点 A$(\alpha)$，B$(\beta)$ があります。$\alpha$，$\beta$ が等式 $\alpha^2-\alpha\beta+\beta^2=0$ を満たすとき，△OAB はどのような三角形ですか。

重要
**8**　複素数平面上で，次の等式を満たす点 P$(z)$ の全体はどのような図形を表しますか。

(1)　$|3z-i|=6$　　　(2)　$|2z-2+i|=|2z+1-2i|$

**9**　複素数平面上の2点 P$(z)$，点 Q$(w)$ について，$|z|=2$，$w=\dfrac{z-1}{z-2}$ が成り立つとき，点 Q の全体はどのような図形を表しますか。

重要
**10**　$z+\dfrac{1}{z}$ が実数となるような点 $z$ の全体はどのような図形を表しますか。

# 2-7 行列

## 1 行列の演算

☑ チェック!

行列…

いくつかの数を長方形状に書き並べ，両側をかっこで囲んだものを行列といいます。行列中の数の横の並びを行といい，上から順に第1行，第2行，…と表します。また，行列中の数の縦の並びを列といい，左から順に第1列，第2列，…と表します。行列中のそれぞれの数をこの行列の成分といい，第$i$行と第$j$列の交点にある成分を$(i,\ j)$成分といいます。行数が$m$，列数が$n$の行列のことを$m$行$n$列の行列または$m\times n$行列といい，とくに行数，列数がともに$n$の行列を$n$次正方行列といいます。また，行数が1の行列のことを行ベクトル，列数が1の行列のことを列ベクトルといいます。

行列の加法，減法，実数倍…

行列の加法，減法は同じ型の行列(2つの行列の行数と列数がそれぞれ等しい)同士であれば，対応する成分同士で式の計算と同様に計算できます。また，行列の実数倍は各成分を実数倍します。

$A=\begin{pmatrix} a & b \\ c & d \end{pmatrix}$，$B=\begin{pmatrix} e & f \\ g & h \end{pmatrix}$および実数$k$について

$$A\pm B=\begin{pmatrix} a & b \\ c & d \end{pmatrix}\pm\begin{pmatrix} e & f \\ g & h \end{pmatrix}=\begin{pmatrix} a\pm e & b\pm f \\ c\pm g & d\pm h \end{pmatrix}\text{(複号同順)}$$

$$kA=k\begin{pmatrix} a & b \\ c & d \end{pmatrix}=\begin{pmatrix} ka & kb \\ kc & kd \end{pmatrix}$$

**例1** 行列$A=\begin{pmatrix} 1 & 4 \\ 2 & 5 \\ 3 & 6 \end{pmatrix}$は$3\times 2$行列で，その$(3,\ 2)$成分は6です。

第3行→ 3 6 ←(3，2)成分

↑第2列

**テスト** 行列$A=\begin{pmatrix} 0 & 1 \\ 2 & 3 \end{pmatrix}$，$B=\begin{pmatrix} -1 & 2 \\ -2 & 4 \end{pmatrix}$について，次の問いに答えなさい。

(1) 行列$A$の$(2,\ 1)$成分を答えなさい。

(2) $2A-B$を計算しなさい。

答え (1) 2 (2) $\begin{pmatrix} 1 & 0 \\ 6 & 2 \end{pmatrix}$

**☑ チェック！**

**行列の積…**

行ベクトル$(a \quad b)$と列ベクトル$\begin{pmatrix} p \\ r \end{pmatrix}$の積を，$(a \quad b)\begin{pmatrix} p \\ r \end{pmatrix}=ap+br$と定義し，行列の積も同様に，$\begin{pmatrix} a & b \\ c & d \end{pmatrix}\begin{pmatrix} p & q \\ r & s \end{pmatrix}=\begin{pmatrix} ap+br & aq+bs \\ cp+dr & cq+ds \end{pmatrix}$と定義します。実数の性質とは異なり，一般に交換法則は成り立ちません$(AB \neq BA)$。行列の積$AB$が定義できるのは，$A$の列数と$B$の行数が一致するときです。

**零行列，単位行列…**

すべての成分が0である行列を零行列といい，$O$で表します。$A \neq O$かつ$B \neq O$であっても，$AB=O$となることがあります。また，$(i,\ i)$成分$(i=1,\ 2,\ \cdots,\ n)$がすべて1，それ以外の成分がすべて0の$n$次正方行列を($n$次の)単位行列といい，$E$もしくは$I$で表します。$n$次正方行列$A$，$O$，$E$について，$AO=OA=O$，$AE=EA=A$が成り立ちます。

**例1**　$A=\begin{pmatrix} 2 & -1 \\ -6 & 3 \end{pmatrix}$，$B=\begin{pmatrix} 3 & -2 \\ 6 & -4 \end{pmatrix}$のとき

$$AB=\begin{pmatrix} 2 & -1 \\ -6 & 3 \end{pmatrix}\begin{pmatrix} 3 & -2 \\ 6 & -4 \end{pmatrix}=\begin{pmatrix} 2\cdot3+(-1)\cdot6 & 2\cdot(-2)+(-1)\cdot(-4) \\ -6\cdot3+3\cdot6 & -6\cdot(-2)+3\cdot(-4) \end{pmatrix}$$

$$=\begin{pmatrix} 0 & 0 \\ 0 & 0 \end{pmatrix}$$

$$BA=\begin{pmatrix} 3 & -2 \\ 6 & -4 \end{pmatrix}\begin{pmatrix} 2 & -1 \\ -6 & 3 \end{pmatrix}=\begin{pmatrix} 3\cdot2+(-2)\cdot(-6) & 3\cdot(-1)+(-2)\cdot3 \\ 6\cdot2+(-4)\cdot(-6) & 6\cdot(-1)+(-4)\cdot3 \end{pmatrix}$$

$$=\begin{pmatrix} 18 & -9 \\ 36 & -18 \end{pmatrix}$$

となり，$AB=O$，$AB \neq BA$となることがわかります。

## 2 ケーリー・ハミルトンの定理

**☑ チェック！**

**ケーリー・ハミルトンの定理…**

2次正方行列$A=\begin{pmatrix} a & b \\ c & d \end{pmatrix}$および単位行列$E=\begin{pmatrix} 1 & 0 \\ 0 & 1 \end{pmatrix}$，零行列$O=\begin{pmatrix} 0 & 0 \\ 0 & 0 \end{pmatrix}$に対して

$$A^2-(a+d)A+(ad-bc)E=O$$

例１　$A=\begin{pmatrix}-1 & 3\\ 2 & -5\end{pmatrix}$のとき，ケーリー・ハミルトンの定理より

$$A^2-\{(-1)+(-5)\}A+\{(-1)\cdot(-5)-3\cdot 2\}E=A^2+6A-E=O$$

## 3 逆行列

**チェック！**

**逆行列…**

正方行列 $A$ に対して，$AX=XA=E$（$E$ は単位行列）を満たす行列 $X$ が定まるとき，これを $A$ の逆行列といい，$A^{-1}$ で表します。すなわち，$AA^{-1}=A^{-1}A=E$ が成り立ちます。$A^{-1}$ が存在するとき，それはただ１通りに定まります。とくに，$E^{-1}=E$ となります。また，行列 $A$，$B$ それぞれの逆行列が存在するならば，$(AB)^{-1}=B^{-1}A^{-1}$ となります。

**２次正方行列の逆行列…**

$A=\begin{pmatrix}a & b\\ c & d\end{pmatrix}$に対して，$\Delta=ad-bc$ とすると

①$\Delta\neq 0$ のとき，$A^{-1}=\dfrac{1}{\Delta}\begin{pmatrix}d & -b\\ -c & a\end{pmatrix}$　②$\Delta=0$ のとき，$A^{-1}$ は存在しない。

例１　$A=\begin{pmatrix}2 & -1\\ 5 & -3\end{pmatrix}$について

$$A^{-1}=\frac{1}{2\cdot(-3)-(-1)\cdot 5}\begin{pmatrix}-3 & 1\\ -5 & 2\end{pmatrix}=\begin{pmatrix}3 & -1\\ 5 & -2\end{pmatrix}$$

$$AA^{-1}=\begin{pmatrix}2 & -1\\ 5 & -3\end{pmatrix}\begin{pmatrix}3 & -1\\ 5 & -2\end{pmatrix}=\begin{pmatrix}1 & 0\\ 0 & 1\end{pmatrix}$$

$$A^{-1}A=\begin{pmatrix}3 & -1\\ 5 & -2\end{pmatrix}\begin{pmatrix}2 & -1\\ 5 & -3\end{pmatrix}=\begin{pmatrix}1 & 0\\ 0 & 1\end{pmatrix}$$

例２　$A=\begin{pmatrix}1 & 2\\ 2 & 4\end{pmatrix}$のとき，$1\cdot 4-2\cdot 2=0$ より，$A^{-1}$ は存在しません。

例３　２次正方行列 $A$ が，$A\begin{pmatrix}1\\ 2\end{pmatrix}=\begin{pmatrix}3\\ -1\end{pmatrix}$，$A\begin{pmatrix}2\\ 3\end{pmatrix}=\begin{pmatrix}5\\ 0\end{pmatrix}$を同時に満たすとき，

$A\begin{pmatrix}1 & 2\\ 2 & 3\end{pmatrix}=\begin{pmatrix}3 & 5\\ -1 & 0\end{pmatrix}$より

$$A=\begin{pmatrix}3 & 5\\ -1 & 0\end{pmatrix}\begin{pmatrix}1 & 2\\ 2 & 3\end{pmatrix}^{-1}=\begin{pmatrix}3 & 5\\ -1 & 0\end{pmatrix}\cdot\frac{1}{1\cdot 3-2\cdot 2}\begin{pmatrix}3 & -2\\ -2 & 1\end{pmatrix}$$

$$=\begin{pmatrix}3 & 5\\ -1 & 0\end{pmatrix}\begin{pmatrix}-3 & 2\\ 2 & -1\end{pmatrix}=\begin{pmatrix}1 & 1\\ 3 & -2\end{pmatrix}$$

テスト　$A=\begin{pmatrix}8 & 3\\ 2 & 1\end{pmatrix}$のとき，$A^{-1}$ を求めなさい。　答え　$A^{-1}=\dfrac{1}{2}\begin{pmatrix}1 & -3\\ -2 & 8\end{pmatrix}$

## 4 $A^n$ の計算

☑ チェック！

$A^n$ …

正方行列 $A$ の $n$ 個（$n$ は正の整数）の積 $AA\cdots A$ を $A^n$ で表します。単位行列 $E$，零行列 $O$（$O$ は正方行列）の $n$ 乗については，$E^n=E$，$O^n=O$ が成り立ちます。

$A^n$ を求める方法…

①数学的帰納法を利用する方法

正の整数 $n$ に関する事柄 $P$ が成り立つことを証明するのに次の2つのことを示す証明法を数学的帰納法といいます。

(i) $n=1$ のとき $P$ が成り立つ。

(ii) $n=k$ のとき $P$ が成り立つと仮定すると，$n=k+1$ のときにも $P$ が成り立つ。

行列 $A$ に対し，$A^2$，$A^3$，…を計算し，$A^n$ を推測し，その推測が正しいことを数学的帰納法で証明することで，$A^n$ を求めます。

②ケーリー・ハミルトンの定理を利用する方法

ケーリー・ハミルトンの定理 $A^2=(a+d)A-(ad-bc)E$ から，次数を下げることで $A^n$ を求めます。

③対角行列の $n$ 乗を利用する方法

$(i,\ i)$ 成分（$i=1,\ 2,\ \cdots$）以外がすべて0である行列を**対角行列**といい，その $n$ 乗は $(i,\ i)$ 成分を $n$ 乗したものとなります。たとえば2次正方行列については，$\begin{pmatrix} a & 0 \\ 0 & b \end{pmatrix}^n=\begin{pmatrix} a^n & 0 \\ 0 & b^n \end{pmatrix}$ となります。

また，対角行列 $B$ と逆行列が存在する正方行列 $P$ を用いて，$B=P^{-1}AP$ と表すことができる行列 $A$ に対して，$B^n=P^{-1}A^nP$ より，$A^n=PB^nP^{-1}$ と求めることができます。

例1　$A=\begin{pmatrix} 6 & 3 \\ 4 & 2 \end{pmatrix}$ についてケーリー・ハミルトンの定理より

$A^2-(6+2)A+(6\cdot2-3\cdot4)E=O$ すなわち，$A^2=8A$

よって，$A^n=8A^{n-1}=8^2A^{n-2}=\cdots=8^{n-1}A=8^{n-1}\begin{pmatrix} 6 & 3 \\ 4 & 2 \end{pmatrix}$

## 5 1次変換

**☑チェック!**

**1次変換…**

座標平面上の点$(x, y)$を点$(x', y')$に移す移動が，$a$，$b$，$c$，$d$を定数として，$\begin{cases} x'=ax+by \\ y'=cx+dy \end{cases}$すなわち，$x'$，$y'$が定数項のない$x$，$y$の1次式で表されるとき，この移動を1次変換といいます。この1次変換を$f$とすると，$f$は行列を用いて$\begin{pmatrix} x' \\ y' \end{pmatrix}=\begin{pmatrix} a & b \\ c & d \end{pmatrix}\begin{pmatrix} x \\ y \end{pmatrix}$と表され，$A=\begin{pmatrix} a & b \\ c & d \end{pmatrix}$を**1次変換$f$を表す行列**といいます。1次変換は，$f$，$g$などの記号で表すことがあります。

**対称移動…**

$x$軸，$y$軸，原点O，直線$y=x$に関する対称移動は，それぞれ次の行列で表される1次変換です。

$$\begin{pmatrix} 1 & 0 \\ 0 & -1 \end{pmatrix},\ \begin{pmatrix} -1 & 0 \\ 0 & 1 \end{pmatrix},\ \begin{pmatrix} -1 & 0 \\ 0 & -1 \end{pmatrix},\ \begin{pmatrix} 0 & 1 \\ 1 & 0 \end{pmatrix}$$

**回転移動…**

原点Oを中心として角$\theta$だけ回転する移動は，行列$\begin{pmatrix} \cos\theta & -\sin\theta \\ \sin\theta & \cos\theta \end{pmatrix}$で表される1次変換です。この回転移動を$n$回（$n$は正の整数）行った移動は，$\begin{pmatrix} \cos\theta & -\sin\theta \\ \sin\theta & \cos\theta \end{pmatrix}^n=\begin{pmatrix} \cos n\theta & -\sin n\theta \\ \sin n\theta & \cos n\theta \end{pmatrix}$で表される1次変換です。

**例1**　行列$\begin{pmatrix} 3 & 4 \\ -2 & 1 \end{pmatrix}$の表す1次変換を$f$とするとき

$$\begin{pmatrix} 3 & 4 \\ -2 & 1 \end{pmatrix}\begin{pmatrix} 2 \\ 1 \end{pmatrix}=\begin{pmatrix} 10 \\ -3 \end{pmatrix}$$

より，$f$によって点$(2, 1)$は点$(10, -3)$に移ります。

**例2**　点$(6, -4)$を，原点Oを中心として$\frac{\pi}{4}$だけ回転すると

$$\begin{pmatrix} \cos\frac{\pi}{4} & -\sin\frac{\pi}{4} \\ \sin\frac{\pi}{4} & \cos\frac{\pi}{4} \end{pmatrix}\begin{pmatrix} 6 \\ -4 \end{pmatrix}=\frac{\sqrt{2}}{2}\begin{pmatrix} 1 & -1 \\ 1 & 1 \end{pmatrix}\begin{pmatrix} 6 \\ -4 \end{pmatrix}=\begin{pmatrix} 5\sqrt{2} \\ \sqrt{2} \end{pmatrix}$$

より，点$(5\sqrt{2}, \sqrt{2})$に移ります。

## 基本問題

重要

**1** 行列 $A=\begin{pmatrix}-1 & 2\\ 1 & 0\end{pmatrix}$，$B=\begin{pmatrix}1 & -2\\ 2 & 3\end{pmatrix}$について，次の問いに答えなさい。

(1) $2A+B$ を求めなさい。　(2) $A+X=3B$ を満たす行列 $X$ を求めなさい。

(3) $AB$ を計算しなさい。

**解き方** (1) $2A+B=2\begin{pmatrix}-1 & 2\\ 1 & 0\end{pmatrix}+\begin{pmatrix}1 & -2\\ 2 & 3\end{pmatrix}=\begin{pmatrix}-2+1 & 4-2\\ 2+2 & 0+3\end{pmatrix}=\begin{pmatrix}-1 & 2\\ 4 & 3\end{pmatrix}$

**答え** $\begin{pmatrix}-1 & 2\\ 4 & 3\end{pmatrix}$

(2) $X=-A+3B$ より

$$X=-\begin{pmatrix}-1 & 2\\ 1 & 0\end{pmatrix}+3\begin{pmatrix}1 & -2\\ 2 & 3\end{pmatrix}=\begin{pmatrix}1+3 & -2-6\\ -1+6 & 0+9\end{pmatrix}=\begin{pmatrix}4 & -8\\ 5 & 9\end{pmatrix}$$

**答え** $\begin{pmatrix}4 & -8\\ 5 & 9\end{pmatrix}$

(3) $AB=\begin{pmatrix}-1 & 2\\ 1 & 0\end{pmatrix}\begin{pmatrix}1 & -2\\ 2 & 3\end{pmatrix}$

$$=\begin{pmatrix}(-1)\cdot1+2\cdot2 & (-1)(-2)+2\cdot3\\ 1\cdot1+0\cdot2 & 1\cdot(-2)+0\cdot3\end{pmatrix}$$

$$=\begin{pmatrix}3 & 8\\ 1 & -2\end{pmatrix}$$

**答え** $\begin{pmatrix}3 & 8\\ 1 & -2\end{pmatrix}$

**2** 行列 $A=\begin{pmatrix}-1 & 1\\ 2 & 2\end{pmatrix}$について，次の問いに答えなさい。

(1) $A^2$ を $pA+qE$（$p$，$q$ は定数）の形に表しなさい。　(2) $A^3$ を求めなさい。

**解き方** (1) ケーリー・ハミルトンの定理より

$A^2-(-1+2)A+\{(-1)\cdot2-1\cdot2\}E=O$

$A^2=A+4E$

**答え** $A^2=A+4E$

(2) $A^3=AA^2=A(A+4E)=A^2+4A=(A+4E)+4A=5A+4E$

よって

$$A^3=5\begin{pmatrix}-1 & 1\\ 2 & 2\end{pmatrix}+4\begin{pmatrix}1 & 0\\ 0 & 1\end{pmatrix}=\begin{pmatrix}-1 & 5\\ 10 & 14\end{pmatrix}$$

**答え** $\begin{pmatrix}-1 & 5\\ 10 & 14\end{pmatrix}$

重要
**3** 行列$A=\begin{pmatrix}4&3\\3&2\end{pmatrix}$，$B=\begin{pmatrix}1&2\\0&-1\end{pmatrix}$について，次の問いに答えなさい。

(1) $A^{-1}$を求めなさい。　　(2) $CA=B$を満たす行列$C$を求めなさい。

考え方
(1) $ad-bc\neq0$のとき，$A^{-1}=\dfrac{1}{ad-bc}\begin{pmatrix}d&-b\\-c&a\end{pmatrix}$
(2) 等式の両辺に$A^{-1}$を右からかけます。

解き方 (1) $4\cdot2-3\cdot3=-1$より

$$A^{-1}=\frac{1}{-1}\begin{pmatrix}2&-3\\-3&4\end{pmatrix}=\begin{pmatrix}-2&3\\3&-4\end{pmatrix}$$

答え $\begin{pmatrix}-2&3\\3&-4\end{pmatrix}$

(2) $CA=B$の両辺に$A^{-1}$を右からかけると

$$C=BA^{-1}=\begin{pmatrix}1&2\\0&-1\end{pmatrix}\begin{pmatrix}-2&3\\3&-4\end{pmatrix}=\begin{pmatrix}4&-5\\-3&4\end{pmatrix}$$

答え $\begin{pmatrix}4&-5\\-3&4\end{pmatrix}$

**4** 行列$A=\begin{pmatrix}a&b\\c&d\end{pmatrix}$，$P=\begin{pmatrix}0&1\\2&0\end{pmatrix}$について，$AP=PA$が成り立つための必要十分条件を求めなさい。

考え方
$AP$と$PA$を計算し，それぞれの成分を比較します。

解き方 $AP=\begin{pmatrix}a&b\\c&d\end{pmatrix}\begin{pmatrix}0&1\\2&0\end{pmatrix}=\begin{pmatrix}2b&a\\2d&c\end{pmatrix}$

$PA=\begin{pmatrix}0&1\\2&0\end{pmatrix}\begin{pmatrix}a&b\\c&d\end{pmatrix}=\begin{pmatrix}c&d\\2a&2b\end{pmatrix}$

$AP=PA$のとき，各成分を比較して

$2b=c$ …①，$a=d$ …②，$2d=2a$ …③，$c=2b$ …④

①と④，②と③はそれぞれ同値であることに注意し，これを満たす$A$は

$A=\begin{pmatrix}a&b\\2b&a\end{pmatrix}$

と表される。

よって，求める条件は，$a=d$，$2b=c$

答え $a=d$，$2b=c$

**5** ある1次変換$f$によって，点$(1,\ 0)$は点$(2,\ 4)$に移り，点$(0,\ 2)$は点$(-4,\ 2)$に移ります。$f$を表す行列$A$を求めなさい。

**解き方 1** $A=\begin{pmatrix} a & b \\ c & d \end{pmatrix}$とすると，条件より$A\begin{pmatrix} 1 \\ 0 \end{pmatrix}=\begin{pmatrix} 2 \\ 4 \end{pmatrix}$，$A\begin{pmatrix} 0 \\ 2 \end{pmatrix}=\begin{pmatrix} -4 \\ 2 \end{pmatrix}$であるから

$$\begin{pmatrix} a & b \\ c & d \end{pmatrix}\begin{pmatrix} 1 \\ 0 \end{pmatrix}=\begin{pmatrix} a \\ c \end{pmatrix}=\begin{pmatrix} 2 \\ 4 \end{pmatrix}$$

$\begin{pmatrix} a & b \\ c & d \end{pmatrix}\begin{pmatrix} 0 \\ 2 \end{pmatrix}=\begin{pmatrix} 2b \\ 2d \end{pmatrix}=\begin{pmatrix} -4 \\ 2 \end{pmatrix}$すなわち，$\begin{pmatrix} b \\ d \end{pmatrix}=\begin{pmatrix} -2 \\ 1 \end{pmatrix}$

よって，$A=\begin{pmatrix} 2 & -2 \\ 4 & 1 \end{pmatrix}$

**解き方 2** $A\begin{pmatrix} 1 \\ 0 \end{pmatrix}=\begin{pmatrix} 2 \\ 4 \end{pmatrix}$，$A\begin{pmatrix} 0 \\ 2 \end{pmatrix}=\begin{pmatrix} -4 \\ 2 \end{pmatrix}$より

$A\begin{pmatrix} 1 & 0 \\ 0 & 2 \end{pmatrix}=\begin{pmatrix} 2 & -4 \\ 4 & 2 \end{pmatrix}$ …① ←

$A\begin{pmatrix} a \\ c \end{pmatrix}=\begin{pmatrix} p \\ r \end{pmatrix}$，$A\begin{pmatrix} b \\ d \end{pmatrix}=\begin{pmatrix} q \\ s \end{pmatrix}$のとき

$A\begin{pmatrix} a & b \\ c & d \end{pmatrix}=\begin{pmatrix} p & q \\ r & s \end{pmatrix}$

$\begin{pmatrix} 1 & 0 \\ 0 & 2 \end{pmatrix}^{-1}=\dfrac{1}{2}\begin{pmatrix} 2 & 0 \\ 0 & 1 \end{pmatrix}$であるから，これを①の両辺に右からかけることにより

$$A=\frac{1}{2}\begin{pmatrix} 2 & -4 \\ 4 & 2 \end{pmatrix}\begin{pmatrix} 2 & 0 \\ 0 & 1 \end{pmatrix}=\begin{pmatrix} 1 & -2 \\ 2 & 1 \end{pmatrix}\begin{pmatrix} 2 & 0 \\ 0 & 1 \end{pmatrix}=\begin{pmatrix} 2 & -2 \\ 4 & 1 \end{pmatrix}$$

**答え** $A=\begin{pmatrix} 2 & -2 \\ 4 & 1 \end{pmatrix}$

重要
**6** 行列$A=\dfrac{1}{\sqrt{2}}\begin{pmatrix} -1 & -1 \\ 1 & -1 \end{pmatrix}$について，$A^6$を求めなさい。

**解き方** $A=\dfrac{1}{\sqrt{2}}\begin{pmatrix} -1 & -1 \\ 1 & -1 \end{pmatrix}=\begin{pmatrix} -\dfrac{1}{\sqrt{2}} & -\dfrac{1}{\sqrt{2}} \\ \dfrac{1}{\sqrt{2}} & -\dfrac{1}{\sqrt{2}} \end{pmatrix}=\begin{pmatrix} \cos\dfrac{3}{4}\pi & -\sin\dfrac{3}{4}\pi \\ \sin\dfrac{3}{4}\pi & \cos\dfrac{3}{4}\pi \end{pmatrix}$

$A^6$の表す1次変換は，$A$の表す1次変換を6回繰り返したもの，すなわち原点Oを中心とする$\dfrac{3}{4}\pi\cdot 6=\dfrac{9}{2}\pi$の回転移動を表すので

$$A^6=\begin{pmatrix} \cos\frac{3}{4}\pi & -\sin\frac{3}{4}\pi \\ \sin\frac{3}{4}\pi & \cos\frac{3}{4}\pi \end{pmatrix}^6=\begin{pmatrix} \cos\frac{9}{2}\pi & -\sin\frac{9}{2}\pi \\ \sin\frac{9}{2}\pi & \cos\frac{9}{2}\pi \end{pmatrix}=\begin{pmatrix} 0 & -1 \\ 1 & 0 \end{pmatrix}$$

**答え** $\begin{pmatrix} 0 & -1 \\ 1 & 0 \end{pmatrix}$

# 応用問題

**1** 行列 $A=\begin{pmatrix} 2 & 1 \\ 3 & 2 \end{pmatrix}$ について，$A^3-5A^2+6A$ を求めなさい。

**考え方** ケーリー・ハミルトンの定理と整式の除法を用いて，$pA+qE$ の形にします。

**解き方** ケーリー・ハミルトンの定理より

$A^2-4A+E=O$

また

$x^3-5x^2+6x=(x^2-4x+1)(x-1)+x+1$

$$\begin{array}{r} x-1 \\ x^2-4x+1 \overline{) x^3-5x^2+6x} \\ \underline{x^3-4x^2+\ \ x} \\ -x^2+5x \\ \underline{-x^2+4x-1} \\ x+1 \end{array}$$

であり，$A$ と $E$ について $AE=EA=A$ が成り立つことに注意すると

$A^3-5A^2+6A=(A^2-4A+E)(A-E)+A+E=A+E$

$=\begin{pmatrix} 2 & 1 \\ 3 & 2 \end{pmatrix}+\begin{pmatrix} 1 & 0 \\ 0 & 1 \end{pmatrix}=\begin{pmatrix} 3 & 1 \\ 3 & 3 \end{pmatrix}$

**答え** $\begin{pmatrix} 3 & 1 \\ 3 & 3 \end{pmatrix}$

重要 **2** 行列 $A=\begin{pmatrix} a & b \\ c & d \end{pmatrix}$ が $A^2+A-2E=O$ を満たすとき，$a+d$，$ad-bc$ の値を求めなさい。

**解き方** ケーリー・ハミルトンの定理より，$A^2-(a+d)A+(ad-bc)E=O$ …①

与えられた条件式を $A^2+A-2E=O$ …②とすると，②−①より

$(a+d+1)A=(ad-bc+2)E$ …③

(i) $a+d+1\neq 0$ すなわち，$a+d\neq -1$ のとき

$A=kE$（$k$ は実数）と表せるので，②より

$k^2+k-2=0$ すなわち，$k=1$，$-2$

よって，$A=\begin{pmatrix} 1 & 0 \\ 0 & 1 \end{pmatrix}$，$\begin{pmatrix} -2 & 0 \\ 0 & -2 \end{pmatrix}$ から

$(a+d,\ ad-bc)=(2,\ 1)$，$(-4,\ 4)$

(ii) $a+d+1=0$ すなわち，$a+d=-1$ のとき

③より，$O=(ad-bc+2)E$ から，$ad-bc=-2$

(i)，(ii)より，$(a+d,\ ad-bc)=(2,\ 1)$，$(-4,\ 4)$，$(-1,\ -2)$

**答え** $(a+d,\ ad-bc)=(2,\ 1)$，$(-4,\ 4)$，$(-1,\ -2)$

**重要 3** $n$を正の整数とします。行列$A=\begin{pmatrix}1&3\\0&1\end{pmatrix}$について$A^n$を求めなさい。

**解き方** $A^2=\begin{pmatrix}1&3\\0&1\end{pmatrix}\begin{pmatrix}1&3\\0&1\end{pmatrix}=\begin{pmatrix}1&6\\0&1\end{pmatrix}$, $A^3=A^2A=\begin{pmatrix}1&6\\0&1\end{pmatrix}\begin{pmatrix}1&3\\0&1\end{pmatrix}=\begin{pmatrix}1&9\\0&1\end{pmatrix}$

より，$A^n=\begin{pmatrix}1&3n\\0&1\end{pmatrix}$ …①と推測できる。

(i) $n=1$のとき

①の右辺は$\begin{pmatrix}1&3\\0&1\end{pmatrix}$となり，$A$と一致するので成り立つ。

(ii) $n=k$のとき

$A^k=\begin{pmatrix}1&3k\\0&1\end{pmatrix}$が成り立つと仮定すると

$A^{k+1}=A^kA=\begin{pmatrix}1&3k\\0&1\end{pmatrix}\begin{pmatrix}1&3\\0&1\end{pmatrix}=\begin{pmatrix}1&3+3k\\0&1\end{pmatrix}=\begin{pmatrix}1&3(k+1)\\0&1\end{pmatrix}$

より，$n=k+1$のときも①が成り立つ。

(i)，(ii)より，すべての正の整数$n$について①は成り立つことが証明された。

**答え** $A^n=\begin{pmatrix}1&3n\\0&1\end{pmatrix}$

**重要 4** $n$を正の整数とします。行列$A=\begin{pmatrix}2&3\\4&1\end{pmatrix}$, $P=\begin{pmatrix}1&3\\1&-4\end{pmatrix}$に対して，$B=P^{-1}AP$で定まる行列$B$を用いて，$A^n$を求めなさい。

**解き方** $P^{-1}=\dfrac{1}{1\cdot(-4)-3\cdot1}\begin{pmatrix}-4&-3\\-1&1\end{pmatrix}=\dfrac{1}{7}\begin{pmatrix}4&3\\1&-1\end{pmatrix}$

$B=P^{-1}AP=\dfrac{1}{7}\begin{pmatrix}4&3\\1&-1\end{pmatrix}\begin{pmatrix}2&3\\4&1\end{pmatrix}\begin{pmatrix}1&3\\1&-4\end{pmatrix}=\dfrac{1}{7}\begin{pmatrix}20&15\\-2&2\end{pmatrix}\begin{pmatrix}1&3\\1&-4\end{pmatrix}$

$=\begin{pmatrix}5&0\\0&-2\end{pmatrix}$

$B$は対角行列より，$B^n=\begin{pmatrix}5&0\\0&-2\end{pmatrix}^n=\begin{pmatrix}5^n&0\\0&(-2)^n\end{pmatrix}$

$A=PBP^{-1}$より，$A^n=(PBP^{-1})^n=PB^nP^{-1}$であるから

$A^n=\dfrac{1}{7}\begin{pmatrix}1&3\\1&-4\end{pmatrix}\begin{pmatrix}5^n&0\\0&(-2)^n\end{pmatrix}\begin{pmatrix}4&3\\1&-1\end{pmatrix}$

$=\dfrac{1}{7}\begin{pmatrix}5^n&3\cdot(-2)^n\\5^n&-4\cdot(-2)^n\end{pmatrix}\begin{pmatrix}4&3\\1&-1\end{pmatrix}$

$=\dfrac{1}{7}\begin{pmatrix}4\cdot5^n+3\cdot(-2)^n&3\cdot5^n-3\cdot(-2)^n\\4\cdot5^n-4\cdot(-2)^n&3\cdot5^n+4\cdot(-2)^n\end{pmatrix}$

**答え** $\dfrac{1}{7}\begin{pmatrix}4\cdot5^n+3\cdot(-2)^n&3\cdot5^n-3\cdot(-2)^n\\4\cdot5^n-4\cdot(-2)^n&3\cdot5^n+4\cdot(-2)^n\end{pmatrix}$

**5** $xy$ 平面上の直線 $y=\sqrt{3}x$ に関する対称移動を $f$ とします。これについて，次の問いに答えなさい。

(1) $f$ は1次変換であることを証明しなさい。

(2) $f$ を表す行列を求めなさい。

(3) $f$ によって点$(4,\ 2)$が移る点の座標を求めなさい。

**解き方** (1) 点P$(x,\ y)$が移る点をQ$(x',\ y')$として，$x'$，$y'$ が定数項のない $x$，$y$ の1次式で表されることを示す。

**答え** 直線 $y=\sqrt{3}x$ を $\ell$ とし，$f$ によって $\ell$ 上にない点P$(x,\ y)$が点Q$(x',\ y')$に移るとすると，$x'\neq x$ が成り立つことに注意する。

直線PQ⊥$\ell$ より，$\sqrt{3}\cdot\dfrac{y'-y}{x'-x}=-1$

よって，$x'+\sqrt{3}y'=x+\sqrt{3}y$ …①

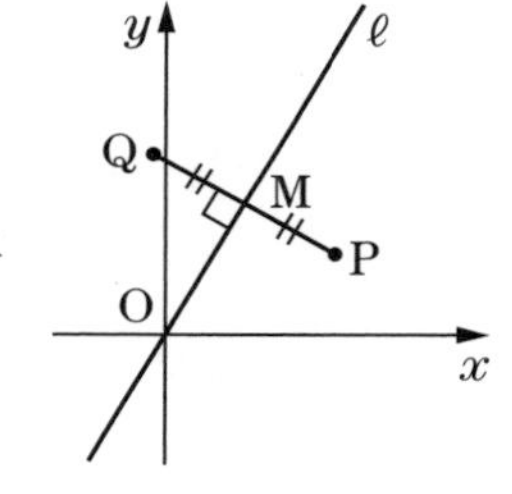


線分PQの中点M$\left(\dfrac{x+x'}{2},\ \dfrac{y+y'}{2}\right)$が $\ell$ 上にあることより

$$\frac{y+y'}{2}=\sqrt{3}\cdot\frac{x+x'}{2}$$

よって，$\sqrt{3}x'-y'=-\sqrt{3}x+y$ …②

①，②はPが $\ell$ 上にあるときも成り立つ。

①，②を $x'$，$y'$ について解くと

$$\begin{cases} x'=-\dfrac{1}{2}x+\dfrac{\sqrt{3}}{2}y \\ y'=\dfrac{\sqrt{3}}{2}x+\dfrac{1}{2}y \end{cases}$$

よって，$x'$，$y'$ がそれぞれ定数項のない $x$，$y$ の1次式で表されるから，$f$ は1次変換である。

(2) (1)より，$\begin{pmatrix} x' \\ y' \end{pmatrix}=\dfrac{1}{2}\begin{pmatrix} -1 & \sqrt{3} \\ \sqrt{3} & 1 \end{pmatrix}\begin{pmatrix} x \\ y \end{pmatrix}$

よって，$f$ を表す行列は，$\dfrac{1}{2}\begin{pmatrix} -1 & \sqrt{3} \\ \sqrt{3} & 1 \end{pmatrix}$ **答え** $\dfrac{1}{2}\begin{pmatrix} -1 & \sqrt{3} \\ \sqrt{3} & 1 \end{pmatrix}$

(3) $\dfrac{1}{2}\begin{pmatrix} -1 & \sqrt{3} \\ \sqrt{3} & 1 \end{pmatrix}\begin{pmatrix} 4 \\ 2 \end{pmatrix}=\begin{pmatrix} -1 & \sqrt{3} \\ \sqrt{3} & 1 \end{pmatrix}\begin{pmatrix} 2 \\ 1 \end{pmatrix}=\begin{pmatrix} -2+\sqrt{3} \\ 1+2\sqrt{3} \end{pmatrix}$ より，求める点の座標は$(-2+\sqrt{3},\ 1+2\sqrt{3})$

**答え** $(-2+\sqrt{3},\ 1+2\sqrt{3})$

## 発展問題

**1** 行列 $A=\begin{pmatrix} 3 & -4 \\ -3 & 2 \end{pmatrix}$ のとき，次の問いに答えなさい。

(1) $A(A+pE)=q(A+pE)$ を満たす定数 $p$，$q$ の値の組をすべて求めなさい。

(2) $A^n$ を求めなさい。ただし，$n$ は正の整数とします。

**考え方**

(1)ケーリー・ハミルトンの定理を利用します。

(2)(1)から，$A^n(A+pE)=q^n(A+pE)$ と表すことができます。

**解き方** (1) ケーリー・ハミルトンの定理より，$A^2-5A-6E=O$ …①

また，$A(A+pE)=q(A+pE)$ を変形すると

$A^2+(p-q)A-pqE=O$ …②

②−①より，$(p-q+5)A=(pq-6)E$

$A$ は $E$ の定数倍ではないので，$\begin{cases} p-q+5=0 & \cdots ③ \\ pq-6=0 & \cdots ④ \end{cases}$

③より $p+(-q)=-5$，④より $p(-q)=-6$

よって，$p$，$-q$ を解にもつ方程式は $t^2+5t-6=0$ となり，その解は $t=1$，$-6$

よって，$(p,\ q)=(1,\ 6)$，$(-6,\ -1)$

**答え** $(p,\ q)=(1,\ 6)$，$(-6,\ -1)$

(2) (1)の結果から，$A(A+E)=6(A+E)$ より

$A^n(A+E)=6^n(A+E)$ …⑤

同様に，$A(A-6E)=-(A-6E)$ より

$A^n(A-6E)=(-1)^n(A-6E)$ …⑥

⑤−⑥より

$$A^n\cdot 7E=6^n\begin{pmatrix} 4 & -4 \\ -3 & 3 \end{pmatrix}-(-1)^n\begin{pmatrix} -3 & -4 \\ -3 & -4 \end{pmatrix}$$

$$A^n=\frac{1}{7}\begin{pmatrix} 4\cdot 6^n+3\cdot(-1)^n & -4\cdot 6^n+4\cdot(-1)^n \\ -3\cdot 6^n+3\cdot(-1)^n & 3\cdot 6^n+4\cdot(-1)^n \end{pmatrix}$$

**答え** $A^n=\frac{1}{7}\begin{pmatrix} 4\cdot 6^n+3\cdot(-1)^n & -4\cdot 6^n+4\cdot(-1)^n \\ -3\cdot 6^n+3\cdot(-1)^n & 3\cdot 6^n+4\cdot(-1)^n \end{pmatrix}$

## 練習問題

答え：別冊 p.33 ～ p.38

重要
**1**　3 つの行列 $A=\begin{pmatrix}1 & 2\\3 & 4\end{pmatrix}$, $B=\begin{pmatrix}1 & -4\\-1 & 6\end{pmatrix}$, $C=\begin{pmatrix}3 & -2 & 1\\0 & 1 & 2\end{pmatrix}$ について，次の問いに答えなさい。

(1)　$4A-B$ を計算しなさい。

(2)　$AC$ を計算しなさい。

(3)　$X+Y=A$，$X-Y=B$ を満たす行列 $X$，$Y$ を求めなさい。

(4)　$B^{-1}$ を求めなさい。

(5)　$xy$ 平面において，$A$ が表す 1 次変換により，点 $(2,\ -1)$ が移る点の座標を求めなさい。

**2**　行列 $A=\begin{pmatrix}3 & 1\\-4 & -1\end{pmatrix}$ について，$A^4-2A^3+3A^2$ を求めなさい。

**3**　2 次正方行列 $A=\begin{pmatrix}a & b\\c & d\end{pmatrix}$ に対して，$ad-bc$ を $A$ の行列式といい，これを $|A|$ と表すとき，次の問いに答えなさい。

(1)　任意の 2 次正方行列 $A$，$B$ について，$|AB|=|A||B|$ が成り立つことを証明しなさい。

(2)　$|A|=0$ を満たす 2 次正方行列 $A$ は逆行列が存在しないことを証明しなさい。

重要
**4**　$n$ を正の整数とします。行列 $A=\begin{pmatrix}1 & 0\\3 & 2\end{pmatrix}$ について，$A^n$ を $n$ を用いて表しなさい。

重要
**5**　$n$ を正の整数とします。行列 $A=\begin{pmatrix}6 & 3\\-4 & -1\end{pmatrix}$, $P=\begin{pmatrix}3 & 1\\-4 & -1\end{pmatrix}$ に対して，$B=P^{-1}AP$ で定まる行列 $B$ を用いて，$A^n$ を求めなさい。

**6**　$A=\begin{pmatrix}4 & -1\\4 & 0\end{pmatrix}$について，次の問いに答えなさい。ただし，$E$は2次の単位行列，$O$は2次の零行列を表します。

(1)　$X=A+kE$かつ$X^2=O$を満たす実数$k$および行列$X$を求めなさい。

(2)　$n$を正の整数とするとき，$A^n$を求めなさい。

重要
**7**　Oを原点とする$xy$平面上に点A(4，3)があるとき，△OABが正三角形となる点Bの座標を，1次変換を用いて求めなさい。ただし，Bの$y$座標は正とします。

重要
**8**　$xy$平面上の点(1，3)を点(6，2)に，点(2，4)を点(8，4)にそれぞれ移す1次変換を$f$とするとき，$f$を表す行列を求めなさい。

**9**　$xy$平面において，行列$A=\begin{pmatrix}6 & 4\\k & k-1\end{pmatrix}$の表す1次変換$f$により，異なる2点P，Qが同じ点Rに移されます。このとき，定数$k$の値を求めなさい。

**10**　$A=\begin{pmatrix}-1 & -\sqrt{3}\\\sqrt{3} & -1\end{pmatrix}$について，次の問いに答えなさい。

(1)　$A$が表す$xy$平面上の1次変換は，原点Oを中心とした回転移動と原点Oからの距離を定数倍に拡大する変換との組み合わせであることを示しなさい。

(2)　$A^n$を求めなさい。ただし，$n$は正の整数です。

# 第3章 関数

# 3-1 三角関数

## 1 一般角と三角関数

**チェック!**

一般角…

平面において，点Oを中心に回転する半直線OPを動径，動径の最初の位置にある半直線OXを始線といいます。時計の針の回転と逆向きを正の向き，同じ向きを負の向きといいます。また，動径が360°以上回転する場合も考えることにします。このように回転の向きと大きさを考えた角を一般角といいます。一般角 $\theta$ は，動径の表す角の1つを $\alpha$ とすると，次のように表すことができます。

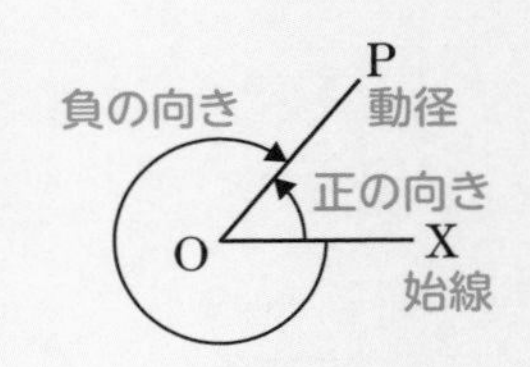


$\theta=\alpha+360^\circ\times n$（$n$ は整数）

弧度法…

これまで用いてきた，直角の $\frac{1}{90}$ である1度を単位とする角の大きさの表し方を度数法といいます。半径1の円において，長さが1の弧に対する中心角の大きさを1弧度（1ラジアン）といい，これを単位とする角の大きさの表し方を弧度法といいます。半径1の円周の長さは $2\pi$ より，$360^\circ=2\pi$ ラジアンすなわち，$180^\circ=\pi$ ラジアンが成り立ちます。角の大きさを弧度法で表す場合は通常，単位のラジアンを省略します。弧度法での一般角 $\theta$ は，動径の表す角の1つを $\alpha$ とすると，次のように表すことができます。

$\theta=\alpha+2n\pi$（$n$ は整数）

**例1**　$60^\circ$，$-90^\circ$，$390^\circ$ を弧度法，$\frac{\pi}{4}$，$-\frac{\pi}{36}$，$\frac{17}{4}\pi$ を度数法でそれぞれ表すと

$$60^\circ=\frac{60}{180}\pi=\frac{\pi}{3},\quad -90^\circ=-\frac{90}{180}\pi=-\frac{\pi}{2},\quad 390^\circ=\frac{390}{180}\pi=\frac{13}{6}\pi$$

$$\frac{\pi}{4}=\frac{180^\circ}{4}=45^\circ,\quad -\frac{\pi}{36}=-\frac{180^\circ}{36}=-5^\circ,\quad \frac{17}{4}\pi=\frac{17\cdot180^\circ}{4}=765^\circ$$

**☑ チェック！**

**三角関数…**

原点Oを中心とする半径$r$の円周上の点を$\mathrm{P}(x,\ y)$，始線を$x$軸の正の部分，動径をOPとするとき

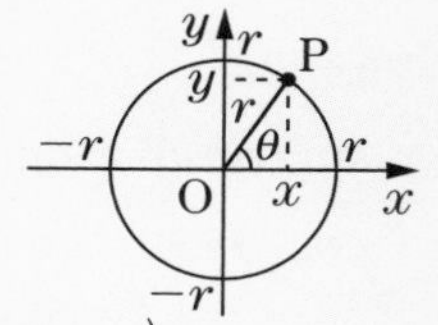


$$\sin\theta=\frac{y}{r},\ \cos\theta=\frac{x}{r},\ \tan\theta=\frac{y}{x}$$

$\left(\frac{\pi}{2}\right.$や$\frac{3}{2}\pi$など$x=0$である角$\theta$に対して$\tan\theta$は定義されない$\left.\right)$

とくに，半径が1である円（**単位円**）のとき

$$\sin\theta=y,\ \cos\theta=x,\ \tan\theta=\frac{y}{x}$$

$\sin\theta$，$\cos\theta$，$\tan\theta$はいずれも$\theta$の関数です。これらをまとめて三角関数といいます。

**$\sin\theta$，$\cos\theta$，$\tan\theta$の符号…**

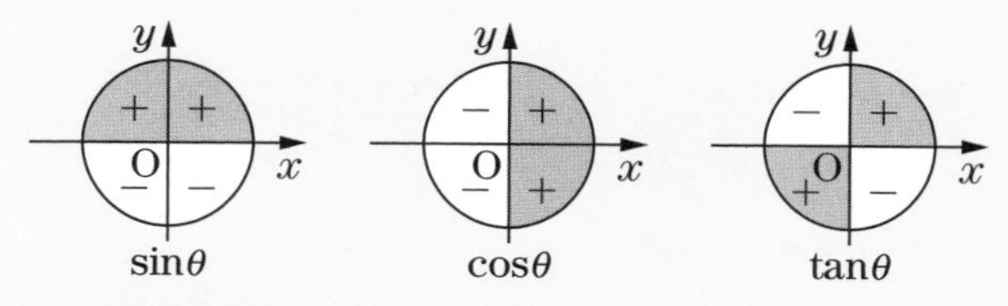


**三角関数の値の範囲…**

$\theta$がすべての実数値をとるとき

$-1\leqq\sin\theta\leqq1$，$-1\leqq\cos\theta\leqq1$，$\tan\theta$の値の範囲は実数全体

**三角関数の相互関係…** $\tan\theta=\dfrac{\sin\theta}{\cos\theta}$，$\sin^2\theta+\cos^2\theta=1$，$1+\tan^2\theta=\dfrac{1}{\cos^2\theta}$

**例1**　動径OP，OP′の表す角をそれぞれ$\theta$，$-\theta$とし，点Pの座標を$(x,\ y)$とすると，$\mathrm{P}'(x,\ -y)$より

$\sin(-\theta)=-y=-\sin\theta$，$\cos(-\theta)=x=\cos\theta$，

$\tan(-\theta)=\dfrac{-y}{x}=-\tan\theta$が成り立ちます。

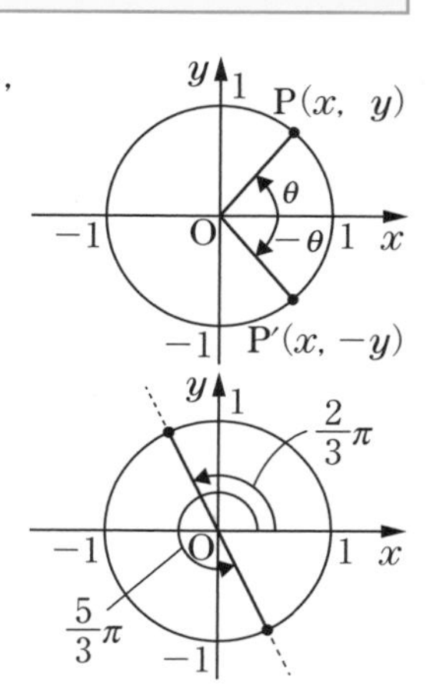


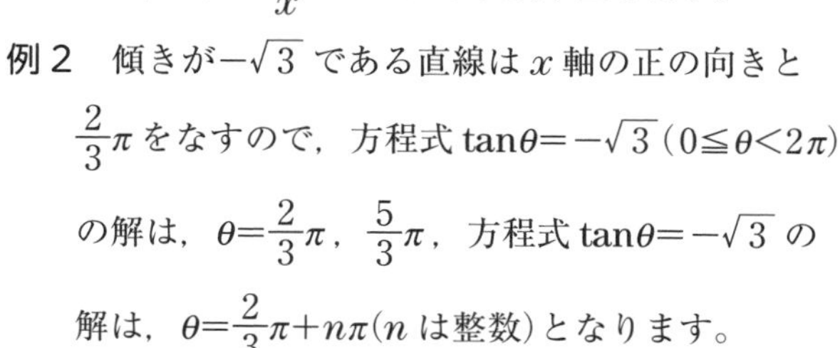

**例2**　傾きが$-\sqrt{3}$である直線は$x$軸の正の向きと$\dfrac{2}{3}\pi$をなすので，方程式$\tan\theta=-\sqrt{3}\ (0\leqq\theta<2\pi)$の解は，$\theta=\dfrac{2}{3}\pi$，$\dfrac{5}{3}\pi$，方程式$\tan\theta=-\sqrt{3}$の解は，$\theta=\dfrac{2}{3}\pi+n\pi$（$n$は整数）となります。

## 2 加法定理

**☑チェック！**

加法定理…

$\sin(\alpha\pm\beta)=\sin\alpha\cos\beta\pm\cos\alpha\sin\beta$（複号同順）

$\cos(\alpha\pm\beta)=\cos\alpha\cos\beta\mp\sin\alpha\sin\beta$（複号同順）

$\tan(\alpha\pm\beta)=\dfrac{\tan\alpha\pm\tan\beta}{1\mp\tan\alpha\tan\beta}$（複号同順）

2倍角の公式…

$\sin2\alpha=2\sin\alpha\cos\alpha$

$\cos2\alpha=\cos^2\alpha-\sin^2\alpha=2\cos^2\alpha-1=1-2\sin^2\alpha$

半角の公式…

$\sin^2\dfrac{\alpha}{2}=\dfrac{1-\cos\alpha}{2}$，$\cos^2\dfrac{\alpha}{2}=\dfrac{1+\cos\alpha}{2}$

$\dfrac{\alpha}{2}$を $\alpha$ におきかえると，$\sin^2\alpha=\dfrac{1-\cos2\alpha}{2}$，$\cos^2\alpha=\dfrac{1+\cos2\alpha}{2}$

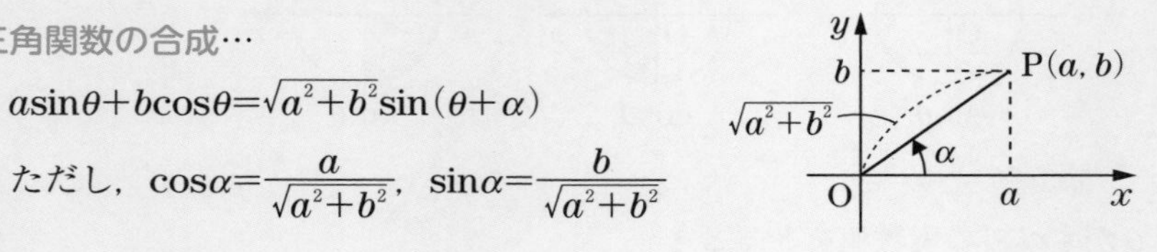


三角関数の合成…

$a\sin\theta+b\cos\theta=\sqrt{a^2+b^2}\sin(\theta+\alpha)$

ただし，$\cos\alpha=\dfrac{a}{\sqrt{a^2+b^2}}$，$\sin\alpha=\dfrac{b}{\sqrt{a^2+b^2}}$

**例1**　$\cos\theta=\dfrac{2}{3}$ のとき，$\cos2\theta=2\cos^2\theta-1=2\cdot\left(\dfrac{2}{3}\right)^2-1=-\dfrac{1}{9}$

**例2**　$\sin^2\dfrac{\pi}{8}=\dfrac{1-\cos\dfrac{\pi}{4}}{2}=\dfrac{1-\dfrac{\sqrt{2}}{2}}{2}=\dfrac{2-\sqrt{2}}{4}$　←$\sin^2\alpha=\dfrac{1-\cos2\alpha}{2}$

$\sin\dfrac{\pi}{8}>0$ より，$\sin\dfrac{\pi}{8}=\dfrac{\sqrt{2-\sqrt{2}}}{2}$

**例3**　$\sqrt{3}\sin\theta-\cos\theta$ を変形すると，

$\sqrt{(\sqrt{3})^2+(-1)^2}=2$ より

$\sqrt{3}\sin\theta-\cos\theta=2\left(\sin\theta\cdot\dfrac{\sqrt{3}}{2}-\cos\theta\cdot\dfrac{1}{2}\right)$

$=2\left(\sin\theta\cos\dfrac{\pi}{6}-\cos\theta\sin\dfrac{\pi}{6}\right)$

$=2\sin\left(\theta-\dfrac{\pi}{6}\right)$　←$\sin\alpha\cos\beta-\cos\alpha\sin\beta=\sin(\alpha-\beta)$

# 基本問題

重要 **1**　$0 \leqq \theta < 2\pi$ のとき，次の方程式，不等式を解きなさい。

(1)　$\cos\left(\theta - \dfrac{\pi}{2}\right) = -\dfrac{1}{2}$　　　(2)　$\sin\theta > \dfrac{1}{\sqrt{2}}\sin 2\theta$

**考え方**
原点を中心とする半径１の円（単位円）を図示して考えます。
(2) ２倍角の公式 $\sin 2\theta = 2\sin\theta\cos\theta$ を用います。

**解き方** (1)　$0 \leqq \theta < 2\pi$ より，$-\dfrac{\pi}{2} \leqq \theta - \dfrac{\pi}{2} < \dfrac{3}{2}\pi$

この範囲内において，単位円と $x = -\dfrac{1}{2}$ で交わる点と原点を結ぶ線分と，$x$ 軸の正の向きとのなす角は

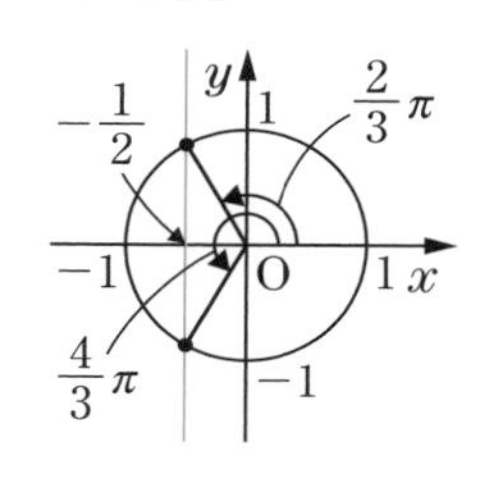


$$\theta - \frac{\pi}{2} = \frac{2}{3}\pi,\ \frac{4}{3}\pi \text{ すなわち，} \theta = \frac{7}{6}\pi,\ \frac{11}{6}\pi$$

**答え**　$\theta = \dfrac{7}{6}\pi,\ \dfrac{11}{6}\pi$

(2)　$\sin\theta > \dfrac{1}{\sqrt{2}}\sin 2\theta$

$\sin\theta > \sqrt{2}\sin\theta\cos\theta$ ←$\sin 2\theta = 2\sin\theta\cos\theta$

$\sin\theta(\sqrt{2}\cos\theta - 1) < 0$

$\begin{cases} \sin\theta > 0 \\ \cos\theta < \dfrac{1}{\sqrt{2}} \end{cases}$ …① または $\begin{cases} \sin\theta < 0 \\ \cos\theta > \dfrac{1}{\sqrt{2}} \end{cases}$ …②

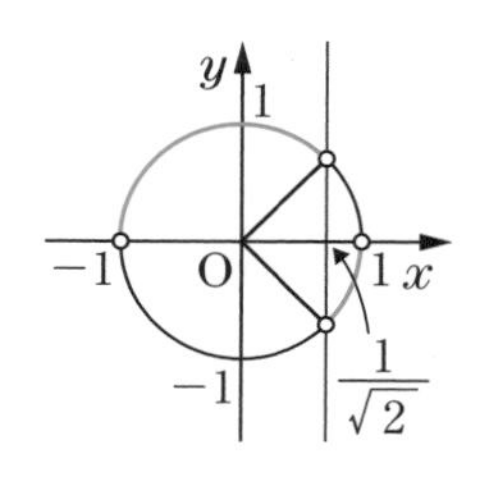


①を満たす $\theta$ は $\dfrac{\pi}{4} < \theta < \pi$，②を満たす $\theta$ は

$\dfrac{7}{4}\pi < \theta < 2\pi$

以上より，$\dfrac{\pi}{4} < \theta < \pi$，$\dfrac{7}{4}\pi < \theta < 2\pi$

**答え**　$\dfrac{\pi}{4} < \theta < \pi$，$\dfrac{7}{4}\pi < \theta < 2\pi$

**2** $\alpha$が第１象限の角，$\beta$が第２象限の角で，$\sin\alpha=\dfrac{3}{5}$，$\sin\beta=\dfrac{2}{3}$のとき，次の値を求めなさい。

(1) $\sin(\alpha+\beta)$　　(2) $\cos(\alpha-\beta)$　　(3) $\sin2\alpha$

**解き方** (1) $\alpha$が第１象限の角より$\cos\alpha>0$から，$\cos\alpha=\sqrt{1-\left(\dfrac{3}{5}\right)^2}=\dfrac{4}{5}$

$\beta$が第２象限の角より$\cos\beta<0$から，$\cos\beta=-\sqrt{1-\left(\dfrac{2}{3}\right)^2}=-\dfrac{\sqrt{5}}{3}$

よって

$$\sin(\alpha+\beta)=\sin\alpha\cos\beta+\cos\alpha\sin\beta$$
$$=\frac{3}{5}\cdot\left(-\frac{\sqrt{5}}{3}\right)+\frac{4}{5}\cdot\frac{2}{3}$$
$$=\frac{-3\sqrt{5}+8}{15}$$

**答え** $\dfrac{-3\sqrt{5}+8}{15}$

(2) $$\cos(\alpha-\beta)=\cos\alpha\cos\beta+\sin\alpha\sin\beta$$
$$=\frac{4}{5}\cdot\left(-\frac{\sqrt{5}}{3}\right)+\frac{3}{5}\cdot\frac{2}{3}$$
$$=\frac{-4\sqrt{5}+6}{15}$$

**答え** $\dfrac{-4\sqrt{5}+6}{15}$

(3) $$\sin2\alpha=2\sin\alpha\cos\alpha=2\cdot\frac{3}{5}\cdot\frac{4}{5}=\frac{24}{25}$$

**答え** $\dfrac{24}{25}$

**3** $\cos\dfrac{5}{8}\pi$の値を求めなさい。

**ポイント** $\cos^2\alpha=\dfrac{1+\cos\alpha}{2}$

**解き方** $$\cos^2\frac{5}{8}\pi=\frac{1+\cos\frac{5}{4}\pi}{2}=\frac{1-\frac{\sqrt{2}}{2}}{2}=\frac{2-\sqrt{2}}{4}$$

$\dfrac{5}{8}\pi$は第２象限の角より$\cos\dfrac{5}{8}\pi<0$から

$$\cos\frac{5}{8}\pi=-\frac{\sqrt{2-\sqrt{2}}}{2}$$

**答え** $-\dfrac{\sqrt{2-\sqrt{2}}}{2}$

## 応用問題

$0 \leqq \theta < 2\pi$ のとき，次の方程式，不等式を解きなさい。

(1) $\cos 2\theta + \sqrt{3}\cos\theta - 2 \leqq 0$　　(2) $\sin\theta + \sqrt{3}\cos\theta = -1$

**考え方**
(1) cos の 2 倍角の公式を用いて，$\cos\theta$ のみの式にします。
(2)三角関数の合成を用います。

**解き方** (1) $\cos 2\theta = 2\cos^2\theta - 1$ を用いて与えられた不等式を変形すると

$2\cos^2\theta + \sqrt{3}\cos\theta - 3 \leqq 0$

$(2\cos\theta - \sqrt{3})(\cos\theta + \sqrt{3}) \leqq 0$

$-1 \leqq \cos\theta \leqq 1$ より，$\cos\theta + \sqrt{3} > 0$ から

$2\cos\theta - \sqrt{3} \leqq 0$ すなわち，$\cos\theta \leqq \dfrac{\sqrt{3}}{2}$

よって，$\dfrac{\pi}{6} \leqq \theta \leqq \dfrac{11}{6}\pi$　　**答え** $\dfrac{\pi}{6} \leqq \theta \leqq \dfrac{11}{6}\pi$

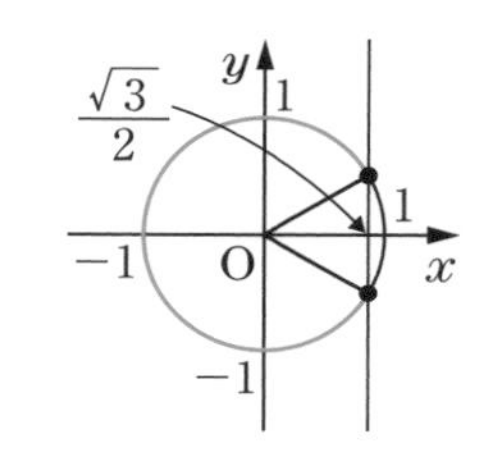


(2) 三角関数の合成を用いて

$2\sin\left(\theta + \dfrac{\pi}{3}\right) = -1$ すなわち，$\sin\left(\theta + \dfrac{\pi}{3}\right) = -\dfrac{1}{2}$

$0 \leqq \theta < 2\pi$ より，$\dfrac{\pi}{3} \leqq \theta + \dfrac{\pi}{3} < \dfrac{7}{3}\pi$ から

$\theta + \dfrac{\pi}{3} = \dfrac{7}{6}\pi$，$\dfrac{11}{6}\pi$ すなわち，$\theta = \dfrac{5}{6}\pi$，$\dfrac{3}{2}\pi$

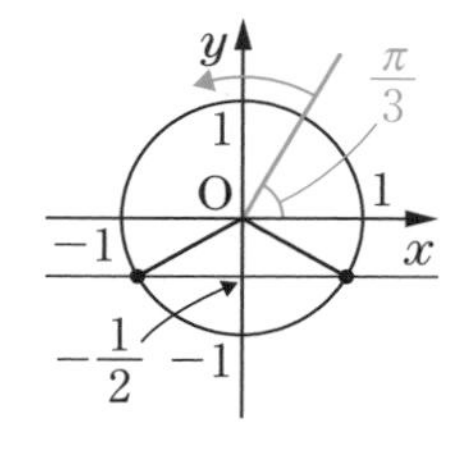


**答え** $\theta = \dfrac{5}{6}\pi$，$\dfrac{3}{2}\pi$

**2** $y = 3\sin x + 4\cos x$ の最大値，最小値を求めなさい。

**考え方**
$y = a\sin x + b\cos x = r\sin(x + \alpha)\ (r > 0)$とすると，$-r \leqq y \leqq r$ となります。

**解き方** 三角関数の合成を用いると，$y = 5\sin(x + \alpha)$

ただし，$\alpha$ は $\cos\alpha = \dfrac{3}{5}$，$\sin\alpha = \dfrac{4}{5}$ を満たす角である。

$x$ がすべての実数値をとるとき，$-1 \leqq \sin(x + \alpha) \leqq 1$ であるから

$-5 \leqq y \leqq 5$

よって，$y$ の最大値は 5，最小値は $-5$ である。

**答え** 最大値 5，最小値 $-5$

重要 **3** 次の問いに答えなさい。

(1) $\cos 3\theta$ を $\cos\theta$ の式で表しなさい。

(2) (1)の等式を用いて，$\cos\dfrac{2}{5}\pi$ の値を求めなさい。

(3) (1)の等式および $\sin 3\theta = 3\sin\theta - 4\sin^3\theta$ を用いて，$\tan 3\theta$ を $\tan\theta$ の式で表しなさい。

**考え方** (2) $\theta = \dfrac{2}{5}\pi$ より，$5\theta = 2\pi$ すなわち，$3\theta = 2\pi - 2\theta$ を用います。

**解き方** (1)

$$\begin{aligned}\cos 3\theta &= \cos(2\theta+\theta)\\ &= \cos 2\theta\cos\theta - \sin 2\theta\sin\theta\\ &= (2\cos^2\theta - 1)\cos\theta - 2\sin\theta\cos\theta\cdot\sin\theta\\ &= 2\cos^3\theta - \cos\theta - 2\sin^2\theta\cos\theta\\ &= 2\cos^3\theta - \cos\theta - 2(1-\cos^2\theta)\cos\theta\\ &= 4\cos^3\theta - 3\cos\theta\end{aligned}$$

**答え** $4\cos^3\theta - 3\cos\theta$

(2) $\theta = \dfrac{2}{5}\pi$ とすると，$5\theta = 2\pi$ すなわち，$3\theta = 2\pi - 2\theta$ より

$\cos 3\theta = \cos(2\pi - 2\theta) = \cos 2\theta$ であるから

$4\cos^3\theta - 3\cos\theta = 2\cos^2\theta - 1$

$4\cos^3\theta - 2\cos^2\theta - 3\cos\theta + 1 = 0$

$(\cos\theta - 1)(4\cos^2\theta + 2\cos\theta - 1) = 0$

$\cos\theta = \cos\dfrac{2}{5}\pi \neq 1$ より，$\cos\theta$ は $4\cos^2\theta + 2\cos\theta - 1 = 0$ を満たす。

$0 < \theta < \dfrac{\pi}{2}$ より $\cos\theta > 0$ であるから

$\cos\theta = \cos\dfrac{2}{5}\pi = \dfrac{-1+\sqrt{5}}{4}$

**答え** $\dfrac{-1+\sqrt{5}}{4}$

(3)

$$\tan 3\theta = \frac{\sin 3\theta}{\cos 3\theta} = \frac{3\sin\theta - 4\sin^3\theta}{4\cos^3\theta - 3\cos\theta} = \frac{3\dfrac{\sin\theta}{\cos\theta}\cdot\dfrac{1}{\cos^2\theta} - 4\dfrac{\sin^3\theta}{\cos^3\theta}}{4 - \dfrac{3}{\cos^2\theta}}$$

$\dfrac{\sin\theta}{\cos\theta} = \tan\theta$，$\dfrac{1}{\cos^2\theta} = 1 + \tan^2\theta$ より

$$\tan 3\theta = \frac{3\tan\theta(1+\tan^2\theta) - 4\tan^3\theta}{4 - 3(1+\tan^2\theta)} = \frac{3\tan\theta - \tan^3\theta}{1 - 3\tan^2\theta}$$

**答え** $\dfrac{3\tan\theta - \tan^3\theta}{1 - 3\tan^2\theta}$

$0 \leqq \theta < \pi$ のとき，$y = \sin\theta\cos\theta - \cos^2\theta$ の最大値，最小値およびそのときの $\theta$ の値を求めなさい。

ポイント
$\sin\theta\cos\theta = \dfrac{1}{2}\sin 2\theta$，$\cos^2\theta = \dfrac{1+\cos 2\theta}{2}$

**解き方** $\sin 2\theta = 2\sin\theta\cos\theta$ より，$\sin\theta\cos\theta = \dfrac{1}{2}\sin 2\theta$

これと $\cos^2\theta = \dfrac{1+\cos 2\theta}{2}$ および三角関数の合成を用いて

$$y = \frac{1}{2}\sin 2\theta - \frac{1+\cos 2\theta}{2}$$

$$= \frac{1}{2}(\sin 2\theta - \cos 2\theta) - \frac{1}{2}$$

$$= \frac{\sqrt{2}}{2}\sin\left(2\theta - \frac{\pi}{4}\right) - \frac{1}{2}$$

$\sin\alpha - \cos\alpha = \sqrt{2}\sin\left(\alpha - \dfrac{\pi}{4}\right)$

ここで，$0 \leqq \theta < \pi$ より $-\dfrac{\pi}{4} \leqq 2\theta - \dfrac{\pi}{4} < \dfrac{7}{4}\pi$ であるから，$\sin\left(2\theta - \dfrac{\pi}{4}\right)$ は

$2\theta - \dfrac{\pi}{4} = \dfrac{\pi}{2}$ すなわち，$\theta = \dfrac{3}{8}\pi$ のとき最大値 1

$2\theta - \dfrac{\pi}{4} = \dfrac{3}{2}\pi$ すなわち，$\theta = \dfrac{7}{8}\pi$ のとき最小値 $-1$

をとる。

よって，$y$ は $\theta = \dfrac{3}{8}\pi$ のとき最大値 $\dfrac{\sqrt{2}}{2} - \dfrac{1}{2}$ をとり，$\theta = \dfrac{7}{8}\pi$ のとき最小値 $-\dfrac{\sqrt{2}}{2} - \dfrac{1}{2}$ をとる。

**答え** $\theta = \dfrac{3}{8}\pi$ のとき最大値 $\dfrac{\sqrt{2}}{2} - \dfrac{1}{2}$，$\theta = \dfrac{7}{8}\pi$ のとき最小値 $-\dfrac{\sqrt{2}}{2} - \dfrac{1}{2}$

## 練習問題

答え：別冊 p.38 ～ p.41

重要

**1** $0 \leqq \theta < 2\pi$ のとき，次の方程式，不等式を解きなさい。

(1) $\sqrt{3}\tan\theta + 1 \geqq 0$　　(2) $2\sin^2\theta = \sqrt{3}\sin\theta$

(3) $\cos 2\theta < \cos\theta$　　(4) $\sin\theta - \cos\theta = \dfrac{1}{\sqrt{2}}$

**2** $\dfrac{\pi}{2} < \alpha < \pi$，$\dfrac{3}{2}\pi < \beta < 2\pi$ で，$\sin\alpha = \dfrac{\sqrt{5}}{3}$，$\cos\beta = \dfrac{1}{4}$ のとき，次の値を求めなさい。

(1) $\sin(\alpha + \beta)$　　(2) $\cos(\alpha - \beta)$

**3** $xy$ 平面において，原点Oを通り，直線 $3x - y = 0$ と $\dfrac{\pi}{4}$ の角をなす直線の方程式を求めなさい。

重要

**4** $0 \leqq \theta < 2\pi$ のとき，関数

$$y = \sqrt{3}\sin 2\theta + \cos 2\theta + 2(\sin\theta + \sqrt{3}\cos\theta)$$

について次の問いに答えなさい。

(1) $t = \sin\theta + \sqrt{3}\cos\theta$ とするとき，$y$ を $t$ を用いて表しなさい。また，$t$ のとりうる値の範囲を求めなさい。

(2) $y$ の最大値，最小値およびそのときの $\theta$ の値を求めなさい。

**5** 右の図のように，200m 離れたA地点，B地点があります。この2地点を同時に撮影するため，A地点から見てB地点と正反対の向きに 100m 離れたH地点から，垂直にドローンDを飛ばします。

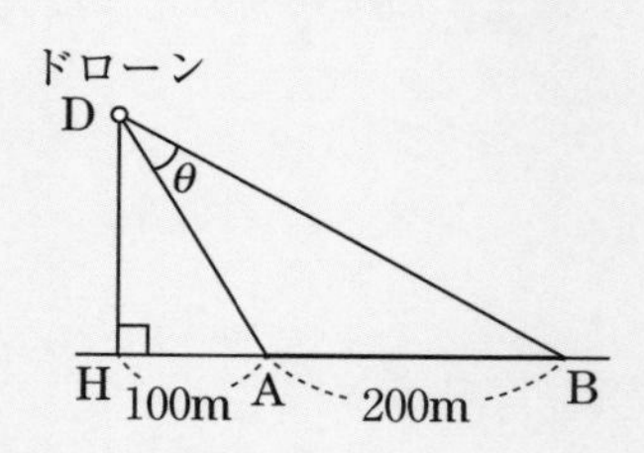


$\angle ADB = \theta\left(0 < \theta < \dfrac{\pi}{2}\right)$ とするとき，$\theta$ が最大になるのはドローンを高さ何 m まで飛ばしたときですか。

# 3-2 指数関数

## 1 指数法則

チェック!

$n$ 乗根…

正の整数 $n$ に対して，$n$ 乗すると $a$ になる数を $a$ の $n$ 乗根といいます。$a$ が正の数のとき，$a$ の $n$ 乗根で正であるものがただ1つ存在し，これを $\sqrt[n]{a}$ で表します。$\sqrt[2]{a}$ はこれまで通り $\sqrt{a}$ で表します。2乗根(平方根)，3乗根(立方根)，4乗根，…をまとめて累乗根といいます。

累乗根の性質…

$a>0$，$b>0$，$m$，$n$，$p$ が正の整数のとき

$(\sqrt[n]{a})^n=a$，$\sqrt[n]{0}=0$，$\sqrt[n]{a}>0$

$\sqrt[n]{a}\sqrt[n]{b}=\sqrt[n]{ab}$，$\dfrac{\sqrt[n]{a}}{\sqrt[n]{b}}=\sqrt[n]{\dfrac{a}{b}}$，$(\sqrt[n]{a})^m=\sqrt[n]{a^m}$，$\sqrt[m]{\sqrt[n]{a}}=\sqrt[mn]{a}$，$\sqrt[np]{a^{mp}}=\sqrt[n]{a^m}$

指数の拡張…指数が0や負の数，分数の場合について，次のように定義します。

$a\neq0$，$n$ が正の整数のとき，$a^0=1$，$a^{-n}=\dfrac{1}{a^n}$

$a>0$，$m$ が整数，$n$ が正の整数のとき，$a^{\frac{m}{n}}=\sqrt[n]{a^m}$

指数法則… $a>0$，$b>0$，$p$，$q$ が有理数のとき

$a^pa^q=a^{p+q}$，$(a^p)^q=a^{pq}$，$(ab)^p=a^pb^p$，$\dfrac{a^p}{a^q}=a^{p-q}$，$\left(\dfrac{a}{b}\right)^p=\dfrac{a^p}{b^p}$

実数の指数…

$x$ が無理数のとき，$a>0$ においては $x$ に限りなく近い有理数 $p$ を考えることにより $a^x$ を定義することができます。つまり，すべての実数 $x$ について $a^x$ を定義することができ，指数法則が成り立ちます。

例1　$\sqrt[12]{27^8}=\sqrt[12]{(3^3)^8}=\sqrt[12]{(3^{12})^2}=3^2=9$，$\sqrt[3]{-64}=\sqrt[3]{(-4^3)}=-4$

例2　$a>0$ のとき

$\sqrt[9]{a^6}\times\sqrt[3]{a^7}=a^{\frac{6}{9}}\times a^{\frac{7}{3}}=a^{\frac{2}{3}+\frac{7}{3}}=a^3$，$a^{\frac{5}{4}}\div a^{\frac{1}{4}}=a^{\frac{5}{4}-\frac{1}{4}}=a$

テスト　$\sqrt[4]{32}\times\sqrt{2}\div\sqrt[6]{512}$ を計算しなさい。　答え　$\sqrt[4]{2}$

## 2 指数関数

☑チェック！

**指数関数…**

$a>0$，$a\neq1$ のとき，関数 $y=a^x$ を **$a$ を底とする指数関数**といいます。

**指数関数のグラフ…**

指数関数 $y=a^x$ のグラフは，$a$ の値にかかわらず点$(0,\ 1)$を通り，$x$ 軸(直線 $y=0$)は**漸近線**(グラフが限りなく近づく一定の直線)となります。また，$a>1$ のとき，グラフは右上がりの曲線，$0<a<1$ のとき，グラフは右下がりの曲線となります。

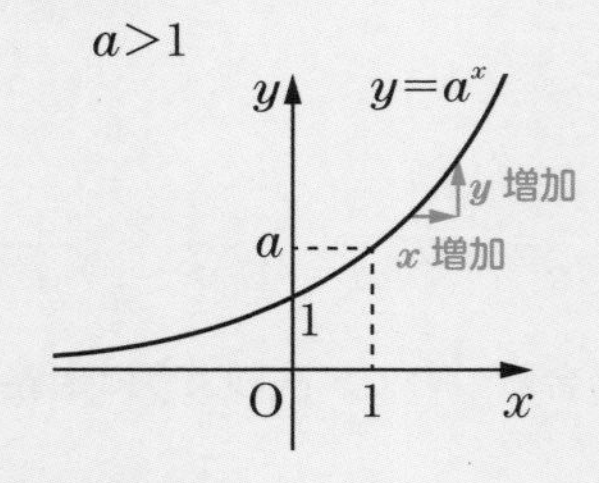


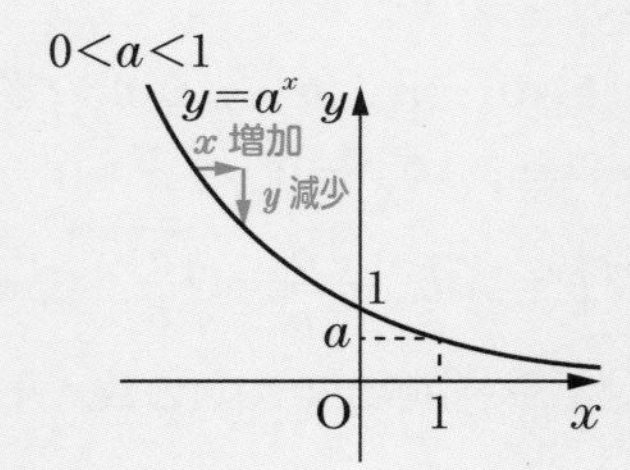


**指数関数の性質…**

指数関数 $y=a^x$ について，定義域は実数全体，値域は正の実数全体$(y>0)$です。

① $a>1$ のとき，$x$ の値が増加すると $y$ の値も増加するので

$p<q \iff a^p<a^q$

② $0<a<1$ のとき，$x$ の値が増加すると $y$ の値は減少するので

$p<q \iff a^p>a^q$

**例 1**　$\sqrt[3]{4}$ と $\sqrt[5]{8}$ の大小関係を調べます。

$\sqrt[3]{4}=\sqrt[3]{2^2}=2^{\frac{2}{3}}$，$\sqrt[5]{8}=\sqrt[5]{2^3}=2^{\frac{3}{5}}$であり，$\dfrac{2}{3}>\dfrac{3}{5}$と底 2 は 1 より大きいから

$2^{\frac{2}{3}}>2^{\frac{3}{5}}$すなわち，$\sqrt[3]{4}>\sqrt[5]{8}$　←$p>q \iff 2^p>2^q$

**テスト**　$\dfrac{27}{125}$ と $\sqrt[3]{\left(\dfrac{9}{25}\right)^5}$ の大小関係を，不等号を用いて表しなさい。

**答え**　$\dfrac{27}{125}>\sqrt[3]{\left(\dfrac{9}{25}\right)^5}$

# 基本問題

**1** 次の計算をしなさい。

(1) $3^{1964}\times3^{2025}\div9^{1995}$　　(2) $(\sqrt[3]{2})^2\div2\sqrt{2}\times\sqrt[6]{32}$

**考え方** 底を揃えて，指数法則を用いて計算します。

**解き方** (1) $3^{1964}\times3^{2025}\div9^{1995}=3^{1964+2025-2\cdot1995}=3^{-1}=\frac{1}{3}$　　**答え** $\frac{1}{3}$

(2) $(\sqrt[3]{2})^2\div2\sqrt{2}\times\sqrt[6]{32}=2^{\frac{2}{3}-\frac{3}{2}+\frac{5}{6}}=2^0=1$　　**答え** 1

**2** 次の方程式，不等式を解きなさい。

(1) $4^{x-1}=2^{-x+3}$　　(2) $\left(\frac{1}{3}\right)^x\leqq\frac{1}{27\sqrt{3}}$　　(3) $4^x-3\cdot2^{x+1}=16$

**考え方** (3) $2^x=t$ として，$t$ の 2 次方程式を解きます。

**解き方** (1) $4^{x-1}=(2^2)^{x-1}=2^{2x-2}$ より，与えられた方程式は

$2^{2x-2}=2^{-x+3}$

よって，$2x-2=-x+3$ ←$a^p=a^q \iff p=q$

これより，$x=\frac{5}{3}$　　**答え** $x=\frac{5}{3}$

(2) $\frac{1}{27\sqrt{3}}=\frac{1}{27}\cdot\frac{1}{\sqrt{3}}=\left(\frac{1}{3}\right)^3\cdot\left(\frac{1}{3}\right)^{\frac{1}{2}}=\left(\frac{1}{3}\right)^{3+\frac{1}{2}}=\left(\frac{1}{3}\right)^{\frac{7}{2}}$ より

$\left(\frac{1}{3}\right)^x\leqq\left(\frac{1}{3}\right)^{\frac{7}{2}}$

底$\frac{1}{3}$は1より小さいから，$x\geqq\frac{7}{2}$ ←$0<a<1$ のとき $p<q \iff a^p>a^q$　　**答え** $x\geqq\frac{7}{2}$

(3) $2^x=t$ とすると，$t>0$

$4^x=(2^2)^x=(2^x)^2=t^2$，$2^{x+1}=2^x\cdot2^1=2t$ より

$t^2-3\cdot2t=16$

$t^2-6t-16=0$

$(t-8)(t+2)=0$

$t>0$ より，$t=8$ すなわち，$2^x=2^3$

よって，$x=3$　　**答え** $x=3$

## 応用問題

3$^x$+3$^{-x}$=4，$x$<0 のとき，次の式の値を求めなさい。

(1) $9^x+9^{-x}$　　(2) $27^x+27^{-x}$　　(3) $3^x-3^{-x}$

(1) $a^2+b^2=(a+b)^2-2ab$

(2) $a^3+b^3=(a+b)^3-3ab(a+b)$

(3) $(a-b)^2=(a+b)^2-4ab$

**解き方** (1) $9^x+9^{-x}=(3^x)^2+(3^{-x})^2=(3^x+3^{-x})^2-2\cdot3^x\cdot3^{-x}=4^2-2\cdot1=14$

**答え** 14

(2) $27^x+27^{-x}=(3^x)^3+(3^{-x})^3$

$=(3^x+3^{-x})^3-3\cdot3^x\cdot3^{-x}(3^x+3^{-x})$

$=4^3-3\cdot1\cdot4$

$=52$

← $27^x+27^{-x}$
$=(3^x+3^{-x})(9^x-3^x\cdot3^{-x}+9^{-x})$
$=4(14-1)=52$
のように解いてもよい

**答え** 52

(3) $(3^x-3^{-x})^2=(3^x+3^{-x})^2-4\cdot3^x\cdot3^{-x}=4^2-4\cdot1=12$

$x<0$ すなわち，$x<-x$ と底 3 は 1 より大きいから，$3^x<3^{-x}$

よって，$3^x-3^{-x}=-\sqrt{12}=-2\sqrt{3}$

**答え** $-2\sqrt{3}$

**2** 不等式 $9^x-3^{x+2}<3^x-9$ を解きなさい。

**考え方** $3^x=t$ として $t$ の 2 次不等式を解きます。その際，$t>0$ に注意します。

**解き方** $3^x=t$ とすると，$t>0$ で，$9^x=(3^x)^2=t^2$，$3^{x+2}=3^x\cdot3^2=9t$ より

$t^2-9t<t-9$

$t^2-10t+9<0$

$(t-1)(t-9)<0$

$1<t<9$

$3^0<3^x<3^2$ より，$0<x<2$

**答え** $0<x<2$

重要

**3** 関数 $y=4^x-2^{x+3}$ の最小値とそのときの $x$ の値を求めなさい。

**考え方** $2^x=t$ として，$t$ の 2 次関数で考えます。その際，$t>0$ に注意します。

**解き方** $2^x=t$ とすると $t>0$ で，$4^x=(2^x)^2=t^2$，$2^{x+3}=2^x\cdot 2^3=8t$ より

$y=t^2-8t=(t-4)^2-16$

$t=4$ は $t>0$ を満たすから，$t=4$ のとき $y$ は最小値 $-16$ をとる。

$t=4$ のとき，$2^x=2^2$ すなわち，$x=2$ 　**答え** $x=2$ のとき最小値 $-16$

第3章 関数

**4** 関数 $y=4^x+4^{-x}-5(2^x+2^{-x})+13$ について，次の問いに答えなさい。

(1) $2^x+2^{-x}=t$ とするとき，$t$ のとりうる値の範囲を求めなさい。

(2) $y$ の最小値とそのときの $x$ の値を求めなさい。

**考え方** (1)相加平均と相乗平均の大小関係 $a+b\geqq 2\sqrt{ab}$ を用います。

(2) $t^2=(2^x+2^{-x})^2=2^{2x}+2\cdot 1+2^{-2x}=4^x+4^{-x}+2$ より，$y$ を $t$ で表します。

**解き方** (1) $2^x>0$，$2^{-x}>0$ であるから，相加平均と相乗平均の大小関係より

$t=2^x+2^{-x}\geqq 2\sqrt{2^x\cdot 2^{-x}}=2$

等号成立は，$2^x=2^{-x}$ すなわち，$x=0$ のときである。

**答え** $t\geqq 2$

(2) $4^x+4^{-x}=(2^x+2^{-x})^2-2\cdot 1=t^2-2$ より

$y=t^2-2-5t+13=\left(t-\dfrac{5}{2}\right)^2+\dfrac{19}{4}$

$t=\dfrac{5}{2}$ は(1)の $t\geqq 2$ を満たすから，$t=\dfrac{5}{2}$ のとき $y$ は最小値 $\dfrac{19}{4}$ をとる。

$t=\dfrac{5}{2}$ のとき，$2^x+2^{-x}=\dfrac{5}{2}$

両辺に $2\cdot 2^x$ をかけて整理すると

$2\cdot 2^{2x}-5\cdot 2^x+2=0$

$(2\cdot 2^x-1)(2^x-2)=0$

$2^x=\dfrac{1}{2}$，2 すなわち，$x=\pm 1$

**答え** $x=\pm 1$ のとき最小値 $\dfrac{19}{4}$

# 練習問題

答え：別冊 p.41 ～ p.42

**1** 次の計算をしなさい。

(1) $\sqrt[3]{12} \div \sqrt[3]{6} \times \sqrt[3]{4}$　　(2) $3^{\frac{5}{3}} \div (2^3 \times 3^4)^{\frac{1}{6}} \times 2^{\frac{3}{2}}$

重要
**2** $2^x - 2^{-x} = 1$ のとき，次の式の値を求めなさい。

(1) $4^x + 4^{-x}$　　(2) $8^x - 8^{-x}$

重要
**3** 次の方程式，不等式を解きなさい。

(1) $27^{5-x} = 81^{2x+1}$　　(2) $2 \cdot 4^{x+1} - 2^{x+1} - 1 < 0$

重要
**4** 関数 $y = 4^{x+1} - 2^x$ の最小値およびそのときの $x$ の値を求めなさい。

**5** $x$ の方程式 $4^x - 3 \cdot 2^{x+1} = a$ がただ1つの実数解をもつように，定数 $a$ の値の範囲を定めなさい。

**6** 実数 $x$，$y$ が $x + 2y = 3$ を満たすとき，$3^x + 9^y$ の最小値とそのときの $x$，$y$ の値を求めなさい。

# 3-3 対数関数

## 1 対数の定義とその性質

**チェック!**

対数…

$a>0$, $a\neq1$, $M>0$ のとき, $a^p=M$ となる実数 $p$ がただ1つ存在します。このとき, $p$ を $\log_a M$ で表し, $a$ を底とする $M$ の対数といい, $M$ をこの対数の真数といいます。すなわち, $a^p=M \iff p=\log_a M$ が成り立ちます。

常用対数…底が10の対数

対数の性質… $a>0$, $a\neq1$, $M>0$, $N>0$, $k$ を実数とするとき

$$\log_a a=1,\ \log_a 1=0$$

$$\log_a MN=\log_a M+\log_a N,\ \log_a \frac{M}{N}=\log_a M-\log_a N$$

$$\log_a M^k=k\log_a M$$

底の変換公式… $a>0$, $a\neq1$, $b>0$, $c>0$, $c\neq1$ のとき

$$\log_a b=\frac{\log_c b}{\log_c a} \quad とくに, \log_a c=\frac{1}{\log_c a}$$

例1　$9=3^2$ より, $\log_3 9=2$ ← $M=a^p \iff \log_a M=p$

例2　$\log_5 125\sqrt{5}=\log_5 5^{\frac{7}{2}}=\frac{7}{2}\log_5 5=\frac{7}{2}$ ← $\log_a M^k=k\log_a M$, $\log_a a=1$

例3　$\log_2 11+\log_2 48-\log_2 33=\log_2 \frac{11\cdot48}{33}=\log_2 16=\log_2 2^4=4$

$\log_a M+\log_a N=\log_a MN$, $\log_a M-\log_a N=\log_a \frac{M}{N}$

例4　$\log_8 32=\frac{\log_2 32}{\log_2 8}=\frac{\log_2 2^5}{\log_2 2^3}=\frac{5}{3}$ ← $\log_a b=\frac{\log_c b}{\log_c a}$

**テスト** 次の問いに答えなさい。

(1) $\log_7 343$ の値を求めなさい。

(2) $\log_3 105-\log_3 70+\log_3 6$ を計算しなさい。

(3) $\log_9 243$ の値を求めなさい。

**答え** (1) 3　(2) 2　(3) $\frac{5}{2}$

## 2 対数関数

☑ チェック！

対数関数… $a>0$，$a\neq 1$ のとき，正の実数 $x$ についての関数 $y=\log_a x$ を，$a$ を底とする対数関数といいます。

対数関数のグラフ…

対数関数 $y=\log_a x$ のグラフは，$a$ の値にかかわらず点$(1,\ 0)$を通り，$y$ 軸(直線 $x=0$)は漸近線となります。また，$a>1$ のとき，グラフは右上がりの曲線，$0<a<1$ のとき，グラフは右下がりの曲線となります。

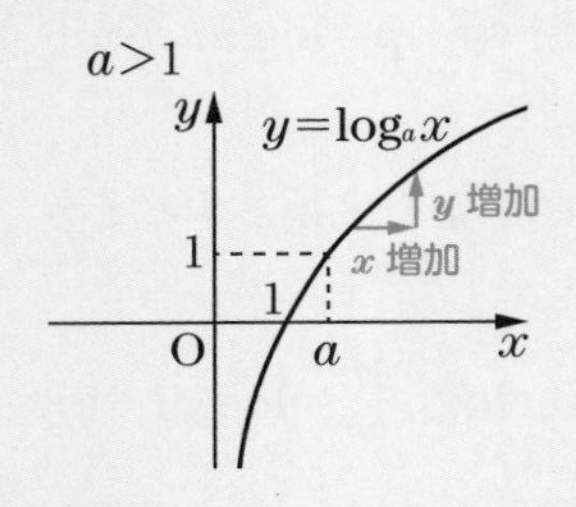


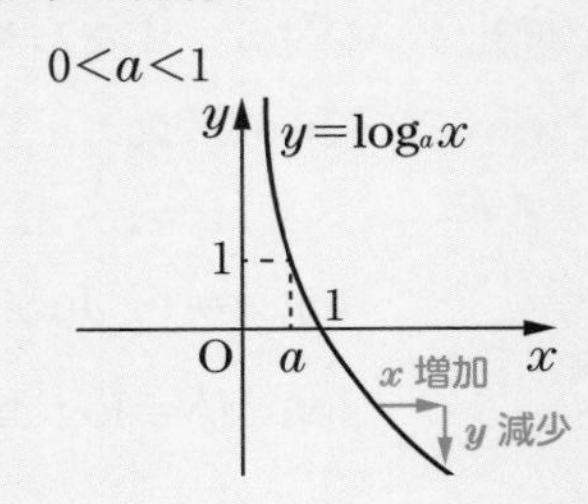


対数関数の性質…

対数関数 $y=\log_a x$ について，定義域は正の実数全体$(x>0)$，値域は実数全体です。

① $a>1$ のとき，$x$ の値が増加すると $y$ の値も増加するので

$0<p<q \iff \log_a p<\log_a q$

② $0<a<1$ のとき，$x$ の値が増加すると $y$ の値は減少するので

$0<p<q \iff \log_a p>\log_a q$

**例1**　$\log_4 18$ と $2\log_2 3-1$ の大小関係を調べます。

$\log_4 18=\dfrac{1}{2}\log_2 18=\log_2 3\sqrt{2}$，$2\log_2 3-1=\log_2 3^2-\log_2 2=\log_2 \dfrac{9}{2}$

$3\sqrt{2}<\dfrac{9}{2}$ と底 2 は 1 より大きいから

$\log_2 3\sqrt{2}<\log_2 \dfrac{9}{2}$ すなわち，$\log_4 18<2\log_2 3-1$

**テスト**　$\log_{\frac{1}{3}}\sqrt{10}$ と $\log_{\frac{1}{3}}\dfrac{16}{5}$ ではどちらが大きいですか。

**答え**　$\log_{\frac{1}{3}}\sqrt{10}$

# 基本問題

**1** 次の計算をしなさい。

(1) $\log_3 15-\log_3 25+\log_3 45$　　(2) $\log_{\sqrt{8}} 9\cdot\log_3 5\cdot\log_5 4$

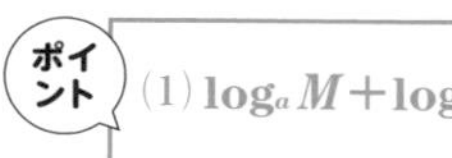

ポイント
(1) $\log_a M+\log_a N=\log_a MN$，$\log_a M-\log_a N=\log_a \dfrac{M}{N}$

(2)底の変換公式 $\log_a b=\dfrac{\log_c b}{\log_c a}$，$\log_a\sqrt{M}=\log_a M^{\frac{1}{2}}=\dfrac{1}{2}\log_a M$

**解き方** (1) $\log_3 15-\log_3 25+\log_3 45=\log_3 \dfrac{15\cdot 45}{25}=\log_3 3^3=3$　　**答え** 3

(2) $\log_{\sqrt{8}} 9\cdot\log_3 5\cdot\log_5 4=\dfrac{\log_2 9}{\log_2\sqrt{8}}\cdot\dfrac{\log_2 5}{\log_2 3}\cdot\dfrac{\log_2 4}{\log_2 5}$

$=\dfrac{2\log_2 3}{\frac{1}{2}\log_2 2^3}\cdot\dfrac{\log_2 2^2}{\log_2 3}=\dfrac{4}{3}\cdot 2=\dfrac{8}{3}$　　**答え** $\dfrac{8}{3}$

**2** 次の方程式，不等式を解きなさい。

(1) $\log_{\frac{1}{2}} x\geqq 5$　　(2) $\log_2 x+\log_2(x-2)=3$

ポイント
対数 $\log_a M$ の真数について，$M>0$

**解き方** (1) 真数は正より，$x>0$ …①

$\log_{\frac{1}{2}} x\geqq\log_{\frac{1}{2}}\left(\dfrac{1}{2}\right)^5$

底 $\dfrac{1}{2}$ は1より小さいから，$x\leqq\left(\dfrac{1}{2}\right)^5$ すなわち，$x\leqq\dfrac{1}{32}$

①より，$0<x\leqq\dfrac{1}{32}$　　**答え** $0<x\leqq\dfrac{1}{32}$

(2) 真数は正より，$x>0$ かつ $x-2>0$ すなわち，$x>2$ …①

与えられた方程式は

$\log_2 x(x-2)=\log_2 2^3$ ←$3=\log_2 2^3$

$x(x-2)=8$

$x^2-2x-8=0$

$(x+2)(x-4)=0$

①より，$x=4$　　**答え** $x=4$

## 応用問題

**1** 次の式の値を求めなさい。

(1) $5^{\log_5 4}$　　(2) $27^{-\log_3 4}$　　(3) $(\log_2 3+\log_4 3)(\log_3 2+\log_9 2)$

**考え方** (1)対数の定義 $a^p=M \iff p=\log_a M$ を使います。$a^{\log_a b}=b$ となります。

**解き方** (1) $5^{\log_5 4}=M$ とおくと，対数の定義より，$\log_5 4=\log_5 M$

よって，$M=4$ すなわち，$5^{\log_5 4}=4$

**答え** 4

(2) $27^{-\log_3 4}=3^{-3\log_3 4}=3^{\log_3 4^{-3}}=4^{-3}=\dfrac{1}{64}$

**答え** $\dfrac{1}{64}$

(3) $$(\log_2 3+\log_4 3)(\log_3 2+\log_9 2)=\left(\log_2 3+\frac{\log_2 3}{\log_2 4}\right)\left(\frac{1}{\log_2 3}+\frac{1}{\log_2 9}\right)$$
$$=\left(\log_2 3+\frac{\log_2 3}{2}\right)\left(\frac{1}{\log_2 3}+\frac{1}{2\log_2 3}\right)$$
$$=\frac{3}{2}\log_2 3\cdot\frac{3}{2\log_2 3}$$
$$=\frac{9}{4}$$

**答え** $\dfrac{9}{4}$

重要

**2** 関数 $y=(\log_2 x)^2+\log_2 x^6$ の最小値とそのときの $x$ の値を求めなさい。

**考え方** $\log_2 x$ を 1 つの文字と見て，平方完成します。

**解き方** $y=(\log_2 x)^2+\log_2 x^6$
$=(\log_2 x)^2+6\log_2 x$
$=(\log_2 x+3)^2-9$

よって，$\log_2 x=-3$ すなわち，$x=2^{-3}=\dfrac{1}{8}$ のとき $y$ は最小値$-9$ をとる。

**答え** $x=\dfrac{1}{8}$ のとき最小値$-9$

重要 3　不等式 $\log_2 x+2\log_x 2 \geqq -3$ を解きなさい。

ポイント　対数 $\log_a M$ の底 $a$ は $a>0$，$a\neq 1$，真数 $M$ は $M>0$

解き方　$x$ は底および真数より，$x>0$ かつ $x\neq 1$　…①

与えられた不等式は，$\log_2 x+\dfrac{2}{\log_2 x}\geqq -3$ と変形できる。

両辺に，$(\log_2 x)^2(>0)$ をかけて整理すると ←$\log_2 x>0$，$\log_2 x<0$ それぞれで場合分けして両辺に $\log_2 x$ をかけてもよい

$(\log_2 x)^3+3(\log_2 x)^2+2\log_2 x\geqq 0$

$\log_2 x(\log_2 x+1)(\log_2 x+2)\geqq 0$

$-2\leqq \log_2 x\leqq -1$，$0\leqq \log_2 x$

底 2 は 1 より大きいから

$2^{-2}\leqq x\leqq 2^{-1}$，$2^0\leqq x$ すなわち，$\dfrac{1}{4}\leqq x\leqq \dfrac{1}{2}$，$1\leqq x$

①より，$\dfrac{1}{4}\leqq x\leqq \dfrac{1}{2}$，$1<x$　　**答え**　$\dfrac{1}{4}\leqq x\leqq \dfrac{1}{2}$，$1<x$

重要 4　次の問いに答えなさい。ただし，$\log_{10}2=0.3010$，$\log_{10}3=0.4771$ とします。

(1)　$5^{35}$ は何桁の整数ですか。　　(2)　$5^{35}$ の最高位の数字は何ですか。

考え方
(1) $10^n\leqq M<10^{n+1}$ のとき，$M$ は $(n+1)$ 桁
(2) $a\cdot 10^n\leqq M<(a+1)\cdot 10^{n+1}$ のとき，$M$ の最高位の数字は $a$

解き方　(1)　$\log_{10}5=\log_{10}\dfrac{10}{2}=\log_{10}10-\log_{10}2=1-0.3010=0.6990$

よって，$\log_{10}5^{35}=35\log_{10}5=35\times 0.6990=24.465$ より

$24<\log_{10}5^{35}<25$ すなわち，$10^{24}<5^{35}<10^{25}$

したがって，$5^{35}$ は 25 桁の整数である。　　**答え**　25 桁

(2)　(1)より

$5^{35}=10^{24.465}=10^{0.465}\times 10^{24}$

ここで，$\log_{10}2=0.3010$，$\log_{10}3=0.4771$ より

$10^{0.3010}\times 10^{24}<10^{0.465}\times 10^{24}<10^{0.4771}\times 10^{24}$

$2\times 10^{24}<5^{35}<3\times 10^{24}$

よって，$5^{35}$ の最高位の数字は 2 である。　　**答え**　2

# 発展問題

**1** 不等式 $\log_x y>0$ …①，$\log_x y+2\log_y x>3$ …②があります。

(1) ①を満たす点$(x, y)$の存在範囲を図示しなさい。

(2) ①，②をともに満たす点$(x, y)$の存在範囲を図示しなさい。

**考え方** 底や真数に $x$，$y$ が含まれているので，その条件をもとに考えます。

**解き方** (1) ①で $x$ は底，$y$ は真数より，$x>0$，$x\neq1$，$y>0$

①より，$\log_x y>\log_x 1$ であるから

(i) $x>1$ のとき $y>1$

(ii) $0<x<1$ のとき $0<y<1$

よって，$\begin{cases}x>1\\y>1\end{cases}$ または $\begin{cases}0<x<1\\0<y<1\end{cases}$ である。

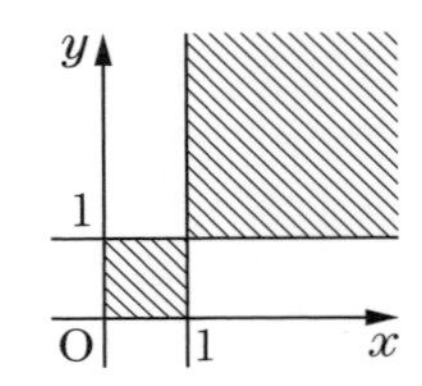


**答え** 上の図の斜線部分，ただし，境界線を含まない。

(2) ②で $x$，$y$ は底および真数より，$x>0$，$x\neq1$，$y>0$，$y\neq1$

②より，$\log_x y+\dfrac{2}{\log_x y}>3$ …(＊)

ここで(1)より，$x>1$ かつ $y>1$ または $0<x<1$ かつ $0<y<1$ が成り立つことに注意する。

(i) $x>1$ かつ $y>1$ のとき，(＊)の底 $x$ は1より大きく，$y>1$ であるから，$\log_x y>0$

よって(＊)は，$(\log_x y)^2-3\log_x y+2>0$

$(\log_x y-1)(\log_x y-2)>0$

$\log_x y<1$ または $\log_x y>2$

$x>1$ より，$y<x$ または $y>x^2$

(ii) $0<x<1$ かつ $0<y<1$ のとき，(＊)の底 $x$ は1より小さく，$0<y<1$ であるから，$\log_x y>0$

(i)と同様に，$\log_x y<1$ または $\log_x y>2$

$0<x<1$ より，$y>x$ または $y<x^2$

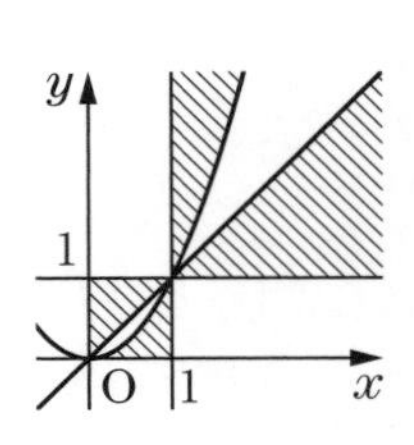


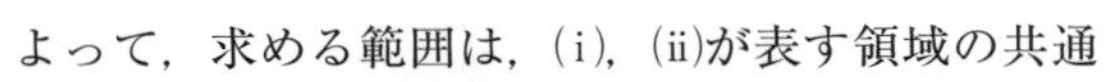

よって，求める範囲は，(i)，(ii)が表す領域の共通部分である。 **答え** 上の図の斜線部分，ただし，境界線を含まない。

## 練習問題

答え：別冊 p.43 ～ p.44

**1** 次の計算をしなさい。

(1) $\log_9 \sqrt{27} + \log_3 \sqrt{3}$　　(2) $\log_2 6 \cdot \log_3 6 - (\log_2 3 + \log_3 2)$

**2** $\log_{10} 2 = a$，$\log_{10} 3 = b$ とおくとき，$\log_{15} \sqrt[4]{30}$ を $a$，$b$ を用いて表しなさい。

重要
**3** 次の方程式，不等式を解きなさい。

(1) $\log_2(x-1) + \log_2(x-3) = 3$

(2) $\log_3(x-1) > \log_9(x+1)$

**4** $2^{14} < 7^5$，$7^6 < 2^{17}$ であることを用いると，$\log_7 2$ を小数で表したときの数字は小数第何位まで確定しますか。また，そのときの小数の値を求めなさい。

重要
**5** $(0.2)^{52}$ は小数第何位に初めて0でない数字が現れますか。また，その数字は何ですか。ただし，$\log_{10} 2 = 0.3010$ とします。

重要
**6** 星の見かけの明るさは等級で表され，明るい星ほど等級の数は小さくなります。等級 $m$，$n$ の星の明るさをそれぞれ $L_m$，$L_n$ とすると，等式 $n - m = 2.5(\log_{10} L_m - \log_{10} L_n)$ が成り立ちます。これについて，次の問いに答えなさい。ただし，$\log_{10} 2 = 0.30$ とします。

(1) 見かけの明るさについて，等級 1.0 の星は等級 6.0 の星の明るさの何倍ですか。

(2) 2つの星の等級の差が 0.5 であるとき，明るいほうの星の明るさは暗いほうの星の明るさの何倍ですか。答えは小数第3位を四捨五入して，小数第2位まで求めなさい。

# 3-4 数列

## 1 等差数列と等比数列

☑チェック!

**数列**…

数を1列に並べたものを数列といい，数列をつくっている各数を**項**といいます。数列の項は，最初の項から第1項，第2項，第3項，…といい，$n$ 番めの項を**第 $n$ 項**といいます。とくに，第1項を**初項**といいます。一般的に，数列を $a_1$，$a_2$，$a_3$，…，$a_n$，…と書き，この数列を $\{a_n\}$ と表します。数列 $\{a_n\}$ の第 $n$ 項 $a_n$ が $n$ の式で表されるとき，これを数列 $\{a_n\}$ の**一般項**といいます。項の個数が有限である数列を**有限数列**，項がどこまでも限りなく続く数列を**無限数列**といいます。有限数列において，最後の項を**末項**といい，項の個数を**項数**といいます。

**等差数列**…各項に一定の数 $d$ を加えると，次の項が得られる数列を等差数列といい，$d$ を**公差**といいます。

**等差数列の一般項**…

初項 $a$，公差 $d$ の等差数列 $\{a_n\}$ の一般項は，$a_n=a+(n-1)d$

**等差数列の和**…初項 $a$，公差 $d$，末項 $\ell$，項数 $n$ の等差数列 $\{a_n\}$ の和 $S_n$ は

$$S_n=\frac{1}{2}n(a+\ell)=\frac{1}{2}n\{2a+(n-1)d\}$$

**等比数列**…各項に一定の数 $r$ をかけると，次の項が得られる数列を等比数列といい，$r$ を**公比**といいます。

**等比数列の一般項**…初項 $a$，公比 $r$ の等比数列 $\{a_n\}$ の一般項は，$a_n=ar^{n-1}$

**等比数列の和**…初項 $a$，公比 $r$，項数 $n$ の等比数列 $\{a_n\}$ の和 $S_n$ は

$$r\neq1 \text{ のとき } S_n=\frac{a(1-r^n)}{1-r}=\frac{a(r^n-1)}{r-1}$$

$$r=1 \text{ のとき } S_n=na$$

**例1**　初項3，公差5の等差数列 $\{a_n\}$ の第 $n$ 項 $a_n$ と初項から第 $n$ 項までの和 $S_n$ は，$a_n=3+(n-1)\cdot5=5n-2$，$S_n=\frac{1}{2}n\{2\cdot3+(n-1)\cdot5\}=\frac{1}{2}n(5n+1)$

例 2　初項−2，公比 3 の等比数列 $\{a_n\}$ の第 $n$ 項 $a_n$ と初項から第 $n$ 項までの和 $S_n$ は，$a_n=-2\cdot 3^{n-1}$，$S_n=\dfrac{-2(3^n-1)}{3-1}=-3^n+1$

## 2 和の記号Σ

**チェック！**

和の記号Σ…

数列 $\{a_n\}$ の初項から第 $n$ 項までの和を，記号 Σ（シグマ）を用いて $\sum_{k=1}^{n} a_k$ と表します。

$$\sum_{k=1}^{n} a_k = a_1+a_2+a_3+\cdots+a_n$$

数列の和の公式…

$$\sum_{k=1}^{n} c = nc \ (c \text{ は定数}),\quad \sum_{k=1}^{n} k = \frac{1}{2}n(n+1),\quad \sum_{k=1}^{n} k^2 = \frac{1}{6}n(n+1)(2n+1)$$

$$\sum_{k=1}^{n} k^3 = \left\{\frac{1}{2}n(n+1)\right\}^2,\quad \sum_{k=1}^{n} r^{k-1} = \frac{r^n-1}{r-1} = \frac{1-r^n}{1-r}\ (r\neq 1)$$

Σの性質…

$$\sum_{k=1}^{n} (a_k \pm b_k) = \sum_{k=1}^{n} a_k \pm \sum_{k=1}^{n} b_k \ (\text{複号同順}),\quad \sum_{k=1}^{n} ca_k = c\sum_{k=1}^{n} a_k \ (c \text{ は定数})$$

例 1　$1^3+2^3+3^3+4^3+5^3=\sum_{k=1}^{5} k^3=\left\{\frac{1}{2}\cdot 5(5+1)\right\}^2=225$

## 3 階差数列

**チェック！**

階差数列…数列 $\{a_n\}$ に対して，$b_n=a_{n+1}-a_n$ によって定められる数列 $\{b_n\}$

階差数列と一般項…

数列 $\{a_n\}$ の階差数列を $\{b_n\}$ とすると，$n\geqq 2$ のとき，$a_n=a_1+\sum_{k=1}^{n-1} b_k$

例 1　初項が−1 の数列 $\{a_n\}$ の階差数列 $\{b_n\}$ の一般項 $b_n$ が $b_n=2^{n-1}$ であるとき，$n\geqq 2$ において

$$a_n=-1+\sum_{k=1}^{n-1} 2^{k-1}=-1+\frac{1\cdot(2^{n-1}-1)}{2-1}=2^{n-1}-2 \quad \cdots①$$

$a_1=-1$ より，①は $n=1$ のときも成り立ちます。

よって，$a_n=2^{n-1}-2$

## 4 数列の和と一般項

☑チェック！

数列の和と一般項…数列$\{a_n\}$の初項から第$n$項までの和を$S_n$とすると

$$a_1=S_1$$

$$n\geqq 2 \text{ のとき，} a_n=S_n-S_{n-1}$$

例1　数列$\{a_n\}$の初項から第$n$項までの和$S_n$が$S_n=3^n+2^n-2$を満たすとき

$a_1=S_1=3^1+2^1-2=3$

$n\geqq 2$のとき

$3^n-3^{n-1}=3\cdot 3^{n-1}-3^{n-1}=2\cdot 3^{n-1}$

$a_n=S_n-S_{n-1}=3^n+2^n-2-(3^{n-1}+2^{n-1}-2)=2\cdot 3^{n-1}+2^{n-1}$　…①

$a_1=3$より，①は$n=1$のときも成り立ちます。

よって，$a_n=2\cdot 3^{n-1}+2^{n-1}$

## 5 いろいろな数列の和

☑チェック！

分数で表された数列の和…

$\dfrac{1}{x(x+a)}=\dfrac{1}{a}\left(\dfrac{1}{x}-\dfrac{1}{x+a}\right)$と変形することで，数列の和を求められることがあります。

等差数列と等比数列の各項の積で表された数列の和…

等差数列と等比数列の各項の積で表された数列の和$S_n$は，等比数列の公比$r$を全体にかけた$rS_n$との差$S_n-rS_n$から求めることができます。

例1　$S_n=\dfrac{1}{1\cdot 2}+\dfrac{1}{2\cdot 3}+\dfrac{1}{3\cdot 4}+\cdots+\dfrac{1}{n(n+1)}$は，$\dfrac{1}{k(k+1)}=\dfrac{1}{k}-\dfrac{1}{k+1}$より

$$S_n=\left(\frac{1}{1}-\frac{1}{2}\right)+\left(\frac{1}{2}-\frac{1}{3}\right)+\left(\frac{1}{3}-\frac{1}{4}\right)+\cdots+\left(\frac{1}{n}-\frac{1}{n+1}\right)=1-\frac{1}{n+1}=\frac{n}{n+1}$$

例2　$S_n=1\cdot 1+2\cdot 2^1+3\cdot 2^2+4\cdot 2^3+\cdots+n\cdot 2^{n-1}$は，$S_n-2S_n$を計算して求めます。

$$\begin{array}{rl} S_n= & 1\cdot 1+2\cdot 2^1+3\cdot 2^2+4\cdot 2^3+\cdots+n\cdot 2^{n-1} \\ -)\ 2S_n= & \qquad 1\cdot 2^1+2\cdot 2^2+3\cdot 2^3+\cdots+(n-1)\cdot 2^{n-1}+n\cdot 2^n \\ \hline -S_n= & 1\cdot 1+1\cdot 2^1+1\cdot 2^2+1\cdot 2^3+\cdots+1\cdot 2^{n-1}\qquad -n\cdot 2^n \end{array}$$

←ずらして引く

よって，$S_n=-\left\{\dfrac{1\cdot(2^n-1)}{2-1}-n\cdot 2^n\right\}=(n-1)\cdot 2^n+1$

## 6 漸化式

**チェック！**

**漸化式…**

数列において，その前の項から次の項をただ1通りに定める規則を表す等式

**等差数列の漸化式**…公差が$d$の等差数列$\{a_n\}$の漸化式は，$a_{n+1}=a_n+d$

**等比数列の漸化式**…公比が$r$の等比数列$\{a_n\}$の漸化式は，$a_{n+1}=ra_n$

**$a_{n+1}=a_n+$($n$の式)の形の漸化式…**

階差数列が$\{b_n\}$の数列$\{a_n\}$の漸化式は，$a_{n+1}=a_n+b_n$

**$a_{n+1}=pa_n+q$の形の漸化式…**

$a_{n+1}=pa_n+q\ (p\neq 1)$の形の漸化式は，等式$c=pc+q$を満たす定数$c$を用いると，$a_{n+1}-c=p(a_n-c)$と変形できます。よって，数列$\{a_n-c\}$は初項$a_1-c$，公比$p$の等比数列であり，これを利用して数列$\{a_n\}$の一般項を求めることができます。

例1　$a_1=3$，$a_{n+1}=a_n+2$を満たす数列$\{a_n\}$は初項3，公差2の等差数列より

$a_n=3+(n-1)\cdot 2=2n+1$

例2　$a_1=4$，$a_{n+1}=-3a_n$を満たす数列$\{a_n\}$は初項4，公比$-3$の等比数列より

$a_n=4\cdot(-3)^{n-1}$

例3　$a_1=7$，$a_{n+1}=a_n+6n$を満たす数列$\{a_n\}$は初項7，階差数列$\{a_{n+1}-a_n\}$の一般項が$6n$より

$n\geqq 2$のとき，$a_n=7+\sum_{k=1}^{n-1}6k=7+6\cdot\frac{1}{2}(n-1)n=3n^2-3n+7$　…①

$a_1=7$より，①は$n=1$のときも成り立ちます。

よって，$a_n=3n^2-3n+7$

例4　数列$\{a_n\}$が$a_1=3$，$a_{n+1}=2a_n+1$を満たすとき，等式$c=2c+1$を満たす定数は$c=-1$より，漸化式は$a_{n+1}+1=2(a_n+1)$と変形でき，数列$\{a_n+1\}$は初項$a_1+1=4$，公比2の等比数列より，$a_n+1=2^{n-1}\cdot 4$すなわち，$a_n=2^{n+1}-1$

$$\begin{array}{rl} & a_{n+1}=pa_n+q \\ -) & \quad\ \ c=pc\ \ +q \\ \hline & a_{n+1}-c=p(a_n-c) \end{array}$$

テスト　$a_1=-5$，$a_{n+1}=3a_n+8$を満たす数列$\{a_n\}$の第$n$項$a_n$を求めなさい。

答え　$a_n=-3^{n-1}-4$

第3章 関数

## 7 数学的帰納法

**☑ チェック！**

数学的帰納法…

正の整数 $n$ に関する命題 $P$ が成り立つことを証明するために，次の2つのことを示す証明法

(i) $n=1$ のとき $P$ が成り立つ。

(ii) $n=k$ のとき $P$ が成り立つと仮定すると，$n=k+1$ のときにも $P$ が成り立つ。

**例1** すべての正の整数 $n$ について，$\sum_{i=1}^{n} i^2=\frac{1}{6}n(n+1)(2n+1)$ …①が成り立つことを数学的帰納法で証明すると，以下のようになります。

(i) $n=1$ のとき

$$(\text{左辺})=1^2=1,\ (\text{右辺})=\frac{1}{6}\cdot 1\cdot(1+1)\cdot(2\cdot 1+1)=1$$

より，①は成り立ちます。

(ii) $n=k$ のとき①は成り立つ，すなわち

$$\sum_{i=1}^{k} i^2=\frac{1}{6}k(k+1)(2k+1)$$

と仮定すると，$n=k+1$ のとき

$$\sum_{i=1}^{k+1} i^2=\sum_{i=1}^{k} i^2+(k+1)^2$$ ← $\sum_{i=1}^{k+1} i^2=(1^2+2^2+3^2+\cdots+k^2)+(k+1)^2$

$$=\frac{1}{6}k(k+1)(2k+1)+(k+1)^2$$ ← $n=k$ のときの仮定を用いる

$$=\frac{1}{6}(k+1)\{k(2k+1)+6(k+1)\}$$ ←共通因数でくくる

$$=\frac{1}{6}(k+1)(2k^2+7k+6)$$

$$=\frac{1}{6}(k+1)(k+2)(2k+3)$$

$$=\frac{1}{6}(k+1)\{(k+1)+1\}\{2(k+1)+1\}$$ ← $\frac{1}{6}k(k+1)(2k+1)$ において，$k$ を $k+1$ におき換えた式

よって，$n=k+1$ のときも①は成り立ちます。

(i)，(ii)より，すべての正の整数 $n$ について，①は成り立ちます。

## 基本問題

**1** 3つの数 $x$，4，$3x-2$ がこの順に等差数列となるとき，$x$ の値を求めなさい。

ポイント 3つの数 $a$，$b$，$c$ がこの順に等差数列 $\Leftrightarrow$ $2b=a+c$

**解き方** この等差数列の公差を $d$ とすると

$x+d=4$ …①，$4+d=3x-2$ …②

①より，$d=4-x$ となるから，これを②に代入すると

$4+(4-x)=3x-2$

$2\cdot4=x+(3x-2)$ ←$2b=a+c$

$x=\dfrac{5}{2}$ ←このとき3つの数は，$\dfrac{5}{2}$，4，$\dfrac{11}{2}\left(d=\dfrac{3}{2}\right)$

**答え** $x=\dfrac{5}{2}$

重要

**2** 初項40，公差$-3$である等差数列 $\{a_n\}$ について，次の問いに答えなさい。

(1) 数列 $\{a_n\}$ の項が初めて負の数になるのは，第何項ですか。

(2) 初項から第 $n$ 項までの和が最大となるとき，$n$ の値を求めなさい。また，そのときの和 $S$ を求めなさい。

**考え方** (2)公差が負の等差数列 $\{a_k\}$ において，$a_k\geqq0$，$a_{k+1}<0$ であれば，$a_k$ までの項の和が最大となります。

**解き方** (1) 数列 $\{a_n\}$ の一般項は，$a_n=40+(n-1)\cdot(-3)=-3n+43$

$a_n<0$ のとき，$-3n+43<0$ すなわち，$n>\dfrac{43}{3}=14.3\cdots$

よって，$\{a_n\}$ の項が初めて負の数になるのは，第15項である。

**答え** 第15項

(2) (1)より，$a_1>a_2>\cdots>a_{14}>0>a_{15}>a_{16}>\cdots$

よって，初項から第 $n$ 項までの和が最大となるのは，$n=14$ のときであるから

$S=\dfrac{1}{2}\cdot14\{2\cdot40+(14-1)\cdot(-3)\}=7\cdot41=287$

**答え** $n=14$，$S=287$

重要 3　次の和を求めなさい。

(1) $\sum_{k=1}^{n}(4k-1)$　　(2) $\sum_{k=1}^{n}k(k+1)(k+2)$

(3) $1^2+3^2+5^2+\cdots+(2n+1)^2$　　(4) $\sum_{k=1}^{6}(-3)^k$

**解き方** (1) $\sum_{k=1}^{n}(4k-1)=4\sum_{k=1}^{n}k-\sum_{k=1}^{n}1=4\cdot\frac{1}{2}n(n+1)-n=n\{2(n+1)-1\}$

$=n(2n+1)$　　**答え** $n(2n+1)$

$\sum_{k=1}^{n}(4k-1)$ は初項 $4\cdot1-1=3$，末項 $4n-1$，項数 $n$ の等差数列の和より
$\sum_{k=1}^{n}(4k-1)=\frac{1}{2}n(3+4n-1)=n(2n+1)$ と求めてもよい。

(2) $\sum_{k=1}^{n}k(k+1)(k+2)=\sum_{k=1}^{n}(k^3+3k^2+2k)=\sum_{k=1}^{n}k^3+3\sum_{k=1}^{n}k^2+2\sum_{k=1}^{n}k$

$=\left\{\frac{1}{2}n(n+1)\right\}^2+3\cdot\frac{1}{6}n(n+1)(2n+1)$

$+2\cdot\frac{1}{2}n(n+1)$

$=\frac{1}{4}n(n+1)\{n(n+1)+2(2n+1)+4\}$

$=\frac{1}{4}n(n+1)(n+2)(n+3)$

**答え** $\frac{1}{4}n(n+1)(n+2)(n+3)$

$\sum_{k=1}^{n}k(k+1)(k+2)=\frac{1}{4}\sum_{k=1}^{n}\{k(k+1)(k+2)(k+3)-(k-1)k(k+1)(k+2)\}$

$=\frac{1}{4}n(n+1)(n+2)(n+3)$ と求めてもよい。

(3) 求める和は

$\sum_{k=1}^{n+1}(2k-1)^2=\sum_{k=1}^{n+1}(4k^2-4k+1)=4\sum_{k=1}^{n+1}k^2-4\sum_{k=1}^{n+1}k+\sum_{k=1}^{n+1}1$

数列の和の公式の $n$ を $n+1$ におき換えたもの → $=4\cdot\frac{1}{6}(n+1)(n+2)(2n+3)-4\cdot\frac{1}{2}(n+1)(n+2)$

$+(n+1)$

$=\frac{1}{3}(n+1)\{2(n+2)(2n+3)-6(n+2)+3\}$

$=\frac{1}{3}(n+1)(2n+1)(2n+3)$

**答え** $\frac{1}{3}(n+1)(2n+1)(2n+3)$

(4) $\sum_{k=1}^{6}(-3)^k=\frac{-3\{1-(-3)^6\}}{1-(-3)}=-\frac{3}{4}(1-729)=546$　　**答え** 546

**4** 数列$\{a_n\}$の初項から第$n$項までの和$S_n$が，$S_n=2^n$で与えられるとき，数列$\{a_n\}$の第$n$項$a_n$を求めなさい。

ポイント $a_1=S_1$，$n \geqq 2$のとき$a_n=S_n-S_{n-1}$

**解き方** $a_1=S_1=2$

$n \geqq 2$のとき，$a_n=S_n-S_{n-1}=2^n-2^{n-1}=2^{n-1}$ …①

$a_1=2$より，①は$n=1$のときは成り立たない。

**答え** $a_1=2$，$a_n=2^{n-1}(n \geqq 2)$

重要

**5** 次の条件を満たす数列$\{a_n\}$の第$n$項$a_n$を求めなさい。

(1) $a_1=9$，$a_{n+1}=-3a_n$ (2) $a_1=1$，$a_{n+1}=a_n+2n-1$

(3) $a_1=2$，$a_{n+1}=3a_n+4$

ポイント

(1) $a_{n+1}=ra_n \iff$ 数列$\{a_n\}$が公比$r$の等比数列

(2) 数列$\{a_n\}$の階差数列の一般項が$b_n$であるとき，$a_n=a_1+\sum_{k=1}^{n-1} b_k (n \geqq 2)$

(3) $a_{n+1}=pa_n+q\ (p \neq 1)$は，$c=pc+q$の解を用いて変形する。

**解き方** (1) 数列$\{a_n\}$は初項$a_1=9$，公比$-3$の等比数列より

$a_n=9\cdot(-3)^{n-1}=(-3)^{n+1}$ **答え** $a_n=(-3)^{n+1}$

(2) $a_{n+1}-a_n=2n-1$から，数列$\{a_n\}$の階差数列の一般項が$2n-1$より

$n \geqq 2$のとき

$$a_n=a_1+\sum_{k=1}^{n-1}(2k-1)$$

$$=1+2\cdot\frac{1}{2}(n-1)n-(n-1)$$

$$=n^2-2n+2 \quad \cdots①$$

$a_1=1$より，①は$n=1$のときも成り立つ。

よって，$a_n=n^2-2n+2$ **答え** $a_n=n^2-2n+2$

(3) 等式$c=3c+4$を満たす定数は$c=-2$より，漸化式は

$a_{n+1}+2=3(a_n+2)$と変形できる。

数列$\{a_n+2\}$は初項$a_1+2=2+2=4$，公比3の等比数列より

$a_n+2=3^{n-1}\cdot 4$すなわち，$a_n=4\cdot 3^{n-1}-2$ **答え** $a_n=4\cdot 3^{n-1}-2$

# 応用問題

重要 **1** 次の和を $n$ の式で表しなさい。

(1) $\frac{1}{1\cdot3}+\frac{1}{3\cdot5}+\frac{1}{5\cdot7}+\cdots+\frac{1}{(2n-1)(2n+1)}$

(2) $2\cdot3+3\cdot3^2+4\cdot3^3+\cdots+(n+1)\cdot3^n$

**考え方**
(1) $\frac{1}{(2k-1)(2k+1)}=\frac{1}{2}\left(\frac{1}{2k-1}-\frac{1}{2k+1}\right)$ を用います。
(2) 求める和を $S_n$ として，$S_n-3S_n$ を計算します。

**解き方** (1) $\frac{1}{(2k-1)(2k+1)}=\frac{1}{2}\left(\frac{1}{2k-1}-\frac{1}{2k+1}\right)$ より，求める和 $S_n$ は

$$S_n=\frac{1}{2}\left(\frac{1}{1}-\frac{1}{3}\right)+\frac{1}{2}\left(\frac{1}{3}-\frac{1}{5}\right)+\cdots+\frac{1}{2}\left(\frac{1}{2n-1}-\frac{1}{2n+1}\right)$$

$$=\frac{1}{2}\left(1-\frac{1}{2n+1}\right)=\frac{n}{2n+1}$$

**答え** $\frac{n}{2n+1}$

(2) 求める和を $S_n$ とすると

$$S_n=2\cdot3+3\cdot3^2+4\cdot3^3+\cdots+(n+1)\cdot3^n$$

$$-)\ 3S_n=\qquad 2\cdot3^2+3\cdot3^3+\cdots+n\cdot3^n+(n+1)\cdot3^{n+1}$$

$$-2S_n=2\cdot3+\underline{1\cdot3^2+1\cdot3^3+\cdots+1\cdot3^n}-(n+1)\cdot3^{n+1}$$

初項9，公比3，項数 $n-1$ の等比数列の和

$$=6+\frac{9(3^{n-1}-1)}{3-1}-(n+1)\cdot3^{n+1}=\frac{-3^{n+1}(2n+1)+3}{2}$$

よって，$S_n=\frac{(2n+1)\cdot3^{n+1}-3}{4}$

**答え** $\frac{(2n+1)\cdot3^{n+1}-3}{4}$

重要 **2** 次の和を求めなさい。

$1\cdot n+2\cdot(n-1)+3\cdot(n-2)+\cdots+k(n-k+1)+\cdots+n\cdot1$

**解き方** $\sum_{k=1}^{n}k(n-k+1)=\sum_{k=1}^{n}\{(n+1)k-k^2\}$

$$=(n+1)\sum_{k=1}^{n}k-\sum_{k=1}^{n}k^2$$

← $k$ と無関係な $(n+1)$ は $\Sigma$ の外に出せる

$$=(n+1)\cdot\frac{1}{2}n(n+1)-\frac{1}{6}n(n+1)(2n+1)$$

$$=\frac{1}{6}n(n+1)\{3(n+1)-(2n+1)\}$$

$$=\frac{1}{6}(n+1)(n+2)$$

**答え** $\frac{1}{6}n(n+1)(n+2)$

次の条件を満たす数列$\{a_n\}$の第$n$項$a_n$を求めなさい。

(1) $a_1=6$, $a_{n+1}=2a_n+2^{n+1}$　　(2) $a_1=1$, $a_2=1$, $a_{n+2}-5a_{n+1}+6a_n=0$

(3) $a_1=125$, $a_{n+1}=5a_n^2$

**考え方**

(1)漸化式の両辺を$2^{n+1}$で割り，$b_n=\dfrac{a_n}{2^n}$とおき換えます。

(2)方程式$x^2-5x+6=0$の解を$\alpha$，$\beta$とすると，次の2式が成り立つことを利用します。

$a_{n+2}-\alpha a_{n+1}=\beta(a_{n+1}-\alpha a_n)$, $a_{n+2}-\beta a_{n+1}=\alpha(a_{n+1}-\beta a_n)$

(3)両辺で底が5の対数をとることで，$b_{n+1}=pb_n+q$の形となります。

**解き方** (1) 与えられた漸化式の両辺を$2^{n+1}$で割ると，$\dfrac{a_{n+1}}{2^{n+1}}=\dfrac{a_n}{2^n}+1$

$\dfrac{a_n}{2^n}=b_n$とすると，$b_{n+1}=\dfrac{a_{n+1}}{2^{n+1}}$より，$b_{n+1}=b_n+1$

$b_n=b_1+(n-1)\cdot1=\dfrac{a_1}{2}+n-1=n+2$

よって，$a_n=b_n\cdot2^n=(n+2)\cdot2^n$　　**答え** $a_n=(n+2)\cdot2^n$

(2) 方程式$x^2-5x+6=0$の解は，$x=2$，3より，漸化式は

$a_{n+2}-2a_{n+1}=3(a_{n+1}-2a_n)$　…①

$a_{n+2}-3a_{n+1}=2(a_{n+1}-3a_n)$　…②

と変形できる。

①より

$a_{n+1}-2a_n=3^{n-1}(a_2-2a_1)=3^{n-1}\cdot(-1)=-3^{n-1}$　…③

②より

$a_{n+1}-3a_n=2^{n-1}(a_2-3a_1)=2^{n-1}\cdot(-2)=-2^n$　…④

③－④より，$a_n=-3^{n-1}+2^n$　　**答え** $a_n=-3^{n-1}+2^n$

(3) $a_1>0$であり，$a_k>0$と仮定すると，漸化式より$a_{k+1}>0$も成り立つから，すべての正の整数$n$について$a_n>0$が成り立つ。

両辺で底が5の対数をとると，$\log_5 a_{n+1}=\log_5(5a_n^2)=1+2\log_5 a_n$

ここで，$b_n=\log_5 a_n$とすると，$b_{n+1}=2b_n+1$

$b_{n+1}+1=2(b_n+1)$

$b_n=2^{n-1}(b_1+1)-1=2^{n-1}(\log_5 a_1+1)-1=2^{n-1}\cdot4-1=2^{n+1}-1$

よって，$a_n=5^{b_n}=5^{2^{n+1}-1}$　　**答え** $a_n=5^{2^{n+1}-1}$

重要 **4**　$n$ を正の整数とするとき，$3^n-2n$ を 4 で割った余りは 1 になることを証明しなさい。

**解き方** 数学的帰納法の $n=k$ のときの仮定で，$3^k-2k=4\times$(整数)$+1$ とおける。

**答え** $3^n-2n=N$ とおき，$N$ を 4 で割った余りは 1 であるという命題を $P$ とする。

(i)　$n=1$ のとき $N=3^1-2\cdot1=1$ より，$P$ は成り立つ。

(ii)　$n=k$ のとき $P$ は成り立つと仮定すると，整数 $M$ を用いて

$N=3^k-2k=4M+1$ すなわち，$3^k=4M+2k+1$

と表される。

$n=k+1$ のとき

$$
\begin{aligned}
N&=3^{k+1}-2(k+1)\\
&=3\cdot3^k-2k-2\\
&=3(4M+2k+1)-2k-2 \quad \leftarrow n=k \text{ のときの仮定 } 3^k=4M+2k+1\\
&=4(3M+k)+1 \quad \leftarrow 4\times(\text{整数})+1 \text{ の形にする}
\end{aligned}
$$

$3M+k$ は整数であるから，$n=k+1$ のときも $P$ は成り立つ。

(i)，(ii)より，すべての正の整数 $n$ について $P$ は成り立つ。

**5**　$n$ を 2 以上の整数とするとき，不等式 $3^n>2n^2$ が成り立つことを証明しなさい。

**解き方** (左辺)$-$(右辺)$=3^n-2n^2>0$ を，数学的帰納法で証明する。

**答え** 証明すべき不等式を①とする。

(i)　$n=2$ のとき(左辺)$-$(右辺)$=3^2-2\cdot2^2=1>0$ より，①は成り立つ。

(ii)　$n=k(k\geqq2)$ のとき①は成り立つ，すなわち $3^k>2k^2$ と仮定する。

$n=k+1$ のとき

(左辺)$-$(右辺)

$$
\begin{aligned}
&=3^{k+1}-2(k+1)^2\\
&=3\cdot3^k-2k^2-4k-2>3\cdot2k^2-2k^2-4k-2 \quad \leftarrow n=k \text{ のときの仮定 } 3^k>2k^2\\
&=4k(k-1)-2\geqq4\cdot2(2-1)-2=6>0 \quad \leftarrow 4k(k-1) \text{ は } k\geqq2 \text{ において増加していくので，最小となるのは，} k=2 \text{ のとき}
\end{aligned}
$$

よって，$n=k+1$ のときも①は成り立つ。

(i)，(ii)より，2 以上の正の整数 $n$ について①は成り立つ。

## 発展問題

**1** $n$を正の整数とします。1個のさいころを$n$回振ったとき，3の倍数の目が奇数回出る確率を$p_n$とするとき，$p_n$を$n$を用いて表しなさい。

**考え方**
$(n+1)$回めまでの3の倍数の目が出る回数を考えます。その際，$n$回めまでに3の倍数の目が奇数回出る場合と偶数回出る場合に分けて考えます。

**解き方** さいころを1回振ったとき，3の倍数の目3，6が出る確率は，$\frac{2}{6}=\frac{1}{3}$より

$$p_1=\frac{1}{3}$$

さいころを$(n+1)$回振ったとき，3の倍数の目が奇数回出るのは，次の(i)，(ii)のいずれかの場合である。

(i) $n$回めまでに3の倍数の目が奇数回出て，$(n+1)$回めに3の倍数以外の目が出る場合

(ii) $n$回めまでに3の倍数の目が偶数回出て，$(n+1)$回めに3の倍数の目が出る場合

(i)，(ii)は同時には起こらないから

$$p_{n+1}=p_n\cdot\left(1-\frac{1}{3}\right)+(1-p_n)\cdot\frac{1}{3}$$

$$p_{n+1}=\frac{1}{3}p_n+\frac{1}{3}$$

$$p_{n+1}-\frac{1}{2}=\frac{1}{3}\left(p_n-\frac{1}{2}\right)$$

$$p_n-\frac{1}{2}=\left(\frac{1}{3}\right)^{n-1}\left(p_1-\frac{1}{2}\right)$$

$$=\frac{1}{3^{n-1}}\left(-\frac{1}{6}\right)$$

$$=-\frac{1}{2}\cdot\frac{1}{3^n}$$

よって，$p_n=-\frac{1}{2}\cdot\frac{1}{3^n}+\frac{1}{2}=\frac{1}{2}\left(1-\frac{1}{3^n}\right)$

**答え** $p_n=\frac{1}{2}\left(1-\frac{1}{3^n}\right)$

## 練習問題

答え：別冊 p.45 ～ p.50

**1** 第 6 項が 10，第 9 項が 8 である等差数列を $\{a_n\}$ とします。

(1) 数列 $\{a_n\}$ の第 $n$ 項 $a_n$ を求めなさい。

(2) 数列 $\{a_n\}$ の初項から第 $n$ 項までの和を $S_n$ とするとき，$S_n$ の最大値とそのときの $n$ の値を求めなさい。

**2** $x$，$x+2$，$x+1$ がこの順に等比数列になるとき，$x$ の値を求めなさい。

重要 **3** 次の和を求めなさい。

(1) $\displaystyle\sum_{k=1}^{n}(2k+5)$　　(2) $\displaystyle\sum_{k=1}^{n}(4k+1)(k-1)$

(3) $\displaystyle\sum_{k=1}^{n}(2^k+3^{k+1})$　　(4) $\displaystyle\sum_{k=1}^{n}\left(\sum_{i=1}^{k}i\right)$

(5) $1\cdot(n+2)+2\cdot(n+4)+3\cdot(n+6)+\cdots+n\cdot 3n$

重要 **4** 数列 $\{a_n\}$ の初項から第 $n$ 項までの和 $S_n$ が $S_n=n^2-3n$ を満たすとき，数列 $\{a_n\}$ の第 $n$ 項 $a_n$ を求めなさい。

重要 **5** 次の和を求めなさい。

(1) $\dfrac{1}{1\cdot 4}+\dfrac{1}{4\cdot 7}+\dfrac{1}{7\cdot 10}+\cdots+\dfrac{1}{(3n-2)(3n+1)}$

(2) $1+\dfrac{2}{3}+\dfrac{3}{3^2}+\dfrac{4}{3^3}+\cdots+\dfrac{n}{3^{n-1}}$

重要 **6** 数列 $\{a_n\}$ が次の条件を満たすとき，数列 $\{a_n\}$ の第 $n$ 項 $a_n$ を求めなさい。

(1) $a_1=3$，$a_{n+1}=a_n-2$　　(2) $a_1=5$，$a_{n+1}=7a_n$

(3) $a_1=2$，$a_{n+1}=a_n+2n$　　(4) $a_1=1$，$a_{n+1}=-2a_n+1$

**7** 数列$\{a_n\}$が次の条件を満たすとき，数列$\{a_n\}$の第$n$項を求めなさい。

(1) $a_1=3$，$a_{n+1}=\dfrac{3a_n}{a_n+3}$　(2) $a_1=1$，$na_{n+1}=2(n+1)a_n$

重要
**8** 数列$\{a_n\}$，$\{b_n\}$が次の条件を満たすとき，次の問いに答えなさい。

$a_1=1$，$b_1=2$，$a_{n+1}=a_n+2b_n$，$b_{n+1}=-a_n+4b_n$

(1) $a_{n+1}-b_{n+1}$，$a_{n+1}-2b_{n+1}$を$a_n$，$b_n$を用いて表しなさい。

(2) 数列$\{a_n\}$，$\{b_n\}$の第$n$項$a_n$，$b_n$を求めなさい。

**9** すべての正の整数$n$について，次の等式，不等式が成り立つことを数学的帰納法で証明しなさい。

(1) $(n+1)(n+2)(n+3)\cdot\cdots\cdot(2n)=2^n\cdot1\cdot3\cdot5\cdot\cdots\cdot(2n-1)$

(2) $1^2+2^2+3^3+\cdots+n^2<\dfrac{(n+1)^3}{3}$

**10** $3^{2n}+4^{n+1}$は5の倍数であることを証明しなさい。ただし，$n$は正の整数とします。

重要
**11** 数列$\{a_n\}$が，$a_1=1$，$a_{n+1}=\dfrac{a_n-4}{a_n-3}$を満たすとき，数列$\{a_n\}$の第$n$項$a_n$を求めなさい。

**12** 正の偶数を小さいほうから順に並べた数列を次のように分け，順に第1群，第2群，…とよぶことにし，第$n$群($n$は正の整数)には$n$個の数が含まれるようにします。

2 | 4，6 | 8，10，12 | 14，16，18，20 | 22，…

これについて，次の問いに答えなさい。

(1) 第$n$群の最初の数を，$n$を用いて表しなさい。

(2) 第$n$群に含まれる数の総和を，$n$を用いて表しなさい。

# 3-5 極限

## 1 分数関数

**☑チェック!**

**分数関数**… $x$ についての分数式で表される関数

**分数関数 $y=\dfrac{k}{x}$ の性質とグラフ**…

分数関数 $y=\dfrac{k}{x}$（$k$ は 0 でない定数）について

①グラフは**直角双曲線**（漸近線が直交する双曲線）

②定義域は $x\neq 0$

③値域は $y\neq 0$

④漸近線は 2 直線 $x$ 軸，$y$ 軸

**関数 $y=\dfrac{k}{x-p}+q$ のグラフ**…

関数 $y=\dfrac{k}{x-p}+q$ のグラフは，$y=\dfrac{k}{x}$ のグラフを $x$ 軸方向に $p$，$y$ 軸方向に $q$ だけ平行移動したもので，定義域は $x\neq p$，値域は $y\neq q$，漸近線は 2 直線 $x=p$，$y=q$ となります。

**関数 $y=\dfrac{ax+b}{cx+d}$ のグラフ**…

関数 $y=\dfrac{ax+b}{cx+d}$（$ad-bc\neq 0$，$c\neq 0$）のグラフは，$y=\dfrac{k}{x-p}+q$ の形に変形することで，グラフをかくことができます。

**例 1** $\dfrac{2x-1}{x+1}=\dfrac{2(x+1)-3}{x+1}=-\dfrac{3}{x+1}+2$ より，

$y=\dfrac{2x-1}{x+1}$ のグラフは，$y=-\dfrac{3}{x}$ のグラフを $x$ 軸方向に $-1$，$y$ 軸方向に 2 だけ平行移動したもので右図のような直角双曲線です。定義域は $x\neq -1$，値域は $y\neq 2$，漸近線の方程式は $x=-1$，$y=2$

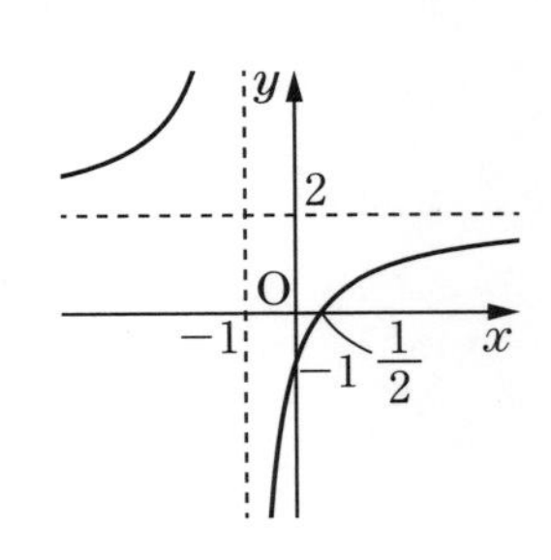

## 2 無理関数

**チェック！**

**無理関数**…根号の中に文字 $x$ を含む式($x$ の無理式)で表される関数

**無理関数 $y=\sqrt{ax}$ の性質とグラフ…**

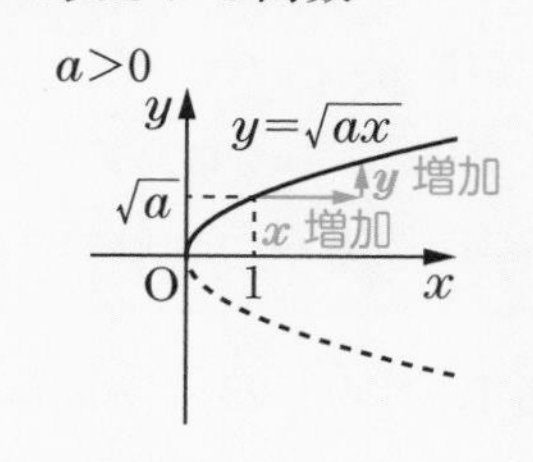


無理関数 $y=\sqrt{ax}$($a$ は 0 でない定数)について

①グラフは放物線の一部

②定義域は $a>0$ のとき $x\geqq 0$，$a<0$ のとき $x\leqq 0$

③値域は $y\geqq 0$

④ $a>0$ のとき増加，$a<0$ のとき減少

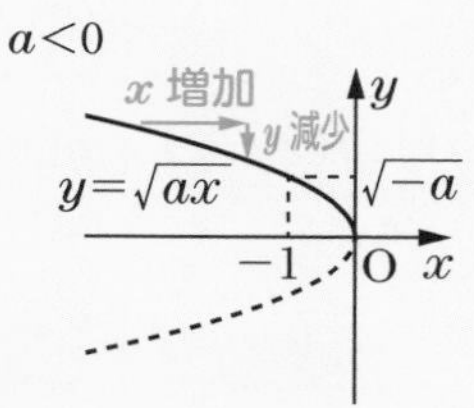


**関数 $y=\sqrt{a(x-p)}$ のグラフ…**

関数 $y=\sqrt{a(x-p)}$ のグラフは，$y=\sqrt{ax}$ のグラフを $x$ 軸方向に $p$ だけ平行移動したもので，定義域は $a>0$ のとき $x\geqq p$，$a<0$ のとき $x\leqq p$，値域は $y\geqq 0$

**関数 $y=\sqrt{ax+b}$，$y=-\sqrt{ax+b}$ のグラフ…**

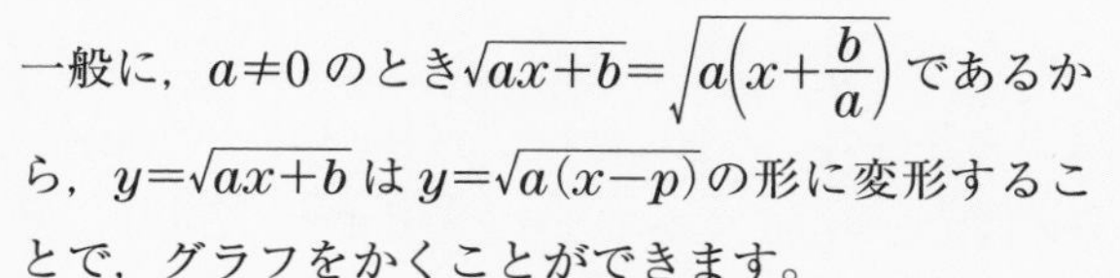

一般に，$a\neq 0$ のとき $\sqrt{ax+b}=\sqrt{a\left(x+\dfrac{b}{a}\right)}$ であるから，$y=\sqrt{ax+b}$ は $y=\sqrt{a(x-p)}$ の形に変形することで，グラフをかくことができます。

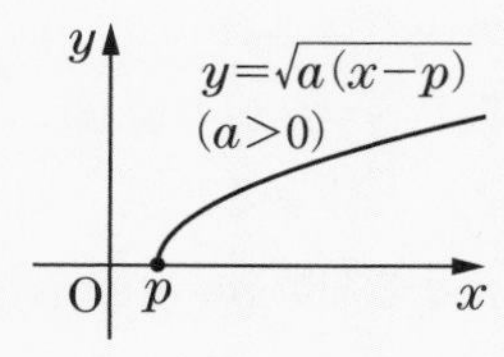


また，関数 $y=-\sqrt{ax+b}$ のグラフは，$y=\sqrt{ax+b}$ のグラフを $x$ 軸に関して対称移動したものです。

例 1　$\sqrt{2x+6}=\sqrt{2(x+3)}$ より，$y=\sqrt{2x+6}$ のグラフは $y=\sqrt{2x}$ のグラフを $x$ 軸方向に $-3$ だけ平行移動したものです。定義域は $x\geqq -3$，値域は $y\geqq 0$ です。

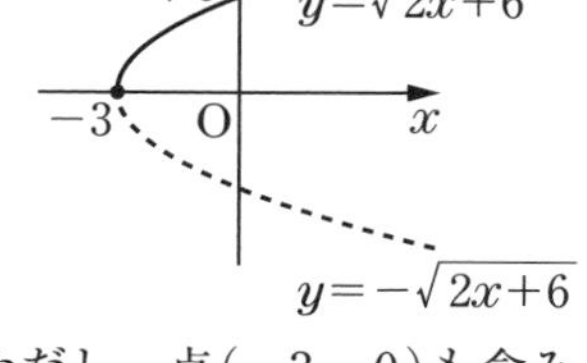


また，$y=-\sqrt{2x+6}$ のグラフは $y=\sqrt{2x+6}$ のグラフを $x$ 軸について対称移動したものです。ただし，点$(-3,\ 0)$も含みます。定義域は $x\geqq -3$，値域は $y\leqq 0$ です。

**テスト** 関数 $y=\sqrt{-3(x-5)}$ の定義域と値域を求めなさい。

**答え** 定義域… $x\leqq 5$，値域… $y\geqq 0$

## 3 合成関数

**☑チェック！**

合成関数…

関数 $y=g(f(x))$ を，$f(x)$ と $g(x)$ の合成関数といいます。合成関数 $g(f(x))$ を $(g\circ f)(x)$ と表すことがあります。一般に，$(f\circ g)(x)$ と $(g\circ f)(x)$ は一致しません（$f(g(x))\neq g(f(x))$）。

例 1　$f(x)=2x$，$g(x)=\sin x$ のとき

$g(f(x))=g(2x)=\sin 2x$，$f(g(x))=f(\sin x)=2\sin x$

テスト　$f(x)=2x^2$，$g(x)=x+1$ のとき，合成関数 $(g\circ f)(x)$，$(f\circ g)(x)$ を求めなさい。　答え　$(g\circ f)(x)=2x^2+1$，$(f\circ g)(x)=2(x+1)^2$

## 4 逆関数

**☑チェック！**

逆関数…

関数 $y=f(x)$ の値域に含まれる任意の $y$ の値に対して，対応する $x$ の値がただ1つ定まるとき，$x$ も $y$ の関数 $x=g(y)$ であると考えられます。このように決まる関数 $y=g(x)$ を $y=f(x)$ の逆関数といい，$f^{-1}(x)$ と表すことがあります。

逆関数の性質…

関数 $f(x)$ が逆関数 $f^{-1}(x)$ をもつとき

① $b=f(a) \iff a=f^{-1}(b)$　② $f^{-1}(x)$ の定義域は，$f(x)$ の値域に等しい

③関数 $y=f(x)$ のグラフと逆関数 $y=f^{-1}(x)$ のグラフは，直線 $y=x$ に関して対称

④一般に，関数 $y=f(x)$ と逆関数 $y=f^{-1}(x)$ について，$f(f^{-1}(x))=f^{-1}(f(x))=x$

例 1　$f(x)=\dfrac{1}{2}x+1$ の逆関数 $f^{-1}(x)$ を求めます。

$y=\dfrac{1}{2}x+1$ を $x$ について解くと，$x=2y-2$

この式で $x$ と $y$ を入れかえると，$y=2x-2$

よって，$f(x)$ の逆関数は，$f^{-1}(x)=2x-2$

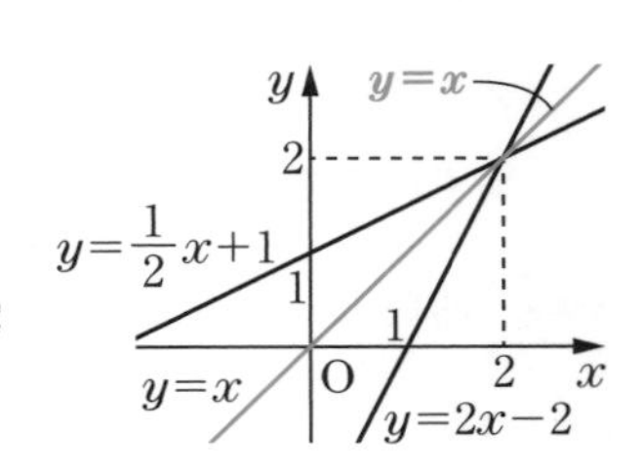

例２　$f(x)=\frac{1}{2}x^2\ (x\geqq 0)$ の逆関数 $f^{-1}(x)$ を求めます。

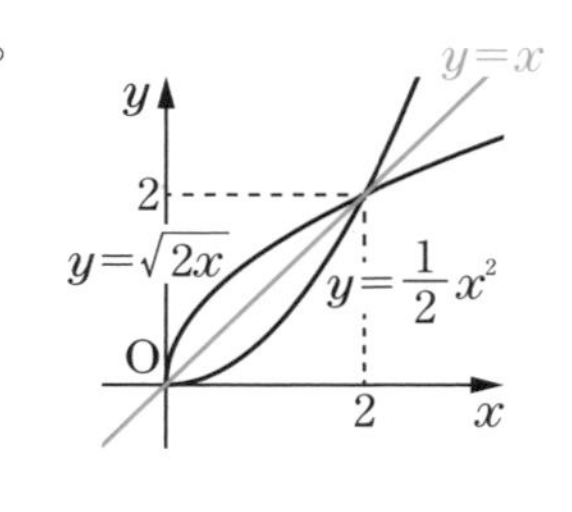


$f(x)$ の値域は $y\geqq 0$ より，$f^{-1}(x)$ の定義域は，$x\geqq 0$ である。

$y=\frac{1}{2}x^2$ を $x$ について解くと，$x=\pm\sqrt{2y}$ だが，$x\geqq 0$ より，$x=\sqrt{2y}$

この式で $x$ と $y$ を入れかえると，$y=\sqrt{2x}$

よって，$f(x)$ の逆関数は，$f^{-1}(x)=\sqrt{2x}$

テスト　$f(x)=3x+12$ の逆関数 $f^{-1}(x)$ を求めなさい。　答え　$f^{-1}(x)=\frac{1}{3}x-4$

**チェック！**

**指数関数の逆関数…**

$a>0$，$a\neq 1$ のとき

指数関数 $y=a^x$ の逆関数は対数関数 $y=\log_a x$

対数関数 $y=\log_a x$ の逆関数は指数関数 $y=a^x$

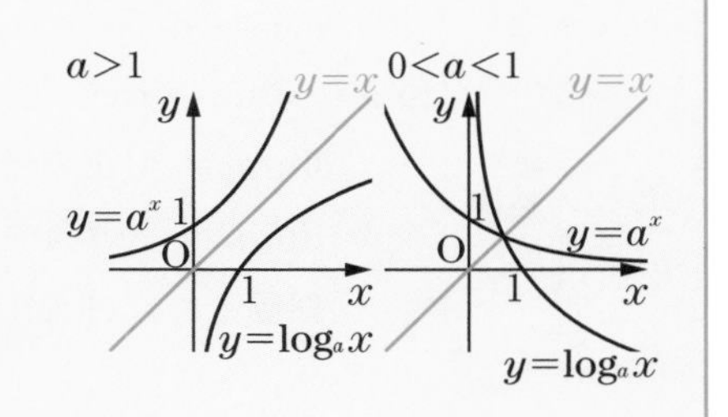


**指数関数と対数関数のグラフの位置関係…**

逆関数の性質より，指数関数 $y=a^x$ と対数関数 $y=\log_a x$ のグラフは直線 $y=x$ に関して対称です。

例１　$f(x)=\left(\frac{1}{2}\right)^x$ の逆関数 $f^{-1}(x)$ を求めます。

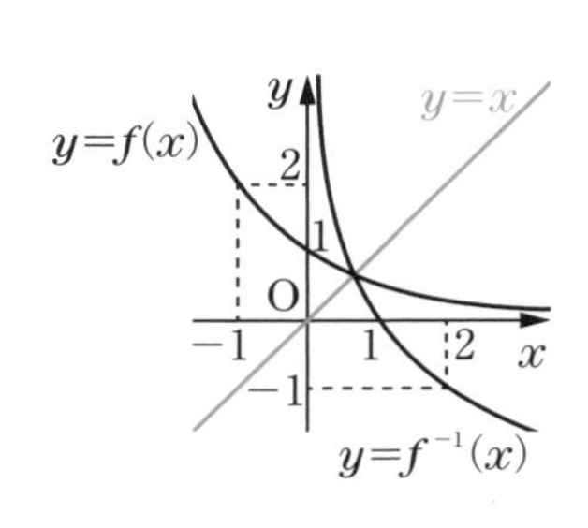


$y=f(x)$ の値域は，$y>0$

$y=\left(\frac{1}{2}\right)^x$ を $x$ について解くと，$x=\log_{\frac{1}{2}} y$

この式で $x$ と $y$ を入れかえると，$y=\log_{\frac{1}{2}} x$

よって，$f^{-1}(x)=\log_{\frac{1}{2}} x$ であり，$y=f(x)$ と $y=f^{-1}(x)$ のグラフの位置関係は図のようになります。

テスト　$f(x)=\log_3 x$ の逆関数 $f^{-1}(x)$ を求めなさい。　答え　$f^{-1}(x)=3^x$

## 5 数列の極限

**☑ チェック!**

**無限数列の収束，発散…**

無限数列 $\{a_n\}$ について，$n$ が限りなく大きくなるにつれて $a_n$ が一定の値 $\alpha$ に限りなく近づくとき，$\{a_n\}$ は $\alpha$ に**収束する**といい，数列 $\{a_n\}$ の**極限**は $\alpha$ であるともいいます。このときの $\alpha$ を**極限値**といい，$\lim_{n\to\infty} a_n=\alpha$ と表します。

$\{a_n\}$ が収束しないとき，$\{a_n\}$ は**発散する**といいます。$n$ が限りなく大きくなるにつれて $a_n$ が限りなく大きくなるとき，$\{a_n\}$ は**正の無限大に発散する**といい，$\lim_{n\to\infty} a_n=\infty$ と表します。同様に，$a_n$ が限りなく小さくなるとき，$\{a_n\}$ は**負の無限大に発散する**といい，$\lim_{n\to\infty} a_n=-\infty$ と表します。このいずれでもないとき，$\{a_n\}$ は**振動する**(極限はない)といいます。

数列の極限
- 収束… $\lim_{n\to\infty} a_n=\alpha$ (一定の値 $\alpha$ に収束)
- 発散
  - $\lim_{n\to\infty} a_n=\infty$ (正の無限大に発散)
  - $\lim_{n\to\infty} a_n=-\infty$ (負の無限大に発散)
  - 振動　(極限はない)

**数列の極限の性質…**

数列 $\{a_n\}$，$\{b_n\}$ が収束し，$\lim_{n\to\infty} a_n=\alpha$，$\lim_{n\to\infty} b_n=\beta$ のとき

$\lim_{n\to\infty} ca_n=c\alpha$ ($c$ は定数)，$\lim_{n\to\infty}(a_n\pm b_n)=\alpha\pm\beta$ (複号同順)

$\lim_{n\to\infty}(a_nb_n)=\alpha\beta$，$\beta\neq 0$ ならば $\lim_{n\to\infty}\dfrac{a_n}{b_n}=\dfrac{\alpha}{\beta}$

例1　$\lim_{n\to\infty}\dfrac{1}{n+2}=0$

例2　$\lim_{n\to\infty}(1-n^2)=-\infty$

例3　$\lim_{n\to\infty}(-1)^n$ は，$n$ の偶奇によって，1，$-1$ となるので，極限はない。

例4　$\lim_{n\to\infty}\dfrac{4n^2+3n+1}{2n^2-n-3}=\lim_{n\to\infty}\dfrac{4+\dfrac{3}{n}+\dfrac{1}{n^2}}{2-\dfrac{1}{n}-\dfrac{3}{n^2}}$ ←分母の最高次の $n^2$ で分母，分子を割る

$$=\frac{4+0+0}{2-0-0}=2$$

テスト　$\lim_{n\to\infty}\dfrac{4n^3+n^2-2n}{6n^3-3n+1}$ を求めなさい。　答え　$\dfrac{2}{3}$

☑ チェック！

はさみうちの原理…

数列 $\{a_n\}$，$\{b_n\}$，$\{c_n\}$ について $a_n \leqq c_n \leqq b_n$ $(n=1,\ 2,\ 3,\ \cdots)$ のとき

$\lim_{n\to\infty} a_n=\alpha$ かつ $\lim_{n\to\infty} b_n=\alpha$ ならば，$\lim_{n\to\infty} c_n=\alpha$

が成り立ちます。この性質をはさみうちの原理といいます。

また，$a_n \leqq b_n$ $(n=1,\ 2,\ 3,\ \cdots)$ のとき

$\lim_{n\to\infty} a_n=\infty$ ならば $\lim_{n\to\infty} b_n=\infty$，$\lim_{n\to\infty} b_n=-\infty$ ならば $\lim_{n\to\infty} a_n=-\infty$

例 1　$-1 \leqq \sin\dfrac{n\pi}{12} \leqq 1$ より，$-\dfrac{1}{n} \leqq \dfrac{1}{n}\sin\dfrac{n\pi}{12} \leqq \dfrac{1}{n}$

$\lim_{n\to\infty}\left(-\dfrac{1}{n}\right)=0$，$\lim_{n\to\infty}\dfrac{1}{n}=0$ であるから，はさみうちの原理により

$\lim_{n\to\infty}\dfrac{1}{n}\sin\dfrac{n\pi}{12}=0$

## 6 無限等比級数

☑ チェック！

無限等比数列…数列 $a$，$ar$，$ar^2$，$\cdots$，$ar^{n-1}$，$\cdots$ を初項 $a$，公比 $r$ の無限等比数列といいます。

無限等比数列の極限…

無限等比数列 $\{r^n\}$ の極限は，次のようになります。

$r>1$ のとき正の無限大に発散

$r=1$ のとき 1 に収束

$|r|<1$ のとき 0 に収束

$r \leqq -1$ のとき振動（極限はない）

例 1　$\lim_{n\to\infty}(\sqrt{2})^n=\infty$

例 2　$\lim_{n\to\infty}\dfrac{5^n+3^n}{5^{n+1}-4^n}=\lim_{n\to\infty}\dfrac{1+\left(\dfrac{3}{5}\right)^n}{5-\left(\dfrac{4}{5}\right)^n}$ ←底の絶対値が最大の $5^n$ で分母，分子を割る

$=\dfrac{1}{5}$

**チェック!**

**無限級数…**

無限数列 $\{a_n\}$ に対して，$\displaystyle\sum_{n=1}^{\infty} a_n = a_1 + a_2 + a_3 + \cdots + a_n + \cdots$ を無限級数といい，その収束，発散は，第 $n$ 項までの**部分和** $S_n = \displaystyle\sum_{k=1}^{n} a_k$ の極限 $\displaystyle\lim_{n\to\infty} S_n$ で考えることができます。$\displaystyle\lim_{n\to\infty} S_n$ が $S$ に収束するとき，極限値 $S$ を**無限級数の和**といいます。

**無限等比級数…**

$\displaystyle\sum_{n=1}^{\infty} ar^{n-1} = a + ar + ar^2 + \cdots + ar^{n-1} + \cdots$ を初項 $a$，公比 $r$ の無限等比級数といいます。無限等比級数 $\displaystyle\sum_{n=1}^{\infty} ar^{n-1}$ の収束と発散は，次のようになります。

$a \neq 0$ のとき $|r| < 1$ ならば $\dfrac{a}{1-r}$ に収束，$|r| \geqq 1$ ならば発散

$a = 0$ のとき 0 に収束

**例 1**　無限等比級数 $2 + \dfrac{2}{3} + \dfrac{2}{9} + \dfrac{2}{27} + \cdots$ は収束し，その和は $\dfrac{2}{1-\frac{1}{3}} = 3$

**例 2**　無限級数 $\dfrac{1}{1\cdot 2} + \dfrac{1}{2\cdot 3} + \dfrac{1}{3\cdot 4} + \cdots + \dfrac{1}{n(n+1)} + \cdots$ について，

$\dfrac{1}{n(n+1)} = \dfrac{1}{n} - \dfrac{1}{n+1}$ より，部分和 $S_n$ は，$S_n = 1 - \dfrac{1}{n+1}$

よって，この無限級数は収束し，その和は $\displaystyle\lim_{n\to\infty} S_n = 1$

**例 3**　無限級数 $1 - \dfrac{1}{2} + \dfrac{1}{2} - \dfrac{1}{3} + \dfrac{1}{3} - \dfrac{1}{4} + \dfrac{1}{4} + \cdots$ について，$n$ が奇数のとき

$n = 2m-1$ ($m$ は正の整数) と表せ，部分和 $S_{2m-1}$ は

$S_{2m-1} = 1 - \dfrac{1}{2} + \dfrac{1}{2} - \dfrac{1}{3} + \cdots - \dfrac{1}{m} + \dfrac{1}{m} = 1$

$n$ が偶数のとき $n = 2m$ と表せ，部分和 $S_{2m}$ は

$S_{2m} = 1 - \dfrac{1}{2} + \dfrac{1}{2} - \dfrac{1}{3} + \cdots - \dfrac{1}{m} + \dfrac{1}{m} - \dfrac{1}{m+1} = 1 - \dfrac{1}{m+1}$

$m \to \infty$ のときこれらはどちらも 1 に収束するので，求める和は 1

**テスト**　次の無限級数の収束，発散を調べ，収束する場合はその和を求めなさい。

(1) $\displaystyle\sum_{n=1}^{\infty}\left(-\frac{3}{4}\right)^n$　　(2) $\displaystyle\sum_{n=1}^{\infty}\frac{1}{(2n-1)(2n+1)}$

**答え**　(1) $-\dfrac{3}{7}$　(2) $\dfrac{1}{2}$

## 7 関数の極限

**☑チェック!**

**関数の極限…**

関数$f(x)$について，$x$が$a$と異なる値をとりながら限りなく$a$に近づくとき，これを$x \to a$で表します。このとき，関数$f(x)$の値が一定の値$\alpha$に限りなく近づくとき，$f(x)$は$\alpha$に収束するといいます。$\alpha$を$x \to a$のときの$f(x)$の極限または極限値といい，$\lim_{x \to a} f(x)=\alpha$または$x \to a$のとき$f(x) \to \alpha$と表します。数列の場合と同様に発散，振動することもあります。

**片側からの極限…**

関数$f(x)$について，$x$が$a$より大きい値をとりながら限りなく$a$に近づくときの極限を，$f(x)$の右側極限といい，$\lim_{x \to a+0} f(x)$と表します。同様に，$x$が$a$より小さい値をとりながら限りなく$a$に近づくときの極限を，$f(x)$の左側極限といい，$\lim_{x \to a-0} f(x)$と表します。ただし，$a=0$のときに限り，$a$を省略して$\lim_{x \to +0} f(x)$，$\lim_{x \to -0} f(x)$のように書きます。$f(x)$の右側極限と左側極限がともに$\alpha$で一致するとき，$\lim_{x \to a} f(x)=\alpha$と表します。

**関数の連続…**

$\lim_{x \to a} f(x)=f(a)$のとき，関数$f(x)$は$x=a$において連続であるといい，
$\lim_{x \to a} f(x) \neq f(a)$のとき，関数$f(x)$は$x=a$において不連続であるといいます。定義域内のすべての実数$x$で連続である関数を，連続関数といいます。

**関数の極限の性質…**

$\lim_{x \to a} f(x)=\alpha$，$\lim_{x \to a} g(x)=\beta$のとき

$\lim_{x \to a} cf(x)=c\alpha$（$c$は定数），$\lim_{x \to a}\{f(x) \pm g(x)\}=\alpha \pm \beta$（複号同順）

$\lim_{x \to a}\{f(x)g(x)\}=\alpha\beta$，$\beta \neq 0$ならば$\lim_{x \to a}\dfrac{f(x)}{g(x)}=\dfrac{\alpha}{\beta}$

**はさみうちの原理…**

$a$の近くの$x$でつねに，$f(x) \leqq h(x) \leqq g(x)$のとき

$\lim_{x \to a} f(x)=\alpha$かつ$\lim_{x \to a} g(x)=\alpha$ならば，$\lim_{x \to a} h(x)=\alpha$

が成り立ちます。この性質をはさみうちの原理といいます。

また，$a$の近くの$x$でつねに，$f(x) \leqq g(x)$のとき

$\lim_{x \to a} f(x)=\infty$ならば$\lim_{x \to a} g(x)=\infty$

$\lim_{x \to a} g(x)=-\infty$ならば$\lim_{x \to a} f(x)=-\infty$

**例1**　$f(x)=\dfrac{x^2+2x-3}{x-1}$ について，$y=f(x)$ は $x=1$ で定義されませんが，極限値は

$$\lim_{x\to1}f(x)=\lim_{x\to1}\frac{x^2+2x-3}{x-1}=\lim_{x\to1}\frac{(x+3)(x-1)}{x-1}=\lim_{x\to1}(x+3)=4$$

**例2**　$f(x)=\dfrac{x-1}{x-2}$ について，片側からの極限は

$\displaystyle\lim_{x\to2+0}f(x)=\infty$，$\displaystyle\lim_{x\to2-0}f(x)=-\infty$

となり一致しないので，$x\to2$ のときの極限はありません。

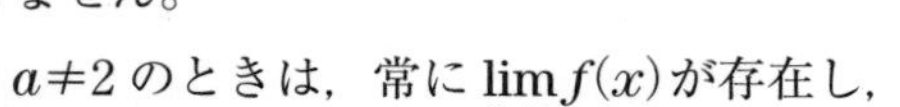

$a\neq2$ のときは，常に $\displaystyle\lim_{x\to a}f(x)$ が存在し，

$\displaystyle\lim_{x\to a}f(x)=f(a)$ を満たすので，$f(x)$ は $x\neq2$ を満たすすべての実数で連続です。

**例3**　$f(x)=\dfrac{x-1}{x-2}$ について

$$\lim_{x\to\infty}f(x)=\lim_{x\to\infty}\frac{x-1}{x-2}=\lim_{x\to\infty}\frac{1-\frac{1}{x}}{1-\frac{2}{x}}=1$$

$$\lim_{x\to-\infty}f(x)=\lim_{x\to-\infty}\frac{x-1}{x-2}=\lim_{x\to-\infty}\frac{1-\frac{1}{x}}{1-\frac{2}{x}}=1$$

このことは，$f(x)=\dfrac{1+(x-2)}{x-2}=\dfrac{1}{x-2}+1$（漸近線が $y=1$）と変形できることからも確かめられます。

**例4**　実数 $x$ に対して，$x$ を超えない最大の整数を $[x]$ で表します。←$[x]$ の $[\ ]$ をガウス記号という

たとえば

$\left[\dfrac{7}{2}\right]=3$，$[-5.9]=-6$，$[2\pi+\sqrt{2}\,]=7$

関数 $f(x)=[x]$ のグラフは図のようになり，

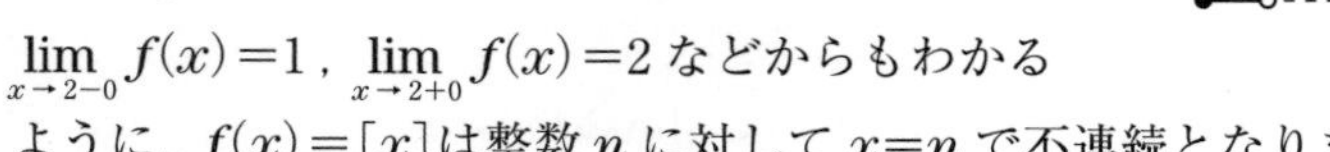

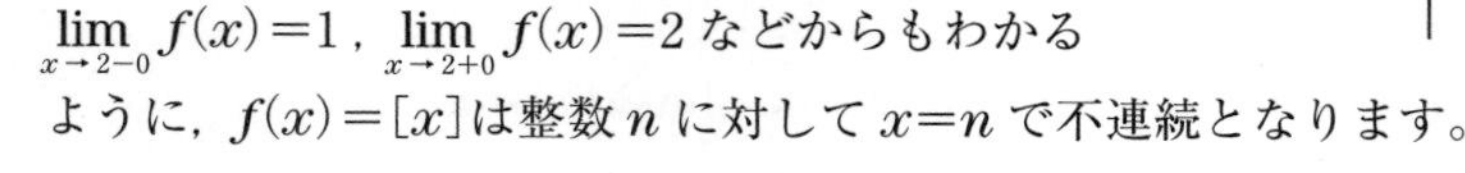

$\displaystyle\lim_{x\to2-0}f(x)=1$，$\displaystyle\lim_{x\to2+0}f(x)=2$ などからもわかるように，$f(x)=[x]$ は整数 $n$ に対して $x=n$ で不連続となります。

テスト　次の極限値を求めなさい。

(1)　$\displaystyle\lim_{x\to\infty}\frac{3x^2+x-1}{2x^2+5x}$　　(2)　$\displaystyle\lim_{x\to3-0}5[x]$

答え　(1)　$\dfrac{3}{2}$　　(2)　10

## 8 三角関数・指数関数・対数関数の極限

**チェック！**

三角関数の極限… $\displaystyle\lim_{\theta \to 0}\frac{\sin\theta}{\theta}=1$，$\displaystyle\lim_{\theta \to 0}\frac{\tan\theta}{\theta}=1$

指数関数の極限…

① $a>1$ のとき，$\displaystyle\lim_{x \to \infty}a^x=\infty$，$\displaystyle\lim_{x \to -\infty}a^x=0$

② $0<a<1$ のとき，$\displaystyle\lim_{x \to \infty}a^x=0$，$\displaystyle\lim_{x \to -\infty}a^x=\infty$

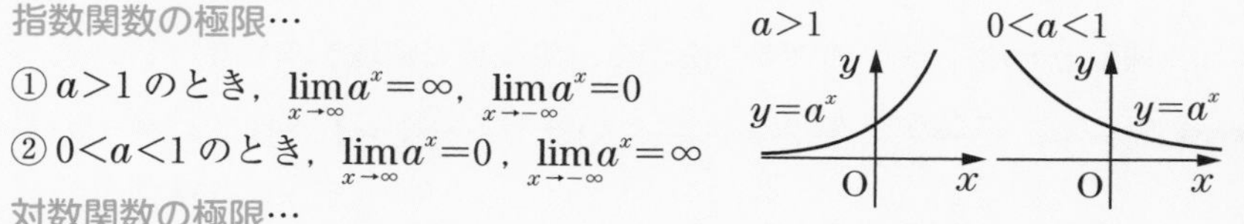


対数関数の極限…

① $a>1$ のとき

$\displaystyle\lim_{x \to \infty}\log_a x=\infty$，$\displaystyle\lim_{x \to +0}\log_a x=-\infty$

② $0<a<1$ のとき

$\displaystyle\lim_{x \to \infty}\log_a x=-\infty$，$\displaystyle\lim_{x \to +0}\log_a x=\infty$

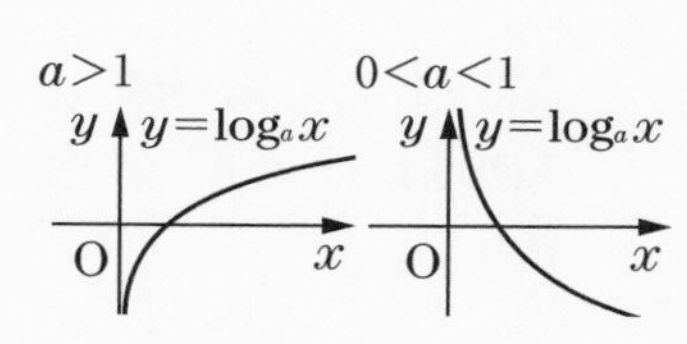


例1　$y=\sin x$ のグラフを考えることにより，$x\to\infty$ のときの $\sin x$ の極限はないことがわかります。

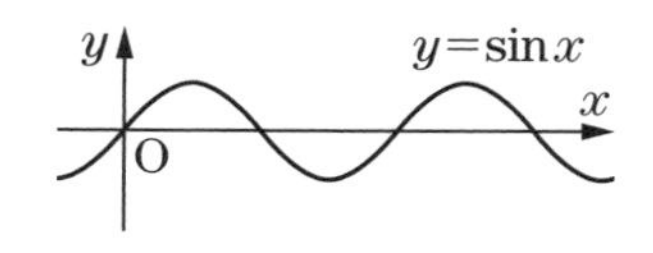


また，$0\leqq|\sin x|\leqq 1$ から $x\neq 0$ において，$0\leqq\left|\dfrac{\sin x}{x}\right|\leqq\dfrac{1}{|x|}$

これと $\displaystyle\lim_{x \to \infty}\frac{1}{|x|}=0$ から，はさみうちの原理より

$\displaystyle\lim_{x \to \infty}\left|\frac{\sin x}{x}\right|=0$ すなわち，$\displaystyle\lim_{x \to \infty}\frac{\sin x}{x}=0$

例2　$\displaystyle\lim_{x \to 0}\frac{x}{\sin 4x}=\lim_{x \to 0}\left(\frac{1}{4}\cdot\boxed{\frac{4x}{\sin 4x}}\right)=\frac{1}{4}\cdot\boxed{1}=\frac{1}{4}$　← $\theta=4x$ として，$\displaystyle\lim_{\theta \to 0}\frac{\theta}{\sin\theta}=1$ が使えるように式変形する

例3　$\displaystyle\lim_{x \to -\infty}\left(\frac{1}{3}\right)^x=\infty$　← 底 $\dfrac{1}{3}$ は0より大きく1より小さい

例4　$\displaystyle\lim_{x \to \infty}\log_2\frac{1}{x}=\lim_{t \to +0}\log_2 t=-\infty$　← $\dfrac{1}{x}=t$ とおくと，$x\to\infty$ のとき $t\to+0$

例5　$\displaystyle\lim_{x \to \infty}\frac{4^{x+1}-3^x}{4^x+2^{x+1}}=\lim_{x \to \infty}\frac{4-\left(\frac{3}{4}\right)^x}{1+2\cdot\left(\frac{1}{2}\right)^x}=\frac{4-0}{1+2\cdot 0}=4$　← 底の絶対値が最大の $4^x$ で分母，分子を割る

**テスト**　次の極限値を求めなさい。

(1) $\displaystyle\lim_{x \to \infty}\frac{\cos 2x}{x}$　　(2) $\displaystyle\lim_{x \to 0}\frac{\tan 2x}{x}$

**答え**　(1) 0　　(2) 2

## 基本問題

**1** 次の問いに答えなさい。

(1) 関数 $y=\dfrac{-2x+3}{x-1}$ のグラフをかき，漸近線の方程式を求めなさい。

(2) 関数 $y=\sqrt{3-x}-1$ のグラフをかき，定義域と値域を求めなさい。

**解き方** (1) $y=\dfrac{-2(x-1)+1}{x-1}=\dfrac{1}{x-1}-2$ より，与えられた関数のグラフは，

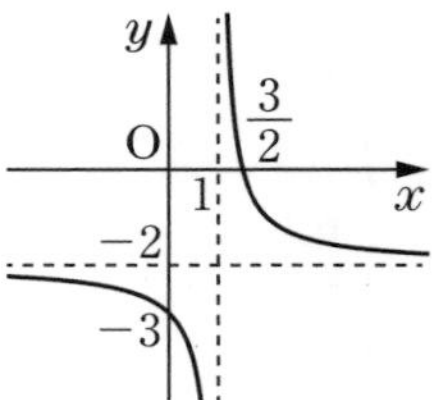


関数 $y=\dfrac{1}{x}$ のグラフを $x$ 軸方向に 1，$y$ 軸方向に −2 だけ平行移動したものである。グラフは図のようになり，漸近線は 2 直線 $x=1$，$y=-2$ である。

**答え** グラフ…上の図，漸近線の方程式… $x=1$，$y=-2$

(2) $y=\sqrt{-(x-3)}-1$ より，与えられた関数のグラフは，関数 $y=\sqrt{-x}$ のグラフを $x$ 軸方向に 3，$y$ 軸方向に −1 だけ平行移動したものである。グラフは図のようになり，定義域は $x\leqq3$，値域は $y\geqq-1$ である。

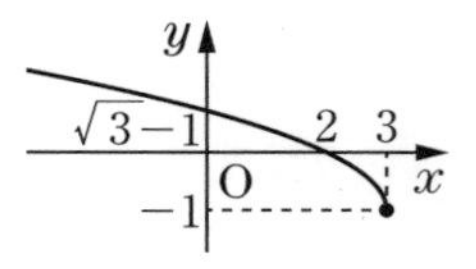


**答え** グラフ…上の図，定義域… $x\leqq3$，値域… $y\geqq-1$

重要
**2** 次の問いに答えなさい。

(1) 曲線 $y=\sqrt{-x+5}$ と直線 $y=-x+3$ の交点の座標を求めなさい。

(2) 不等式 $\sqrt{-x+5}>-x+3$ を解きなさい。

**考え方** (2) $y=\sqrt{-x+5}$ のグラフが $y=-x+3$ のグラフより上側にある $x$ の値の範囲を求めます。また関数 $y=\sqrt{-x+5}$ の定義域は $x\leqq5$ です。

**解き方** (1) $\sqrt{-x+5}=-x+3$ …①の両辺を 2 乗して

$-x+5=x^2-6x+9$ $(x-1)(x-4)=0$

右の図から，$x=4$ は①の解ではない。

よって，$x=1$

$y=-x+3$ に代入すると，$y=2$ **答え** $(1,\ 2)$

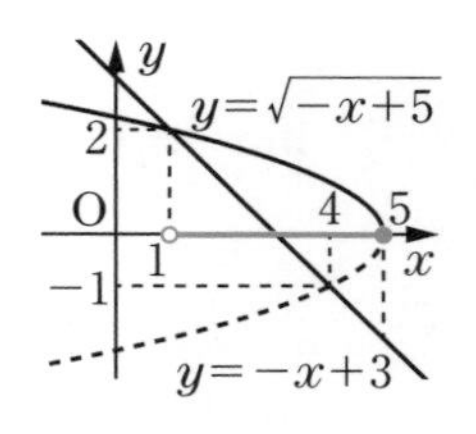


(2) 図より，与えられた不等式の解は，$1<x\leqq5$ **答え** $1<x\leqq5$

**重要 3** 次の極限を求めなさい。ただし，(1)〜(3)は数列の極限，(4)は無限等比級数です。

(1) $\lim_{n\to\infty}(\sqrt{n^2+2n}-n)$　　(2) $\lim_{n\to\infty}(n^3-4n^2)$

(3) $\lim_{n\to\infty}\dfrac{3^{n-1}+2^{2n}}{2^{2n+1}+3^n}$　　(4) $4-2\sqrt{2}+2-\sqrt{2}+\cdots$

**考え方** (1)分母と分子に$\sqrt{n^2+2n}+n$ をかけます。

(4) $|r|<1$ のとき，$\sum_{n=1}^{\infty} ar^{n-1}=\dfrac{a}{1-r}$ となります。

**解き方** (1)

$$\lim_{n\to\infty}(\sqrt{n^2+2n}-n)=\lim_{n\to\infty}\frac{(\sqrt{n^2+2n}-n)(\sqrt{n^2+2n}+n)}{\sqrt{n^2+2n}+n}$$

$$=\lim_{n\to\infty}\frac{(n^2+2n)-n^2}{\sqrt{n^2+2n}+n}$$

$$=\lim_{n\to\infty}\frac{2n}{\sqrt{n^2+2n}+n}$$

分母，分子を $n$ で割る

$$=\lim_{n\to\infty}\frac{2}{\sqrt{1+\frac{2}{n}}+1}$$

$$=\frac{2}{\sqrt{1+0}+1}=1$$

**答え** 1

(2) $$\lim_{n\to\infty}(n^3-4n^2)=\lim_{n\to\infty}n^3\left(1-\frac{4}{n}\right)=\infty$$ ← $\lim_{n\to\infty}n^3=\infty$，$\lim_{n\to\infty}\left(1-\dfrac{4}{n}\right)=1$

**答え** $\infty$

(3) $$\lim_{n\to\infty}\frac{3^{n-1}+2^{2n}}{2^{2n+1}+3^n}=\lim_{n\to\infty}\frac{\frac{1}{3}\cdot 3^n+4^n}{2\cdot 4^n+3^n}=\lim_{n\to\infty}\frac{\frac{1}{3}\left(\frac{3}{4}\right)^n+1}{2+\left(\frac{3}{4}\right)^n}=\frac{1}{2}$$

**答え** $\dfrac{1}{2}$

(4) 初項 4，公比$-\dfrac{1}{\sqrt{2}}$より，この無限等比級数は収束し，その和は

$$\frac{4}{1-\left(-\frac{1}{\sqrt{2}}\right)}=\frac{4\sqrt{2}}{\sqrt{2}+1}=8-4\sqrt{2}$$

**答え** $8-4\sqrt{2}$

第3章 関数

**4** 次の極限を求めなさい。

(1) $\displaystyle\lim_{x\to\frac{3}{2}}\frac{8x^3-27}{2x-3}$　　(2) $\displaystyle\lim_{x\to 2}\frac{\sqrt{5x+6}-4}{x-2}$

(3) $\displaystyle\lim_{x\to\infty}\{\log_2(8x^2+3x+2)-\log_2(x^2-x)\}$　　(4) $\displaystyle\lim_{x\to 0}\frac{1-\cos 4x}{x^2}$

**考え方**

(2)分母と分子に$\sqrt{5x+6}+4$ をかけます。

(4)分母と分子に $1+\cos 4x$ をかけて，$\left(\dfrac{\sin 4x}{4x}\right)^2$ の形を作ります。

**解き方** (1)

$$\lim_{x\to\frac{3}{2}}\frac{8x^3-27}{2x-3}=\lim_{x\to\frac{3}{2}}\frac{(2x-3)(4x^2+6x+9)}{2x-3}$$

$$=\lim_{x\to\frac{3}{2}}(4x^2+6x+9)=27$$

**答え** 27

(2)

$$\lim_{x\to 2}\frac{\sqrt{5x+6}-4}{x-2}=\lim_{x\to 2}\frac{(\sqrt{5x+6}-4)(\sqrt{5x+6}+4)}{(x-2)(\sqrt{5x+6}+4)}$$

$$=\lim_{x\to 2}\frac{(5x+6)-16}{(x-2)(\sqrt{5x+6}+4)}$$

$$=\lim_{x\to 2}\frac{5(x-2)}{(x-2)(\sqrt{5x+6}+4)}$$

$$=\lim_{x\to 2}\frac{5}{\sqrt{5x+6}+4}$$

$$=\frac{5}{\sqrt{5\cdot 2+6}+4}=\frac{5}{8}$$

**答え** $\dfrac{5}{8}$

(3)

$$\lim_{x\to\infty}\{\log_2(8x^2+3x+2)-\log_2(x^2-x)\}$$

$$=\lim_{x\to\infty}\log_2\frac{8x^2+3x+2}{x^2-x}=\lim_{x\to\infty}\log_2\frac{8+\dfrac{3}{x}+\dfrac{2}{x^2}}{1-\dfrac{1}{x}}=\log_2 8=3$$

**答え** 3

(4)

$$\lim_{x\to 0}\frac{1-\cos 4x}{x^2}=\lim_{x\to 0}\frac{(1-\cos 4x)(1+\cos 4x)}{x^2(1+\cos 4x)}$$

← $\cos 4x=1-2\sin^2 2x$ より $\dfrac{1-\cos 4x}{x^2}=\dfrac{2\sin^2 2x}{x^2}=8\left(\dfrac{\sin 2x}{2x}\right)^2$ と変形して求めても可

$$=\lim_{x\to 0}\frac{1-\cos^2 4x}{x^2(1+\cos 4x)}$$

$$=\lim_{x\to 0}\frac{\sin^2 4x}{x^2(1+\cos 4x)}$$

$$=\lim_{x\to 0}\left\{4^2\left(\frac{\sin 4x}{4x}\right)^2\cdot\frac{1}{1+\cos 4x}\right\}$$

$$=16\cdot 1^2\cdot\frac{1}{1+1}=8$$

**答え** 8

# 応用問題

**1** 関数$f(x)=2^x$，$g(x)=x^2+x+1$について，合成関数$h(x)$を$h(x)=(g\circ f)(x)$と定めるとき，次の問いに答えなさい。

(1) $h(x)$を求めなさい。 (2) $h(x)$の逆関数$h^{-1}(x)$を求めなさい。

**解き方** (1) $h(x)=g(f(x))=(2^x)^2+2^x+1=4^x+2^x+1$

**答え** $h(x)=4^x+2^x+1$

(2) $2^x=t$とおくと，$t>0$ …①

$y=h(x)$とすると

$y=t^2+t+1=\left(t+\frac{1}{2}\right)^2+\frac{3}{4}$ …②

①，②より，$y>1$

②を$t$について解くと，$\left(t+\frac{1}{2}\right)^2=y-\frac{3}{4}=\frac{4y-3}{4}$

①より$t+\frac{1}{2}>0$であることに注意すると，$t=\frac{-1+\sqrt{4y-3}}{2}$

$t=2^x$より，$x=\log_2\frac{-1+\sqrt{4y-3}}{2}$

$x$と$y$を入れかえて，求める逆関数は

$y=h^{-1}(x)=\log_2\frac{-1+\sqrt{4x-3}}{2}$

**答え** $h^{-1}(x)=\log_2\frac{-1+\sqrt{4x-3}}{2}$

重要 **2** $x$を超えない最大の整数を$[x]$とします。極限$\lim_{n\to\infty}\frac{[3n^2]}{n^2}$を求めなさい。

**考え方** $x-1<[x]\leqq x$が成り立つことから，はさみうちの原理を用います。

**解き方** $3n^2-1<[3n^2]\leqq 3n^2$より，$3-\frac{1}{n^2}<\frac{[3n^2]}{n^2}\leqq 3$

$\lim_{n\to\infty}\left(3-\frac{1}{n^2}\right)=3$であるから，はさみうちの原理により

$\lim_{n\to\infty}\frac{[3n^2]}{n^2}=3$

**答え** 3

重要 **3** 等式 $\lim_{x\to1}\dfrac{\sqrt{x+3}-a}{x-1}=b$ が成り立つように，定数 $a$，$b$ の値を定めなさい。

**ポイント** $\lim_{x\to a}\dfrac{f(x)}{g(x)}=\alpha$（$\alpha$ に収束），$\lim_{x\to a}g(x)=0$ のとき，$\lim_{x\to a}f(x)=0$

**解き方** $\lim_{x\to1}(x-1)=0$ より，与えられた等式が成り立つならば

$\lim_{x\to1}(\sqrt{x+3}-a)=0$

$\sqrt{1+3}-a=0$ すなわち，$a=2$

$$b=\lim_{x\to1}\frac{\sqrt{x+3}-2}{x-1}=\lim_{x\to1}\frac{(\sqrt{x+3}-2)(\sqrt{x+3}+2)}{(x-1)(\sqrt{x+3}+2)}=\lim_{x\to1}\frac{(x+3)-4}{(x-1)(\sqrt{x+3}+2)}$$

$$=\lim_{x\to1}\frac{1}{\sqrt{x+3}+2}=\frac{1}{\sqrt{1+3}+2}=\frac{1}{4}$$

**答え** $a=2$，$b=\dfrac{1}{4}$

**4** 無限級数 $x+\dfrac{x}{1+x}+\dfrac{x}{(1+x)^2}+\cdots+\dfrac{x}{(1+x)^{n-1}}+\cdots$ について，次の問いに答えなさい。

(1) この無限級数が収束するような $x$ の値の範囲を求めなさい。

(2) (1)で求めた $x$ の値の範囲における無限級数の和を $f(x)$ とするとき，関数 $y=f(x)$ のグラフをかきなさい。

**ポイント** 初項 $a$，公比 $r$ の無限等比級数が収束するための条件は，$a=0$ または $|r|<1$

**解き方** (1) この無限級数は初項 $x$，公比 $\dfrac{1}{1+x}$ の無限等比級数であるから，収束するための条件は，$x=0$ …①または $\left|\dfrac{1}{1+x}\right|<1$ …②

②より $|1+x|>1$ であるから，$1+x<-1$ または $1<1+x$ …③

①，③より，$x<-2$，$0\leqq x$ **答え** $x<-2$，$0\leqq x$

(2) $x=0$ のとき $f(x)=0$

$x<-2$，$0<x$ のとき

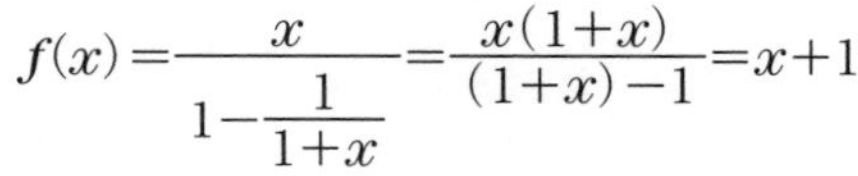

$$f(x)=\frac{x}{1-\dfrac{1}{1+x}}=\frac{x(1+x)}{(1+x)-1}=x+1$$

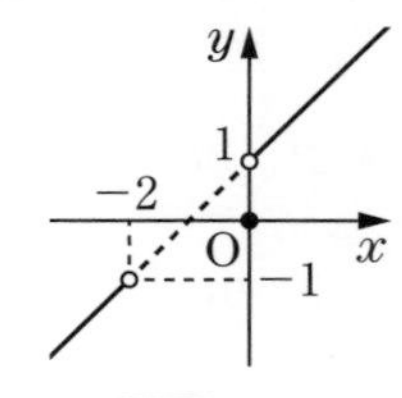


**答え** 上の図

## 発展問題

**1** $a_1=4$，$a_{n+1}=\dfrac{a_n{}^2+9}{2a_n}$ $(n=1, 2, 3, \cdots)$ で定められる数列 $\{a_n\}$ について，次の問いに答えなさい。

(1) $0<a_{n+1}-3<\dfrac{1}{6}(a_n-3)^2$ を証明しなさい。　(2) $\lim\limits_{n\to\infty} a_n$ を求めなさい。



**解き方** (1) 漸化式を変形すると，$a_{n+1}-3=\dfrac{1}{2a_n}(a_n-3)^2$ となるので，$\dfrac{1}{2a_n}<\dfrac{1}{6}$ すなわち，$a_n>3$ を示す。

**答え** $a_n>3$ …①を示す。

(i) $n=1$ のとき，$a_1-3=4-3>0$ より，①は成り立つ。

(ii) $n=k$ のとき，①が成り立つと仮定すると，$a_k>3$
与えられた漸化式より

$$a_{k+1}-3=\frac{a_k{}^2+9}{2a_k}-3=\frac{a_k{}^2-6a_k+9}{2a_k}=\frac{1}{2a_k}(a_k-3)^2>0$$

よって，$n=k+1$ のときも①は成り立つ。

(i), (ii)より，すべての正の整数について①は成り立つ。

また①より，$a_n>3$ すなわち，$\dfrac{1}{2a_n}<\dfrac{1}{6}$

よって，$a_{n+1}-3=\dfrac{1}{2a_n}(a_n-3)^2<\dfrac{1}{6}(a_n-3)^2$

①より，$0<a_{n+1}-3<\dfrac{1}{6}(a_n-3)^2$

(2) (1)の不等式を繰り返し用いると

$$\begin{aligned}
0<a_n-3&<\frac{1}{6}(a_{n-1}-3)^2\\
&<\frac{1}{6}\left\{\frac{1}{6}(a_{n-2}-3)^2\right\}^2=\left(\frac{1}{6}\right)^{1+2}(a_{n-2}-3)^4\\
&<\left(\frac{1}{6}\right)^{1+2}\left\{\frac{1}{6}(a_{n-3}-3)^2\right\}^4=\left(\frac{1}{6}\right)^{1+2+4}(a_{n-3}-3)^8<\cdots\\
&<\left(\frac{1}{6}\right)^{1+2+4+\cdots+2^{n-2}}(a_1-3)^{2^{n-1}}=\left(\frac{1}{6}\right)^{2^{n-1}-1}\cdot 1^{2^{n-1}}=\left(\frac{1}{6}\right)^{2^{n-1}-1}
\end{aligned}$$

ここで，$\lim\limits_{n\to\infty}\left(\dfrac{1}{6}\right)^{2^{n-1}}=0$ であるから，はさみうちの原理により

$\lim\limits_{n\to\infty}(a_n-3)=0$ すなわち，$\lim\limits_{n\to\infty}a_n=3$　 答え 3

## 練習問題

答え：別冊 p.51 ～ p.56

重要
**1** 関数$f(x)=\dfrac{2x}{x+1}$について，次の問いに答えなさい。

(1) $y=f(x)$のグラフをかきなさい。

(2) $\dfrac{2x}{x+1}\leqq x+6$を解きなさい。

(3) $f(x)$の逆関数$f^{-1}(x)$を求めなさい。

**2** $f(x)=|x|-2$について，合成関数$(f\circ f)(x)$を$h(x)$とするとき，$y=h(x)$のグラフをかきなさい。

重要
**3** 次の数列の極限を求めなさい。

(1) $\displaystyle\lim_{n\to\infty}\frac{5n-2n^3}{4n^3-3n}$

(2) $\displaystyle\lim_{n\to\infty}\{5^n+(-4)^n\}$

(3) $\displaystyle\lim_{n\to\infty}\frac{(-1)^n}{n^2}$

(4) $\displaystyle\lim_{n\to\infty}\frac{r^n-5^{n+1}}{r^{n+1}+5^n}$（$r$は定数）

**4** 数列$\{a_n\}$が$a_1=-2$，$a_{n+1}=\dfrac{1}{2}a_n+1$（$n=1$，$2$，$3$，…）で定められるとき，次の問いに答えなさい。

(1) 第$n$項$a_n$を求めなさい。

(2) $\displaystyle\lim_{n\to\infty}a_n$を求めなさい。

重要
**5** 次の無限級数の収束，発散を調べ，収束する場合はその和を求めなさい。ただし，(3)は無限等比級数です。

(1) $\displaystyle\sum_{n=1}^{\infty}\frac{1}{(3n-1)(3n+2)}$

(2) $\displaystyle\sum_{n=1}^{\infty}\frac{1}{\sqrt{n+2}+\sqrt{n}}$

(3) $3-\sqrt{3}+1-\dfrac{\sqrt{3}}{3}+\cdots$

**6** 大きな板の上に，ロボットが置かれています。ロボットは，次の規則にしたがって秒速1mで動きます。

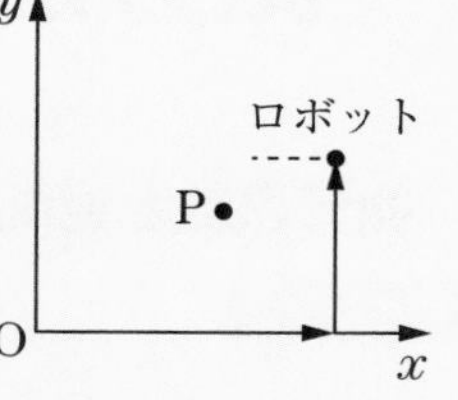


① 最初，ロボットは東を向いて置かれている。

② ロボットは変数$T$を持っていて，初めは$T=5$である。

③ 現在向いている向きに，$T$秒間進む。

④ 時計の向きと反対の向きに90°だけ向きを変える。

⑤ $T$の値を現在の値の$\frac{3}{5}$倍にする。

⑥ ③に戻り，繰り返し動く。

ロボットが最初に置かれていた場所を原点Oとし，東向きに$x$軸，北向きに$y$軸をとると，ロボットは点(5，3)に着き，そのあと西向きに動きます。

このとき，ロボットはある点Pに限りなく近づきます。点Pの座標を求めなさい。

重要
**7** 次の極限を求めなさい。

(1) $\displaystyle\lim_{x\to-2}\frac{x^3+x^2+4}{x+2}$　　(2) $\displaystyle\lim_{x\to1}\frac{\sqrt{3x+1}-2}{x-1}$

(3) $\displaystyle\lim_{x\to0}\frac{\sin2x+\sin3x}{\sin4x-\sin x}$　　(4) $\displaystyle\lim_{x\to-\infty}\frac{3^x-3^{-x}}{3^x+3^{-x}}$

(5) $\displaystyle\lim_{x\to-\infty}(\sqrt{x^2-2x}-\sqrt{x^2+2x})$

**8** 等式$\displaystyle\lim_{x\to\frac{\pi}{2}}\frac{ax+b}{\cos x}=2$が成り立つように，定数$a$，$b$の値を定めなさい。

重要
**9** $n$を正の整数とします。関数$f(x)=\displaystyle\lim_{n\to\infty}\frac{x^{2n-1}+x+1}{x^{2n}+1}$のグラフをかきなさい。

# 3-6 微分法

## 1 微分係数と導関数

**チェック!**

微分…

関数 $f(x)$ において，極限値 $\lim_{h\to 0}\frac{f(a+h)-f(a)}{h}=\lim_{x\to a}\frac{f(x)-f(a)}{x-a}$ が存在するとき，これを $f(x)$ の $x=a$ における**微分係数**(変化率)といい，$f'(a)$ で表します。このとき，$f(x)$ は $x=a$ で**微分可能**であるといいます。関数 $f(x)$ が $x=a$ で微分可能ならば，$x=a$ で連続です。$f'(a)$ は曲線 $y=f(x)$ 上の点 $(a\,,\ f(a))$ における接線の傾きを表します。

導関数…

関数 $f(x)$ がある区間で微分可能であるとき，その区間の $x$ のそれぞれの値 $a$ に対して，微分係数 $f'(a)$ を対応させる関数を $f(x)$ の導関数といい，記号 $f'(x)$ で表します。$y=f(x)$ の導関数を表す記号は，$f'(x)$ のほかに，$y'$，$\frac{dy}{dx}$，$\frac{d}{dx}f(x)$ などがあります。$f(x)$ の導関数を求めることを，$f(x)$ を**微分する**といいます。

$x^{\alpha}$ の導関数… $\alpha$ を実数とすると，$(x^{\alpha})'=\alpha x^{\alpha-1}$

定数関数の導関数… $c$ を定数とすると，$(c)'=0$

導関数の性質… $\{kf(x)\}'=kf'(x)$ ($k$ は定数)

$\{f(x)\pm g(x)\}'=f'(x)\pm g'(x)$ (複号同順)

例 1　$(x^3-4x^2+5x-2)'=(x^3)'-4(x^2)'+5(x)'-(2)'$

$=3x^{3-1}-4\cdot 2x^{2-1}+5\cdot 1x^{1-1}-0=3x^2-8x+5$

例 2　$y=\sqrt{x}+\sqrt[3]{x}+\frac{1}{x}$ を微分すると，$y=x^{\frac{1}{2}}+x^{\frac{1}{3}}+x^{-1}$ より

$y'=\frac{1}{2}x^{-\frac{1}{2}}+\frac{1}{3}x^{-\frac{2}{3}}-x^{-2}=\frac{1}{2\sqrt{x}}+\frac{1}{3\sqrt[3]{x^2}}-\frac{1}{x^2}$

例 3　$\lim_{h\to +0}\frac{|h|-|0|}{h}=\lim_{h\to +0}\frac{h}{h}=1$，$\lim_{h\to -0}\frac{|h|-|0|}{h}=\lim_{h\to -0}\frac{-h}{h}=-1$

より，関数 $y=|x|$ は $x=0$ で微分可能ではありません。

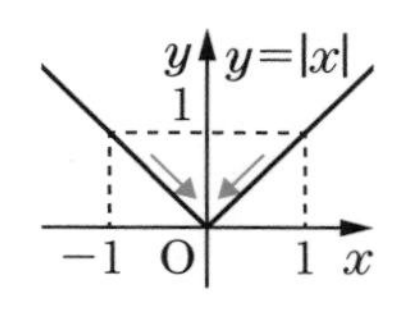

例 4　$f(x)=\sqrt{x+1}$ を定義にしたがって微分すると

$$f'(x)=\lim_{h\to 0}\frac{\sqrt{(x+h)+1}-\sqrt{x+1}}{h}$$
$$=\lim_{h\to 0}\frac{(\sqrt{x+h+1}-\sqrt{x+1})(\sqrt{x+h+1}+\sqrt{x+1})}{h(\sqrt{x+h+1}+\sqrt{x+1})}$$
$$=\lim_{h\to 0}\frac{(x+h+1)-(x+1)}{h(\sqrt{x+h+1}+\sqrt{x+1})}$$
$$=\lim_{h\to 0}\frac{1}{\sqrt{x+h+1}+\sqrt{x+1}}$$
$$=\frac{1}{2\sqrt{x+1}}$$

$x=2$ を代入すると，微分係数 $f'(2)$ の値は，$\dfrac{1}{2\sqrt{3}}$ となります。

テスト　$y=x^3+x\sqrt{x}+2$ を微分しなさい。　答え　$y'=3x^2+\dfrac{3}{2}\sqrt{x}$

## 2 いろいろな形で表される関数の微分法

チェック！

関数の積・商の微分法…

$$\{f(x)g(x)\}'=f'(x)g(x)+f(x)g'(x)$$

$$\left\{\frac{f(x)}{g(x)}\right\}'=\frac{f'(x)g(x)-f(x)g'(x)}{\{g(x)\}^2}\quad とくに，\left\{\frac{1}{g(x)}\right\}'=-\frac{g'(x)}{\{g(x)\}^2}$$

合成関数の微分法…

関数 $y=f(u)$，$u=g(x)$ について，合成関数 $y=f(g(x))$ の導関数は

$$\{f(g(x))\}'=f'(g(x))\cdot g'(x)\ すなわち，\frac{dy}{dx}=\frac{dy}{du}\cdot\frac{du}{dx}$$

逆関数の微分法…

関数 $y=f(x)$ の逆関数 $y=f^{-1}(x)$ すなわち，$x=f(y)$ について

$$\frac{d}{dx}f^{-1}(x)=\frac{1}{\dfrac{d}{dy}f(y)}\ すなわち，\frac{dy}{dx}=\frac{1}{\dfrac{dx}{dy}}$$

例 1　$y=\dfrac{x}{x^2+2}$ を微分すると

$$y'=\frac{(x)'\cdot(x^2+2)-x(x^2+2)'}{(x^2+2)^2}=\frac{1\cdot(x^2+2)-x\cdot 2x}{(x^2+2)^2}=\frac{-x^2+2}{(x^2+2)^2}$$

**例 2**　$f(x)=x^4$, $g(x)=x^2-1$ のとき, $f(g(x))=(x^2-1)^4$ であり

$$\{f(g(x))\}'=f'(g(x))\cdot g'(x)$$

$$=\underline{4(x^2-1)^3}\cdot\underline{2x}=8x(x^2-1)^3 \quad \leftarrow u=x^2-1$$

$$\frac{d}{du}u^4=4u^3 \qquad \frac{du}{dx}=(x^2-1)'=2x$$

**例 3**　$y=\sqrt[4]{x}$ のとき $x=y^4$ だから, 逆関数の微分法を用いると

$$y'=\frac{1}{\dfrac{d}{dy}y^4}=\frac{1}{4y^3}=\frac{1}{4\sqrt[4]{x^3}}$$

$$y'=\left(x^{\frac{1}{4}}\right)'=\frac{1}{4}x^{-\frac{3}{4}}=\frac{1}{4\sqrt[4]{x^3}}$$

となり, $y=x^{\frac{1}{4}}$を微分した結果にも一致します。

**テスト**　次の関数を微分しなさい。

(1)　$y=\dfrac{3x}{2x^2+x+1}$　　(2)　$y=(x^4+1)^5$

**答え**　(1)　$y'=\dfrac{-6x^2+3}{(2x^2+x+1)^2}$　　(2)　$y'=20x^3(x^2+1)^4$

## 3　三角関数の導関数

**チェック!**

三角関数の導関数…

$(\sin x)'=\cos x$　　$(\cos x)'=-\sin x$　　$(\tan x)'=\dfrac{1}{\cos^2 x}$

**例 1**　$\left\{\cos\left(5x+\dfrac{\pi}{6}\right)\right\}'$

$$=-\sin\left(5x+\frac{\pi}{6}\right)\cdot\underline{\left(5x+\frac{\pi}{6}\right)'} \quad \leftarrow \frac{dy}{dx}=\frac{dy}{du}\cdot\frac{du}{dx},\ u=5x+\frac{\pi}{6}$$

$$=-5\sin\left(5x+\frac{\pi}{6}\right)$$

**テスト**　次の関数を微分しなさい。

(1)　$y=\sin^4 x$　　(2)　$y=\cos 2x+\tan^2 3x$　　(3)　$y=\sin x\tan x+\dfrac{1}{\cos x}$

**答え**　(1)　$y'=4\sin^3 x\cos x$　　(2)　$y'=-2\sin 2x+\dfrac{6\tan 3x}{\cos^2 3x}$

(3)　$y'=\sin x+\dfrac{2\sin x}{\cos^2 x}$

## 4 指数関数・対数関数の導関数

**チェック!**

**自然対数の底 $e$ …**

極限について，$\lim_{t \to 0}(1+t)^{\frac{1}{t}}=\lim_{t \to \infty}\left(1+\frac{1}{t}\right)^t=2.718\cdots$ が成り立つことが知られています。この定数を自然対数の底(**ネイピア数**)といい，$e$ で表します。また，$e$ を底とする対数を**自然対数**といい，自然対数については底 $e$ を省略して，$\log_e x$ を $\log x$ のように書くことがあります。

**指数関数，対数関数の導関数…**

・$(e^x)'=e^x$

・$a>0$，$a \neq 1$ である定数 $a$ に対して，$(a^x)'=a^x \log a$

・$(\log x)'=\frac{1}{x}$，$(\log|x|)'=\frac{1}{x}$

・$a>0$，$a \neq 1$ である定数 $a$ に対して，$(\log_a x)'=\frac{1}{x\log a}$，$(\log_a|x|)'=\frac{1}{x\log a}$

・関数 $y=f(x)$ に対して，$(\log|f(x)|)'=\frac{f'(x)}{f(x)}$

**対数微分法…**

関数 $y=f(x)$ の両辺の絶対値の自然対数をとり，合成関数の微分法を用いると，$(\log|y|)'=\frac{y'}{y}$ が成り立ちます。このようにして導関数を求める方法を，対数微分法といいます。

例 1　$\lim_{t \to 0}(1-2t)^{\frac{1}{t}}=\lim_{t \to 0}\{1+(-2t)\}^{\frac{1}{-2t}\cdot(-2)}=\lim_{t \to 0}[\{1+(-2t)\}^{\frac{1}{-2t}}]^{-2}=e^{-2}=\frac{1}{e^2}$

例 2　$\left(e^{-\frac{x^2}{2}}\right)'=e^{-\frac{x^2}{2}}\cdot\left(-\frac{x^2}{2}\right)'=-xe^{-\frac{x^2}{2}}$

例 3　$(5^x)'=5^x\log 5$

例 4　$\{\log_2(3x-2)\}'=\frac{1}{(3x-2)\log 2}\cdot(3x-2)'=\frac{3}{(3x-2)\log 2}$

例５　$y=\dfrac{x^2}{\sqrt[3]{3x+1}}$ の導関数を対数微分法で求めます。

$$\log|y|=\log\left|\frac{x^2}{\sqrt[3]{3x+1}}\right|=2\log|x|-\frac{1}{3}\log|3x+1|$$

両辺 $x$ で微分して

$$\frac{y'}{y}=\frac{2}{x}-\frac{1}{3x+1}=\frac{2(3x+1)-x}{x(3x+1)}=\frac{5x+2}{x(3x+1)}$$

よって

$$y'=\frac{5x+2}{x(3x+1)}\cdot y=\frac{5x+2}{x(3x+1)}\cdot\frac{x^2}{\sqrt[3]{3x+1}}=\frac{x(5x+2)}{(3x+1)\sqrt[3]{3x+1}}$$

テスト　次の関数を微分しなさい。

(1)　$y=e^{\sin x}$　　(2)　$y=3^{x^2}$　　(3)　$y=(\log x)^4$

答え　(1)　$y'=e^{\sin x}\cos x$　　(2)　$y'=2x\cdot 3^{x^2}\log 3$　　(3)　$y'=\dfrac{4(\log x)^3}{x}$

## 5 高次導関数

☑チェック！

高次導関数…

関数 $f(x)$ の導関数 $f'(x)$ を微分した関数を $f(x)$ の**第２次導関数**といい，$y''$，$f''(x)$，$\dfrac{d^2y}{dx^2}$，$\dfrac{d^2}{dx^2}f(x)$ などの記号で表します。さらに，$f''(x)$ の導関数を $f(x)$ の**第３次導関数**といい，$y'''$，$f'''(x)$，$\dfrac{d^3y}{dx^3}$，$\dfrac{d^3}{dx^3}f(x)$ などの記号で表します。一般に，関数 $f(x)$ を順次微分して $n$ 回めに得られる関数を $f(x)$ の**第 $n$ 次導関数**といい，$y^{(n)}$，$f^{(n)}(x)$，$\dfrac{d^ny}{dx^n}$，$\dfrac{d^n}{dx^n}f(x)$ などの記号で表します。

例１　関数 $y=e^x$ について，$y'=y''=y'''=y^{(4)}=\cdots=y^{(n)}=e^x$

例２　関数 $y=\sin x$ について

$$y'=\cos x,\ y''=-\sin x,\ y'''=-\cos x,\ y^{(4)}=\sin x=y$$

より，$k$ を正の整数とすると，$y^{(n)}=\begin{cases}\cos x & (n=4k-3)\\ -\sin x & (n=4k-2)\\ -\cos x & (n=4k-1)\\ \sin x & (n=4k)\end{cases}$

## 6 曲線の方程式と導関数

**チェック！**

**方程式 $F(x,\ y)=0$ の微分法…**

方程式 $F(x,\ y)=0$ の両辺を $x$ の関数と考えて，$x$ について微分すると，$\dfrac{dy}{dx}$ を $x$ と $y$ の式で表すことができます。

例1　円の方程式 $x^2+y^2=25$ の両辺を $x$ で微分すると

$$2x+2y\frac{dy}{dx}=0$$

となるので，$y\neq0$ のとき，$\dfrac{dy}{dx}=-\dfrac{x}{y}$

　これに $x=3$，$y=4$ を代入することにより，円の $(3,\ 4)$ における接線の傾きは，$-\dfrac{3}{4}$ とわかります。

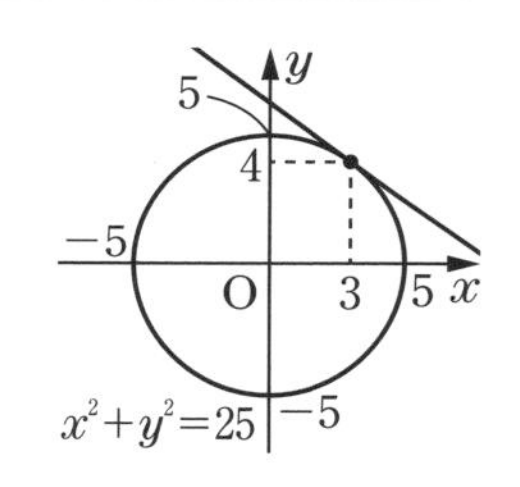


テスト　方程式 $x^2-y^2=1$ について，$\dfrac{dy}{dx}$ を求めなさい。　答え　$\dfrac{dy}{dx}=\dfrac{x}{y}\ (y\neq0)$

## 7 接線と法線

**チェック！**

**法線**…曲線上の点Pを通り，Pにおける曲線の接線に垂直な直線を，点Pにおける法線といいます。

**接線と法線の方程式…**

曲線 $y=f(x)$ 上の点 $\mathrm{P}(a,\ f(a))$ における接線と法線について

　接線の方程式　$y-f(a)=f'(a)(x-a)$　　接線と法線の傾きの積は−1

　法線の方程式　$f'(a)\neq0$ のとき $y-f(a)=-\dfrac{1}{f'(a)}(x-a)$

　　　　　　　　$f'(a)=0$ のとき $x=a$

例1　$f(x)=x^5$ を微分すると，$f'(x)=5x^4$ より，$f'(-1)=5$

曲線 $y=x^5$ 上の点 $(-1,\ -1)$ における法線の方程式は

$$y-(-1)=-\frac{1}{5}\{x-(-1)\}\quad\leftarrow -\frac{1}{f'(a)}=-\frac{1}{5}$$

$$y=-\frac{1}{5}x-\frac{6}{5}$$

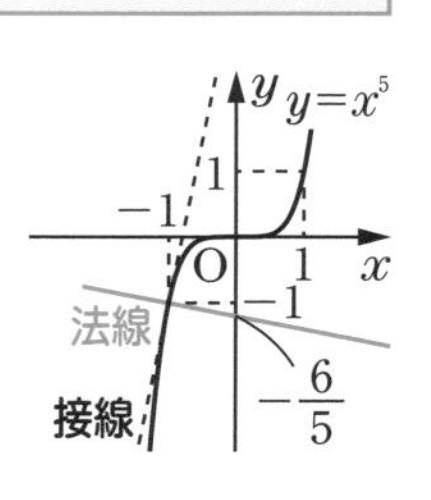

## 8 平均値の定理

### ☑ チェック!

**平均値の定理…**

関数$f(x)$が$a \leqq x \leqq b$で連続で，$a<x<b$で微分可能ならば，次の条件を満たす実数$c$が存在します。

$$\frac{f(b)-f(a)}{b-a}=f'(c),\ a<c<b$$

## 9 関数のグラフ

### ☑ チェック!

**関数の増減…**

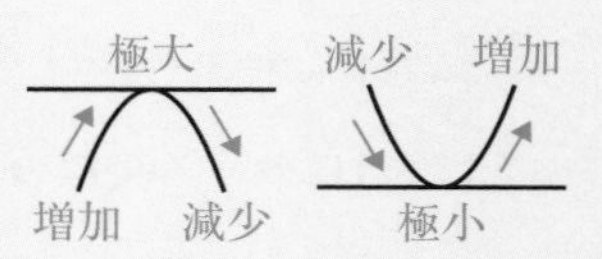


$a \leqq x \leqq b$で連続，$a<x<b$で微分可能な関数$f(x)$について

・$a<x<b$で$f'(x)>0$ならば，$f(x)$はその区間で増加する。

・$a<x<b$で$f'(x)<0$ならば，$f(x)$はその区間で減少する。

**極値…**

$x=a$を含む区間で微分可能な関数$f(x)$について，$x=a$を境目として増加から減少に移るとき，すなわち$f'(x)$の符号が正から負に変わるとき，$f(x)$は$x=a$で**極大**であるといい，$f(a)$を**極大値**といいます。また，$f(x)$が$x=a$を境目として減少から増加に移るとき，すなわち$f'(x)$の符号が負から正に変わるとき，$f(x)$は$x=a$で**極小**であるといい，$f(a)$を**極小値**といいます。極大値と極小値をまとめて極値といいます。$f(x)$が$x=a$で極値をとるとき，$f'(a)=0$が成り立ちます。

**曲線の凹凸…**

$a \leqq x \leqq b$で連続な$f(x)$について，その第2次導関数$f''(x)$が存在するとき

・$a<x<b$で$f''(x)>0$ならば，曲線$y=f(x)$はその区間で下に凸である。

・$a<x<b$で$f''(x)<0$ならば，曲線$y=f(x)$はその区間で上に凸である。

曲線の凹凸が変わる境目の点を**変曲点**といいます。

点$(a,\ f(a))$が曲線$y=f(x)$の変曲点であるとき，$f''(a)=0$が成り立ちます。

下に凸
上に凸
変曲点

例１　関数$f(x)=x^3+3x^2+1$について

$f'(x)=3x^2+6x=3x(x+2)$

より，$f'(x)=0$とすると，

$x=0$，$-2$

また

$f''(x)=6x+6=6(x+1)$

より，$f''(x)=0$とすると，$x=-1$

$f(x)$の増減表は右上のようになり，$f(x)$は$x=-2$のとき極大値５，$x=0$のとき極小値１，変曲点の座標は$(-1,\ 3)$とわかります。

| $x$ | $\cdots$ | $-2$ | $\cdots$ | $-1$ | $\cdots$ | $0$ | $\cdots$ |
|---|---|---|---|---|---|---|---|
| $f'(x)$ | $+$ | $0$ | $-$ | $-$ | $-$ | $0$ | $+$ |
| $f''(x)$ | $-$ | $-$ | $-$ | $0$ | $+$ | $+$ | $+$ |
| $f(x)$ | ↗ | 極大 5 | ↘ | 3 | ↘ | 極小 1 | ↗ |

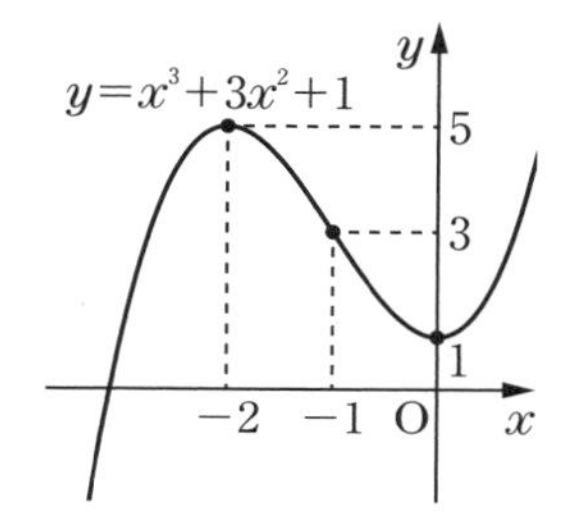


テスト　曲線$y=xe^x$の変曲点の座標を求めなさい。　答え　$\left(-2,\ -\dfrac{2}{e^2}\right)$

**チェック！**

曲線の漸近線…

曲線$y=f(x)$について

・$\lim_{x\to k+0} f(x)=\infty$，$\lim_{x\to k+0} f(x)=-\infty$，$\lim_{x\to k-0} f(x)=\infty$，$\lim_{x\to k-0} f(x)=-\infty$のいずれかが成り立つならば，直線$x=k$は漸近線

・$\lim_{x\to\infty} f(x)=c$または$\lim_{x\to-\infty} f(x)=c$ならば，直線$y=c$は漸近線

・$\lim_{x\to\infty}\{f(x)-(ax+b)\}=0$または$\lim_{x\to-\infty}\{f(x)-(ax+b)\}=0$ならば，直線$y=ax+b$は漸近線

関数のグラフ…

関数$y=f(x)$のグラフをかくときは，$f(x)$の定義域，対称性・周期性，増減・極値，極限，グラフの凹凸，変曲点，座標軸との共有点(簡単に求まるとき)，漸近線，不連続点などについて調べます。

例１　曲線$y=e^{\frac{1}{x}}$について

$\lim_{x\to+0} e^{\frac{1}{x}}=\infty$，$\lim_{x\to\infty} e^{\frac{1}{x}}=1$

より，直線$x=0$($y$軸)と直線$y=1$は曲線の漸近線です。

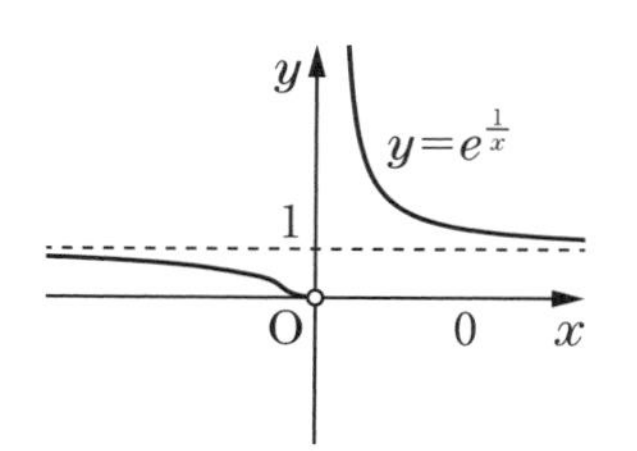

例 2　曲線 $f(x)=\dfrac{x^2}{x-1}$ について，$f(x)=\dfrac{(x-1)(x+1)+1}{x-1}=x+1+\dfrac{1}{x-1}$ より

$$\lim_{x\to1+0}f(x)=\infty,\ \lim_{x\to1-0}f(x)=-\infty,\ \lim_{x\to\pm\infty}\{f(x)-(x+1)\}=\lim_{x\to\pm\infty}\frac{1}{x-1}=0$$

が成り立つから，直線 $x=1$，$y=x+1$ は，曲線 $y=f(x)$ の漸近線です。

$$f'(x)=1-\frac{1}{(x-1)^2}=\frac{x(x-2)}{(x-1)^2}$$

$$f''(x)=\frac{2}{(x-1)^3}$$

より，$f(x)$ の増減表および極値は次のようになり，グラフは右の図のようになります。

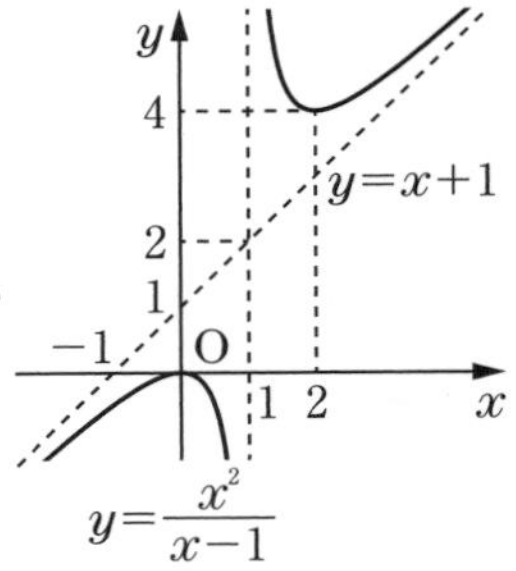


| $x$ | … | 0 | … | 1 | … | 2 | … |
|---|---|---|---|---|---|---|---|
| $f'(x)$ | + | 0 | − | ╱ | − | 0 | + |
| $f''(x)$ | − | − | − | ╱ | + | + | + |
| $f(x)$ | ↗ | 極大<br>0 | ↘ | ╱ | ↘ | 極小<br>4 | ↗ |

## 10 媒介変数表示された関数の導関数

**チェック！**

媒介変数表示された関数の導関数…

点 P$(x, y)$ の $x$ 座標，$y$ 座標がそれぞれ $x=f(t)$，$y=g(t)$（$t$ は媒介変数）と表されるとき

$$\frac{dy}{dx}=\frac{\frac{dy}{dt}}{\frac{dx}{dt}}=\frac{g'(t)}{f'(t)}$$

例 1　双曲線 $x^2-y^2=1$ は，$x=\dfrac{1}{\cos t}$，$y=\tan t$ と媒介変数表示されます。

$\dfrac{dx}{dt}=\dfrac{-(-\sin t)}{\cos^2 t}=\dfrac{\sin t}{\cos^2 t}$，$\dfrac{dy}{dt}=\dfrac{1}{\cos^2 t}$ より

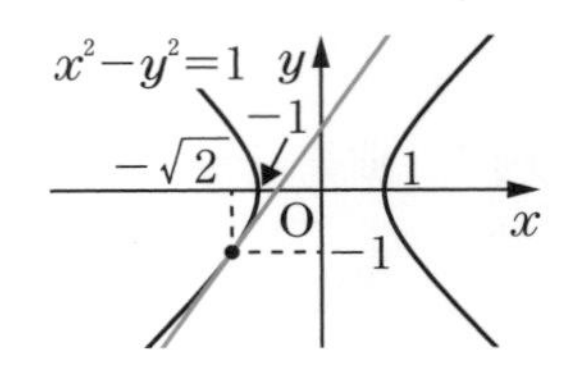


$\dfrac{dy}{dx}=\dfrac{\frac{1}{\cos^2 t}}{\frac{\sin t}{\cos^2 t}}=\dfrac{1}{\sin t}$ であり，$t=\dfrac{3}{4}\pi$ に対応する点 $(-\sqrt{2},\ -1)$ における接線の傾きは，$\dfrac{1}{\sin\frac{3}{4}\pi}=\sqrt{2}$ とわかります。

テスト $a$ を正の定数とします。$x$ の関数 $y$ が，$t$ を媒介変数として

$x=a(t-\sin t)$，$y=a(1-\cos t)$

と表されるとき，$\dfrac{dy}{dx}$ を $t$ で表しなさい。

答え $\dfrac{dy}{dx}=\dfrac{\sin t}{1-\cos t}$

## 11 速度と加速度

☑ チェック！

直線上の点の運動…

数直線上を運動する点Pの時刻 $t$ における座標 $x$ が $t$ の関数で表されるとき，$v=\dfrac{dx}{dt}$，$|v|=\left|\dfrac{dx}{dt}\right|$ をそれぞれ時刻 $t$ における点Pの速度，速さといいます。また，$\alpha=\dfrac{dv}{dt}=\dfrac{d^2x}{dt^2}$，$|\alpha|=\left|\dfrac{dv}{dt}\right|=\left|\dfrac{d^2x}{dt^2}\right|$ をそれぞれ時刻 $t$ における点Pの加速度，加速度の大きさといいます。

平面上の点の運動…

座標平面上を運動する点Pの時刻 $t$ における座標 $(x,\ y)$ が $t$ の関数で表されるとき，$\vec{v}=\left(\dfrac{dx}{dt},\ \dfrac{dy}{dt}\right)$，$|\vec{v}|=\sqrt{\left(\dfrac{dx}{dt}\right)^2+\left(\dfrac{dy}{dt}\right)^2}$ をそれぞれ時刻 $t$ における点Pの速度(速度ベクトル)，速さ(速度の大きさ)といいます。

また，$\vec{\alpha}=\left(\dfrac{d^2x}{dt^2},\ \dfrac{d^2y}{dt^2}\right)$，$|\vec{\alpha}|=\sqrt{\left(\dfrac{d^2x}{dt^2}\right)^2+\left(\dfrac{d^2y}{dt^2}\right)^2}$ をそれぞれ時刻 $t$ における点Pの加速度(加速度ベクトル)，加速度の大きさといいます。

例 1　数直線上を運動する点Pの座標 $x$ が，時刻 $t$ の関数として

$x=30t-4.9t^2$

と表されるとき，点Pの時刻 $t$ における速度 $v$，加速度 $\alpha$ はそれぞれ

$v=\dfrac{dx}{dt}=30-9.8t$，$\alpha=\dfrac{dv}{dt}=-9.8$

となるので，点Pの時刻 $t$ における速さ $|v|$，加速度の大きさ $|\alpha|$ はそれぞれ

$|v|=|30-9.8t|$，$|\alpha|=9.8$

**例2**　座標平面上を運動する点Pの座標$(x, y)$が，時刻$t$の関数として

$x=\cos\pi t$，$y=\sin\pi t$

と表されるとき，点Pの時刻$t$における速度$\vec{v}$，加速度$\vec{\alpha}$の成分はそれぞれ

$$\left(\frac{dx}{dt}, \frac{dy}{dt}\right)=(-\pi\sin\pi t,\ \pi\cos\pi t)$$

$$\left(\frac{d^2x}{dt^2}, \frac{d^2y}{dt^2}\right)=(-\pi^2\cos\pi t,\ -\pi^2\sin\pi t)$$

となるので，点Pの速さ$|\vec{v}|$，加速度の大きさ$|\vec{\alpha}|$はそれぞれ

$$|\vec{v}|=\sqrt{(-\pi\sin\pi t)^2+(\pi\cos\pi t)^2}=\pi,\ |\vec{\alpha}|=\sqrt{(-\pi^2\cos\pi t)^2+(-\pi^2\sin\pi t)^2}=\pi^2$$

**テスト**　座標平面上を運動する点Pの座標$(x, y)$が，時刻$t$の関数として

$x=e^t+e^{-t}$，$y=e^t-e^{-t}$

と表されるとき，点Pの時刻$t$における速度$\vec{v}$，加速度$\vec{\alpha}$を求めなさい。

また，$t=3$における速さ$|\vec{v}|$，加速度の大きさ$|\vec{\alpha}|$を求めなさい。

**答え**　$\vec{v}=(e^t-e^{-t},\ e^t+e^{-t})$，$\vec{\alpha}=(e^t+e^{-t},\ e^t-e^{-t})$，

$|\vec{v}|=\sqrt{2(e^6+e^{-6})}$，$|\vec{\alpha}|=\sqrt{2(e^6+e^{-6})}$

## 12 近似式

**チェック！**

近似式…

関数$f(x)$において，$h$が0に十分近い値のときの$f(a+h)$の1次の近似式は

$f(a+h)\fallingdotseq f(a)+f'(a)h$

とくに，$x$が0に十分近い値のときの1次の近似式は

$f(x)\fallingdotseq f(0)+f'(0)x$

**例1**　$(\log x)'=\dfrac{1}{x}$より，$a>0$，$a+h>0$（真数条件），$h\fallingdotseq 0$のときの$\log(a+h)$の1次の

近似式は，$\log(a+h)\fallingdotseq\log a+\dfrac{h}{a}$より

$$\log 1.02=\log(1+0.02)\fallingdotseq\log 1+\frac{0.02}{1}=0.02$$

**例2**　$(\sin x)'=\cos x$より，$|x|$が十分小さいとき，関数$y=\sin x$の1次の

近似式は，$\sin x\fallingdotseq\sin 0+\cos 0\cdot x=x$

## 基本問題

**1** 次の極限値を求めなさい。

(1) $\displaystyle\lim_{t\to 0}\frac{\log(1-t)}{t}$　　(2) $\displaystyle\lim_{x\to 0}\frac{e^{2x}-1}{x}$

**解き方** (1) $\displaystyle\lim_{t\to 0}\frac{\log(1-t)}{t}=\lim_{t\to 0}\left\{-\frac{\log(1-t)}{-t}\right\}=\lim_{t\to 0}\left\{-\log(1-t)^{-\frac{1}{t}}\right\}$

$=-\log e=-1$　　**答え** $-1$

(2) $f(x)=e^{2x}$ とすると，$f(0)=e^0=1$，$f'(x)=2e^{2x}$ より

$\displaystyle\lim_{x\to 0}\frac{e^{2x}-1}{x}=\lim_{x\to 0}\frac{f(x)-f(0)}{x}=f'(0)=2e^0=2$　　**答え** 2

重要

**2** 次の関数について，$y'$ および $y''$ を求めなさい。

(1) $y=\dfrac{x+1}{\sqrt{x}}$　　(2) $y=x\sin x+\cos x$　　(3) $y=e^{-x^2}$

**解き方** (1) $y=\sqrt{x}+\dfrac{1}{\sqrt{x}}=x^{\frac{1}{2}}+x^{-\frac{1}{2}}$ より

$y'=\dfrac{1}{2}x^{-\frac{1}{2}}-\dfrac{1}{2}x^{-\frac{3}{2}}$

$=\dfrac{1}{2\sqrt{x}}-\dfrac{1}{2x\sqrt{x}}$

$=\dfrac{x-1}{2x\sqrt{x}}$

←商の導関数を用いて

$y'=\dfrac{\sqrt{x}-(x+1)\cdot\dfrac{1}{2\sqrt{x}}}{(\sqrt{x})^2}=\dfrac{x-1}{2x\sqrt{x}}$

としてもよい

$y''=-\dfrac{1}{4}x^{-\frac{3}{2}}+\dfrac{3}{4}x^{-\frac{5}{2}}$

$=-\dfrac{1}{4x\sqrt{x}}+\dfrac{3}{4x^2\sqrt{x}}$

$=-\dfrac{x-3}{4x^2\sqrt{x}}$　　**答え** $y'=\dfrac{x-1}{2x\sqrt{x}}$，$y''=-\dfrac{x-3}{4x^2\sqrt{x}}$

(2) $y'=1\cdot\sin x+x\cdot\cos x-\sin x=x\cos x$

$y''=1\cdot\cos x+x\cdot(-\sin x)=-x\sin x+\cos x$

**答え** $y'=x\cos x$，$y''=-x\sin x+\cos x$

(3) $y'=e^{-x^2}\cdot(-2x)=-2xe^{-x^2}$

$y''=-2\cdot e^{-x^2}-2x\cdot(-2xe^{-x^2})=2(2x^2-1)e^{-x^2}$

**答え** $y'=-2xe^{-x^2}$，$y''=2(2x^2-1)e^{-x^2}$

重要 **3** 曲線 $y=\sqrt{2x-4}$ について，次の問いに答えなさい。

(1) この曲線上の点 A$(3，\sqrt{2})$における接線の方程式を求めなさい。

(2) この曲線に原点から引いた接線の方程式を求めなさい。

**解き方** (1) $f(x)=\sqrt{2x-4}$ とおくと

$$f'(x)=\frac{2}{2\sqrt{2x-4}}=\frac{1}{\sqrt{2x-4}}$$

$f'(3)=\dfrac{1}{\sqrt{2}}$ より，接線の方程式は

$y-\sqrt{2}=\dfrac{1}{\sqrt{2}}(x-3)$ すなわち，$y=\dfrac{1}{\sqrt{2}}x-\dfrac{1}{\sqrt{2}}$

**答え** $y=\dfrac{1}{\sqrt{2}}x-\dfrac{1}{\sqrt{2}}$

(2) 接点の $x$ 座標を $a$ とすると，接線の方程式は

$$y-f(a)=f'(a)(x-a)$$

$$y=\frac{1}{\sqrt{2a-4}}(x-a)+\sqrt{2a-4}$$

これが点$(0，0)$を通るので

$$0=\frac{-a}{\sqrt{2a-4}}+\sqrt{2a-4}$$

$$0=-a+(2a-4)$$

$$a=4$$

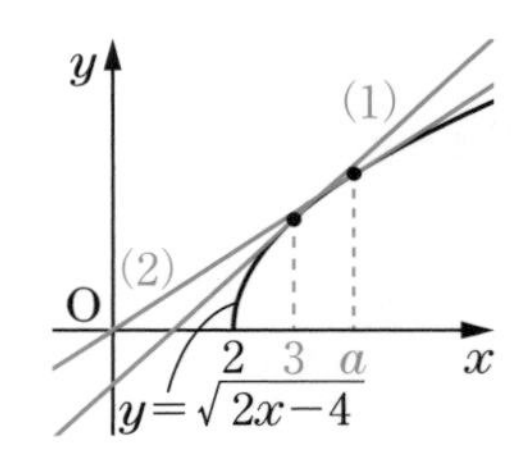


よって，接線の方程式は

$y=\dfrac{1}{2}(x-4)+2$ すなわち，$y=\dfrac{1}{2}x$

**答え** $y=\dfrac{1}{2}x$

重要 **4** 関数 $y=\dfrac{e^x}{x}$ の極値を求めなさい。また，曲線 $y=\dfrac{e^x}{x}$ の凹凸および漸近線を調べ，その概形をかきなさい。ただし，$\displaystyle\lim_{x\to\infty}\frac{e^x}{x}=\infty$ が成り立つことは，証明なしに用いてよいものとします。

解き方 $y'=\dfrac{e^x\cdot x-e^x\cdot 1}{x^2}=\dfrac{(x-1)e^x}{x^2}$

$y''=\dfrac{\{1\cdot e^x+(x-1)e^x\}x^2-(x-1)e^x\cdot 2x}{x^4}$

$=\dfrac{(x^2-2x+2)e^x}{x^3}$

| $x$ | $\cdots$ | $0$ | $\cdots$ | $1$ | $\cdots$ |
|---|---|---|---|---|---|
| $y'$ | $-$ | ／ | $-$ | $0$ | $+$ |
| $y''$ | $-$ | ／ | $+$ | $+$ | $+$ |
| $y$ | ↘ | ／ | ↘ | 極小 $e$ | ↗ |

よって，$y=\dfrac{e^x}{x}$ の増減表は右上のようになり，$y$ は

$x=1$ のとき極小値 $e$ をとる。

また，$\lim_{x\to-\infty}y=0$ より，$x$ 軸は漸近線，さらに，

$\lim_{x\to+0}y=\infty$，$\lim_{x\to-0}y=-\infty$ より，$y$ 軸は漸近線となる。

これと $\lim_{x\to\infty}y=\infty$ より，グラフは右の図のようになる。



答え 極値… $x=1$ のとき極小値 $e$，漸近線… $x$ 軸および $y$ 軸，概形…上の図

**5** 座標平面上を運動する点Pの座標 $(x,\ y)$ が時刻 $t$ の関数として $x=e^t\cos t$，$y=e^t\sin t$ で表されるとき，時刻 $t$ におけるPの速度 $\vec{v}$，加速度 $\vec{\alpha}$，速さ $|\vec{v}|$，加速度の大きさ $|\vec{\alpha}|$ をすべて求めなさい。

ポイント $\vec{v}=\left(\dfrac{dx}{dt},\ \dfrac{dy}{dt}\right)$，$\vec{\alpha}=\left(\dfrac{d^2x}{dt^2},\ \dfrac{d^2y}{dt^2}\right)$

解き方 $\dfrac{dx}{dt}=e^t\cos t+e^t(-\sin t)=e^t(\cos t-\sin t)$

$\dfrac{dy}{dt}=e^t\sin t+e^t\cos t=e^t(\cos t+\sin t)$

$\dfrac{d^2x}{dt^2}=e^t(\cos t-\sin t)+e^t(-\sin t-\cos t)=-2e^t\sin t$

$\dfrac{d^2y}{dt^2}=e^t(\cos t+\sin t)+e^t(-\sin t+\cos t)=2e^t\cos t$

また

$|\vec{v}|=\sqrt{\left(\dfrac{dx}{dt}\right)^2+\left(\dfrac{dy}{dt}\right)^2}=\sqrt{\{e^t(\cos t-\sin t)\}^2+\{e^t(\cos t+\sin t)\}^2}=\sqrt{2}\,e^t$

$|\vec{\alpha}|=\sqrt{\left(\dfrac{d^2x}{dt^2}\right)^2+\left(\dfrac{d^2y}{dt^2}\right)^2}=\sqrt{(-2e^t\sin t)^2+(-2e^t\cos t)^2}=2e^t$

答え $\vec{v}=(e^t(\cos t-\sin t),\ e^t(\cos t+\sin t))$，$\vec{\alpha}=(-2e^t\sin t,\ 2e^t\cos t)$，

$|\vec{v}|=\sqrt{2}\,e^t$，$|\vec{\alpha}|=2e^t$

## 応用問題

**1** 微分可能な関数 $f(x)$ が $f'(a)=c$ を満たしているとき，次の極限を求めなさい。

$$\lim_{h\to 0}\frac{f(a+3h)-f(a-2h)}{h}$$

ポイント

$$\lim_{h\to 0}\frac{f(a+h)-f(a)}{h}=f'(a)$$

解き方

$$\lim_{h\to 0}\frac{f(a+3h)-f(a-2h)}{h}=\lim_{h\to 0}\frac{f(a+3h)-f(a)-f(a-2h)+f(a)}{h}$$

$$=\lim_{h\to 0}\left\{3\cdot\frac{f(a+3h)-f(a)}{3h}+2\cdot\frac{f(a-2h)-f(a)}{-2h}\right\}$$

$$=3\cdot f'(a)+2\cdot f'(a)=5c$$

答え $5c$

**2** 次の問いに答えなさい。

(1) $x$，$y$ が $x^2+3xy+y^2=0$ を満たすとき，$\dfrac{dy}{dx}$ を $x$，$y$ を用いて表しなさい。

(2) $y=x^{\sin x}\ (x>0)$ を微分しなさい。

考え方

(2)対数微分法を用います。

解き方 (1) 与えられた等式の両辺を $x$ で微分すると

$$2x+\left(3y+3x\frac{dy}{dx}\right)+2y\frac{dy}{dx}=0$$

$$(3x+2y)\frac{dy}{dx}=-(2x+3y)$$

よって，$y\neq-\dfrac{3}{2}x$ のとき

$$\frac{dy}{dx}=-\frac{2x+3y}{3x+2y}$$

答え $\dfrac{dy}{dx}=-\dfrac{2x+3y}{3x+2y}\left(y\neq-\dfrac{3}{2}x\right)$

(2) 両辺の絶対値の自然対数をとると

$\log|y|=\log|x^{\sin x}|=\sin x\log x$ ←$x>0$ より，$\log|x|=\log x$

$x$ で微分すると，$\dfrac{y'}{y}=\cos x\log x+\sin x\cdot\dfrac{1}{x}$

よって，$y'=y\left(\cos x\log x+\dfrac{\sin x}{x}\right)=x^{\sin x}\left(\cos x\log x+\dfrac{\sin x}{x}\right)$

答え $y'=x^{\sin x}\left(\cos x\log x+\dfrac{\sin x}{x}\right)$

$f(x)=(x^2-3)e^{-x}$ について，次の問いに答えなさい。

(1) $f(x)$ の極値を求めなさい。

(2) $x$ の方程式 $f(x)=a$ の異なる実数解の個数を調べなさい。ただし，

$\lim_{x\to\infty}\dfrac{x^2-3}{e^x}=0$ が成り立つことは，証明なしに用いてよいものとします。

**考え方** (2)曲線 $y=f(x)$ の概形をかき，直線 $y=a$ との共有点の個数に着目します。

**解き方** (1) $f'(x)=2xe^{-x}+(x^2-3)(-e^{-x})$

$=-(x^2-2x-3)e^{-x}$

$=-(x+1)(x-3)e^{-x}$

$f'(x)=0$ とすると，$x=-1$，$3$ より，$f(x)$ の増減表は右のようになる。

| $x$ | $\cdots$ | $-1$ | $\cdots$ | $3$ | $\cdots$ |
|---|---|---|---|---|---|
| $y'$ | $-$ | $0$ | $+$ | $0$ | $-$ |
| $y$ | ↘ | 極小 $-2e$ | ↗ | 極大 $\dfrac{6}{e^3}$ | ↘ |

よって，$f(x)$ は $x=-1$ のとき極小値 $-2e$，$x=3$ のとき極大値 $\dfrac{6}{e^3}$ をとる。

**答え** $x=3$ のとき極大値 $\dfrac{6}{e^3}$，$x=-1$ のとき極小値 $-2e$

(2) $\lim_{x\to-\infty}f(x)=\lim_{x\to-\infty}\dfrac{x^2-3}{e^x}=\infty$，$\lim_{x\to\infty}f(x)=\lim_{x\to\infty}\dfrac{x^2-3}{e^x}=0$

が成り立つから，曲線 $y=f(x)$ の概形は右の図であり，これと直線 $y=a$ との共有点の個数を考えることにより，$x$ の方程式 $f(x)=a$ の異なる実数解の個数がわかる。

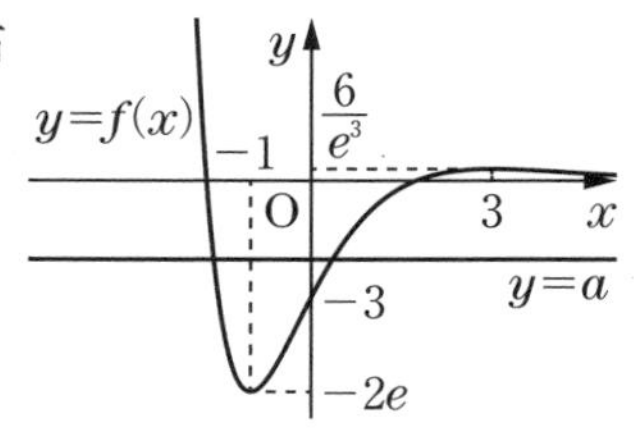


**答え**
$$\begin{cases} a<-2e \text{ のとき} & 0\text{個} \\ a=-2e \text{ または } a>\dfrac{6}{e^3} \text{ のとき} & 1\text{個} \\ -2e<a\leqq 0 \text{ または } a=\dfrac{6}{e^3} \text{ のとき} & 2\text{個} \\ 0<a<\dfrac{6}{e^3} \text{ のとき} & 3\text{個} \end{cases}$$

第3章 関数

**4** 次の問いに答えなさい。

(1) $x>0$ のとき，不等式 $\log x \leqq 2\sqrt{x}-2$ が成り立つことを証明しなさい。

(2) 極限 $\displaystyle\lim_{x\to+\infty}\frac{\log x}{x}$ および極限 $\displaystyle\lim_{x\to+0}x\log x$ を求めなさい。

**考え方**
(1)示すべき不等式の左辺と右辺の差を $f(x)$ とおき，その増減を調べます。
(2)(1)の不等式を用いて，はさみうちの原理を用います。

**解き方** (1) $f(x)=\log x-(2\sqrt{x}-2)$ とすると

| $x$ | 0 | $\cdots$ | 1 | $\cdots$ |
|---|---|---|---|---|
| $f'(x)$ | ／ | $+$ | 0 | $-$ |
| $f(x)$ | ／ | ↗ | 0 | ↘ |

$$f'(x)=\frac{1}{x}-2\cdot\frac{1}{2\sqrt{x}}=\frac{1-\sqrt{x}}{x}$$

$f'(x)=0$ とすると $x=1$ であるから，$x>0$ における $f(x)$ の増減表は右上のようになり，$x>0$ のとき，$f(x)\leqq 0$ が成り立つ。

よって，$x>0$ のとき，$\log x \leqq 2\sqrt{x}-2$ が成り立つ。

また，等号が成り立つのは，$x=1$ のときである。

(2) $x>0$ のとき，(1)で示した不等式の両辺を $x(>0)$ で割ると

$$\frac{\log x}{x}\leqq\frac{2\sqrt{x}-2}{x} \quad \cdots①$$

自然対数の底 $e$ は1より大きいから，$x\geqq 1$ のとき，$\log x\geqq\log 1=0$

よって，$\dfrac{\log x}{x}\geqq 0 \quad \cdots②$

①，②より，$x>1$ のとき

$$0\leqq\frac{\log x}{x}\leqq\frac{2\sqrt{x}-2}{x}$$

ここで

$$\lim_{x\to+\infty}\frac{2\sqrt{x}-2}{x}=\lim_{x\to+\infty}\left(\frac{2}{\sqrt{x}}-\frac{2}{x}\right)=0-0=0$$

であるから，はさみうちの原理により，$\displaystyle\lim_{x\to+\infty}\frac{\log x}{x}=0$

さらに，$\dfrac{1}{x}=t$ とおくと，$x=\dfrac{1}{t}$ で，$x\to+\infty$ のとき $t\to+0$ であるから

$$\lim_{t\to+0}t\log\frac{1}{t}=\lim_{t\to+0}(-t\log t)=0 \text{ すなわち，} \lim_{x\to+0}x\log x=0$$

**答え** $\displaystyle\lim_{x\to+\infty}\frac{\log x}{x}=0$，$\displaystyle\lim_{x\to+0}x\log x=0$

# 発展問題

**1** 曲線 $C$ 上の点Pの座標 $(x,\ y)$ が，媒介変数 $\theta$ を用いて $x=\sin2\theta$，$y=\sin3\theta\ (0\leqq\theta\leqq\pi)$ と表されるとき，$x$ および $y$ の増減を調べ，曲線 $C$ の概形をかきなさい。

**解き方** $x=\sin2\theta$ を $\theta$ で微分すると，$\dfrac{dx}{d\theta}=2\cos2\theta$

$0\leqq\theta\leqq\pi$ のとき $0\leqq2\theta\leqq2\pi$ であるから

$\dfrac{dx}{d\theta}=0$ とすると，$2\theta=\dfrac{\pi}{2}$，$\dfrac{3}{2}\pi$

すなわち，$\theta=\dfrac{\pi}{4}$，$\dfrac{3}{4}\pi$

これより，$x$ の増減表は右のようになる。

| $\theta$ | 0 | … | $\frac{\pi}{4}$ | … | $\frac{3}{4}\pi$ | … | $\pi$ |
|---|---|---|---|---|---|---|---|
| $\frac{dx}{d\theta}$ | | + | 0 | − | 0 | + | |
| $x$ | 0 | → | 1 | ← | −1 | → | 0 |

↑ $x$ 座標が増加すると→，減少すると←に点Pが移動

同様に，$y=\sin3\theta$ を $\theta$ で微分して，$\dfrac{dy}{d\theta}=3\cos3\theta$

$0\leqq\theta\leqq\pi$ のとき $0\leqq3\theta\leqq3\pi$ であるから，$\dfrac{dy}{d\theta}=0$ とすると

$3\theta=\dfrac{\pi}{2}$，$\dfrac{3}{2}\pi$，$\dfrac{5}{2}\pi$

$\theta=\dfrac{\pi}{6}$，$\dfrac{\pi}{2}$，$\dfrac{5}{6}\pi$

これより，$y$ の増減表は右のようになる。

| $\theta$ | 0 | … | $\frac{\pi}{6}$ | … | $\frac{\pi}{2}$ | … | $\frac{5}{6}\pi$ | … | $\pi$ |
|---|---|---|---|---|---|---|---|---|---|
| $\frac{dy}{d\theta}$ | | + | 0 | − | 0 | + | 0 | − | |
| $y$ | 0 | ↑ | 1 | ↓ | −1 | ↑ | 1 | ↓ | 0 |

$x$ の増減表と $y$ の増減表を合わせると，$0\leqq\theta\leqq\dfrac{\pi}{2}$ のとき，点Pは右の表のように移動することがわかる。

| $\theta$ | 0 | … | $\frac{\pi}{6}$ | … | $\frac{\pi}{4}$ | … | $\frac{\pi}{2}$ |
|---|---|---|---|---|---|---|---|
| $x$ | 0 | → | $\frac{\sqrt{3}}{2}$ | → | 1 | ← | 0 |
| $y$ | 0 | ↑ | 1 | ↓ | $\frac{\sqrt{2}}{2}$ | ↓ | −1 |
| P | $(0,\ 0)$ | ↗ | $\left(\frac{\sqrt{3}}{2},\ 1\right)$ | ↘ | $\left(1,\ \frac{\sqrt{2}}{2}\right)$ | ↙ | $(0,\ -1)$ |

$\sin2(\pi-\theta)=-\sin2\theta$，$\sin3(\pi-\theta)=\sin3\theta$ より，曲線 $C$ は $y$ 軸に関して対称である。

また $\theta=\dfrac{\pi}{3}$，$\dfrac{2}{3}\pi$ に対応する点Pの座標がそれぞれ $\left(\dfrac{\sqrt{3}}{2},\ 0\right)$，$\left(-\dfrac{\sqrt{3}}{2},\ 0\right)$ となるので，曲線 $C$ の概形は右の図のようになる。

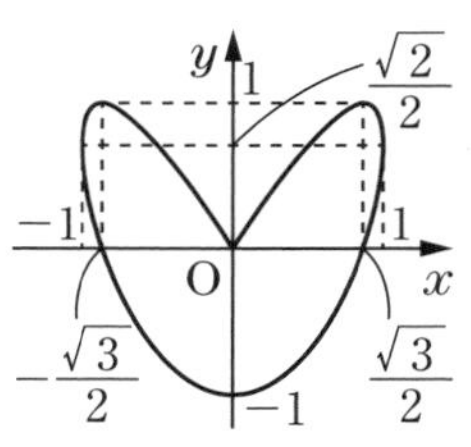


**答え** 上の図

# 練習問題

答え：別冊 p.57 ～ p.64

重要
**1** 次の極限値を求めなさい。ただし，$e$ は自然対数の底を表します。

(1) $\lim_{x \to 0}(1-2x)^{\frac{1}{3x}}$　(2) $\lim_{x \to \infty} x\{\log_e(x+3)-\log_e x\}$

(3) $\lim_{x \to \infty}\left(\frac{2x-4}{2x+3}\right)^x$

重要
**2** 次の関数を微分しなさい。ただし，$e$ は自然対数の底を表します。

(1) $y=2x^3-4x^2+5x+1$　(2) $y=\sqrt[3]{x^2-x+1}$

(3) $y=\frac{\sin x}{1+\cos x}$　(4) $y=e^x(\log_e x)^2$

**3** 関数 $f(x)=xe^x$ の第 $n$ 次導関数 $f^{(n)}(x)$ を $x$ および $n$ の式で表しなさい。ただし，$e$ は自然対数の底を表します。

重要
**4** 次の問いに答えなさい。ただし，$e$ は自然対数の底を表します。

(1) 楕円 $2x^2+y^2=4$ 上の点 $(1, \sqrt{2})$ における接線と法線の方程式を求めなさい。

(2) 曲線 $y=\frac{\log_e x}{x}$ に原点から引いた接線の方程式を求めなさい。

重要
**5** $0 \leqq x \leqq \pi$ のとき，関数

$$f(x)=4\sin^3 x-4\sqrt{3}\cos^3 x+3\sqrt{3}\cos x-9\sin x$$

の最大値，最小値およびそのときの $x$ の値を求めなさい。

**6** $x$ を正の実数とするとき，次の不等式を証明しなさい。

$$\frac{x}{1+x}<\log_e(x+1)<x \quad (e \text{ は自然対数の底})$$

重要

**7** 半径が1の円に内接する長方形ABCDについて，辺ABの長さを$x$，長方形ABCDの面積を$S(x)$とするとき，次の問いに答えなさい。

(1) $S(x)$を，$x$を用いて表しなさい。

(2) $S(x)$の増減を調べ，長方形ABCDの面積が最大となるのは長方形ABCDがどのような形のときか答えなさい。

**8** 関数$f(x)=\dfrac{ax}{x^2-ax+1}$（$a$は正の定数）がすべての実数$x$について定義されているとき，次の問いに答えなさい。

(1) $a$の値の範囲を求めなさい。

(2) $f(x)$の極大値が1となるように，定数$a$の値を求めなさい。また，$f(x)$の極小値を求めなさい。

重要

**9** 次の関数のグラフの概形をかきなさい。ただし，$e$は自然対数の底を表し，$\lim_{x\to\infty}x^3e^{-x}=0$が成り立つことは，証明なしに用いてよいものとします。

(1) $y=\dfrac{x^3}{x^2-1}$　　(2) $y=x^3e^{-x}$

**10** 媒介変数$\theta$を用いて$x=\sin\theta$，$y=\sin2\theta$で表される曲線$C$の概形をかきなさい。

重要

**11** $f(x)=\dfrac{x^3+2}{x}$について，次の問いに答えなさい。

(1) $f(x)$の極値を求めなさい。

(2) $a$を定数とするとき，方程式$f(x)=a$の異なる実数解の個数を調べなさい。

**12** $e$を自然対数の底，$\pi$を円周率とするとき，$e^\pi$と$\pi^e$の大小を比較しなさい。

# 3-7 積分法

## 1 不定積分

チェック！

**不定積分…**

$x$ で微分すると $f(x)$ となる関数，すなわち $F'(x)=f(x)$ となる関数 $F(x)$ を，$f(x)$ の**原始関数**といいます。$F(x)$ が $f(x)$ の原始関数の1つであるとき，$f(x)$ の任意の原始関数は $F(x)+C$（$C$ は定数）の形で表されます。これを $f(x)$ の不定積分といい，$\int f(x)\,dx$ で表します。$f(x)$ の不定積分を求めることを，$f(x)$ を**積分する**といい，$C$ を**積分定数**といいます。

**不定積分の性質…**

$$\int kf(x)\,dx=k\int f(x)\,dx \quad (k \text{ は定数})$$

$$\int \{f(x)\pm g(x)\}\,dx=\int f(x)\,dx\pm\int g(x)\,dx \quad (\text{複号同順})$$

**$x^{\alpha}$ の不定積分…**

$\alpha\neq-1$ のとき $\displaystyle\int x^{\alpha}dx=\frac{1}{\alpha+1}x^{\alpha+1}+C$

$\alpha=-1$ のとき $\displaystyle\int x^{\alpha}dx=\int\frac{1}{x}\,dx=\log|x|+C$

← 本書では「（$C$ は積分定数）」という断り書きを省略しています。

**三角関数の不定積分…**

$$\int \sin x\,dx=-\cos x+C,\ \int \cos x\,dx=\sin x+C,\ \int \tan x\,dx=-\log|\cos x|+C$$

$$\int \frac{1}{\cos^2 x}\,dx=\tan x+C,\ \int \frac{1}{\sin^2 x}\,dx=-\frac{1}{\tan x}+C$$

$$\int \frac{1}{\tan x}\,dx=\log|\sin x|+C$$

**指数関数の不定積分…**

$\displaystyle\int e^x dx=e^x+C$　　　$a>0$，$a\neq1$ のとき $\displaystyle\int a^x dx=\frac{a^x}{\log a}+C$

**例1** $$\int\frac{(x+1)(x-4)}{x^2}\,dx=\int\frac{x^2-3x-4}{x^2}\,dx=\int dx-3\int\frac{1}{x}\,dx-4\int x^{-2}dx$$

$$=x-3\log|x|-4\cdot\frac{1}{-2+1}x^{-2+1}+C=x-3\log|x|+\frac{4}{x}+C$$

テスト 不定積分$\int\left(\frac{1}{\cos^2 x}-e^x\right)dx$を求めなさい。　答え $\tan x-e^x+C$

## 2 定積分

**チェック！**

**定積分…**

$f(x)$を$a \leqq x \leqq b$を含む区間で連続な関数，$f(x)$の原始関数の1つを$F(x)$とするとき，$F(b)-F(a)$を$f(x)$の$a$から$b$までの定積分といい，

$\int_a^b f(x)dx=\Big[F(x)\Big]_a^b$と表します。また，$a$をこの定積分の下端，$b$を上端といい，定積分$\int_a^b f(x)dx$を求めることを，$f(x)$を$a$から$b$まで積分するといいます。区間$a \leqq x \leqq b$で常に$f(x) \geqq 0$が成り立つとき，定積分$\int_a^b f(x)dx$は，曲線$y=f(x)$と$x$軸および2直線$x=a$，$x=b$で囲まれた部分の面積を表します。

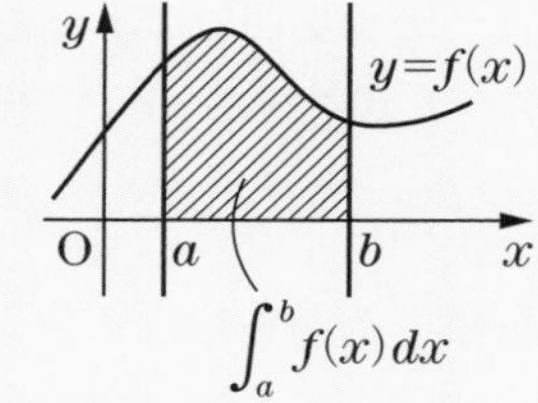


**定積分の性質…**

$\int_a^b kf(x)dx=k\int_a^b f(x)dx$（$k$は定数）

$\int_a^b \{f(x) \pm g(x)\}dx=\int_a^b f(x)dx \pm \int_a^b g(x)dx$（複号同順）

$\int_a^a f(x)dx=0$

$\int_a^b f(x)dx=-\int_b^a f(x)dx$

$\int_a^b f(x)dx=\int_a^c f(x)dx+\int_c^b f(x)dx$

$a \leqq x \leqq b$で常に$f(x) \geqq g(x)$のとき$\int_a^b f(x)dx \geqq \int_a^b g(x)dx$

**定積分と微分…**

$\frac{d}{dx}\int_a^x f(t)dt=f(x)$（$a$は定数）

例1　$\int_0^{\frac{\pi}{3}} \cos x\,dx=\Big[\sin x\Big]_0^{\frac{\pi}{3}}=\sin\frac{\pi}{3}-\sin 0=\frac{\sqrt{3}}{2}$

例2　$\int_1^3 2^x dx=\left[\frac{2^x}{\log 2}\right]_1^3=\frac{2^3}{\log 2}-\frac{2^1}{\log 2}=\frac{6}{\log 2}$

例３　$|x-2|=\begin{cases} x-2 & (x \geqq 2) \\ -x+2 & (x<2) \end{cases}$ より

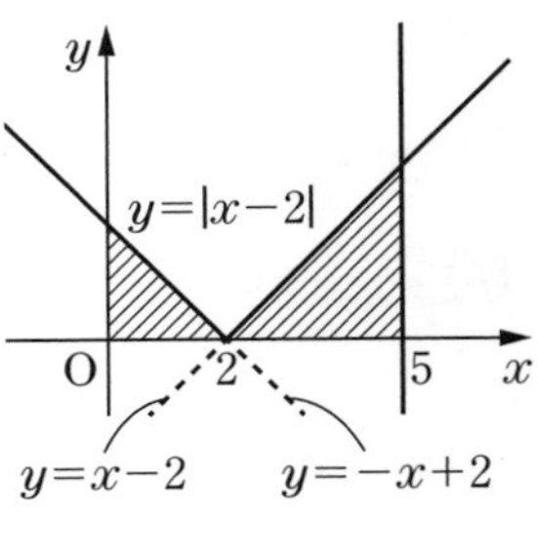


$$\int_0^5 |x-2|dx=\int_0^2(-x+2)dx+\int_2^5(x-2)dx$$
$$=\left[-\frac{x^2}{2}+2x\right]_0^2+\left[\frac{x^2}{2}-2x\right]_2^5$$
$$=(-2+4)+\left(\frac{25}{2}-10\right)-(2-4)$$
$$=\frac{13}{2}$$

## 3 置換積分法

**チェック！**

**不定積分の置換積分法…**

$f(x)$ の原始関数の１つを $F(x)$ とするとき

$a$，$b$ を定数$(a \neq 0)$とすると

$$\int f(ax+b)\,dx=\frac{1}{a}F(ax+b)+C$$

← $ax+b=t$ とおくと，$dx=\frac{1}{a}dt$ より $\int f(t)\cdot\frac{1}{a}dt=\frac{1}{a}F(t)+C$

$x$ が $t$ の関数として $x=g(t)$ で表されるとき

$$\int f(x)\,dx=\int f(g(t))g'(t)\,dt$$

← $x=g(t)$ とおくと，$dx=g'(t)dt$

$u$ が $x$ の関数として $u=g(x)$ で表されるとき

$$\int f(g(x))g'(x)\,dx=\int f(u)\,du=F(g(x))+C$$

← $g(x)=u$ とおくと，$g'(x)dx=du$

**定積分の置換積分法…**

$x=g(t)$ のとき $a=g(\alpha)$，$b=g(\beta)$ ならば

$$\int_a^b f(x)\,dx=\int_\alpha^\beta f(g(t))g'(t)\,dt$$

← $x=g(t)$ とおくと，$dx=g'(t)dt$

| $x$ | $a \to b$ |
|---|---|
| $t$ | $\alpha \to \beta$ |

**偶関数・奇関数の定積分…**

関数 $f(x)$ において，常に $f(-x)=f(x)$ が成り立つとき，$f(x)$ は**偶関数**であるといい，常に $f(-x)=-f(x)$ が成り立つとき，$f(x)$ は**奇関数**であるといいます。

$f(x)$ が偶関数のとき $\int_{-a}^a f(x)\,dx=2\int_0^a f(x)\,dx$

$f(x)$ が奇関数のとき $\int_{-a}^a f(x)\,dx=0$

例 1　$\displaystyle\int\sin\left(2x+\frac{\pi}{3}\right)dx=-\frac{1}{2}\cos\left(2x+\frac{\pi}{3}\right)+C$　　$\displaystyle\leftarrow\int f\left(2x+\frac{\pi}{3}\right)dx=\frac{1}{2}F\left(2x+\frac{\pi}{3}\right)+C$

例 2　$\displaystyle\int x\sqrt{x+1}\,dx$ について，$\sqrt{x+1}=t$ とおくと，$x=t^2-1$

また，$dx=2t\,dt$ より

$$\int x\sqrt{x+1}\,dx=\int(t^2-1)\cdot t\cdot 2t\,dt=2\int(t^4-t^2)\,dt=\frac{2}{5}t^5-\frac{2}{3}t^3+C$$

$$=\frac{2}{15}t^3(3t^2-5)+C=\frac{2}{15}(3x-2)(x+1)\sqrt{x+1}+C \quad \leftarrow t=\sqrt{x+1}$$

例 3　$\displaystyle\int\frac{\log x}{x}dx=\int\left(\log x\cdot\frac{1}{x}\right)dx=\int\log x\cdot(\log x)'\,dx=\frac{1}{2}(\log x)^2+C$

例 4　$\displaystyle\int_{\frac{1}{2}}^{1}\sqrt{1-x^2}\,dx$ について，$x=\sin\theta$ とおくと

$dx=\cos\theta\,d\theta$

また，$x$ と $\theta$ の対応は右の表のようになり，この区間で

$\sqrt{1-x^2}=\sqrt{1-\sin^2\theta}=\cos\theta$ となるので

| $x$ | $\frac{1}{2}\to 1$ |
|---|---|
| $\theta$ | $\frac{\pi}{6}\to\frac{\pi}{2}$ |

$$\int_{\frac{1}{2}}^{1}\sqrt{1-x^2}\,dx=\int_{\frac{\pi}{6}}^{\frac{\pi}{2}}\cos\theta\cdot\cos\theta\,d\theta$$

$$=\int_{\frac{\pi}{6}}^{\frac{\pi}{2}}\frac{1+\cos 2\theta}{2}d\theta \quad \leftarrow \cos^2\theta=\frac{1+\cos 2\theta}{2}$$

$$=\left[\frac{1}{2}\theta+\frac{1}{4}\sin 2\theta\right]_{\frac{\pi}{6}}^{\frac{\pi}{2}} \quad \leftarrow \int\cos 2\theta\,d\theta=\frac{1}{2}\sin 2\theta+C$$

$$=\frac{\pi}{4}-\left(\frac{\pi}{12}+\frac{\sqrt{3}}{8}\right)$$

$$=\frac{\pi}{6}-\frac{\sqrt{3}}{8}$$

$y=\sqrt{1-x^2}$，1，$\frac{\sqrt{3}}{2}$，$-1$，O，$\frac{\pi}{3}$，$\frac{1}{2}$，1，$x$，$y$

この定積分は，右の図の斜線部分の面積を表すので

$$\frac{1}{2}\cdot 1^2\cdot\frac{\pi}{3}-\frac{1}{2}\cdot\frac{1}{2}\cdot\frac{\sqrt{3}}{2}=\frac{\pi}{6}-\frac{\sqrt{3}}{8}$$

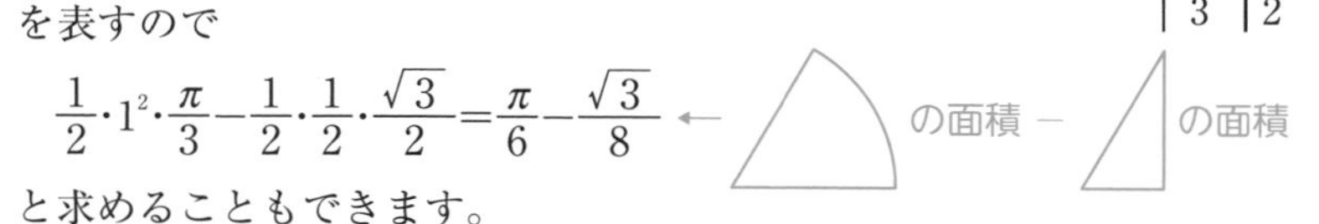


と求めることもできます。

**テスト**　次の積分を求めなさい。

(1)　$\displaystyle\int\cos 3x\,dx$　　(2)　$\displaystyle\int_0^2 x\sqrt{2-x}\,dx$　　(3)　$\displaystyle\int_{-1}^{1}\sin x\tan x^6\,dx$

**答え**　(1)　$\displaystyle\frac{1}{3}\sin 3x+C$　　(2)　$\displaystyle\frac{16\sqrt{2}}{15}$　　(3)　0

## 4 部分積分法

**チェック!**

不定積分の部分積分法…

$$\int f(x)g'(x)dx = f(x)g(x) - \int f'(x)g(x)dx$$

定積分の部分積分法…

$$\int_a^b f(x)g'(x)dx = \Big[f(x)g(x)\Big]_a^b - \int_a^b f'(x)g(x)dx$$

例 1

f(x)(そのまま)　f′(x)(f(x)を微分)

$$\int x\cos x\,dx = \int x(\sin x)'dx = x\sin x - \int 1\cdot\sin x\,dx = x\sin x + \cos x + C$$

g(x)(g′(x)を積分)

例 2 $\displaystyle\int_0^2 x^2e^x dx = \int_0^2 x^2(e^x)'dx = \Big[x^2e^x\Big]_0^2 - \int_0^2 2xe^x dx = 4e^2 - 2\int_0^2 x(e^x)'dx$

$\displaystyle = 4e^2 - 2\Big[xe^x\Big]_0^2 + 2\int_0^2 e^x dx = 2\Big[e^x\Big]_0^2 = 2(e^2-1)$ ←部分積分を 2 回用いる

例 3 $\displaystyle\int \log x\,dx = \int (x)'\log x\,dx = x\log x - \int x\cdot\frac{1}{x}dx = x\log x - x + C$

## 5 区分求積法

**チェック!**

区分求積法…

面積や体積を区間の分割を限りなく細かくして，各部分の面積の和の極限として求める方法を区分求積法といいます。区間 $a \leqq x \leqq b$ を $n$ 等分して考えると次の式が成り立ちます。

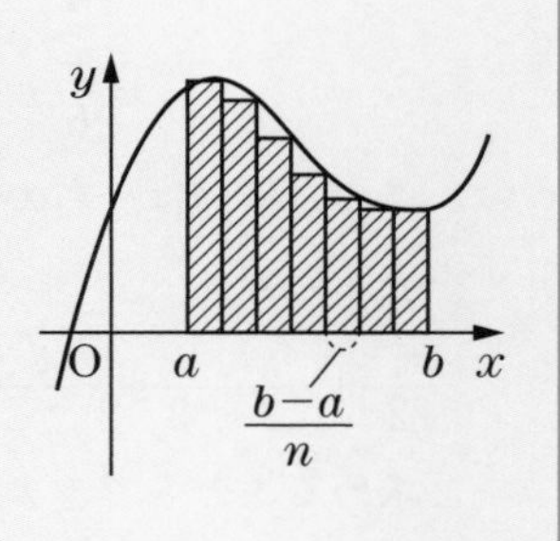


$$\int_a^b f(x)dx = \lim_{n\to\infty}\frac{b-a}{n}\sum_{k=1}^{n} f\left(a + \frac{b-a}{n}k\right)$$

とくに，$\displaystyle\int_0^1 f(x)dx = \lim_{n\to\infty}\frac{1}{n}\sum_{k=1}^{n} f\left(\frac{k}{n}\right)$

例 1 $\displaystyle\lim_{n\to\infty}\left(\frac{1}{n+1} + \frac{1}{n+2} + \frac{1}{n+3} + \cdots + \frac{1}{n+n}\right) = \lim_{n\to\infty}\sum_{k=1}^{n}\frac{1}{n+k}$

$\displaystyle = \lim_{n\to\infty}\frac{1}{n}\sum_{k=1}^{n}\frac{1}{1+\frac{k}{n}} = \int_0^1 \frac{1}{1+x}dx = \Big[\log(1+x)\Big]_0^1 = \log 2$

## 6 面積と体積

**☑ チェック！**

**図形の面積…**

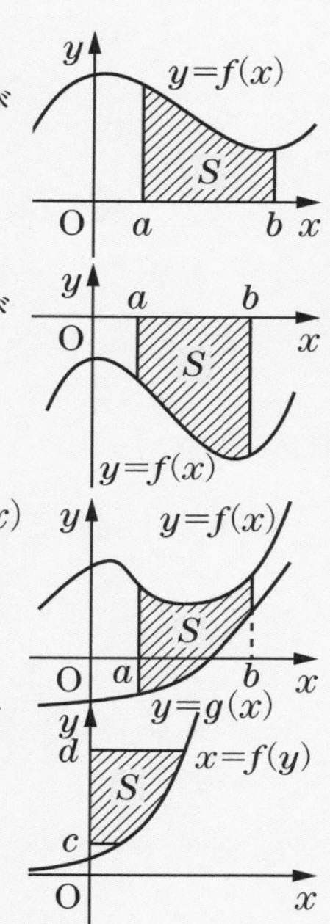


$a \leqq x \leqq b$ で $f(x) \geqq 0$ のとき，曲線 $y=f(x)$ と $x$ 軸および2直線 $x=a$，$x=b$ で囲まれた部分の面積 $S$ は

$$S=\int_a^b f(x)\,dx$$

$a \leqq x \leqq b$ で $f(x) \leqq 0$ のとき，曲線 $y=f(x)$ と $x$ 軸および2直線 $x=a$，$x=b$ で囲まれた部分の面積 $S$ は

$$S=-\int_a^b f(x)\,dx$$

$a \leqq x \leqq b$ で $f(x) \geqq g(x)$ のとき，2曲線 $y=f(x)$，$y=g(x)$ および2直線 $x=a$，$x=b$ で囲まれた部分の面積 $S$ は

$$S=\int_a^b \{f(x)-g(x)\}\,dx$$

$c \leqq y \leqq d$ で $f(y) \geqq 0$ のとき，曲線 $x=f(y)$ と $y$ 軸および2直線 $y=c$，$y=d$ で囲まれた部分の面積 $S$ は

$$S=\int_c^d f(y)\,dy$$

**立体の体積，回転体の体積…**

$a \leqq x \leqq b$ の範囲において，座標 $x$ の点で $x$ 軸に垂直な平面で立体を切断したときの切り口の面積が $S(x)$ で表されるとき，立体の体積 $V$ は

$$V=\int_a^b S(x)\,dx$$

曲線 $y=f(x)$ と $x$ 軸および2直線 $x=a$，$x=b\,(a<b)$ で囲まれた図形を $x$ 軸のまわりに1回転させてできる回転体の体積 $V$ は

$$V=\pi\int_a^b y^2\,dx=\pi\int_a^b \{f(x)\}^2\,dx$$

曲線 $x=g(y)$ と $y$ 軸および2直線 $y=c$，$y=d\,(c<d)$ で囲まれた図形を $y$ 軸のまわりに1回転させてできる回転体の体積 $V$ は

$$V=\pi\int_c^d x^2\,dy=\pi\int_c^d \{g(y)\}^2\,dy$$

**例1**　曲線 $y=\log x$ と $x$ 軸および直線 $x=e$ で囲まれた部分の面積 $S$ は

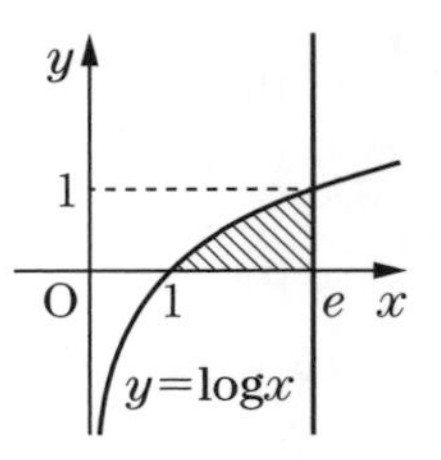


$$S=\int_1^e \log x\,dx=\int_1^e (x)'\log x\,dx$$

$$=\Big[x\log x\Big]_1^e-\int_1^e x\cdot\frac{1}{x}\,dx=e-\Big[x\Big]_1^e=1$$

また，縦の長さが1，横の長さが $e$ の長方形の面積から曲線 $x=e^y$ と $x$ 軸，$y$ 軸および直線 $y=1$ で囲まれた部分の面積を引いても求まるから

$$S=1\cdot e-\int_0^1 e^y dy=e-\Big[e^y\Big]_0^1=1$$

**例2**　曲線 $y=\sqrt{1-x^2}$ と $x$ 軸で囲まれる図形のうち，$x\geqq\frac{1}{2}$ の部分を $x$ 軸のまわりに1回転させてできる立体の体積 $V$ は

$$V=\pi\int_{\frac{1}{2}}^1 (\sqrt{1-x^2})^2 dx=\pi\int_{\frac{1}{2}}^1 (1-x^2)\,dx$$

$$=\pi\Big[x-\frac{x^3}{3}\Big]_{\frac{1}{2}}^1=\frac{5}{24}\pi$$

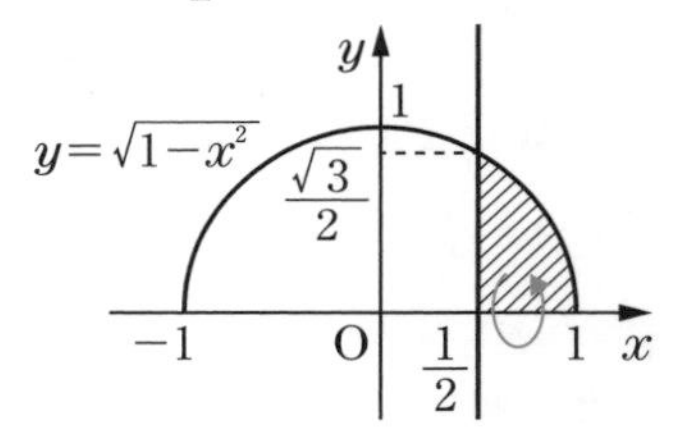


**テスト**　曲線 $y=\cos\frac{x}{2}\,(0\leqq x\leqq\pi)$ と $x$ 軸，$y$ 軸によって囲まれた図形を $x$ 軸のまわりに1回転させてできる立体の体積を求めなさい。　**答え** $\frac{\pi^2}{2}$

## 7 曲線の長さ，速度と道のり

**チェック！**

**曲線の長さ…**

$x=f(t)$，$y=g(t)\,(\alpha\leqq t\leqq\beta)$ と表される曲線の長さ $L$ は

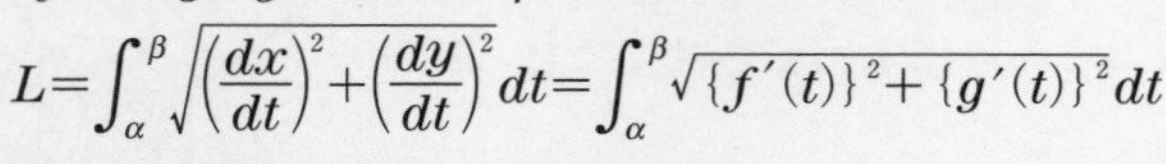

$$L=\int_\alpha^\beta \sqrt{\left(\frac{dx}{dt}\right)^2+\left(\frac{dy}{dt}\right)^2}\,dt=\int_\alpha^\beta \sqrt{\{f'(t)\}^2+\{g'(t)\}^2}\,dt$$

曲線 $y=f(x)\,(a\leqq x\leqq b)$ の長さ $L$ は

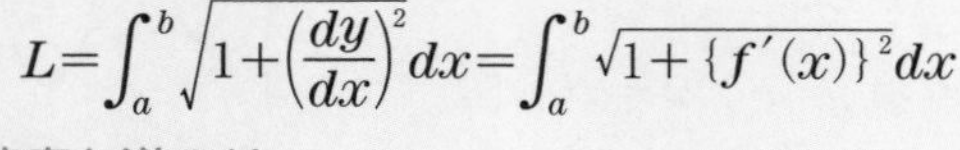

$$L=\int_a^b \sqrt{1+\left(\frac{dy}{dx}\right)^2}\,dx=\int_a^b \sqrt{1+\{f'(x)\}^2}\,dx$$

**速度と道のり…**

$xy$ 平面上を運動する点Pの時刻 $t$ における座標 $(x,\ y)$ が $t$ の関数で表され，そのときの速度を $\vec{v}$ とすると，点Pが $\alpha\leqq t\leqq\beta$ の範囲を動く道のり $\ell$ は

$$\ell=\int_\alpha^\beta |\vec{v}|\,dt=\int_\alpha^\beta \sqrt{\left(\frac{dx}{dt}\right)^2+\left(\frac{dy}{dt}\right)^2}\,dt$$

**例1**　曲線 $y=\dfrac{e^x+e^{-x}}{2}\ (-3\leqq x\leqq 3)$ の長さ $L$ は

$$y'=\frac{e^x-e^{-x}}{2}$$

$$1+(y')^2=1+\left(\frac{e^x-e^{-x}}{2}\right)^2=\left(\frac{e^x+e^{-x}}{2}\right)^2$$

であるから

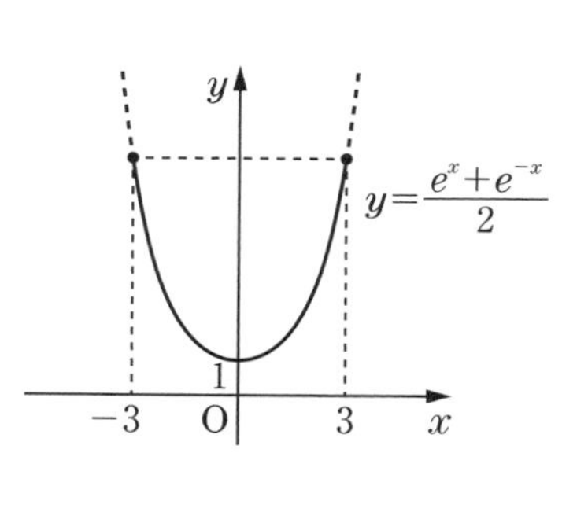


$$L=\int_{-3}^{3}\sqrt{1+(y')^2}\,dx$$

$$=\int_{-3}^{3}\frac{e^x+e^{-x}}{2}dx \quad \leftarrow \frac{e^x+e^{-x}}{2}>0$$

$$=2\int_{0}^{3}\frac{e^x+e^{-x}}{2}dx \quad \leftarrow e^x+e^{-x}\text{ は偶関数}$$

$$=\Big[e^x-e^{-x}\Big]_0^3$$

$$=e^3-\frac{1}{e^3}$$

**例2**　$xy$ 平面上を運動する点Pの座標 $(x,\ y)$ が，時刻 $t$ の関数として，

$x=e^t\cos t$，$y=e^t\sin t$ と表されるとき

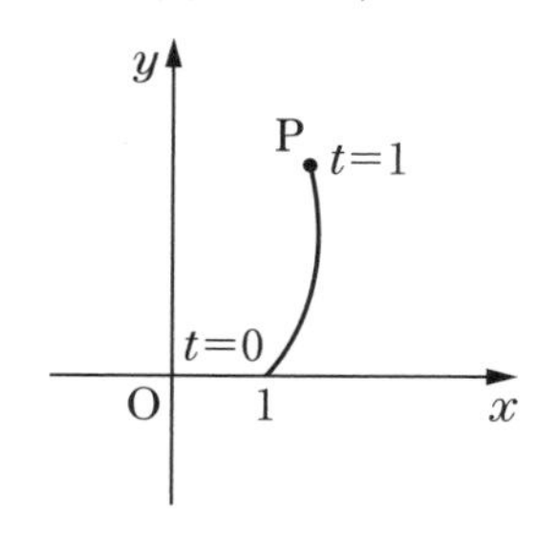


$$\frac{dx}{dt}=e^t\cos t-e^t\sin t=e^t(\cos t-\sin t)$$

$$\frac{dy}{dt}=e^t\sin t+e^t\cos t=e^t(\sin t+\cos t)$$

より，Pの速度 $\vec{v}$ の大きさ $|\vec{v}|$ は

$$|\vec{v}|=\sqrt{\left(\frac{dx}{dt}\right)^2+\left(\frac{dy}{dt}\right)^2}=\sqrt{2}\,e^t$$

であるから，Pが $0\leqq t\leqq 1$ の範囲を動く道のり $\ell$ は

$$\ell=\int_0^1|\vec{v}|dt$$

$$=\sqrt{2}\int_0^1 e^t dt$$

$$=\sqrt{2}\Big[e^t\Big]_0^1$$

$$=\sqrt{2}\,(e-1)$$

**テスト**　$xy$ 平面において，$x=\cos^3 t$，$y=\sin^3 t$ が表す曲線の $0\leqq t\leqq\dfrac{\pi}{2}$ の部分の長さを求めなさい。

$\dfrac{3}{2}$

## 基本問題

重要 **1** 次の積分を求めなさい。

(1) $\displaystyle\int\frac{(\sqrt{x}-1)^2}{x}dx$　　(2) $\displaystyle\int\cos^3 2x\,dx$

(3) $\displaystyle\int_0^4\sqrt{1+\sqrt{x}}\,dx$　　(4) $\displaystyle\int_0^{\frac{\pi}{2}}4x\cos 2x\,dx$

**解き方** (1) $\displaystyle\int\frac{(\sqrt{x}-1)^2}{x}dx=\int\left(1-2x^{-\frac{1}{2}}+\frac{1}{x}\right)dx$

$$=x-2\cdot\frac{1}{-\frac{1}{2}+1}x^{-\frac{1}{2}+1}+\log|x|+C$$

$$=x-4\sqrt{x}+\log|x|+C$$

**答え** $x-4\sqrt{x}+\log|x|+C$

(2) $\displaystyle\int\cos^3 2x\,dx=\int(1-\sin^2 2x)\cos 2x\,dx$ ← $\cos^2\theta=1-\sin^2\theta$

$$=\int\left\{\cos 2x-\sin^2 2x\left(\frac{1}{2}\sin 2x\right)'\right\}dx$$ ← $(\sin 2x)'=2\cos 2x$

$$=\frac{1}{2}\sin 2x-\frac{1}{6}\sin^3 2x+C$$ ← $\displaystyle\int\{f(x)\}^2f'(x)dx=\frac{1}{3}\{f(x)\}^3+C$

**答え** $\dfrac{1}{2}\sin 2x-\dfrac{1}{6}\sin^3 2x+C$

(3) $\sqrt{1+\sqrt{x}}=t$ とおくと，$1+\sqrt{x}=t^2$ すなわち，$x=(t^2-1)^2$

また，$dx=2(t^2-1)\cdot 2t\,dt=4t(t^2-1)dt$ より

| $x$ | $0\to 4$ |
|---|---|
| $t$ | $1\to\sqrt{3}$ |

$$\int_0^4\sqrt{1+\sqrt{x}}\,dx=\int_1^{\sqrt{3}}t\cdot 4t(t^2-1)dt$$

$$=4\int_1^{\sqrt{3}}(t^4-t^2)dt$$

$$=4\left[\frac{t^5}{5}-\frac{t^3}{3}\right]_1^{\sqrt{3}}$$

$$=4\left\{\frac{9\sqrt{3}}{5}-\sqrt{3}-\left(\frac{1}{5}-\frac{1}{3}\right)\right\}=\frac{16\sqrt{3}}{5}+\frac{8}{15}$$

**答え** $\dfrac{16\sqrt{3}}{5}+\dfrac{8}{15}$

(4) $\displaystyle\int_0^{\frac{\pi}{2}}4x\cos 2x\,dx=\int_0^{\frac{\pi}{2}}4x\cdot\frac{1}{2}(\sin 2x)'dx$

$$=\Big[2x\sin 2x\Big]_0^{\frac{\pi}{2}}-2\int_0^{\frac{\pi}{2}}\sin 2x\,dx$$

$$=0+\Big[\cos 2x\Big]_0^{\frac{\pi}{2}}=-2$$

**答え** $-2$

重要 **2** 次の積分を求めなさい。

(1) $\displaystyle\int_{-1}^{3}\frac{dx}{3+x^2}$　(2) $\displaystyle\int\frac{dx}{x^2+3x+2}$　(3) $\displaystyle\int_{0}^{\frac{\pi}{2}}\sin 3x\cos x\,dx$

**考え方**

(1)恒等式$\dfrac{1}{(\sqrt{3})^2+(\sqrt{3}\tan\theta)^2}=\left(\dfrac{\cos\theta}{\sqrt{3}}\right)^2$から，$x=\sqrt{3}\tan\theta$とおきます。

(2)部分分数分解を用います。

(3)三角関数の和の形に直します。

**解き方** (1) $x=\sqrt{3}\tan\theta$とおくと，$\dfrac{1}{3+x^2}=\dfrac{1}{3+3\tan^2\theta}=\dfrac{\cos^2\theta}{3}$

また，$dx=\dfrac{\sqrt{3}}{\cos^2\theta}d\theta$より

| $x$ | $-1\to 3$ |
|---|---|
| $\theta$ | $-\frac{\pi}{6}\to\frac{\pi}{3}$ |

$$\int_{-1}^{3}\frac{dx}{3+x^2}=\int_{-\frac{\pi}{6}}^{\frac{\pi}{3}}\frac{\cos^2\theta}{3}\cdot\frac{\sqrt{3}}{\cos^2\theta}d\theta=\int_{-\frac{\pi}{6}}^{\frac{\pi}{3}}\frac{d\theta}{\sqrt{3}}$$

$$=\left[\frac{\theta}{\sqrt{3}}\right]_{-\frac{\pi}{6}}^{\frac{\pi}{3}}=\frac{\pi}{2\sqrt{3}}$$

答え $\dfrac{\pi}{2\sqrt{3}}$

(2) $\dfrac{1}{x^2+3x+2}=\dfrac{1}{(x+1)(x+2)}=\dfrac{1}{x+1}-\dfrac{1}{x+2}$より

$$\int\frac{dx}{x^2+3x+2}=\int\left(\frac{1}{x+1}-\frac{1}{x+2}\right)dx$$

$$=\log|x+1|-\log|x+2|+C$$

$$=\log\left|\frac{x+1}{x+2}\right|+C$$

答え $\log\left|\dfrac{x+1}{x+2}\right|+C$

(3) $\sin(\alpha+\beta)=\sin\alpha\cos\beta+\cos\alpha\sin\beta$ …①

$\sin(\alpha-\beta)=\sin\alpha\cos\beta-\cos\alpha\sin\beta$ …②

(①+②)$\times\dfrac{1}{2}$：$\sin\alpha\cos\beta=\dfrac{1}{2}\{\sin(\alpha+\beta)+\sin(\alpha-\beta)\}$

$\alpha=3x$，$\beta=x$とすると，$\alpha+\beta=4x$，$\alpha-\beta=2x$となるから

$$\int_{0}^{\frac{\pi}{2}}\sin 3x\cos x\,dx=\frac{1}{2}\int_{0}^{\frac{\pi}{2}}(\sin 4x+\sin 2x)\,dx$$

$$=-\frac{1}{2}\left[\frac{1}{4}\cos 4x+\frac{1}{2}\cos 2x\right]_{0}^{\frac{\pi}{2}}$$

$$=-\frac{1}{2}\left\{\left(\frac{1}{4}-\frac{1}{2}\right)-\left(\frac{1}{4}+\frac{1}{2}\right)\right\}=\frac{1}{2}$$

答え $\dfrac{1}{2}$

重要
**3** 次の問いに答えなさい。

(1) 曲線 $y=\dfrac{1}{x}$ と $x$ 軸および2直線 $x=\sqrt{e}$，$x=e^2$ で囲まれた部分の面積 $S$ を求めなさい。

(2) 放物線 $y=x^2-4x+3$ と $x$ 軸で囲まれた部分の面積 $S$ を求めなさい。

(3) 曲線 $y=\cos x$ の $\dfrac{\pi}{4}\leqq x\leqq\pi$ の部分と $x$ 軸および2直線 $x=\dfrac{\pi}{4}$，$x=\pi$ で囲まれた2つの部分の面積の和を求めなさい。

**解き方** (1) $S=\displaystyle\int_{\sqrt{e}}^{e^2}\frac{1}{x}\,dx$

$=\Big[\log x\Big]_{\sqrt{e}}^{e^2}$

$=2-\dfrac{1}{2}=\dfrac{3}{2}$

**答え** $\dfrac{3}{2}$

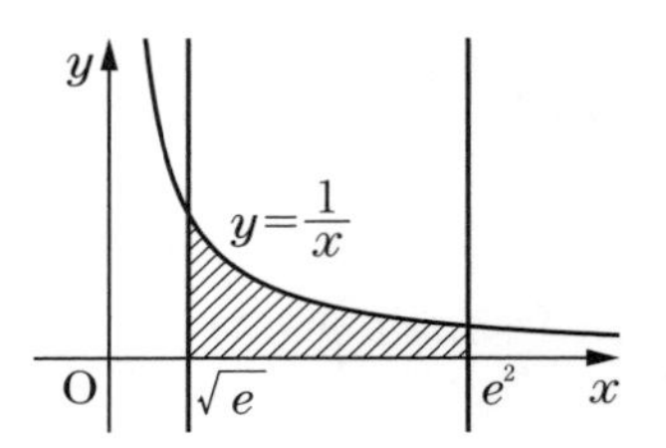


(2) $y=x^2-4x+3=(x-1)(x-3)$

$1\leqq x\leqq 3$ において，$x^2-4x+3\leqq 0$ より

$S=-\displaystyle\int_1^3(x^2-4x+3)\,dx$ ← $\displaystyle\int_\alpha^\beta(x-\alpha)(x-\beta)\,dx=-\frac{1}{6}(\beta-\alpha)^3$ より $S=-\displaystyle\int_1^3(x-1)(x-3)\,dx=\frac{1}{6}(3-1)^3=\frac{4}{3}$ としてもよい

$=-\left[\dfrac{x^3}{3}-2x^2+3x\right]_1^3$

$=-\left\{(9-18+9)-\left(\dfrac{1}{3}-2+3\right)\right\}$

$=\dfrac{4}{3}$

**答え** $\dfrac{4}{3}$

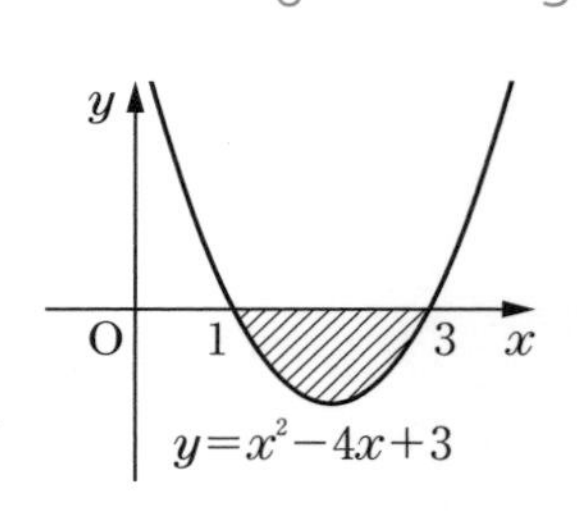


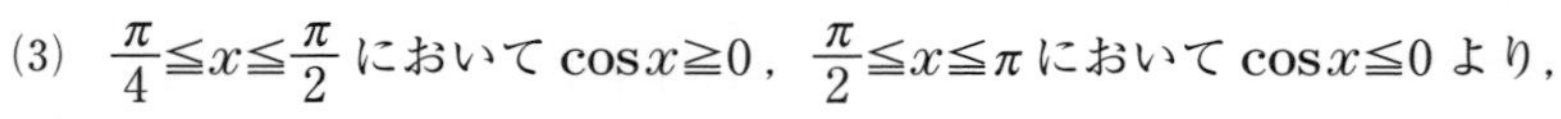
(3) $\dfrac{\pi}{4}\leqq x\leqq\dfrac{\pi}{2}$ において $\cos x\geqq 0$，$\dfrac{\pi}{2}\leqq x\leqq\pi$ において $\cos x\leqq 0$ より，

求める面積の和は

$\displaystyle\int_{\frac{\pi}{4}}^{\frac{\pi}{2}}\cos x\,dx-\int_{\frac{\pi}{2}}^{\pi}\cos x\,dx$

$=\Big[\sin x\Big]_{\frac{\pi}{4}}^{\frac{\pi}{2}}-\Big[\sin x\Big]_{\frac{\pi}{2}}^{\pi}$

$=1-\dfrac{\sqrt{2}}{2}-(0-1)=2-\dfrac{\sqrt{2}}{2}$

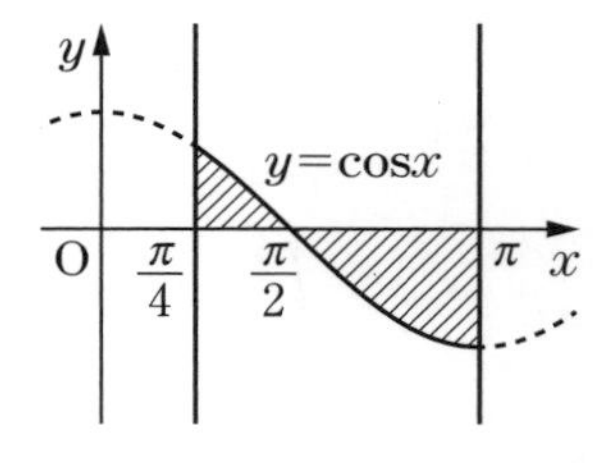


**答え** $2-\dfrac{\sqrt{2}}{2}$

**重要 4** 次の問いに答えなさい。

(1) 底面の半径が1，高さが2の直円柱があります。この底面の直径ABを含み，底面と60°の角をなす平面で，直円柱を2つの立体に分けるとき，小さい方の立体の体積$V$を求めなさい。

(2) 曲線$y=2^{-x}$と$x$軸，$y$軸および直線$x=2$で囲まれた部分を$x$軸のまわりに1回転させてできる立体の体積$V$を求めなさい。

(3) 放物線$y=x^2-2$と$x$軸によって囲まれた部分を$y$軸のまわりに1回転させてできる立体の体積$V$を求めなさい。

**考え方**

(1) $x$軸の上に直径ABをとります。

(3) $x^2$を$y$の式で表し，$y$で積分します。

**解き方** (1) $x$軸上に直径ABを，2点A，Bの$x$座標がそれぞれ$-1$，1となるようにとり，座標$(x,\ 0)$の点を通り$x$軸に垂直な平面でこの立体を切断したときの切り口の面積を$S(x)$とすると

$$S(x)=\frac{1}{2}\sqrt{1-x^2}\cdot\sqrt{1-x^2}\tan 60^\circ=\frac{\sqrt{3}}{2}(1-x^2)$$

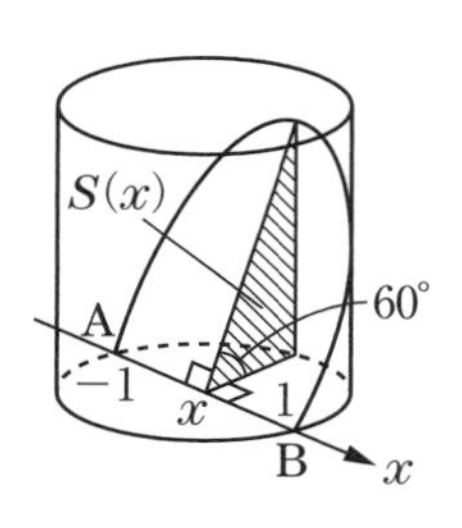


対称性を考えると，求める体積$V$は

$$V=\int_{-1}^{1}S(x)\,dx=2\cdot\frac{\sqrt{3}}{2}\int_0^1(1-x^2)\,dx$$

$$=\sqrt{3}\left[x-\frac{x^3}{3}\right]_0^1$$

$$=\frac{2\sqrt{3}}{3}$$

**答え** $\frac{2\sqrt{3}}{3}$

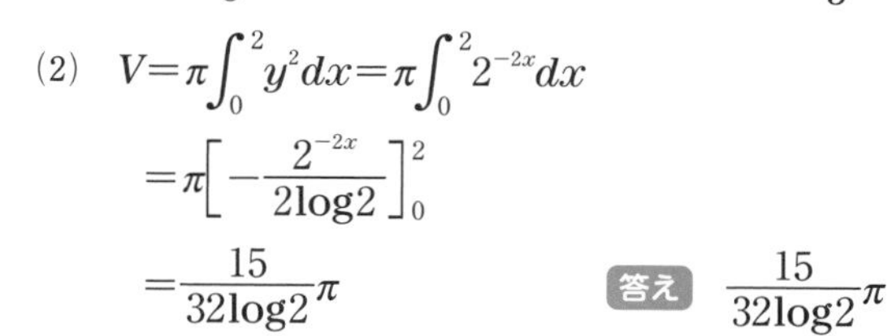

(2) $$V=\pi\int_0^2 y^2\,dx=\pi\int_0^2 2^{-2x}\,dx$$

$$=\pi\left[-\frac{2^{-2x}}{2\log 2}\right]_0^2$$

$$=\frac{15}{32\log 2}\pi$$

**答え** $\frac{15}{32\log 2}\pi$

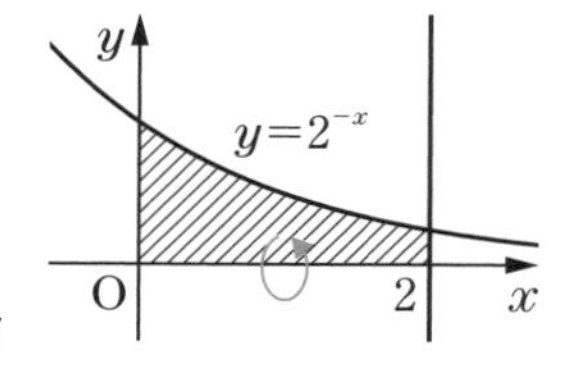


(3) $x^2=y+2$であり，対称性を考えて

$$V=\pi\int_{-2}^{0}x^2\,dy=\pi\int_{-2}^{0}(y+2)\,dy$$

$$=\pi\left[\frac{y^2}{2}+2y\right]_{-2}^{0}$$

$$=2\pi$$

**答え** $2\pi$

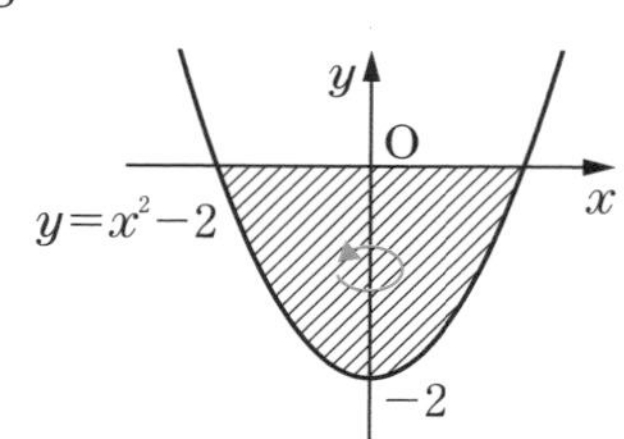

**5** 曲線 $y=e^{\frac{1}{2}x}+e^{-\frac{1}{2}x}$ の $0 \leqq x \leqq 2$ の部分の長さ $L$ を求めなさい。

**ポイント** $L=\int_a^b \sqrt{1+\left(\frac{dy}{dx}\right)^2}\,dx=\int_a^b \sqrt{1+\{f'(x)\}^2}\,dx$

**解き方** $\frac{dy}{dx}=\frac{1}{2}e^{\frac{1}{2}x}-\frac{1}{2}e^{-\frac{1}{2}x}$ および $\frac{e^{\frac{1}{2}x}+e^{-\frac{1}{2}x}}{2}>0$ より

$$\sqrt{1+\left(\frac{dy}{dx}\right)^2}=\sqrt{1+\left(\frac{e^{\frac{1}{2}x}-e^{-\frac{1}{2}x}}{2}\right)^2}=\sqrt{\left(\frac{e^{\frac{1}{2}x}+e^{-\frac{1}{2}x}}{2}\right)^2}=\frac{e^{\frac{1}{2}x}+e^{-\frac{1}{2}x}}{2}$$

よって，求める曲線の長さ $L$ は

$$L=\int_0^2 \sqrt{1+\left(\frac{dy}{dx}\right)^2}\,dx$$
$$=\int_0^2 \frac{e^{\frac{1}{2}x}+e^{-\frac{1}{2}x}}{2}\,dx$$
$$=\left[e^{\frac{1}{2}x}-e^{-\frac{1}{2}x}\right]_0^2$$
$$=e-\frac{1}{e}$$

**答え** $e-\frac{1}{e}$

**6** $xy$ 平面上を運動する点Pの座標 $(x,\ y)$ が，時刻 $t$ の関数として $x=t^2$，$y=t^3$ と表されるとき，Pが $0 \leqq t \leqq 1$ の範囲を動く道のり $\ell$ を求めなさい。

**ポイント** $\ell=\int_\alpha^\beta \sqrt{\left(\frac{dx}{dt}\right)^2+\left(\frac{dy}{dt}\right)^2}\,dt=\int_\alpha^\beta \sqrt{\{f'(t)\}^2+\{g'(t)\}^2}\,dt$

**解き方** $\frac{dx}{dt}=2t$，$\frac{dy}{dt}=3t^2$ および $t \geqq 0$ より

$$\sqrt{\left(\frac{dx}{dt}\right)^2+\left(\frac{dy}{dt}\right)^2}=\sqrt{4t^2+9t^4}=t\sqrt{4+9t^2}$$

よって

$$\ell=\int_0^1 t\sqrt{4+9t^2}\,dt$$
$$=\frac{1}{18}\int_0^1 (4+9t^2)'(4+9t^2)^{\frac{1}{2}}dt$$
$$=\frac{1}{18}\left[\frac{2}{3}(4+9t)^{\frac{3}{2}}\right]_0^1$$
$$=\frac{13\sqrt{13}-8}{27}$$

**答え** $\frac{13\sqrt{13}-8}{27}$

# 応用問題

重要 **1** 不定積分$\int e^{-x}\sin x\,dx$ を求めなさい。

**考え方** 部分積分を2回くり返すと，元の不定積分が現れることを用います。

**解き方** $I=\int e^{-x}\sin x\,dx$ とする。

$$I=\int(-e^{-x})'\sin x\,dx=-e^{-x}\sin x+\int e^{-x}\cos x\,dx$$

$$=-e^{-x}\sin x+\int(-e^{-x})'\cos x\,dx=-e^{-x}\sin x-e^{-x}\cos x-\int e^{-x}\sin x\,dx$$

$$=-e^{-x}(\sin x+\cos x)-I+C'\ (C' \text{は積分定数})$$

よって，$I=-\dfrac{1}{2}e^{-x}(\sin x+\cos x)+\dfrac{C'}{2}$

積分定数について $\dfrac{C'}{2}=C$ とすると，$I=-\dfrac{1}{2}e^{-x}(\sin x+\cos x)+C$

**答え** $-\dfrac{1}{2}e^{-x}(\sin x+\cos x)+C$

**2** 等式$f(x)=\cos x+3\int_0^{\frac{\pi}{2}}f(t)\sin t\,dt$ を満たす関数$f(x)$を求めなさい。

**考え方** $\int_a^b g(t)dt$ は $x$ を含まない定数なので，$\int_a^b g(t)dt=k$ とおけます。

**解き方** $\int_0^{\frac{\pi}{2}}f(t)\sin t\,dt=k$（定数）とすると，$f(x)=\cos x+3k$

$$k=\int_0^{\frac{\pi}{2}}(\cos t+3k)\sin t\,dt=\int_0^{\frac{\pi}{2}}\left(\frac{1}{2}\sin 2t+3k\sin t\right)dt$$

$$=\left[-\frac{1}{4}\cos 2t-3k\cos t\right]_0^{\frac{\pi}{2}}=\frac{1}{2}+3k$$

これより，$k=\dfrac{1}{2}+3k$ すなわち，$k=-\dfrac{1}{4}$

よって，$f(x)=\cos x+3\cdot\left(-\dfrac{1}{4}\right)=\cos x-\dfrac{3}{4}$

**答え** $f(x)=\cos x-\dfrac{3}{4}$

第3章 関数

**3** $f(x)=\int_0^x (x-t)\sin t\,dt$ を $x$ で微分しなさい。

ポイント
$$\frac{d}{dx}\int_a^x f(t)\,dt=f(x)\ (a \text{ は定数})$$

解き方 $f(x)=x\int_0^x \sin t\,dt-\int_0^x t\sin t\,dt$ から，積の微分法により

$$f'(x)=1\cdot\int_0^x \sin t\,dt+x\left(\frac{d}{dx}\int_0^x \sin t\,dt\right)-\frac{d}{dx}\int_0^x t\sin t\,dt$$
$$=\int_0^x \sin t\,dt+x\sin x-x\sin x$$
$$=\Big[-\cos t\Big]_0^x=-\cos x+1$$

答え $f'(x)=-\cos x+1$

**4** 次の極限値を求めなさい。

(1) $\displaystyle\lim_{n\to\infty}\sum_{k=1}^{3n}\frac{k}{n^2+k^2}$　　(2) $\displaystyle\lim_{n\to\infty}\log\left\{\frac{1}{n}\sqrt[n]{\frac{(2n)!}{n!}}\right\}$

ポイント
$$\lim_{n\to\infty}\frac{1}{n}\sum_{k=1}^{n}f\left(\frac{k}{n}\right)=\int_0^1 f(x)\,dx$$

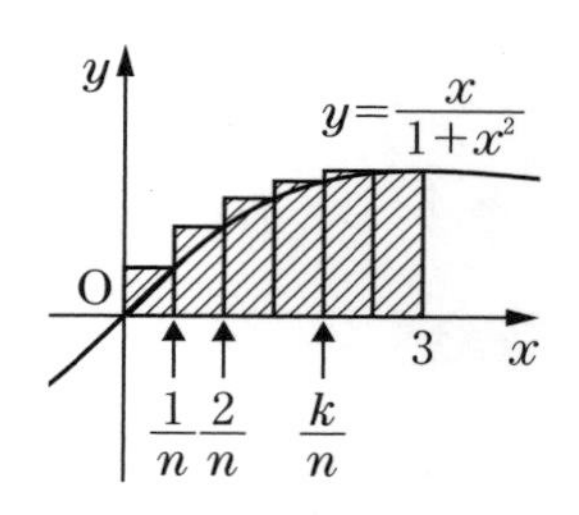


解き方 (1) $\displaystyle\lim_{n\to\infty}\sum_{k=1}^{3n}\frac{k}{n^2+k^2}$

$$=\lim_{n\to\infty}\frac{1}{n}\sum_{k=1}^{3n}\frac{\frac{k}{n}}{1+\left(\frac{k}{n}\right)^2}=\int_0^3\frac{x}{1+x^2}\,dx$$
$$=\frac{1}{2}\int_0^3\frac{(1+x^2)'}{1+x^2}\,dx=\left[\frac{1}{2}\log(1+x^2)\right]_0^3=\log\sqrt{10}$$

答え $\log\sqrt{10}$

(2) $$\log\left\{\frac{1}{n}\sqrt[n]{\frac{(2n)!}{n!}}\right\}=\frac{1}{n}\log\left\{\frac{(2n)!}{n^n\cdot n!}\right\}=\frac{1}{n}\log\left(\frac{n+1}{n}\cdot\frac{n+2}{n}\cdot\frac{n+3}{n}\cdot\cdots\cdot\frac{2n}{n}\right)$$
$$=\frac{1}{n}\left\{\log\left(1+\frac{1}{n}\right)+\log\left(1+\frac{2}{n}\right)+\cdots+\log\left(1+\frac{n}{n}\right)\right\}$$
$$=\frac{1}{n}\sum_{k=1}^{n}\log\left(1+\frac{k}{n}\right)$$

よって

$$\lim_{n\to\infty}\log\left\{\frac{1}{n}\sqrt[n]{\frac{(2n)!}{n!}}\right\}=\int_0^1\log(1+x)\,dx=\Big[(1+x)\log(1+x)-x\Big]_0^1$$
$$=2\log2-1$$

答え $2\log2-1$

**5** 定積分 $I_n=\int_0^{\frac{\pi}{4}}\tan^n x\,dx$ について，次の問いに答えなさい。ただし，$n$ は正の整数です。

(1) $I_1$，$I_2$ を求めなさい。

(2) $I_{n+2}$ を，$I_n$ を用いて表しなさい。また，$I_5$ を求めなさい。

**考え方**

(2) $\tan^2 x=\frac{1}{\cos^2 x}-1$ より，$\tan^{n+2}x=\tan^n x\left(\frac{1}{\cos^2 x}-1\right)$ と変形します。

**解き方** (1) $I_1=\int_0^{\frac{\pi}{4}}\tan x\,dx=\int_0^{\frac{\pi}{4}}\frac{\sin x}{\cos x}dx=\Big[-\log(\cos x)\Big]_0^{\frac{\pi}{4}}=\frac{1}{2}\log 2$

$-\log\left(\frac{1}{\sqrt{2}}\right)=\frac{1}{2}\log 2$

$$I_2=\int_0^{\frac{\pi}{4}}\tan^2 x\,dx$$

$\tan^2 x=\frac{1}{\cos^2 x}-1$

$$=\int_0^{\frac{\pi}{4}}\left(\frac{1}{\cos^2 x}-1\right)dx$$

$\int\frac{dx}{\cos^2 x}=\tan x+C$

$$=\Big[\tan x-x\Big]_0^{\frac{\pi}{4}}$$

$$=1-\frac{\pi}{4}$$

**答え** $I_1=\frac{1}{2}\log 2$，$I_2=1-\frac{\pi}{4}$

(2) $I_{n+2}=\int_0^{\frac{\pi}{4}}\tan^n x\tan^2 x\,dx$

$$=\int_0^{\frac{\pi}{4}}\tan^n x\left(\frac{1}{\cos^2 x}-1\right)dx$$

$$=\int_0^{\frac{\pi}{4}}\tan^n x(\tan x)'dx-\int_0^{\frac{\pi}{4}}\tan^n x\,dx$$

$$=\left[\frac{1}{n+1}\tan^{n+1}x\right]_0^{\frac{\pi}{4}}-I_n$$

$$=\frac{1}{n+1}-I_n$$

これを用いると

$$I_5=\frac{1}{3+1}-I_3=\frac{1}{4}-\left(\frac{1}{1+1}-I_1\right)=I_1-\frac{1}{4}=\frac{1}{2}\log 2-\frac{1}{4}$$

**答え** $I_{n+2}=\frac{1}{n+1}-I_n$，$I_5=\frac{1}{2}\log 2-\frac{1}{4}$

$-\dfrac{\pi}{4} \leqq x \leqq \dfrac{3}{4}\pi$ の範囲で，2 曲線 $y=\cos x$，$y=-\sin x$ によって囲まれた部分を $D$ とするとき，次の問いに答えなさい。

(1) $D$ の面積 $S$ を求めなさい。

(2) $D$ を $x$ 軸のまわりに 1 回転させてできる立体の体積 $V$ を求めなさい。

**考え方**

(2)曲線が回転軸の上と下の両側にある場合は，一方をもう一方の側に折り返します。

**解き方** (1) $-\dfrac{\pi}{4} \leqq x \leqq \dfrac{3}{4}\pi$ において，$\cos x \geqq -\sin x$ より

$$S=\int_{-\frac{\pi}{4}}^{\frac{3}{4}\pi}\{\cos x-(-\sin x)\}\,dx$$

$$=\Big[\sin x-\cos x\Big]_{-\frac{\pi}{4}}^{\frac{3}{4}\pi}$$

$$=\left\{\frac{\sqrt{2}}{2}-\left(-\frac{\sqrt{2}}{2}\right)\right\}-\left(-\frac{\sqrt{2}}{2}-\frac{\sqrt{2}}{2}\right)$$

$$=2\sqrt{2}$$

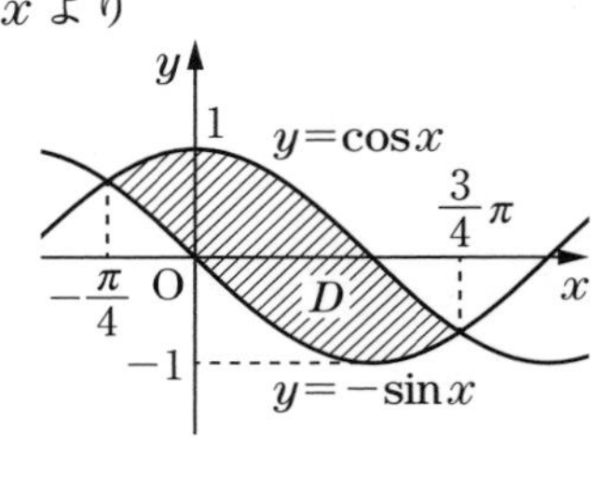


答え $2\sqrt{2}$

(2) $D$ の $x$ 軸より下にある部分を $x$ 軸の上に折り返すと図のようになり，斜線部分の図形を，$x$ 軸のまわりに 1 回転させてできる立体を考えればよい。

回転させる図形は，直線 $x=\dfrac{\pi}{4}$ に関して対称なので

$$V=2\pi\left\{\int_{-\frac{\pi}{4}}^{\frac{\pi}{4}}(\cos x)^2dx-\int_{-\frac{\pi}{4}}^{0}(-\sin x)^2dx\right\}$$

$$=2\pi\left(2\int_{0}^{\frac{\pi}{4}}\cos^2 x\,dx-\int_{-\frac{\pi}{4}}^{0}\sin^2 x\,dx\right)$$

$$=2\pi\left(2\int_{0}^{\frac{\pi}{4}}\frac{1+\cos 2x}{2}dx-\int_{-\frac{\pi}{4}}^{0}\frac{1-\cos 2x}{2}dx\right)$$

$$=2\pi\left(2\left[\frac{x}{2}+\frac{\sin 2x}{4}\right]_{0}^{\frac{\pi}{4}}-\left[\frac{x}{2}-\frac{\sin 2x}{4}\right]_{-\frac{\pi}{4}}^{0}\right)$$

$$=2\pi\left\{2\left(\frac{\pi}{8}+\frac{1}{4}\right)+\left(-\frac{\pi}{8}+\frac{1}{4}\right)\right\}=\frac{\pi(\pi+6)}{4}$$

答え $\dfrac{\pi(\pi+6)}{4}$

**7** $0 \leqq t \leqq 2\pi$ において，$x=t-\sin t$，$y=1-\cos t$ で表される曲線(サイクロイド)を $C$ とします。これについて，次の問いに答えなさい。

(1) $C$ と $x$ 軸で囲まれた部分の面積 $S$ を求めなさい。

(2) $C$ の長さ $L$ を求めなさい。

(3) $C$ と $x$ 軸で囲まれた部分を $x$ 軸のまわりに1回転させてできる立体の体積 $V$ を求めなさい。

**解き方** (1) $dx=(1-\cos t)dt$ より

| $x$ | $0 \to 2\pi$ |
|---|---|
| $t$ | $0 \to 2\pi$ |

$$S=\int_0^{2\pi} y\,dx$$
$$=\int_0^{2\pi}(1-\cos t)\cdot(1-\cos t)\,dt$$
$$=\int_0^{2\pi}\left(1-2\cos t+\frac{1+\cos 2t}{2}\right)dt$$
$$=\left[\frac{3}{2}t-2\sin t+\frac{1}{4}\sin 2t\right]_0^{2\pi}=3\pi$$

**答え** $3\pi$

(2) $\dfrac{dx}{dt}=1-\cos t$，$\dfrac{dy}{dt}=\sin t$ より

$$\sqrt{\left(\frac{dx}{dt}\right)^2+\left(\frac{dy}{dt}\right)^2}=\sqrt{(1-\cos t)^2+\sin^2 t}$$
$$=\sqrt{2(1-\cos t)}=\sqrt{4\sin^2\frac{t}{2}}$$ ←$\cos t=1-2\sin^2\dfrac{t}{2}$
$$=2\left|\sin\frac{t}{2}\right|=2\sin\frac{t}{2}$$ ←$0 \leqq \dfrac{t}{2} \leqq \pi$ より，$\sin\dfrac{t}{2} \geqq 0$

よって

$$L=\int_0^{2\pi}\sqrt{\left(\frac{dx}{dt}\right)^2+\left(\frac{dy}{dt}\right)^2}\,dt=\int_0^{2\pi}2\sin\frac{t}{2}\,dt$$
$$=-4\left[\cos\frac{t}{2}\right]_0^{2\pi}=8$$

**答え** 8

(3) $$V=\pi\int_0^{2\pi}y^2\,dx$$
$$=x\int_0^{2\pi}(1-\cos t)^2\cdot(1-\cos t)\,dt$$
$$=\pi\int_0^{2\pi}\left(1-3\cos t+3\cdot\frac{1+\cos 2t}{2}-\frac{\cos 3t+3\cos t}{4}\right)dt$$
↑$\cos^3 t=\dfrac{\cos 3t+3\cos t}{4}$
$$=\pi\left[\frac{5}{2}t-\frac{15}{4}\sin t+\frac{3}{4}\sin 2t-\frac{1}{12}\sin 3t\right]_0^{2\pi}$$
$$=5\pi^2$$

**答え** $5\pi^2$

# 発展問題

**1** 放物線 $C$：$y=-x^2+2x$ と直線 $m$：$y=x$ で囲まれた図形を，$m$ のまわりに1回転させてできる立体の体積 $V$ を求めなさい。

**解き方** $C$ と $m$ の共有点の $x$ 座標は，$-x^2+2x=x$ すなわち，$x=0$，$1$

よって，原点O以外の共有点Aの座標は(1，1)であり，$\mathrm{OA}=\sqrt{2}$ である。

$0\leqq x\leqq 1$ において，$C$ 上の点 $\mathrm{P}(x,\ -x^2+2x)$ から $m$ に垂線PHを引き，$\mathrm{PH}=\ell$，$\mathrm{OH}=t$ とおく。

$\ell$ はPと $m$：$x-y=0$ の距離であるから

$$\ell=\frac{|x-(-x^2+2x)|}{\sqrt{2}}=\frac{|x^2-x|}{\sqrt{2}}$$

であり，点Hを通って $m$ に垂直な平面でこの回転体を切断した切り口は半径 $\ell$ の円であるから

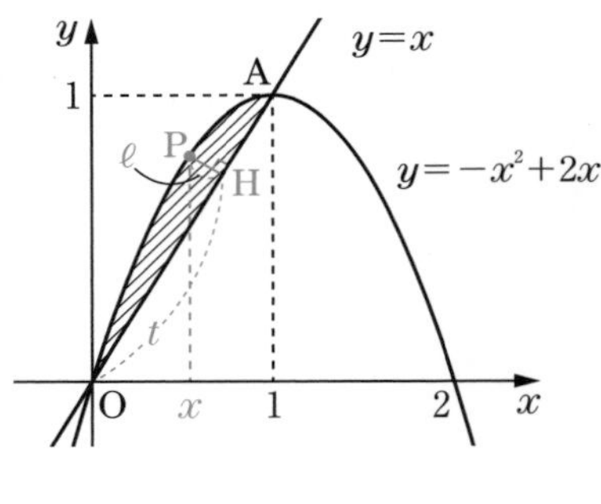


$$V=\pi\int_0^{\sqrt{2}}\ell^2dt$$

ここで，$\mathrm{OH}=\sqrt{\mathrm{OP}^2-\ell^2}$ より

$$t=\sqrt{\{x^2+(-x^2+2x)^2\}-\left(\frac{x^2-x}{\sqrt{2}}\right)^2}$$

$$=\sqrt{\frac{x^4-6x^3+9x^2}{2}}$$

$$=\frac{\sqrt{x^2(x-3)^2}}{\sqrt{2}}=\frac{|x(x-3)|}{\sqrt{2}}$$

$0\leqq x\leqq 1$ より $x(x-3)\leqq 0$ であるから，$t=\dfrac{-x(x-3)}{\sqrt{2}}=\dfrac{-x^2+3x}{\sqrt{2}}$

よって，$dt=\dfrac{-2x+3}{\sqrt{2}}dx$ より

| $t$ | $0\to\sqrt{2}$ |
|---|---|
| $x$ | $0\to 1$ |

$$V=\pi\int_0^{\sqrt{2}}\ell^2dt$$

$$=\pi\int_0^1\frac{x^4-2x^3+x^2}{2}\cdot\frac{-2x+3}{\sqrt{2}}dx \leftarrow \ell=\frac{x-x^2}{\sqrt{2}}$$

$$=\frac{\pi}{2\sqrt{2}}\int_0^1(-2x^5+7x^4-8x^3+3x^2)dx$$

$$=\frac{\sqrt{2}}{4}\pi\left[-\frac{1}{3}x^6+\frac{7}{5}x^5-2x^4+x^3\right]_0^1$$

$$=\frac{\sqrt{2}}{4}\pi\left(-\frac{1}{3}+\frac{7}{5}-2+1\right)=\frac{\sqrt{2}}{60}\pi$$

**答え** $\dfrac{\sqrt{2}}{60}\pi$

# 練習問題

答え：別冊 p.64 ～ p.71

重要
**1** $e$を自然対数の底とします。次の不定積分を求めなさい。

(1) $\int x\sqrt[3]{x}\,dx$ (2) $\int \frac{dx}{\sin^2 3x}$

(3) $\int \sin 5x \sin 2x\,dx$ (4) $\int \frac{dx}{x\log_e x}$

重要
**2** $e$を自然対数の底とします。次の定積分を求めなさい。

(1) $\int_1^2 x\sqrt{x-1}\,dx$ (2) $\int_0^1 \frac{dx}{e^x+1}$

(3) $\int_{-1}^0 \sqrt{-x^2-2x}\,dx$ (4) $\int_{-\frac{2}{3}}^0 \frac{1}{3x^2+6x+4}\,dx$

(5) $\int_0^{\frac{\pi}{2}} x^2\cos x\,dx$ (6) $\int_0^{\pi} e^{2x}\cos 3x\,dx$

**3** $t=\tan\frac{x}{2}$とするとき，次の問いに答えなさい。

(1) $\sin x$を$t$を用いて表しなさい。

(2) 不定積分$\int \frac{dx}{\sin x}$を求めなさい。

重要
**4** 定積分$\int_{\alpha}^{\beta}(x-\alpha)^2(x-\beta)\,dx$（$\alpha$，$\beta$は定数）を求めなさい。

**5** 次の等式を満たす関数$f(x)$を求めなさい。ただし，$e$は自然対数の底を表します。

$$f(x)=\log_e x+\int_1^e tf(t)\,dt$$

重要
**6** 次の極限値を求めなさい。

$$\lim_{n\to\infty}\sum_{k=1}^{n}\frac{n+2k}{n^2+nk+k^2}$$

重要
**7**　$0 \leqq x \leqq 1$ のとき，$x \leqq 2x-x^2 \leqq 1$ が成り立つことを用いて，不等式 $1.71 < \int_0^1 e^{2x-x^2}dx < 2.72$ を証明しなさい。ただし，$e$ は自然対数の底を表し，$2.71 < e < 2.72$ であることは証明せずに用いてかまいません。

重要
**8**　$xy$ 平面上で，方程式 $\sqrt{x}+\sqrt{y}=1$ で表される曲線と $x$ 軸，$y$ 軸で囲まれた部分を $D$ とするとき，次の問いに答えなさい。

(1)　$D$ の面積 $S$ を求めなさい。

(2)　$D$ を $x$ 軸のまわりに1回転させてできる立体の体積 $V$ を求めなさい。

重要
**9**　$xy$ 平面上で，曲線 $y=e^x$ を $C$，$C$ 上の点 $(1,\ e)$ における接線を $\ell$ とし，$C$，$y$ 軸および $\ell$ によって囲まれた部分を $D$ とするとき，次の問いに答えなさい。ただし，$e$ は自然対数の底を表します。

(1)　$D$ の面積 $S$ を求めなさい。

(2)　$D$ を $x$ 軸のまわりに1回転させてできる立体の体積 $V$ を求めなさい。

**10**　$xy$ 平面上で，曲線 $y=\sin x$ の $0 \leqq x \leqq \pi$ の部分と $x$ 軸で囲まれた部分を $D$ とするとき，次の問いに答えなさい。

(1)　$D$ を $x$ 軸のまわりに1回転させてできる立体の体積 $V_1$ を求めなさい。

(2)　$D$ を $y$ 軸のまわりに1回転させてできる立体の体積 $V_2$ を求めなさい。

**11**　$xy$ 平面上を運動する点Pの座標 $(x,\ y)$ が時刻 $t$ の関数として，$x=e^{-t}(\sin t+\cos t)$，$y=e^{-t}(\sin t-\cos t)$ と表されるとき，Pが $0 \leqq t \leqq 1$ の範囲を動く道のり $\ell$ を求めなさい。ただし，$e$ は自然対数の底を表します。

# 第4章 確率・統計

# 4-1 確率分布と統計的な推測

## 1 確率変数と確率分布

☑チェック！

確率変数と確率分布…

試行の結果によってその値が定まる変数を確率変数といいます。確率変数 $X$ の値が $a$ となる確率を $P(X=a)$ と表し，$X$ が $a$ 以上 $b$ 以下の値をとる確率を $P(a \leqq X \leqq b)$ と表します。確率変数 $X$ がとる値とその確率の対応関係を確率分布（分布）といい，このとき，確率変数 $X$ はこの分布に従うといいます。

## 2 確率変数の平均，分散，標準偏差

☑チェック！

確率変数の平均，分散，標準偏差…

確率変数 $X$ が値 $x_1$，$x_2$，…，$x_n$ をとる確率がそれぞれ $p_1$，$p_2$，…，$p_n$ であるとき，$X$ の平均（期待値）$E(X)$，分散 $V(X)$，標準偏差 $\sigma(X)$ は，$E(X)=m$ とするとき，それぞれ次の式で表されます。

$$E(X)=x_1p_1+x_2p_2+\cdots+x_np_n=\sum_{k=1}^{n}x_kp_k$$

$$V(X)=E((X-m)^2)=(x_1-m)^2p_1+(x_2-m)^2p_2+\cdots+(x_n-m)^2p_n$$

$$=\sum_{k=1}^{n}(x_k-m)^2p_k$$

$$\sigma(X)=\sqrt{V(X)}$$

分散，標準偏差の性質…

分散 $V(X)$ と標準偏差 $\sigma(X)$ は，次の式でも求められます。

$$V(X)=E(X^2)-\{E(X)\}^2,\quad \sigma(X)=\sqrt{E(X^2)-\{E(X)\}^2}$$

1 次式の平均，分散，標準偏差…

$X$ を確率変数，$a$，$b$ を定数とするとき，次の式が成り立ちます。

$$E(aX+b)=aE(X)+b,\quad V(aX+b)=a^2V(X),\quad \sigma(aX+b)=|a|\sigma(X)$$

例 1　1 個のさいころを投げたときの目の数を $X$ とすると

$$E(X)=1\cdot\frac{1}{6}+2\cdot\frac{1}{6}+3\cdot\frac{1}{6}+4\cdot\frac{1}{6}+5\cdot\frac{1}{6}+6\cdot\frac{1}{6}=\frac{7}{2}$$

$$V(X)=\left(1-\frac{7}{2}\right)^2\cdot\frac{1}{6}+\left(2-\frac{7}{2}\right)^2\cdot\frac{1}{6}+\left(3-\frac{7}{2}\right)^2\cdot\frac{1}{6}+\left(4-\frac{7}{2}\right)^2\cdot\frac{1}{6}+\left(5-\frac{7}{2}\right)^2\cdot\frac{1}{6}+\left(6-\frac{7}{2}\right)^2\cdot\frac{1}{6}$$

$$=\frac{25+9+1+1+9+25}{24}=\frac{35}{12}$$

また，$E(X^2)=1^2\cdot\frac{1}{6}+2^2\cdot\frac{1}{6}+3^2\cdot\frac{1}{6}+4^2\cdot\frac{1}{6}+5^2\cdot\frac{1}{6}+6^2\cdot\frac{1}{6}=\frac{91}{6}$ より

$$V(X)=E(X^2)-\{E(X)\}^2=\frac{91}{6}-\left(\frac{7}{2}\right)^2=\frac{35}{12}$$

として求めることもできます。

## 3　確率変数の和と積，独立な確率変数

☑ チェック！

確率変数の和の平均…

2 つの確率変数 $X$，$Y$ とその平均 $E(X)$，$E(Y)$ について，次の式が成り立ちます。

$$E(X+Y)=E(X)+E(Y)$$

事象の独立，従属…

2 つの事象 $A$，$B$ が起こる確率について，$P(A\cap B)=P(A)P(B)$ が成り立つとき，$A$ と $B$ は独立であるといいます。2 つの事象 $A$，$B$ が独立でないとき，$A$ と $B$ は従属であるといいます。

確率変数の独立…

2 つの確率変数 $X$，$Y$ およびそれらがとる任意の値 $a$，$b$ について，次の式が成り立つとき，$X$ と $Y$ は独立であるといいます。

$$P(X=a,\ Y=b)=P(X=a)P(Y=b)$$

独立な確率変数の平均，分散，標準偏差…

$X$ と $Y$ が独立な確率変数であるとき，次の式が成り立ちます。

$$E(XY)=E(X)E(Y),\ V(X+Y)=V(X)+V(Y),$$

$$\sigma(X+Y)=\sqrt{V(X)+V(Y)}=\sqrt{\{\sigma(X)\}^2+\{\sigma(Y)\}^2}$$

**例１**　大小２個のさいころを投げたときの目の数をそれぞれ$X$，$Y$とすると，確率変数$X$と$Y$は独立であるから

$$E(XY)=E(X)E(Y)=\frac{7}{2}\cdot\frac{7}{2}=\frac{49}{4}$$

$$V(X+Y)=V(X)+V(Y)=\frac{35}{12}+\frac{35}{12}=\frac{35}{6}$$

$$\sigma(X+Y)=\sqrt{V(X+Y)}=\sqrt{\frac{35}{6}}=\frac{\sqrt{210}}{6}$$

**テスト**　２つの独立な確率変数$X$，$Y$の標準偏差について$\sigma(X)=3.0$，$\sigma(Y)=4.0$が成り立つとき，$\sigma(X+Y)$を求めなさい。　**答え**　5.0

## 4　二項分布

**チェック！**

**二項分布…**

同じ条件のもとで繰り返し行われる$n$回の独立な反復試行において，事象$A$が起こる確率を$p$，$A$が起こる回数を$X$とすると，$X$は確率変数で，その確率分布は

$P(X=r)={}_n\mathrm{C}_r p^r q^{n-r}$　ただし，$q=1-p$，$r=0$，1，2，…，$n$

となります。この確率分布を二項分布といい，$B(n,\ p)$で表します。

**二項分布の平均，分散，標準偏差…**

確率変数$X$が二項分布$B(n,\ p)$に従うとき，$q=1-p$とすると，次の式が成り立ちます。

$E(X)=np$，$V(X)=npq$，$\sigma(X)=\sqrt{V(X)}=\sqrt{npq}$

**例１**　１個のさいころを５回投げるとき，１の目が４回以上出る確率は

$$P(X\geqq 4)=P(X=4)+P(X=5)={}_5\mathrm{C}_1\left(\frac{1}{6}\right)^4\left(\frac{5}{6}\right)+\left(\frac{1}{6}\right)^5=\frac{25+1}{6^5}=\frac{13}{3888}$$

１の目が出た回数を$X$とすると，確率変数$X$は二項分布$B\left(5,\ \frac{1}{6}\right)$に従うので

$$E(X)=5\cdot\frac{1}{6}=\frac{5}{6},\quad V(X)=5\cdot\frac{1}{6}\cdot\left(1-\frac{1}{6}\right)=\frac{25}{36},\quad \sigma(X)=\sqrt{V(X)}=\frac{5}{6}$$

**テスト**　１枚の硬貨を８回投げるとき，裏の出る回数$X$の平均$E(X)$，分散$V(X)$，標準偏差$\sigma(X)$を求めなさい。　**答え**　$E(X)=4$，$V(X)=2$，$\sigma(X)=\sqrt{2}$

## 5 正規分布

**チェック！**

**連続型確率変数，離散型確率変数，確率密度関数…**

連続的な値をとる確率変数を連続型確率変数といい，これまでに扱ったとびとびの値をとる確率変数を離散型確率変数といいます。連続型確率変数 $X$ に対して，関数 $y=f(x)$ を対応させると，次の性質が成り立ちます。

①つねに $f(x) \geqq 0$

②確率 $P(a \leqq X \leqq b)$ は，曲線 $y=f(x)$ と $x$ 軸および2直線 $x=a$，$x=b$ で囲まれた部分の面積に等しい。

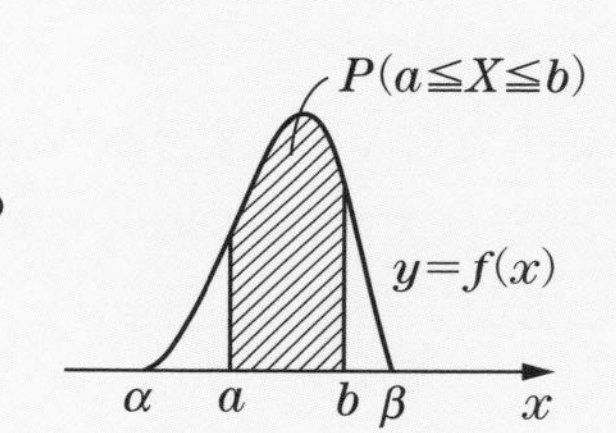


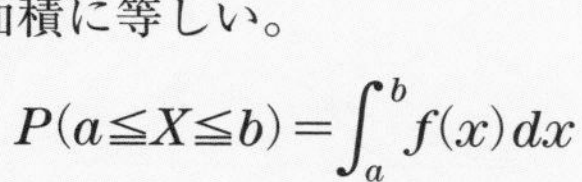

$$P(a \leqq X \leqq b)=\int_a^b f(x)\,dx$$

③曲線 $y=f(x)$ と $x$ 軸で囲まれた部分の面積は1となる。すなわち，$X$ のとる値の範囲が $\alpha \leqq X \leqq \beta$ のとき，$\displaystyle\int_\alpha^\beta f(x)\,dx=1$

この関数 $f(x)$ を $X$ の確率密度関数，曲線 $y=f(x)$ を**分布曲線**といいます。

**連続型確率変数の平均，分散…**

確率変数 $X$ のとる値の範囲が $\alpha \leqq X \leqq \beta$ で，$X$ の確率密度関数を $f(x)$ とするとき，次の式が成り立ちます。

$$E(X)=\int_\alpha^\beta xf(x)\,dx,\quad V(X)=\int_\alpha^\beta \{x-E(X)\}^2 f(x)\,dx$$

また，$X$ の分散は次の式で求めることもできます。

$$V(X)=\int_\alpha^\beta x^2 f(x)\,dx-\{E(X)\}^2$$

**例1**　$0 \leqq x \leqq 1$ に値をとる確率変数 $X$ の確率密度関数が $f(x)=2x$ であるとき，確率 $P\left(\frac{1}{2} \leqq X \leqq \frac{3}{4}\right)$ は次のように求められます。

$$P\left(\frac{1}{2} \leqq X \leqq \frac{3}{4}\right)=\int_{\frac{1}{2}}^{\frac{3}{4}} 2x\,dx=\Big[x^2\Big]_{\frac{1}{2}}^{\frac{3}{4}}=\left(\frac{3}{4}\right)^2-\left(\frac{1}{2}\right)^2=\frac{5}{16}$$

または右の図の斜線部分の台形の面積より

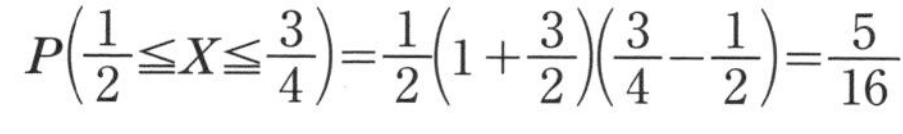

$$P\left(\frac{1}{2} \leqq X \leqq \frac{3}{4}\right)=\frac{1}{2}\left(1+\frac{3}{2}\right)\left(\frac{3}{4}-\frac{1}{2}\right)=\frac{5}{16}$$

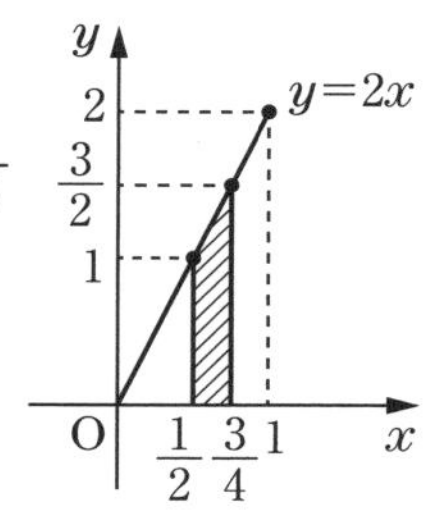

**チェック！**

**正規分布…**

連続型確率変数 $X$ の確率密度関数 $f(x)$ が

$$f(x)=\frac{1}{\sqrt{2\pi}\sigma}e^{-\frac{(x-m)^2}{2\sigma^2}}\ (m\text{ は実数，}\sigma\text{ は正の実数})$$

である確率分布を正規分布といい，$N(m,\ \sigma^2)$ で表し，曲線 $y=f(x)$ を正規分布曲線といいます。ここで，$e$ は無理数で，$e=2.71828\cdots$ です。

**正規分布の平均，分散…**

確率変数 $X$ が正規分布 $N(m,\ \sigma^2)$ に従うとき，$X$ の平均 $E(X)$ と標準偏差 $\sigma(X)$ は次のようになることが知られています。

$E(X)=m,\ \sigma(X)=\sigma$

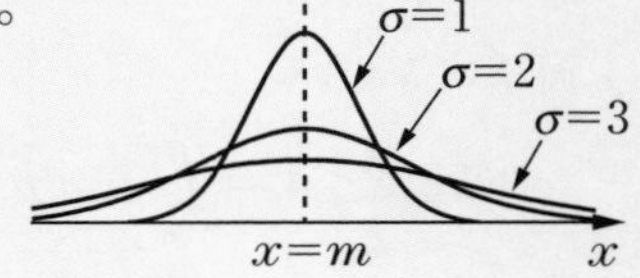


**正規分布曲線の性質…**

①直線 $x=m$ に関して対称であり，$f(x)$ は $x=m$ で最大となる。

② $x$ 軸を漸近線とする。

③曲線の山は，標準偏差 $\sigma$ が大きくなるほど低くなり，$\sigma$ が小さくなるほど高くなって，対称軸 $x=m$ のまわりに集まる。

**標準正規分布…**

確率変数 $X$ が正規分布 $N(m,\ \sigma^2)$ に従うとき，$Z=\frac{X-m}{\sigma}$ とすると，確率変数 $Z$ は平均 0，標準偏差 1 の正規分布 $N(0,\ 1)$ に従うことが知られています。この正規分布 $N(0,\ 1)$ を標準正規分布といい，標準正規分布に従う $Z$ の確率密度関数 $F(z)$ は，$F(z)=\frac{1}{\sqrt{2\pi}}e^{-\frac{z^2}{2}}$

となります。確率 $P(0\leqq Z\leqq u)$ の値を表にまとめたものを正規分布表といいます(p.12)。

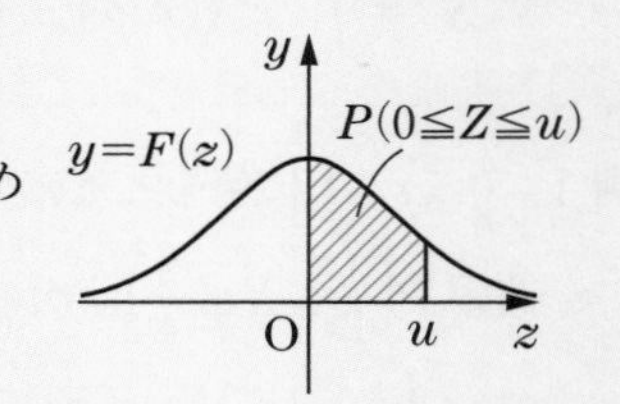


**正規分布による二項分布の近似…**

二項分布 $B(n,\ p)$ に従う確率変数 $X$ は，$n$ が大きいとき，$X$ は近似的に平均 $np$，標準偏差 $\sqrt{npq}\ (q=1-p)$ の正規分布 $N(np,\ npq)$ に従うことが知られています。

$Z=\frac{X-np}{\sqrt{npq}}$ とすると，$Z$ は近似的に標準正規分布 $N(0,\ 1)$ に従います。

例 1　確率変数 $X$ が標準正規分布 $N(0,\ 1)$ に従うとき，正規分布表を用いると

$$P(1.35 \leqq X \leqq 2.03) = P(0 \leqq X \leqq 2.03) - P(0 \leqq X \leqq 1.35)$$
$$= 0.47882 - 0.41149 = 0.06733$$
$$P(X \leqq 2) = P(X \leqq 0) + P(0 \leqq X \leqq 2) = 0.5 + 0.47725 = 0.97725$$
$$P(|X| \leqq 2) = P(-2 \leqq X \leqq 2) = 2P(0 \leqq X \leqq 2) = 2 \times 0.47725 = 0.9545$$

例 2　確率変数 $X$ が $N(8,\ 10^2)$ に従うとき，$Z = \dfrac{X-8}{10}$ は $N(0,\ 1)$ に従うので

$$P(-2 \leqq X \leqq 15) = P(-1 \leqq Z \leqq 0.7) = P(-1 \leqq Z \leqq 0) + P(0 \leqq Z \leqq 0.7)$$
$$= P(0 \leqq Z \leqq 1) + P(0 \leqq Z \leqq 0.7) = 0.34134 + 0.25804 = 0.59938$$



## 6 母集団と標本，推定

**チェック！**

**全数調査，標本調査…**

統計調査には，調査の対象全体を調べる全数調査と，対象全体から一部を抜き出して調べ，その結果から全体を推測する標本調査があります。標本調査では，調べたい対象全体の集合を**母集団**といい，調査のために母集団から抜き出された要素の集合を**標本**といいます。母集団から標本を抜き出すことを**抽出**といいます。母集団の中から標本を抽出するとき，抽出するたびにもとに戻して抽出する方法を**復元抽出**といい，もとに戻さないで続けて抽出する方法を**非復元抽出**といいます。また，母集団，標本の要素の個数をそれぞれ**母集団の大きさ，標本の大きさ**といいます。

**母集団分布…**

母集団における変量の分布を母集団分布といい，母集団分布の平均，分散，標準偏差をそれぞれ**母平均**，**母分散**，**母標準偏差**といい，$m$，$\sigma^2$，$\sigma$ で表します。母集団から無作為に抽出した大きさ $n$ の標本を $X_1$，$X_2$，…，$X_n$ とするとき，それらの平均 $\overline{X} = \dfrac{1}{n}(X_1 + X_2 + \cdots + X_n)$ を**標本平均**，標準偏差 $S = \sqrt{\dfrac{1}{n}\sum_{k=1}^{n}(X_k - \overline{X})^2}$ を**標本標準偏差**といいます。

**標本平均の平均，標準偏差…**

母平均 $m$，母標準偏差 $\sigma$ の母集団から大きさ $n$ の標本を無作為に抽出するとき，標本平均 $\overline{X}$ について，$E(\overline{X}) = m$，$\sigma(\overline{X}) = \dfrac{\sigma}{\sqrt{n}}$ が成り立ちます。

**☑ チェック！**

**母平均の推定…**

母平均 $m$，母標準偏差 $\sigma$ をもつ母集団から無作為に抽出された大きさ $n$ の標本の標本平均 $\overline{X}$ について，$n$ が大きいとき，$Z=\dfrac{\overline{X}-m}{\frac{\sigma}{\sqrt{n}}}$ とすると，$Z$ は近似的に標準正規分布 $N(0,\ 1)$ に従うとみなせます。正規分布表より，$P(|Z|\leqq 1.96)=0.95$ となり，これは

$P\left(\overline{X}-1.96\times\dfrac{\sigma}{\sqrt{n}}\leqq m\leqq \overline{X}+1.96\times\dfrac{\sigma}{\sqrt{n}}\right)=0.95$ と表すことができます。区間 $\overline{X}-1.96\times\dfrac{\sigma}{\sqrt{n}}\leqq m\leqq \overline{X}+1.96\times\dfrac{\sigma}{\sqrt{n}}$ を母平均 $m$ に対する**信頼度 95 %の信頼区間**といい，$\left[\overline{X}-1.96\times\dfrac{\sigma}{\sqrt{n}},\ \overline{X}+1.96\times\dfrac{\sigma}{\sqrt{n}}\right]$ のようにも表します。これは，この区間が母平均 $m$ の値を含む確率が約 95 %であることを示しています。

**母比率の推定…**

母集団の中である性質Aをもつ要素の割合を母集団における母比率といい，標本の中で性質Aをもつ要素の割合を，標本における**標本比率**といいます。標本比率の値から母比率の値を推定することを，母比率の推定といいます。$n$ が大きいとき，二項分布 $B(n,\ p)$ は近似的に正規分布 $N(np,\ np(1-p))$ に従い，$\dfrac{X-np}{\sqrt{np(1-p)}}=\dfrac{\frac{X}{n}-p}{\sqrt{\frac{p(1-p)}{n}}}$ は近似的に標準正規分布 $N(0,\ 1)$ に従うので，母平均の推定と同様に，

$P\left(\dfrac{X}{n}-1.96\sqrt{\dfrac{p(1-p)}{n}}\leqq p\leqq \dfrac{X}{n}+1.96\sqrt{\dfrac{p(1-p)}{n}}\right)=0.95$ となります。母比率 $p$ の母集団から大きさ $n$ の標本を無作為に抽出したとき，性質Aをもつ個数を $X$，標本比率を $R=\dfrac{X}{n}$ とすると，$n$ が大きいとき，$R$ は $p$ に近いとみなしてよいので，母比率 $p$ に対する**信頼度 95 %の信頼区間**は

$R-1.96\sqrt{\dfrac{R(1-R)}{n}}\leqq p\leqq R+1.96\sqrt{\dfrac{R(1-R)}{n}}$ または

$\left[R-1.96\sqrt{\dfrac{R(1-R)}{n}},\ R+1.96\sqrt{\dfrac{R(1-R)}{n}}\right]$ のように表します。

例1　ある都市の12歳の子どもの中から400人を無作為に選んで調べたところ，身長の平均が153.4cmでした。母標準偏差を7.2cmとして，この都市の12歳の子どもの平均身長$m$に対する信頼度95％の信頼区間は

$$153.4-1.96\times\frac{7.2}{\sqrt{400}}\leqq m\leqq 153.4+1.96\times\frac{7.2}{\sqrt{400}}$$

$152.6944\leqq m\leqq 154.1056$ すなわち，$152.6\leqq m\leqq 154.2$

## 7　仮説検定

**チェック！**

**仮説検定…**

母集団についてある仮説を立て，その仮説が正しいか正しくないかを判断する方法を仮説検定といいます。通常，否定されることを期待した仮説を**帰無仮説**といい，$H_0$で表し，帰無仮説に反する仮説を**対立仮説**といい，$H_1$で表します。仮説が正しくないと判断することを**棄却する**といい，仮説を棄却する基準を**有意水準(危険率)**といいます。有意水準は5％または1％とすることが多いです。有意水準$\alpha$に対して，帰無仮説が実現しにくい確率変数の値の範囲を**棄却域**といいます。



**仮説検定の手順…**

・帰無仮説$H_0$を立てる。
・有意水準から棄却域を求める。
・標本から得られた確率変数の値が棄却域に入れば$H_0$を棄却し，棄却域に入らなければ$H_0$を棄却しない。

**両側検定，片側検定…**

棄却域を左右両側にとる検定を両側検定，棄却域を右側，左側のいずれかにとる検定を片側検定といいます。

例1　ある菓子25袋を無作為に抽出し，内容量を調べたところ，平均98.2g，標準偏差4.3gでした。この菓子の内容量の平均は100gといえるかを有意水準5％で検定します。帰無仮説$H_0$:「この菓子の内容量の平均は100gである」とします。標本平均$\overline{X}$の棄却域は，$|\overline{X}-100|>1.96\times\frac{4.3}{\sqrt{25}}=1.6856$

$\overline{X}=98.2$を代入すると，$|98.2-100|=1.8>1.6856$となり，$H_0$は棄却されるので，この菓子の内容量の平均は100gでないと判断できます。

# 基本問題

**1** 赤玉4個と白玉2個が入った袋をよくかき混ぜ，3個の玉を同時に取り出すとき，赤玉の個数を$X$とします。次の問いに答えなさい。

(1) $X$の確率分布を求めなさい。　(2) $X$の平均$E(X)$，分散$V(X)$を求めなさい。

**ポイント** $E(X)=\sum_{k=1}^{n} x_k p_k$，$V(X)=\sum_{k=1}^{n}\{x_k-E(X)\}^2 p_k=E(X^2)-\{E(X)\}^2$

**解き方** (1) $X$のとりうる値は1，2，3であり，各値について，$X$がその値をとる確率を求めると

$$P(X=1)=\frac{{}_4C_1\cdot{}_2C_2}{{}_6C_3}=\frac{4\cdot1}{20}=\frac{1}{5}$$

$$P(X=2)=\frac{{}_4C_2\cdot{}_2C_1}{{}_6C_3}=\frac{6\cdot2}{20}=\frac{3}{5}$$

$$P(X=3)=\frac{{}_4C_3}{{}_6C_3}=\frac{1}{5}$$

| $X$ | 1 | 2 | 3 | 計 |
|---|---|---|---|---|
| $P$ | $\frac{1}{5}$ | $\frac{3}{5}$ | $\frac{1}{5}$ | 1 |

これより，$X$の確率分布は右の表のようになる。　**答え** 上の表

(2) $E(X)=1\cdot\frac{1}{5}+2\cdot\frac{3}{5}+3\cdot\frac{1}{5}$

$=2$

$V(X)=E(X^2)-\{E(X)\}^2=1^2\cdot\frac{1}{5}+2^2\cdot\frac{3}{5}+3^2\cdot\frac{1}{5}-2^2=\frac{2}{5}$ で求めてもよい。

$V(X)=(1-2)^2\cdot\frac{1}{5}+(2-2)^2\cdot\frac{3}{5}+(3-2)^2\cdot\frac{1}{5}$

$=\frac{2}{5}$　**答え** $E(X)=2$，$V(X)=\frac{2}{5}$

**2** 確率変数$X$の平均と分散がそれぞれ2，3のとき，確率変数$10X-5$の平均$E(10X-5)$，分散$V(10X-5)$，標準偏差$\sigma(10X-5)$を求めなさい。

**ポイント** $E(aX+b)=aE(X)+b$，$V(aX+b)=a^2V(X)$，$\sigma(aX+b)=|a|\sigma(X)$

**解き方** $E(10X-5)=10E(X)-5=10\cdot2-5=15$

$V(10X-5)=10^2V(X)=100\cdot3=300$

$\sigma(10X-5)=|10|\sigma(X)=10\sqrt{3}$ ←$\sqrt{V(10X-5)}=10\sqrt{3}$で求めてもよい。

**答え** $E(10X-5)=15$，$V(10X-5)=300$，$\sigma(10X-5)=10\sqrt{3}$

**3** 袋Aには$\boxed{1}$，$\boxed{2}$，$\boxed{3}$，$\boxed{4}$の4枚のカード，袋Bには$\boxed{1}$，$\boxed{2}$，$\boxed{3}$の3枚のカードがそれぞれ入っていて，袋A，Bからそれぞれ1枚ずつ取り出します。袋Aから取り出したカードに書かれた数を$X$，袋Bから取り出したカードに書かれた数を$Y$とするとき，$X$と$Y$の積の平均$E(XY)$，$X$と$Y$の和の分散$V(X+Y)$を求めなさい。

ポイント 確率変数$X$,$Y$が独立であるとき,$E(XY)=E(X)E(Y)$,$V(X+Y)=V(X)+V(Y)$

解き方 $E(X)=(1+2+3+4)\cdot\frac{1}{4}=\frac{5}{2}$，$E(X^2)=(1^2+2^2+3^2+4^2)\cdot\frac{1}{4}=\frac{15}{2}$より

$V(X)=E(X^2)-\{E(X)\}^2=\frac{15}{2}-\left(\frac{5}{2}\right)^2=\frac{5}{4}$

また，$E(Y)=(1+2+3)\cdot\frac{1}{3}=2$，$E(Y^2)=(1^2+2^2+3^2)\cdot\frac{1}{3}=\frac{14}{3}$より

$V(Y)=E(Y^2)-\{E(Y)\}^2=\frac{14}{3}-2^2=\frac{2}{3}$

確率変数$X$，$Y$は独立であるから

$E(XY)=E(X)E(Y)=\frac{5}{2}\cdot2=5$

$V(X+Y)=V(X)+V(Y)=\frac{5}{4}+\frac{2}{3}=\frac{23}{12}$

答え $E(XY)=5$，$V(X+Y)=\frac{23}{12}$

重要 **4** 1個のさいころを10回投げるとき，3の倍数の目が出る回数を$X$とします。このとき，$X$の平均$E(X)$，標準偏差$\sigma(X)$を求めなさい。

ポイント 二項分布$B(n,\ p)$について，$E(X)=np$，$\sigma(X)=\sqrt{npq}\ (q=1-p)$

解き方 さいころを1回投げるとき，3の倍数の目が出る確率は，$\frac{2}{6}=\frac{1}{3}$である。

$X$は二項分布$B\left(10,\ \frac{1}{3}\right)$に従うから

$E(X)=10\cdot\frac{1}{3}=\frac{10}{3}$

$\sigma(X)=\sqrt{10\cdot\frac{1}{3}\cdot\left(1-\frac{1}{3}\right)}=\frac{2\sqrt{5}}{3}$

答え $E(X)=\frac{10}{3}$，$\sigma(X)=\frac{2\sqrt{5}}{3}$

# 応用問題

重要

**1** ある動物園の生後半年のうさぎ50匹の体重の平均は1.3kg，標準偏差は0.4kgです。体重の分布を正規分布と仮定したとき，体重が1.5kg以上のうさぎは，およそ何匹いますか。

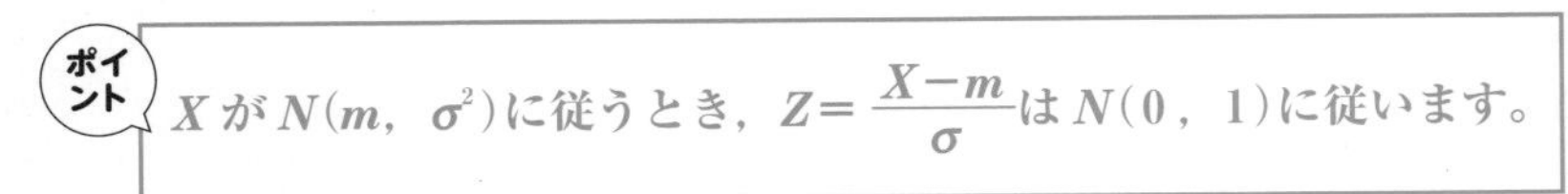


**解き方** 体重を$X$ kgとすると，$X$は$N(1.3,\ 0.4^2)$に従うので，$Z=\dfrac{X-1.3}{0.4}$は$N(0,\ 1)$に従う。

$X=1.5$のとき，$Z=\dfrac{1.5-1.3}{0.4}=0.5$であるから

$$P(X\geqq 1.5)=P(Z\geqq 0.5)=P(Z\geqq 0)-P(0\leqq Z\leqq 0.5)$$
$$=0.5-0.19146=0.30854$$

よって，体重が1.5kg以上のうさぎの数は

$50\times 0.30854=15.427\fallingdotseq 15$

**答え** およそ15匹

**2** ある中学校の2年生の100m走のタイムの標準偏差は2.3秒でした。この中学2年生の100m走の平均タイムを信頼度95％で推定するとき，信頼区間の幅を1秒以下にするには，標本の大きさを少なくとも何人にすればよいですか。ただし，区間の幅とは，$x$の区間$a\leqq x\leqq b$に対して，$b-a$のことを表します。

信頼度95％の信頼区間の幅は，$2\times 1.96\times\dfrac{\sigma}{\sqrt{n}}$

**解き方** 抽出する人数を$n$とすると，母標準偏差が2.3秒であるから，信頼度95％の信頼区間の幅は

$$2\times 1.96\times\frac{2.3}{\sqrt{n}}=\frac{9.016}{\sqrt{n}}$$

これが，1秒以下になるには

$\dfrac{9.016}{\sqrt{n}}\leqq 1$ すなわち，$n\geqq 81.288256$

よって，標本の大きさを少なくとも82人にすればよい。 **答え** 82人

## 発展問題

**1** 青球と白球がそれぞれたくさん入った袋から，無作為に100個の球を取り出し，その中の青球の個数を調べました。これについて，次の問いに答えなさい。ただし，$\sqrt{6}=2.449$ とします。

(1) 取り出した球の中に青球がちょうど40個含まれていたとき，袋の中の青球の比率 $p$ を，95％の信頼度で推定しなさい。

(2) 取り出した球の中に青球がちょうど60個含まれていたとき，袋の中の青球の比率 $p$ は0.5より高いといえますか。有意水準5％で検定しなさい。

**考え方**
(1)標本の大きさ $n$，標本比率 $R$ のとき，母比率 $p$ に対する信頼度95％の信頼区間は，$\left[R-1.96\sqrt{\frac{R(1-R)}{n}},\ R+1.96\sqrt{\frac{R(1-R)}{n}}\right]$

(2)有意水準5％の片側検定より，$p(0\leqq Z\leqq u)=0.5-0.05=0.45$ となる $u$ を求めます。

**解き方** (1) 標本比率は $\frac{40}{100}=0.4$ となるので，母比率 $p$ の信頼度95％の信頼区間は

$$\left[0.4-1.96\sqrt{\frac{0.4\times0.6}{100}},\ 0.4+1.96\sqrt{\frac{0.4\times0.6}{100}}\right]$$

すなわち，[0.304，0.496]　**答え** [0.304，0.496]

(2) 帰無仮説 $H_0$：「$p=0.5$」，対立仮説 $H_1$：「$p>0.5$」とする。

$H_0$ が正しいとすると，袋から100個の球を取り出したときの青球の個数 $X$ は二項分布 $B(100,\ 0.5)$ に従い，平均 $E(X)=100\times0.5=50$，標準偏差 $\sigma(X)=\sqrt{100\times0.5(1-0.5)}=5$ であるから，$X$ は近似的に正規分布 $N(50,\ 5^2)$ に従う。

よって，$Z=\frac{X-50}{5}$ は近似的に標準正規分布 $N(0,\ 1)$ に従う。

正規分布表より，$p(0\leqq Z\leqq u)=0.5-0.05=0.45$ となる $u$ を求めると，$u=1.64$ であるから，$H_0$ の棄却域は $Z>1.64$

一方，$X=60$ のときの $Z$ を考えると，$Z=\frac{60-50}{5}=2$

$2>1.64$ より，$H_0$ は棄却されるから，$p$ は0.5より高いといえる。

**答え** $p$ は0.5より高いといえる。

# 練習問題

答え：別冊 p.71 ～ p.72

重要

**1** 1個のさいころを900回投げるとき，3の倍数の目が出る回数を$X$とします。これについて，次の問いに答えなさい。ただし，さいころの目は1から6まであり，どの目も等しい確率で出るものとします。

(1) $X$の平均$E(X)$，分散$V(X)$，標準偏差$\sigma(X)$を求めなさい。

(2) 3の倍数の目が出る回数が270回以下になる確率を近似的に求めなさい。ただし，$\sqrt{2}=1.414$とします。

重要

**2** ある店に入荷したピーマンの袋のうちから，100袋を無作為に抽出して重さを量ったところ，平均値が142gでした。重さの母標準偏差を9gとして，ピーマン1袋の重さの平均値を，信頼度95％で推定しなさい。

**3** ある地域で，無作為に抽出した400人に，政党Aを支持するかしないかを調査したところ，全員から回答があり，支持すると答えた人は120人でした。このとき，政党Aの支持率を，信頼度95％で推定しなさい。

**4** Aさん，Bさんの2人が，ペットボトルのキャップを1個ずつ持ち，それを繰り返し投げて，表が出るか裏が出るかを調べました。

Aさんが投げたとき，表が出た割合は0.4でしたが，Bさんが投げたときは，500回中表が出た回数は172回でした。Bさんは，自分の投げたときの条件がAさんとは異なっていたのではないかと考えましたが，この考えは正しいといえますか。有意水準5％で検定しなさい。ただし，$\sqrt{30}=5.477$とします。

第5章

# 数学検定特有問題

数学検定では，検定特有の問題が出題されます。
規則や法則を捉えてしくみを考察する問題や，
事柄を整理して論理的に判断する問題など，
数学的な思考力や判断力が必要となるような，
さまざまな種類の問題が出題されます。

# 5-1 数学検定特有問題

## 練習問題

答え：別冊 p.73 ～ p.78

**1** れおさんは次のようなゲームを考えました。

> ① 次の条件を満たす，1より小さい正の分数を考える。
> ・分母も分子も2けたの正の整数である。
> ・分母にも分子にも使われている数字がちょうど1つだけであり，かつその数字は0ではない。
> ② ①の分数で分母にも分子にも使われている数字を両方とも消し，残った2つの数字で『新たな分数』をつくる。『新たな分数』が，もとの分数に等しい既約分数になれば『成功』，ならなければ『失敗』とする。

たとえば，①の分数が $\frac{16}{64}$ のとき，数字6を消した『新たな分数』は $\frac{1}{4}\left(=\frac{16}{64}\right)$ となり，『成功』です。①で $\frac{25}{32}$ のとき，数字2を消した『新たな分数』は $\frac{5}{3}\left(\neq\frac{25}{32}\right)$ となり，『失敗』です。

このとき，$\frac{16}{64}$ 以外に『成功』となる分数を求めなさい。

**2** 2つの素数 $m$，$n(m<n)$ があります。$m+n$ も素数となるとき，2024にもっとも近い $n$ の値 $n_1$ とその次に近い値 $n_2$ を求めなさい。

**3** ある菓子店では，1箱3個入りと1箱10個入りのプリンを売っています。これらを何箱か買い(1種類だけ買ってもよい)，ちょうど $x$ 個のプリンを買うことができないような整数 $x$ のうち最大のものを求めなさい。

**4** 2以上の整数$n$に対し，次の①，②のいずれかの計算を行い，新たな整数$m$を求める操作をします。

> ① $n$が整数$k$を用いて$2k-1$と表されるときは，
> $m=3k+1$とする。
> ② $n$が整数$k$を用いて$2k$と表されるときは，$m=k$とする。

得られた$m$を新たな$n$として，その$n$にさらに操作を行い，「$m=1$となる」または「$m$がそれまで出てきた$n$の値のいずれかと等しくなる」までこれを繰り返すことを考えます。

最初の数が$n=3$のとき

$$3 \xrightarrow{①} 7 \xrightarrow{①} 13 \xrightarrow{①} 22 \xrightarrow{②} 11 \xrightarrow{①} \underset{\sim}{19} \xrightarrow{①} 31 \xrightarrow{①} 49 \xrightarrow{①} 76 \xrightarrow{②} 38 \xrightarrow{②} \underset{\sim}{19}$$

のように10回の操作を行えば，$m=19$となり操作が終わります。

最初の数が$n=4$のとき

$$4 \xrightarrow{②} 2 \xrightarrow{②} \underset{\sim}{1}$$

のように2回の操作を行えば，$m=1$となり操作が終わります。

これについて，次の問いに答えなさい。

(1) 最初の数が$n=3$の場合と同様に，$m=19$となって操作が終了するような$n$のうち，3の次に小さい整数$n_1$と$n_1$の次に小さい整数$n_2$を求めなさい。また，それぞれ$m=19$となるまでに操作は何回行われますか。

(2) 最初の数が$n=32$のとき，操作を5回行うと，$m=1$となります。最初の数が$n=32$以外で，操作をちょうど5回行ったあと，$m=1$となるような$n$のうち，もっとも小さいものを求めなさい。

(3) 最初の数が$n=32$以外にも，操作がちょうど5回で終わるような$n$はいくつかあります。このうち，$20 \leqq n \leqq 35$を満たすものをすべて求めなさい。

**5**　異なる17個の格子点をそれぞれ結んだ線分を4等分する3つの点が，すべて格子点（$xy$平面において，$x$座標と$y$座標がともに整数である点）となる線分は存在しますか。理由をつけて答えなさい。ただし，「鳩の巣原理」とよばれる次の事実は証明せずに用いてもかまいません。

> $m$個のものを$m-1$個の箱に入れるとき，少なくとも1個の箱には2個以上のものが入っている

**6**　右の図のように，正方形のマスが縦に8個，横に8個，計64個書かれた板があります。板の上から4番め，左から4番めのマスに，人から命令されたとおりに動くロボットが右に向けて置かれています。

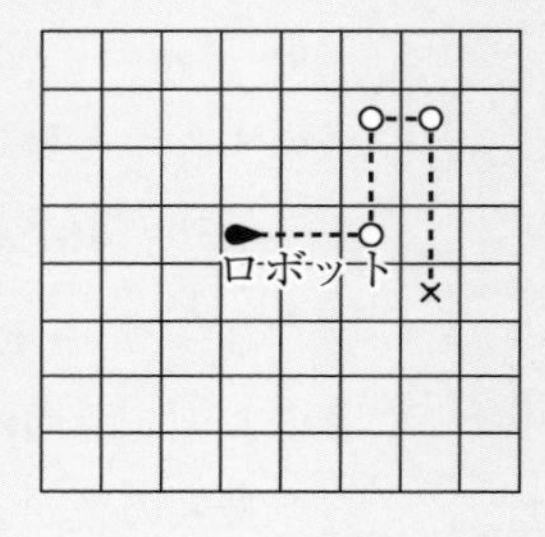


命令は，「向いている方向の隣り合ったマスに移動する」「その場で動く向きを90°変える」の2種類で，人が命令をし終えると，ロボットは停止します。たとえば，上の図の点線のようにロボットを動かし，図の×の場所で止まる場合，○の場所で3回向きを変える必要があります。

これについて，次の問いに答えなさい。

(1)　ロボットに板上のすべてのマスをちょうど1度ずつ通らせ，もとのマスに戻らせるとき，向きを変える回数が最小となるのは何回ですか。また，そのときにロボットが動くルートの1つを点線で，向きを変える場所を○で示しなさい。この問題は解法の過程を記述せずに，答えだけを書いてください。

(2)　このロボットに，板上のすべてのマスをちょうど1度ずつ通らせ，×のマスで停止させることは可能ですか。できるならばロボットが動くルートの1つを点線で，向きを変える場所を○で示しなさい。不可能ならばそのことを説明しなさい。

**7** $\boxed{1}$, $\boxed{2}$, $\boxed{3}$, $\boxed{4}$, $\boxed{5}$, $\boxed{6}$の6種類のカードが，それぞれたくさんあります。Aさんは，次の条件に従ってカードを横一列に並べます。

（条件）
［1］ カードは，合計12枚並べる。
［2］ どの種類のカードも，少なくとも1枚以上並べる。
［3］ 左から2番め以降のどのカードに書かれた数も，その1つ左に並べたカードに書かれた数より小さくなることがないように並べる。

これについて，次の問いに答えなさい。ただし，カードは書かれた数字以外では区別しないものとします。

(1) 左から7番めのカードが$\boxed{4}$であったとします。このとき，左から5番めに並べることができるカードをすべて求めなさい。

(2) 左から7番めのカードが$\boxed{4}$であるようなカードの並べ方は，全部で何通りありますか。

**8** 1辺の長さが1の正方形を，辺を共有するように縦または横に4個つなぎ合わせた図形をテトロミノといいます。テトロミノは何種類かありますが，ここでは以下の3種類を順にA，B，Cと名づけることにします。

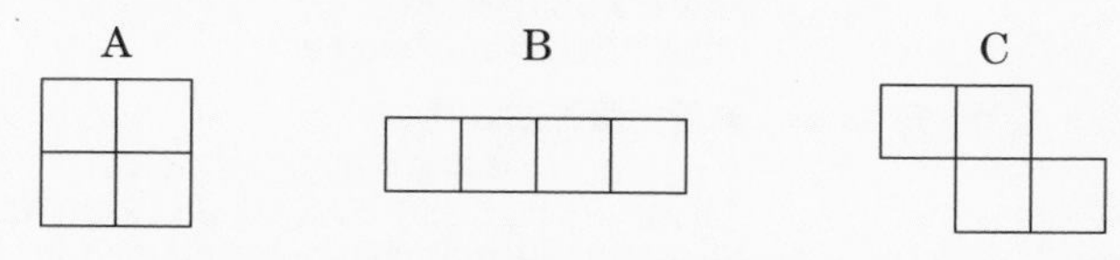


ここで，A，B，Cをそれぞれ何個かずつ組み合わせて縦6，横12の長方形をつくると，使われるAの個数は必ず偶数になることを証明しなさい。ただし，A，B，Cのうち，1個も用いないものがあってもよいとし，BとCは回転させたり裏返したりして置いてもよいものとします。

第5章 数学検定特有問題

◉執筆協力：水野 健太郎
◉DTP：株式会社 明昌堂
◉装丁デザイン：星 光信（Xing Design）
◉装丁イラスト：たじま なおと

◉編集担当：國井 英明・加藤 龍平・阿部 加奈子


**実用数学技能検定　要点整理　数学検定準1級**

2024年5月3日　初版発行

| | |
|---|---|
| 編　者 | 公益財団法人 日本数学検定協会 |
| 発行者 | 髙田 忍 |
| 発行所 | 公益財団法人 日本数学検定協会<br>〒110-0005 東京都台東区上野五丁目1番1号<br>FAX 03-5812-8346<br>https://www.su-gaku.net/ |
| 発売所 | 丸善出版株式会社<br>〒101-0051 東京都千代田区神田神保町二丁目17番<br>TEL 03-3512-3256　FAX 03-3512-3270<br>https://www.maruzen-publishing.co.jp/ |
| 印刷・製本 | 株式会社ムレコミュニケーションズ |

ISBN978-4-86765-004-2　C0041

実用数学技能検定® 数検

# 要点整理 準1級

〈別冊〉

# 解答と解説

Pre 1

公益財団法人 日本数学検定協会

## 1-1 式の計算

p.20

**解答**

**1** (1) $64x^3-48x^2y+12xy^2-y^3$

(2) $a^5-15a^4+90a^3-270a^2+405a-243$

(3) $\dfrac{x}{(x+1)(x+2)}$

(4) $-\dfrac{(x+2)(x-2)}{x-1}$

**2** (1) $(5a+3)(25a^2-15a+9)$

(2) $(a-2)(a^2-2a+4)$

**3** (1) $(a+b+c)(a^2+b^2+c^2-ab-bc-ca)$

(2) $(x+2y+1)(x^2+4y^2-2xy-x-2y+1)$

**4** (1) 商… $x-4$，余り… $12x+8$

(2) $A=x^3+3x^2-3x+2$

**5** (1) $-6048$　(2) $-780$

**6** 与えられた等式の左辺は，二項定理の式

$$(a+b)^n={}_n\mathrm{C}_0a^n+{}_n\mathrm{C}_1a^{n-1}b+{}_n\mathrm{C}_2a^{n-2}b^2+\cdots+{}_n\mathrm{C}_nb^n$$

に $a=1$，$b=-1$ を代入したものであるから

$${}_n\mathrm{C}_0-{}_n\mathrm{C}_1+{}_n\mathrm{C}_2-{}_n\mathrm{C}_3+\cdots+(-1)^n{}_n\mathrm{C}_n$$
$$=\{1+(-1)\}^n$$
$$=0$$

が成り立つ。

**解説**

**1**

(1) $(4x-y)^3$

$$=(4x)^3-3\cdot(4x)^2\cdot y+3\cdot 4x\cdot y^2-y^3$$
$$=64x^3-48x^2y+12xy^2-y^3$$

**答え** $64x^3-48x^2y+12xy^2-y^3$

(2) $(a-3)^5$

$$={}_5\mathrm{C}_0a^5+{}_5\mathrm{C}_1a^4(-3)+{}_5\mathrm{C}_2a^3(-3)^2+{}_5\mathrm{C}_3a^2(-3)^3+{}_5\mathrm{C}_4a(-3)^4+{}_5\mathrm{C}_5(-3)^5$$
$$=a^5-15a^4+90a^3-270a^2+405a-243$$

**答え** $a^5-15a^4+90a^3-270a^2+405a-243$

(3) $\dfrac{3}{x^2-x-2}+\dfrac{x-6}{x^2-4}$

$$=\frac{3}{(x+1)(x-2)}+\frac{x-6}{(x+2)(x-2)}$$
$$=\frac{3(x+2)+(x+1)(x-6)}{(x+1)(x+2)(x-2)}$$
$$=\frac{3x+6+x^2-5x-6}{(x+1)(x+2)(x-2)}$$
$$=\frac{x^2-2x}{(x+1)(x+2)(x-2)}$$
$$=\frac{x(x-2)}{(x+1)(x+2)(x-2)}$$
$$=\frac{x}{(x+1)(x+2)}$$

**答え** $\dfrac{x}{(x+1)(x+2)}$

(4) $\dfrac{\dfrac{1}{x-1}-x+1}{1-\dfrac{2}{x+2}}$

$$=\frac{\dfrac{1}{x-1}-x+1}{1-\dfrac{2}{x+2}}\cdot\frac{(x+2)(x-1)}{(x+2)(x-1)}$$
$$=\frac{(x+2)\{1-(x-1)^2\}}{(x+2-2)(x-1)}$$
$$=\frac{(x+2)\{-x(x-2)\}}{x(x-1)}$$
$$=-\frac{(x+2)(x-2)}{x-1}$$

〔別の解き方〕

$$\frac{\frac{1}{x-1}-x+1}{1-\frac{2}{x+2}}$$

$$=\left(\frac{1}{x-1}-x+1\right)\div\left(1-\frac{2}{x+2}\right)$$

$$=\frac{1-(x-1)^2}{x-1}\div\frac{x+2-2}{x+2}$$

$$=-\frac{x(x-2)}{x-1}\cdot\frac{x+2}{x}$$

$$=-\frac{(x+2)(x-2)}{x-1}$$

**答え** $-\dfrac{(x+2)(x-2)}{x-1}$

**2**

(1) $125a^3+27=(5a)^3+3^3$

$=(5a+3)\{(5a)^2-5a\cdot3+3^2\}$

$=(5a+3)(25a^2-15a+9)$

**答え** $(5a+3)(25a^2-15a+9)$

(2) $a^3-4a^2+8a-8$

$=(a^3-8)-(4a^2-8a)$

$=(a^3-2^3)-4a(a-2)$

$=(a-2)(a^2+a\cdot2+2^2)-4a(a-2)$

$=(a-2)(a^2+2a+4-4a)$

$=(a-2)(a^2-2a+4)$

**答え** $(a-2)(a^2-2a+4)$

**3**

(1) $a^3+b^3+c^3-3abc$

$=(a+b)^3-3ab(a+b)+c^3-3abc$

$=\{(a+b)^3+c^3\}-3ab(a+b+c)$

$=\{(a+b)+c\}\{(a+b)^2-(a+b)\cdot c+c^2\}$
$\quad-3ab(a+b+c)$

$=(a+b+c)(a^2+2ab+b^2-ca-bc$
$\quad+c^2-3ab)$

$=(a+b+c)(a^2+b^2+c^2-ab-bc-ca)$

**答え** $(a+b+c)$
$(a^2+b^2+c^2-ab-bc-ca)$

(2) $x^3+8y^3-6xy+1$

$=x^3+(2y)^3+1^3-3x\cdot2y\cdot1$

$=(x+2y+1)$
$\{x^2+(2y)^2+1^2-x\cdot2y-2y\cdot1-1\cdot x\}$

$=(x+2y+1)$
$(x^2+4y^2-2xy-x-2y+1)$

**答え** $(x+2y+1)$
$(x^2+4y^2-2xy-x-2y+1)$

**4**

(1) 右の筆算より
商は $x-4$
余りは $12x+8$

$$\begin{array}{r} x-4 \\ x^2+4x+1\,\big)\,\overline{x^3\qquad\quad -3x+4} \\ \underline{x^3+4x^2\quad +x} \\ -4x^2\ -4x+4 \\ \underline{-4x^2-16x-4} \\ 12x+8 \end{array}$$

**答え** 商… $x-4$
余り… $12x+8$

(2) 条件より

$A=(x+4)(x^2-x+1)-2$

$=x^3+3x^2-3x+2$

**答え** $A=x^3+3x^2-3x+2$

**5**

(1) $(3x-2y)^7$ の展開式の一般項は

${}_7C_r(3x)^{7-r}(-2y)^r$

$={}_7C_r\cdot3^{7-r}\cdot(-2)^r x^{7-r}y^r$

$x^2y^5$ の項の係数は，これに $r=5$ を代入した係数であるから

${}_7C_5\cdot3^2\cdot(-2)^5=21\cdot9\cdot(-32)$

$=-6048$

**答え** $-6048$

(2)　$(x^2+2x-1)^{10}$ の展開式の一般項

$$\frac{10!}{p!q!r!}(x^2)^p(2x)^q(-1)^r$$

$$=\frac{10!}{p!q!r!}\cdot 2^q\cdot(-1)^r\cdot x^{2p+q}$$

において，$p+q+r=10$，$2p+q=3$ となる 0 以上の整数 $p$，$q$，$r$ の組は

$(p,\ q,\ r)=(0,\ 3,\ 7),\ (1,\ 1,\ 8)$

よって，求める係数は

$$\frac{10!}{0!3!7!}\cdot 2^3\cdot(-1)^7+\frac{10!}{1!1!8!}\cdot 2\cdot(-1)^8$$

$$=-120\cdot 8+90\cdot 2$$

$$=-780$$

**答え**　$-780$

**6**

二項定理を用いて $(a+b)^n$ の展開式を考え，$a$，$b$ にどのような値を代入すれば与えられた等式の左辺になるか考える。

## 1-2 等式・不等式の証明

p.27

**解答**

**1**　$x=-3$，$y=6$

**2**　$\dfrac{75}{121}$

**3**　$a+b+c=0$ より，$c=-(a+b)$ であるから

$ac+2b^2$

$=a\{-(a+b)\}+2b^2$

$=-a^2-ab+2b^2$

$-(a-b)(b-c)$

$=-(a-b)\{b+(a+b)\}$

$=-(a-b)(a+2b)$

$=-a^2-ab+2b^2$

よって，$a+b+c=0$ のとき

$ac+2b^2=-(a-b)(b-c)$

が成り立つ。

**4**　(1)　$(a^2+b^2)(x^2+y^2)-(ax+by)^2$

$=a^2x^2+a^2y^2+b^2x^2+b^2y^2-(a^2x^2+2axby+b^2y^2)$

$=a^2y^2-2axby+b^2x^2$

$=(ay-bx)^2\geqq 0$

よって

$(a^2+b^2)(x^2+y^2)\geqq(ax+by)^2$

が成り立つ。

等号が成り立つ条件は，$ay-bx=0$ より，$ay=bx$ である。

(2)　$(a+b)\left(\dfrac{1}{a}+\dfrac{4}{b}\right)$

$=1+\dfrac{4a}{b}+\dfrac{b}{a}+4$

$=\dfrac{4a}{b}+\dfrac{b}{a}+5$

$\dfrac{4a}{b}>0$，$\dfrac{b}{a}>0$ であるから，

相加平均と相乗平均の大小関係より

$$\frac{4a}{b}+\frac{b}{a}\geqq 2\sqrt{\frac{4a}{b}\cdot\frac{b}{a}}$$
$$=2\cdot 2$$
$$=4$$

よって

$$\frac{4a}{b}+\frac{b}{a}+5\geqq 4+5=9$$

であるから

$$(a+b)\left(\frac{1}{a}+\frac{4}{b}\right)\geqq 9$$

が成り立つ。

等号が成り立つ条件は

$a>0$，$b>0$ かつ $\dfrac{4a}{b}=\dfrac{b}{a}$

より，$2a=b$ である。

**5** $x=1$ のとき最小値 3

**解説**

**1**

$(2k+1)x+ky+3=0$ を $k$ について整理すると

$$k(2x+y)+(x+3)=0$$

これが $k$ についての恒等式であるから

$$2x+y=0,\ x+3=0$$

すなわち，$x=-3$，$y=6$

**答え** $x=-3$，$y=6$

**2**

$\dfrac{x+y}{6}=\dfrac{y+z}{3}=\dfrac{z+x}{2}=k(\neq 0)$ とおくと

$x+y=6k$ …①

$y+z=3k$ …②

$z+x=2k$ …③

①＋②＋③より

$2(x+y+z)=11k$

$x+y+z=\dfrac{11}{2}k$ …④

④－②，④－③，④－①より

$x=\dfrac{5}{2}k$，$y=\dfrac{7}{2}k$，$z=-\dfrac{1}{2}k$

よって

$$\frac{x^2+y^2+z^2}{(x+y+z)^2}=\frac{\left(\frac{5}{2}k\right)^2+\left(\frac{7}{2}k\right)^2+\left(-\frac{1}{2}k\right)^2}{\left(\frac{5}{2}k+\frac{7}{2}k-\frac{1}{2}k\right)^2}$$

$$=\frac{\left(\frac{25}{4}+\frac{49}{4}+\frac{1}{4}\right)k^2}{\frac{121}{4}k^2}$$

$$=\frac{75}{121}$$

**答え** $\dfrac{75}{121}$

**3**

与えられた等式を1つの文字について解き，それを証明すべき等式の両辺に代入して，同じ形に変形する。

〔別の解き方〕

$a+b+c=0$ より

$ac+2b^2+(a-b)(b-c)$

$=ac+2b^2+(ab-ac-b^2+bc)$

$=b(a+b+c)$

$=0$

よって，$a+b+c=0$ のとき

$ac+2b^2=-(a-b)(b-c)$

が成り立つ。

**4**

(1) (左辺)－(右辺)を平方完成して，実数の性質 $a^2\geqq 0$ に帰着させる。

(2) 左辺を展開し，相加平均と相乗平均の大小関係に帰着させる。

〔別の解き方〕

(1)において，$a$ を $\sqrt{a}$，$b$ を $\sqrt{b}$，$x$ を $\dfrac{1}{\sqrt{a}}$，$y$ を $\dfrac{2}{\sqrt{b}}$ におき換えると

$$\{(\sqrt{a})^2+(\sqrt{b})^2\}\left\{\left(\frac{1}{\sqrt{a}}\right)^2+\left(\frac{2}{\sqrt{b}}\right)^2\right\}$$

$$\geqq\left(\sqrt{a}\cdot\frac{1}{\sqrt{a}}+\sqrt{b}\cdot\frac{2}{\sqrt{b}}\right)^2$$

$$(a+b)\left(\frac{1}{a}+\frac{4}{b}\right)\geqq(1+2)^2=9$$

が成り立つ。

等号が成り立つ条件は

$$\sqrt{a}\cdot\frac{2}{\sqrt{b}}=\sqrt{b}\cdot\frac{1}{\sqrt{a}}$$

より，$2a=b$ である。

**5**

与えられた式は次のように変形できる。

$$\frac{x^2+x+4}{x+1}=\frac{x(x+1)+4}{x+1}$$
$$=x+\frac{4}{x+1}$$
$$=(x+1)+\frac{4}{x+1}-1$$

$x+1>0$，$\frac{4}{x+1}>0$ であるから，相加平均と相乗平均の大小関係より

$$(x+1)+\frac{4}{x+1}\geqq 2\sqrt{(x+1)\cdot\frac{4}{x+1}}$$
$$=2\cdot 2=4$$

よって

$$(x+1)+\frac{4}{x+1}-1\geqq 4-1=3$$

$$\frac{x^2+x+4}{x+1}\geqq 3$$

等号が成り立つ条件は

$x+1>0$ かつ $x+1=\frac{4}{x+1}$

より，$x=1$ であるから，$\frac{x^2+x+4}{x+1}$ は $x=1$ のとき最小値 3 をとる。

**答え** $x=1$ のとき最小値 3

## 1-3 複素数

p. 32

**解答**

**1** (1) $-5+10i$　(2) $2+11i$

(3) $-\frac{1+\sqrt{3}i}{2}$　(4) $5-i$

**2** $-35$

**3** (1) $-3$　(2) $19$　(3) $-\frac{80}{3}$

**4** $x^2-4x+9=0$

**5** $x=5+2i$，$-5-2i$

**6** $a=3$ のときの解 $-2\pm\sqrt{13}$，

$a=\frac{3}{2}$ のときの解 $-\frac{9}{2}$

**解説**

**1**

(1) $(1+2i)(3+4i)$

$=(3+8i^2)+(4+6i)i$

$=-5+10i$　**答え** $-5+10i$

(2) $(2+i)^3=2^3+3\cdot 2^2\cdot i+3\cdot 2\cdot i^2+i^3$

$=8+12i-6-i$

$=2+11i$　**答え** $2+11i$

(3) $$\frac{1-\sqrt{3}i}{1+\sqrt{3}i}=\frac{(1-\sqrt{3}i)^2}{(1+\sqrt{3}i)(1-\sqrt{3}i)}$$
$$=\frac{1-2\sqrt{3}i+3i^2}{1^2-3i^2}$$
$$=\frac{-2-2\sqrt{3}i}{4}$$
$$=-\frac{1+\sqrt{3}i}{2}$$

**答え** $-\frac{1+\sqrt{3}i}{2}$

(4) $\dfrac{2}{1-i}+\dfrac{10}{2+i}$

$=\dfrac{2(1+i)}{(1-i)(1+i)}+\dfrac{10(2-i)}{(2+i)(2-i)}$

$=\dfrac{2(1+i)}{1^2-i^2}+\dfrac{10(2-i)}{2^2-i^2}$

$=1+i+2(2-i)$

$=5-i$ **答え** $\boldsymbol{5-i}$

**2**

$x=\dfrac{-1-\sqrt{13}i}{3}$ を変形すると

$3x+1=-\sqrt{13}i$

両辺を2乗して

$9x^2+6x+1=-13$

$9x^2+6x=-14$

よって

$18x^2+12x-7=2(9x^2+6x)-7$

$=2\cdot(-14)-7$

$=-35$ **答え** $\boldsymbol{-35}$

**3**

$x^2+5x+3=0$ の解 $\alpha$, $\beta$ について，解と係数の関係より

$\alpha+\beta=-5$, $\alpha\beta=3$

(1) $(\alpha+2)(\beta+2)=\alpha\beta+2(\alpha+\beta)+4$

$=3+2\cdot(-5)+4$

$=-3$ **答え** $\boldsymbol{-3}$

(2) $\alpha^2+\beta^2=(\alpha+\beta)^2-2\alpha\beta$

$=(-5)^2-2\cdot3$

$=19$ **答え** **19**

(3) $\dfrac{\beta^2}{\alpha}+\dfrac{\alpha^2}{\beta}=\dfrac{\beta^3+\alpha^3}{\alpha\beta}$

$=\dfrac{(\alpha+\beta)^3-3\alpha\beta(\alpha+\beta)}{\alpha\beta}$

$=\dfrac{(-5)^3-3\cdot3\cdot(-5)}{3}$

$=-\dfrac{80}{3}$ **答え** $\boldsymbol{-\dfrac{80}{3}}$

**4**

$\alpha=2+\sqrt{5}i$, $\beta=2-\sqrt{5}i$ とすると

$\alpha+\beta=(2+\sqrt{5}i)+(2-\sqrt{5}i)=4$

$\alpha\beta=(2+\sqrt{5}i)(2-\sqrt{5}i)=2^2-5i^2=9$

よって，$\alpha$，$\beta$ を解とする2次方程式の1つは

$x^2-(\alpha+\beta)x+\alpha\beta=0$

$x^2-4x+9=0$

**〔別の解き方〕**

$x=2+\sqrt{5}i$ とする。

$x-2=\sqrt{5}i$

両辺を2乗すると

$(x-2)^2=5i^2$

$x^2-4x+4=-5$

$x^2-4x+9=0$

これは $x=2-\sqrt{5}i$ のときにも成り立つから，求める2次方程式の1つは

$x^2-4x+9=0$ **答え** $\boldsymbol{x^2-4x+9=0}$

**5**

$x=a+bi$（$a$，$b$ は実数）と表すと

$x^2=a^2+2abi+b^2i^2=(a^2-b^2)+2abi$

$a$，$b$ が実数より，$a^2-b^2$，$2ab$ はともに実数であることと，$x^2=21+20i$ より

$a^2-b^2=21$ …①，$2ab=20$ …②

②より，$a\neq0$ であるから，$b=\dfrac{10}{a}$

①に代入して

$a^2-\dfrac{100}{a^2}=21$

$a^4-21a^2-100=0$

$(a^2-25)(a^2+4)=0$

$a$ は実数より

$a^2=25$ すなわち，$a=\pm5$

このとき，$b=\pm2$（複号同順）

よって，$x=5+2i$，$-5-2i$

**答え** $\boldsymbol{x=5+2i,\ -5-2i}$

**6**

実数解を $p$ とすると

$(1-i)p^2+(a+1-4i)p+(-9+a^2i)=0$

$\{p^2+(a+1)p-9\}-i(p^2+4p-a^2)=0$

よって

$\begin{cases} p^2+(a+1)p-9=0 & \cdots① \\ p^2+4p-a^2=0 & \cdots② \end{cases}$

①−②より

$(a-3)p+(a^2-9)=0$

$(a-3)(p+a+3)=0$

$a=3,\ -p-3$

(i) $a=3$ のとき

①より

$p^2+4p-9=0$

$p=-2\pm\sqrt{13}$(実数)

これは，②も満たす。

(ii) $a=-p-3$ のとき

①より

$p^2-(p+2)p-9=0$

$-2p-9=0$

$p=-\dfrac{9}{2}$(実数)

これは，②も満たす。

このとき，$a=-p-3=\dfrac{9}{2}-3=\dfrac{3}{2}$

(i)，(ii)より，$a=3$ のときの解は

$-2\pm\sqrt{13}$，$a=\dfrac{3}{2}$ のときの解は $-\dfrac{9}{2}$

**答え** $a=3$ **のときの解は** $-2\pm\sqrt{13}$，

$a=\dfrac{3}{2}$ **のときの解は** $-\dfrac{9}{2}$

## 1-4 高次方程式

p.38

**解答**

**1** $a=-6$

**2** $x+1$

**3** (1) $x=\pm3i,\ \pm\sqrt{2}$

(2) $x=4,\ \dfrac{-7\pm\sqrt{71}i}{2}$

**4** (1) $-1$　　(2) $-7$

**5** 定数の値… $a=17,\ b=-13$

他の解… $x=2+3i,\ 1$

**6** (1) $-\dfrac{11}{10}$　　(2) 6

**7** $\alpha=\sqrt[3]{\sqrt{5}+2}$，$\beta=\sqrt[3]{\sqrt{5}-2}$ より

$\alpha^3=\sqrt{5}+2$，$\beta^3=\sqrt{5}-2$

であるから

$\alpha^3\beta^3=(\sqrt{5}+2)(\sqrt{5}-2)$

$=5-4=1$

$\alpha\beta$ は実数より，$\alpha\beta=1$ …①

一方

$\alpha^3-\beta^3$

$=(\sqrt{5}+2)-(\sqrt{5}-2)=4$ …②

であり

$\alpha^3-\beta^3=(\alpha-\beta)^3+3\alpha\beta(\alpha-\beta)$

に①，②を代入して

$4=(\alpha-\beta)^3+3(\alpha-\beta)$

$\alpha-\beta=x$ とおくと，$x$ は実数である。

方程式 $x^3+3x-4=0$ の左辺を $P(x)$ とおくと，$P(1)=0$ より

$(x-1)(x^2+x+4)=0$

$x^2+x+4=0$ は実数解をもたないから

$x=1$ すなわち，$\alpha-\beta=1$

よって，$\alpha-\beta$ は整数で，その値は 1 である。

解説

**1**

与えられた多項式を $P(x)$ とすると

$P(2)=2\cdot2^3+2^2+2a-8=12+2a$

$P(2)=0$ であるから，$12+2a=0$

よって，$a=-6$

**答え** $a=-6$

**2**

$P(x)$ を $(x+2)(x-3)$ で割ったときの余りは1次式か定数であるから，$ax+b$ とおける。また，商を $Q(x)$ とおくと

$P(x)=(x+2)(x-3)Q(x)+ax+b$

と表せるから

$P(-2)=-2a+b$，$P(3)=3a+b$

条件より，$P(-2)=-1$，$P(3)=4$ であるから

$-2a+b=-1$，$3a+b=4$

すなわち，$a=1$，$b=1$

よって，求める余りは，$x+1$

**答え** $x+1$

**3**

(1) $x^4+7x^2-18=0$

$(x^2+9)(x^2-2)=0$

$x=\pm3i$，$\pm\sqrt{2}$

**答え** $x=\pm3i$，$\pm\sqrt{2}$

(2) 与えられた方程式の左辺に $x=4$ を代入すると

$$x(x+1)(x+2)=4\cdot(4+1)\cdot(4+2)$$
$$=4\cdot5\cdot6$$

であるから，この方程式は $x=4$ を解にもつ。

方程式を整理すると

$x^3+3x^2+2x-120=0$

左辺は $x-4$ で割り切れるので

$(x-4)(x^2+7x+30)=0$

$x^2+7x+30=0$ の解は

$$x=\frac{-7\pm\sqrt{7^2-4\cdot1\cdot30}}{2}$$

$$=\frac{-7\pm\sqrt{71}i}{2}$$

よって，与えられた方程式の解は

$$x=4,\ \frac{-7\pm\sqrt{71}i}{2}$$

**答え** $x=4$，$\dfrac{-7\pm\sqrt{71}i}{2}$

**4**

(1) $\omega$ は1の3乗根より，$\omega^3=1$ …①

$\omega^3-1=0$

$(\omega-1)(\omega^2+\omega+1)=0$

$\omega$ は虚数より，$\omega^2+\omega+1=0$ …②

①を用いると

$\omega^{20}=(\omega^3)^6\cdot\omega^2=1^6\cdot\omega^2=\omega^2$

$\omega^{21}=\omega^{20}\cdot\omega=\omega^3=1$

$\omega^{22}=\omega^{21}\cdot\omega=1\cdot\omega=\omega$

$\dfrac{1}{\omega}=\omega^2$，$\dfrac{1}{\omega^2}=\omega$

よって，②より

$$\omega^{20}+\omega^{21}+\omega^{22}+\frac{1}{\omega}+\frac{1}{\omega^2}$$

$=(\omega^2+1+\omega)+(\omega^2+\omega)$

$=-1$

**答え** $-1$

(2) (1)と同様に考えると，①より

$\omega^8=(\omega^3)^2\cdot\omega^2=1^2\cdot\omega^2=\omega^2$

②より

$\omega^2+1=-\omega$

であるから

$$\frac{\omega^8+8\omega+1}{\omega^2+1}=\frac{(\omega^2+1)+8\omega}{-\omega}$$
$$=\frac{-\omega+8\omega}{-\omega}$$
$$=\frac{7\omega}{-\omega}$$
$$=-7$$

**答え** **−7**

**5**

$a$，$b$ は実数であるから，$2-3i$ と共役な複素数 $2+3i$ も，与えられた方程式の解である。

これらをそれぞれ $\alpha$，$\beta$ とすると

$(x-\alpha)(x-\beta)=x^2-(\alpha+\beta)x+\alpha\beta$

であり

$\alpha+\beta=(2-3i)+(2+3i)=4$

$\alpha\beta=(2-3i)(2+3i)=2^2+3^2=13$

となるから，$(x-\alpha)(x-\beta)=x^2-4x+13$

3 次方程式の左辺を変形すると

$x^3-5x^2+ax+b$

$=(x^2-4x+13)(x-1)$

$\qquad+(a-17)x+(b+13)$ …①

この式の左辺は $(x-\alpha)(x-\beta)$ で割り切れるから

$a-17=0$，$b+13=0$

すなわち，$a=17$，$b=-13$

また①により，$x=1$ も解である。

〔別の解き方〕

$a$，$b$ は実数であるから，$2-3i$ と共役な複素数 $2+3i$ も解である。

他の解を $\gamma$ とすると，3 次方程式の解と係数の関係により

$(2-3i)+(2+3i)+\gamma=5$ …②

$(2-3i)(2+3i)+(2+3i)\gamma$

$\qquad+\gamma(2-3i)=a$ …③

$(2-3i)(2+3i)\gamma=-b$ …④

②より

$4+\gamma=5$

$\gamma=1$

これを③，④に代入すると

$a=(2-3i)(2+3i)+(2+3i)\cdot1$

$\qquad+1\cdot(2-3i)=17$

$b=-(2-3i)(2+3i)\cdot1=-13$

よって，$a=17$，$b=-13$，他の解は，$2+3i$，1

**答え** **定数の値…$a=17$，$b=-13$**
**他の解…$x=2+3i$，1**

**6**

解と係数の関係より

$\alpha+\beta+\gamma=3$，$\alpha\beta+\beta\gamma+\gamma\alpha=-1$，$\alpha\beta\gamma=-10$

(1) $\dfrac{\alpha}{\beta\gamma}+\dfrac{\beta}{\gamma\alpha}+\dfrac{\gamma}{\alpha\beta}=\dfrac{\alpha^2+\beta^2+\gamma^2}{\alpha\beta\gamma}$

ここで

$\alpha^2+\beta^2+\gamma^2$

$=(\alpha+\beta+\gamma)^2-2(\alpha\beta+\beta\gamma+\gamma\alpha)$

$=3^2-2\cdot(-1)$

$=11$

より

$$\frac{\alpha}{\beta\gamma}+\frac{\beta}{\gamma\alpha}+\frac{\gamma}{\alpha\beta}=\frac{11}{-10}=-\frac{11}{10}$$

**答え** **$-\dfrac{11}{10}$**

(2)　$\alpha$ は方程式 $x^3-3x^2-x+10=0$ の解より

$$\alpha^3=3\alpha^2+\alpha-10$$

である。

同様に

$$\beta^3=3\beta^2+\beta-10,\ \gamma^3=3\gamma^2+\gamma-10$$

より

$$\alpha^3+\beta^3+\gamma^3$$
$$=3(\alpha^2+\beta^2+\gamma^2)+(\alpha+\beta+\gamma)-10\cdot3$$
$$=3\cdot11+3-30$$
$$=6$$

〔別の解き方〕

$$\alpha^3+\beta^3+\gamma^3$$
$$=(\alpha+\beta+\gamma)(\alpha^2+\beta^2+\gamma^2-\alpha\beta-\beta\gamma-\gamma\alpha)+3\alpha\beta\gamma$$
$$=3\{11-(-1)\}+3\cdot(-10)$$
$$=6$$

**答え**　6

**7**

すぐに求まる $\alpha^3$，$\beta^3$ の値から，$\alpha^3\beta^3$，$\alpha^3-\beta^3$ の値がわかる。$\alpha^3\beta^3$ の値から $\alpha\beta$ の値もわかるので，$\alpha-\beta=x$ とおくと，$x$ の3次方程式が導かれる。

ちなみに，$\alpha$，$\beta$ は $\sqrt[3]{\ }$ の記号を使わずに，$\alpha=\dfrac{\sqrt{5}+1}{2}$，$\beta=\dfrac{\sqrt{5}-1}{2}$ と表すことができる。

## 2-1 点と直線

p.44

**解答**

**1**　(1)　$4\sqrt{5}$　(2)　P(1，1)
(3)　Q(−5，4)
(4)　C(3，6)

**2**　(1)　M(2，1)
(2)　垂直二等分線の方程式…$2x+3y-7=0$
原点からの距離…$\dfrac{7\sqrt{13}}{13}$

**3**　$a=-3$，0

**4**　$P\left(\dfrac{1}{2},\ \dfrac{9}{4}\right)$

**解説**

**1**

(1)　$\sqrt{\{7-(-1)\}^2+(-2-2)^2}=\sqrt{8^2+4^2}$
$=4\sqrt{5}$

**答え**　$4\sqrt{5}$

(2)　$\left(\dfrac{3\cdot(-1)+1\cdot7}{1+3},\ \dfrac{3\cdot2+1\cdot(-2)}{1+3}\right)$

より，(1，1)　**答え**　P(1，1)

(3)　$\left(\dfrac{-3\cdot(-1)+1\cdot7}{1-3},\ \dfrac{-3\cdot2+1\cdot(-2)}{1-3}\right)$

より，(−5，4)　**答え**　Q(−5，4)

(4)　点Cの座標を $(x,\ y)$ とおくと

$$\frac{-1+7+x}{3}=3,\ \frac{2+(-2)+y}{3}=2$$

$x=3$，$y=6$

よって，C(3，6)　**答え**　C(3，6)

**2**

(1) $\left(\dfrac{0+4}{2},\ \dfrac{-2+4}{2}\right)$より，(2，1)

**答え** $\mathbf{M(2,\ 1)}$

(2) 線分ABの垂直二等分線は，線分ABの中点Mを通り，直線ABに垂直である。

直線ABの傾きは

$\dfrac{4-(-2)}{4-0}=\dfrac{3}{2}$

求める直線の傾きを$m$とすると

$\dfrac{3}{2}m=-1$すなわち，$m=-\dfrac{2}{3}$

であるから，求める方程式は

$y-1=-\dfrac{2}{3}(x-2)$

$2x+3y-7=0$

原点からこの直線までの距離は

$\dfrac{|-7|}{\sqrt{2^2+3^2}}=\dfrac{7}{\sqrt{13}}=\dfrac{7\sqrt{13}}{13}$

**答え** **垂直二等分線の方程式**
**…$2x+3y-7=0$**
**原点からの距離…$\dfrac{7\sqrt{13}}{13}$**

**3**

2直線をそれぞれ$\ell_1$，$\ell_2$とする。

$\ell_1$の方程式は$y=-ax+1$と変形されるから，$\ell_1$の傾きは$-a$である。

$a\neq 0$のとき，$\ell_2$の方程式は

$ay=-(a+2)x+2$

$y=-\dfrac{a+2}{a}x+\dfrac{2}{a}$

より，傾きは$-\dfrac{a+2}{a}$であるから

$-a\cdot\left(-\dfrac{a+2}{a}\right)=-1$

$a=-3$（$a\neq 0$を満たす）

$a=0$のとき，$\ell_2$の方程式は

$2x=2$すなわち，$x=1$

より，$\ell_2$は$x$軸に垂直である。

このとき$\ell_1$の傾きは$-a=0$より，$\ell_1$は$y$軸に垂直であるから，条件を満たす。

以上より，$a=-3$，0

〔**別の解き方**〕

2直線$a_1x+b_1y+c_1=0$，$a_2x+b_2y+c_2=0$が垂直であるための必要十分条件は$a_1a_2+b_1b_2=0$であることが知られている。

これより，$a(a+2)+1\cdot a=0$

よって，$a=-3$，0

**答え** $\boldsymbol{a=-3,\ 0}$

**4**

直線ABの方程式は

$y-1=\dfrac{-1-1}{0-2}(x-2)$

$x-y-1=0$

ここで，点Pの座標は$(t,\ t^2+2)$と表されるから，直線ABとの距離を$h(t)$とすると，$h(t)$は線分ABを底辺としたときの△ABPの高さであるから，$h(t)$が最小となるとき△ABPの面積も最小となる。

$$h(t)=\frac{|t-(t^2+2)-1|}{\sqrt{1^2+(-1)^2}}$$
$$=\frac{|-t^2+t-3|}{\sqrt{2}}$$
$$=\frac{|t^2-t+3|}{\sqrt{2}}$$
$$=\frac{1}{\sqrt{2}}\left|\left(t-\frac{1}{2}\right)^2+\frac{11}{4}\right|$$

より，$t=\dfrac{1}{2}$のとき$h(t)$は最小となる。

よって，求める座標は$\mathrm{P}\left(\dfrac{1}{2},\ \dfrac{9}{4}\right)$

**答え** $\mathbf{P}\left(\dfrac{1}{2},\ \dfrac{9}{4}\right)$

## 2-2 円

p.50

**解答**

**1** (1) $(x+4)^2+(y-2)^2=20$

(2) $(x-2)^2+y^2=13$

(3) $x^2+y^2-4x+6y-12=0$

**2** 1点$(-2,\ 4)$

**3** $-3-5\sqrt{10}<k<-3+5\sqrt{10}$

**4** $x=2,\ 3x-4y+10=0$

**5** 4

**6** $(x-4)^2+(y-3)^2=9$,

$(x-4)^2+(y-3)^2=49$

**解説**

**1**

(1) $\{x-(-4)\}^2+(y-2)^2=(2\sqrt{5})^2$

$(x+4)^2+(y-2)^2=20$

**答え** $(x+4)^2+(y-2)^2=20$

(2) 中心$(a,\ 0)$，半径を$r(r>0)$とおくと，求める方程式は

$(x-a)^2+y^2=r^2$ …①

この円が2点$(-1,\ 2)$，$(4,\ -3)$を通るので

$$\begin{cases}(-1-a)^2+2^2=r^2 & \cdots② \\ (4-a)^2+(-3)^2=r^2 & \cdots③\end{cases}$$

②，③より

$a^2+2a+5=a^2-8a+25$

$a=2$ …④

これを②に代入することにより

$(-1-2)^2+2^2=r^2$

$r^2=13$ …⑤

④，⑤を①に代入して，求める方程式は，$(x-2)^2+y^2=13$

**答え** $(x-2)^2+y^2=13$

(3) 求める円の方程式を

$x^2+y^2+\ell x+my+n=0$ …①

とすると，この円が3点$(2,\ 2)$，$(6,\ 0)$，$(5,\ -7)$を通るので

$$\begin{cases}2^2+2^2+2\ell+2m+n=0 \\ 6^2+0^2+6\ell+0m+n=0 \\ 5^2+(-7)^2+5\ell-7m+n=0\end{cases}$$

$$\begin{cases}2\ell+2m+n=-8 & \cdots② \\ 6\ell \qquad +n=-36 & \cdots③ \\ 5\ell-7m+n=-74 & \cdots④\end{cases}$$

②，③，④より

$\ell=-4,\ m=6,\ n=-12$

これらを①に代入して，求める方程式は，$x^2+y^2-4x+6y-12=0$

**答え** $x^2+y^2-4x+6y-12=0$

**2**

$x^2+y^2+4x-8y+20=0$

$(x+2)^2-2^2+(y-4)^2-4^2+20=0$

$(x+2)^2+(y-4)^2=0$

よって，この方程式は，1点$(-2,\ 4)$を表す。

**答え** 1点$(-2,\ 4)$

**3**

円の中心の座標は$(1,\ 0)$で，半径は5である。

直線の方程式は$3x-y+k=0$と変形できることに注意して，円の中心と直線の距離$d$は

$$d=\frac{|3\cdot1-0+k|}{\sqrt{3^2+(-1)^2}}=\frac{|k+3|}{\sqrt{10}}$$

条件より，$d<5$であるから

$$\frac{|k+3|}{\sqrt{10}}<5$$

$-5\sqrt{10}<k+3<5\sqrt{10}$

よって，$-3-5\sqrt{10}<k<-3+5\sqrt{10}$

〔別の解き方〕

直線の方程式を円の方程式に代入して

$(x-1)^2+(3x+k)^2=25$

$10x^2+2(3k-1)x+k^2-24=0$

この $x$ の2次方程式の判別式を $D$ とすると，$D>0$ であるから

$\frac{D}{4}=(3k-1)^2-10(k^2-24)$

$=-k^2-6k+241>0$

$k^2+6k-241<0$

よって，$-3-5\sqrt{10}<k<-3+5\sqrt{10}$

**答え** $\boldsymbol{-3-5\sqrt{10}<k<-3+5\sqrt{10}}$

**4**

接点の座標を $(x_1,\ y_1)$ とおくと，この点は円上にあるから



$x_1^2+y_1^2=4$ …①

接線の方程式は

$x_1x+y_1y=4$ …②

と表せ，これが点$(2,\ 4)$を通るので

$2x_1+4y_1=4$

$x_1=-2(y_1-1)$ …③

③を①に代入して

$(-2)^2(y_1-1)^2+y_1^2=4$

$y_1=0,\ \frac{8}{5}$

それぞれ③に代入することにより

$(x_1,\ y_1)=(2,\ 0),\ \left(-\frac{6}{5},\ \frac{8}{5}\right)$

それぞれ②に代入して

$2x=4$ すなわち，$x=2$

$-\frac{6}{5}x+\frac{8}{5}y=4$

すなわち，$3x-4y+10=0$

以上より，求める接線の方程式は

$x=2,\ 3x-4y+10=0$

**答え** $\boldsymbol{x=2,\ 3x-4y+10=0}$

〔別の解き方〕

点$(2,\ 4)$を通り，$x$ 軸に垂直な直線の方程式は，$x=2$ であり，この直線は円に接する。

また，点$(2,\ 4)$を通り，傾き $m$ の直線の方程式は

$y-4=m(x-2)$

$mx-y-2m+4=0$

円の中心$(0,\ 0)$からの距離 $d$ は

$d=\frac{|-2m+4|}{\sqrt{m^2+1}}$

これが円の半径2に等しいことから

$\frac{|-2m+4|}{\sqrt{m^2+1}}=2$

$(m-2)^2=m^2+1$

$m=\frac{3}{4}$

よって，接線の方程式は

$y-4=\frac{3}{4}(x-2)$

$y=\frac{3}{4}x+\frac{5}{2}$

以上より，求める方程式は

$x=2,\ y=\frac{3}{4}x+\frac{5}{2}$

**答え** $\boldsymbol{x=2,\ y=\frac{3}{4}x+\frac{5}{2}}$

**5**

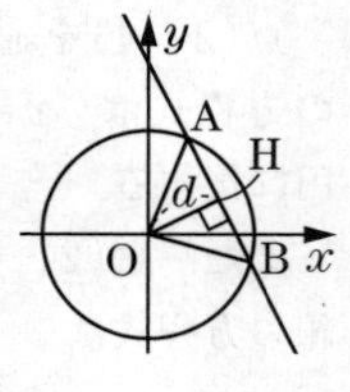


円の中心は原点Oで，半径は3である。

また直線の方程式は

$2x+y-5=0$

と表せるので，点Oからの距離 $d$ は

$$d=\frac{|-5|}{\sqrt{2^2+1^2}}=\sqrt{5}$$

これは点Oから直線ABに引いた垂線OHの長さに等しいから，△AOHに三平方の定理を用いて

$AH=\sqrt{OA^2-OH^2}=\sqrt{3^2-(\sqrt{5})^2}=2$

ここで，△OABはOA=OBの二等辺三角形であるから，HはABの中点である。

よって

$AB=2AH=2\cdot 2=4$

**〔別の解き方〕**

A，Bの $x$ 座標をそれぞれ $\alpha$，$\beta$ とすると，$A(\alpha,\ -2\alpha+5)$，$B(\beta,\ -2\beta+5)$ と表せる。

$x^2+y^2=9$ に $y=-2x+5$ を代入すると

$x^2+(-2x+5)^2=9$

$5x^2-20x+16=0$

この2次方程式の解が $\alpha$，$\beta$ より，解と係数の関係から

$$\alpha+\beta=4,\quad \alpha\beta=\frac{16}{5}$$

よって

$$\begin{aligned}AB&=\sqrt{(\beta-\alpha)^2+\{-2\beta+5-(-2\alpha+5)\}^2}\\&=\sqrt{5(\beta-\alpha)^2}\\&=\sqrt{5\{(\alpha+\beta)^2-4\alpha\beta\}}\\&=\sqrt{5\left(4^2-4\cdot\frac{16}{5}\right)}\\&=4\end{aligned}$$

**答え** 4

**6**

2つの円の半径 $r_1$，$r_2$，2つの円の中心間の距離を $d$ とすると，2つの円が

外接するのは，$d=r_1+r_2$

内接するのは，$d=|r_1-r_2|$

のときである。

円 $(x-1)^2+(y+1)^2=4$ の中心は $(1,\ -1)$，半径は2である。

2つの円の中心間の距離は

$\sqrt{(4-1)^2+\{3-(-1)\}^2}=5$

求める円の半径を $r$ とすると，2つの円が外接するとき

$5=2+r$

$r=3$

また，円

$(x-1)^2+(y+1)^2=4$

が円

$(x-4)^2+(y-3)^2=r^2$

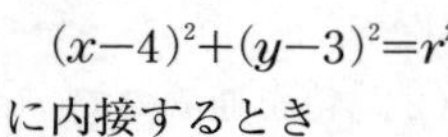

に内接するとき

$5=r-2$

$r=7$

よって，求める円の方程式は

$(x-4)^2+(y-3)^2=9$，

$(x-4)^2+(y-3)^2=49$

**答え** $(x-4)^2+(y-3)^2=9$，$(x-4)^2+(y-3)^2=49$

## 2-3 軌跡と領域

p. 55

解答

**1** (1) 直線 $y=-1$

(2) 点$\left(0, -\frac{7}{2}\right)$を中心とする半径$\frac{3}{2}$の円

**2** 点$(3, 0)$を中心とする半径2の円

**3** 直線 $y=\frac{1}{2}x+\frac{3}{2}$

**4** (1) 下の図の斜線部分，ただし，境界線を含まない。

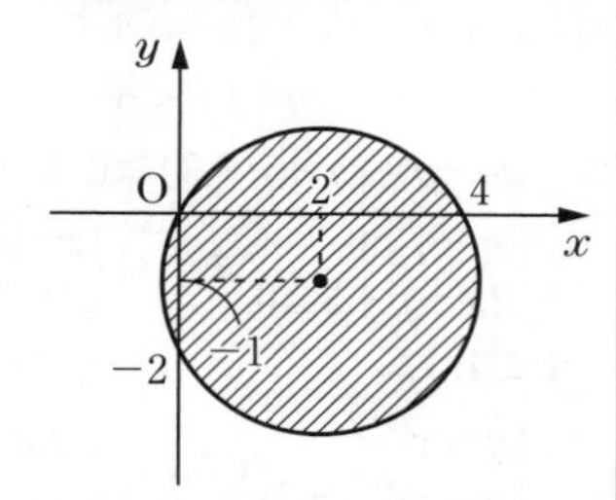


(2) 下の図の斜線部分，ただし，境界線を含む。

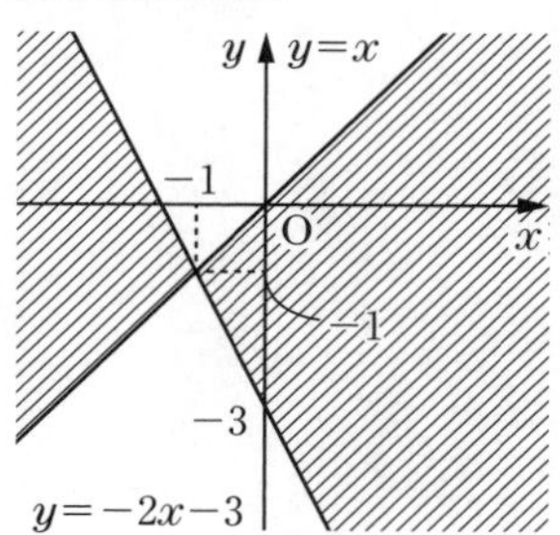


**5** $x=3$，$y=4$ のとき最大値 25，$x=-5$，$y=0$ のとき最小値$-15$

**6** X を 6kg，Y を 2kg 作ったとき最大の利益 34 万円

解説

**1**

(1) $\mathrm{P}(x, y)$とすると，$\mathrm{PA}^2=\mathrm{PB}^2$ より

$x^2+(y-1)^2=x^2+(y+3)^2$

$-8y=8$

$y=-1$

よって，求める軌跡は，直線 $y=-1$ である。

答え 直線 $y=-1$

(2) $\mathrm{Q}(x, y)$とすると，$\mathrm{QA}:\mathrm{QB}=3:1$ より

$\mathrm{QA}^2=3^2\mathrm{QB}^2$

$x^2+(y-1)^2=9\{x^2+(y+3)^2\}$

$8x^2+8y^2+56y+80=0$

$x^2+y^2+7y+10=0$

$x^2+\left(y+\frac{7}{2}\right)^2=\left(\frac{3}{2}\right)^2$

よって，求める軌跡は，点$\left(0, -\frac{7}{2}\right)$を中心とする半径$\frac{3}{2}$の円である。

答え 点$\left(0, -\frac{7}{2}\right)$を中心とする半径$\frac{3}{2}$の円

**2**

$Q(s,\ t)$とすると，Qは円$x^2+y^2=16$上の点より

$s^2+t^2=16$ …①

$P(x,\ y)$とすると，Pは線分AQの中点より

$x=\dfrac{6+s}{2},\ y=\dfrac{0+t}{2}$

これらをそれぞれ$s$，$t$について解くと

$s=2x-6$ …②，$t=2y$ …③

②，③を①に代入すると

$(2x-6)^2+(2y)^2=16$

両辺を4で割って

$(x-3)^2+y^2=2^2$

よって，求める軌跡は，点$(3,\ 0)$を中心とする半径2の円である。

**答え　点(3，0)を中心とする半径2の円**

**3**

$A(a,\ b)$，$P(x,\ y)$とする。

Aは直線$y=2x$上の点であるから

$b=2a$ …①

線分APの中点をMとすると

$M\left(\dfrac{a+x}{2},\ \dfrac{b+y}{2}\right)$

Mは直線$y=x+1$上にあるから

$\dfrac{b+y}{2}=\dfrac{a+x}{2}+1$

$a-b=-x+y-2$ …②

$x\neq a$のとき，直線APと直線$y=x+1$は垂直であるから

$\dfrac{y-b}{x-a}\cdot 1=-1$

$a+b=x+y$ …③

②，③を$a$，$b$について解くと

$a=y-1$，$b=x+1$

これらを①に代入して

$x+1=2(y-1)$

$y=\dfrac{1}{2}x+\dfrac{3}{2}$ …④

また，$x=a$のとき2点A，Pは一致するので，その座標は$y=2x$と$y=x+1$の交点$(1,\ 2)$であり，④はその交点を通る。

よって，求める軌跡は，直線$y=\dfrac{1}{2}x+\dfrac{3}{2}$である。

**答え　直線$y=\dfrac{1}{2}x+\dfrac{3}{2}$**

**4**

(1)　$x^2+y^2-4x+2y<0$より

$(x-2)^2+(y+1)^2<5$

(2)　$(x-y)(2x+y+3)\geqq 0$より

$\begin{cases} x-y\geqq 0 \\ 2x+y+3\geqq 0 \end{cases}$ または $\begin{cases} x-y\leqq 0 \\ 2x+y+3\leqq 0 \end{cases}$

すなわち

$\begin{cases} y\leqq x \\ y\geqq -2x-3 \end{cases}$ または $\begin{cases} y\geqq x \\ y\leqq -2x-3 \end{cases}$

**5**

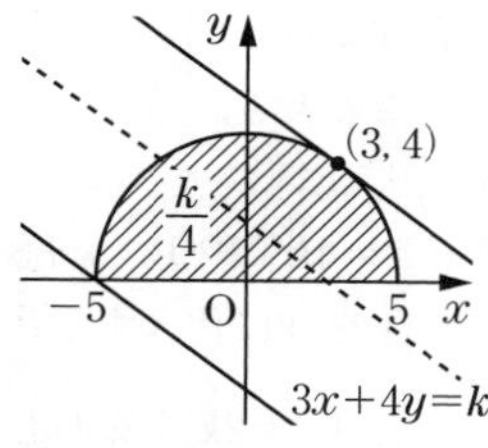


与えられた連立不等式の表す領域を$D$とすると，$D$は右の図の斜線部分である。ただし，境界線を含む。

ここで$3x+4y=k$ …①とおくと，①は傾きが$-\dfrac{3}{4}$，$y$切片が$\dfrac{k}{4}$の直線を表すから，直線①が$D$と共有点をもつような$k$の最大値および最小値を考えればよい。

$k$が最大となるのは，直線①が円と第1象限で接するときである。

この接点は円の中心，すなわち原点を通り，直線①に垂直な直線$y=\dfrac{4}{3}x$ …②が円$x^2+y^2=25$ …③と第1象限で交わる点である。

②を③に代入すると

$x^2+\left(\dfrac{4}{3}x\right)^2=25$

$x^2=9$

$x>0$より，$x=3$

これを②に代入して，$y=4$

よって，$k$の最大値は

$3\cdot3+4\cdot4=25$

$k$が最小となるのは，直線①が点$(-5,\ 0)$を通るときで，その値は

$3\cdot(-5)+4\cdot0=-15$

以上より，$3x+4y$は$x=3$，$y=4$のとき最大値25，$x=-5$，$y=0$のとき最小値$-15$をとる。

**答え** **$x=3$，$y=4$のとき最大値25，$x=-5$，$y=0$のとき最小値$-15$**

**6**

製品X，Yをそれぞれ$x$kg，$y$kg作るとすると，$x\geqq0$，$y\geqq0$ …①である。

このとき，原料A，Bの使用量および在庫について

$$\begin{cases}2.4x+1.8y\leqq18\\1.2x+2.4y\leqq12\end{cases}$$

$$\begin{cases}y\leqq-\dfrac{4}{3}x+10 & \cdots② \\ y\leqq-\dfrac{1}{2}x+5 & \cdots③\end{cases}$$

が成り立つ。

利益を$k$万円とすると，$4x+5y=k$

すなわち，$y=-\dfrac{4}{5}x+\dfrac{k}{5}$が成り立つ。

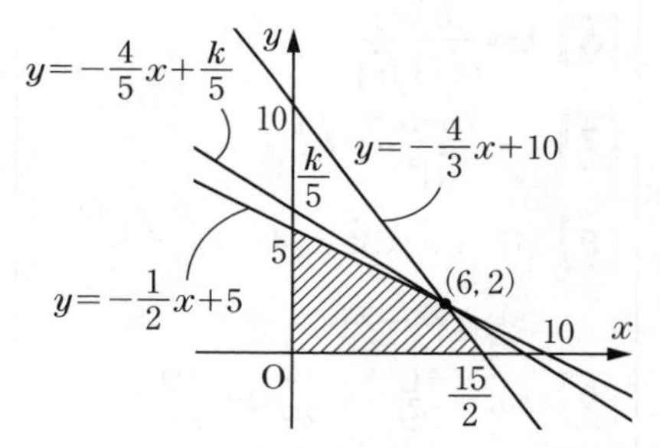


①，②，③の条件のもとで，直線$y=-\dfrac{4}{5}x+\dfrac{k}{5}$の$y$切片が最大になるのは，2直線$y=-\dfrac{4}{3}x+10$，$y=-\dfrac{1}{2}x+5$の交点$(6,\ 2)$を通るときであり，そのときの$k$の値は

$4\cdot6+5\cdot2=34$

である。

以上より，製品Xを6kg，製品Yを2kg作ったとき，最大の利益は34万円となる。

**答え** **Xを6kg，Yを2kg作ったとき最大の利益34万円**

## 2-4 ベクトル

p. 69

**解答**

**1** (1) $\left(\frac{2}{\sqrt{5}}, \frac{1}{\sqrt{5}}\right)$ (2) $x=-6$

(3) $x=-1$

**2** (1) $\vec{a}\cdot\vec{b}=6$ (2) $\theta=60°$

**3** $t=-\frac{5}{4}$のとき最小値$\frac{\sqrt{11}}{2}$

**4** (1) $\overrightarrow{AP}=\frac{3}{13}\overrightarrow{AB}+\frac{6}{13}\overrightarrow{AC}$

(2) 39：8

**5** (1) $\overrightarrow{AP}=\frac{1}{3}\vec{b}+\frac{4}{9}\vec{c}$

(2) $AP=\frac{\sqrt{57}}{3}$

**6** $k=\frac{|\vec{b}||\vec{c}|}{|\vec{b}|+|\vec{c}|}$

**7** $\vec{c}=\frac{2\vec{a}\cdot\vec{b}}{|\vec{a}|^2}\vec{a}-\vec{b}$

**8** (1) $\overrightarrow{CA}\cdot\overrightarrow{CB}=14$ (2) $\frac{7\sqrt{26}}{2}$

(3) $z=-7$

**9** $\overrightarrow{AK}=\frac{10}{29}\vec{b}+\frac{19}{29}\vec{d}+\frac{10}{29}\vec{e}$

**10** (1) $x+3y-20=0$ (2) 45°

**解説**

**1**

(1) $|\vec{a}|=\sqrt{4^2+2^2}=2\sqrt{5}$ より，$\vec{a}$と同じ向きの単位ベクトルは

$$\frac{\vec{a}}{|\vec{a}|}=\left(\frac{4}{2\sqrt{5}}, \frac{2}{2\sqrt{5}}\right)=\left(\frac{2}{\sqrt{5}}, \frac{1}{\sqrt{5}}\right)$$

**答え** $\left(\frac{2}{\sqrt{5}}, \frac{1}{\sqrt{5}}\right)$

(2) $\vec{a}/\!/\vec{b}$ より，$\vec{b}=k\vec{a}$ を満たす実数$k$が存在する。

このとき，$(x,\ x+3)=(4k,\ 2k)$

よって

$x=4k$ …①，$x+3=2k$ …②

①を②に代入すると

$4k+3=2k$ すなわち，$k=-\frac{3}{2}$

これを①に代入して

$x=4\times\left(-\frac{3}{2}\right)=-6$

〔別の解き方〕

$\vec{0}$でない2つのベクトル$\vec{a}=(a_1,\ a_2)$，$\vec{b}=(b_1,\ b_2)$が$\vec{a}/\!/\vec{b}$となるための必要十分条件は，$a_1b_2-a_2b_1=0$であることが知られている。

条件より

$4\times(x+3)-2\times x=0$

$x=-6$

**答え** $x=-6$

(3) $\vec{a}\perp\vec{b}$ より，$\vec{a}\cdot\vec{b}=0$

$4\times x+2\times(x+3)=0$

$x=-1$

**答え** $x=-1$

**2**

(1) $|2\vec{a}-\vec{b}|^2=7^2$

$4|\vec{a}|^2-4\vec{a}\cdot\vec{b}+|\vec{b}|^2=49$

$4\times4^2-4\vec{a}\cdot\vec{b}+3^2=49$

$\vec{a}\cdot\vec{b}=6$

**答え** $\vec{a}\cdot\vec{b}=6$

(2) (1)の結果より

$$\cos\theta=\frac{\vec{a}\cdot\vec{b}}{|\vec{a}||\vec{b}|}=\frac{6}{4\times3}=\frac{1}{2}$$

$0°\leqq\theta\leqq180°$ より，$\theta=60°$

**答え** $\theta=60°$

**3**

$$|\vec{c}|^2=|\vec{a}+t\vec{b}|^2$$
$$=|\vec{a}|^2+2t\vec{a}\cdot\vec{b}+t^2|\vec{b}|^2$$
$$=3^2+2t\times5+t^2\times2^2$$
$$=4\left(t+\frac{5}{4}\right)^2+\frac{11}{4}$$

よって，$|\vec{c}|$は$t=-\frac{5}{4}$のとき最小値

$\sqrt{\frac{11}{4}}=\frac{\sqrt{11}}{2}$をとる。

**答え** $t=-\frac{5}{4}$**のとき最小値**$\frac{\sqrt{11}}{2}$

**4**

(1) $4(-\overrightarrow{AP})+3(\overrightarrow{AB}-\overrightarrow{AP})+6(\overrightarrow{AC}-\overrightarrow{AP})=\vec{0}$

$$\overrightarrow{AP}=\frac{3}{13}\overrightarrow{AB}+\frac{6}{13}\overrightarrow{AC}$$

**答え** $\overrightarrow{AP}=\frac{3}{13}\overrightarrow{AB}+\frac{6}{13}\overrightarrow{AC}$

(2) $\overrightarrow{AP}=\frac{6+3}{13}\times\frac{3\overrightarrow{AB}+6\overrightarrow{AC}}{6+3}$

$$=\frac{9}{13}\times\frac{\overrightarrow{AB}+2\overrightarrow{AC}}{3}$$

より，$\overrightarrow{AQ}=\frac{\overrightarrow{AB}+2\overrightarrow{AC}}{3}$

よって，点Qは辺BCを2：1に内分し，点Pは線分AQを

9：(13−9)=9：4

に内分するから

$$\triangle PBQ=\frac{2}{3}\triangle PBC$$
$$=\frac{2}{3}\times\frac{4}{13}\triangle ABC$$
$$=\frac{8}{39}\triangle ABC$$

よって

$$\triangle ABC:\triangle PBQ=1:\frac{8}{39}=39:8$$

**答え** 39：8

**5**

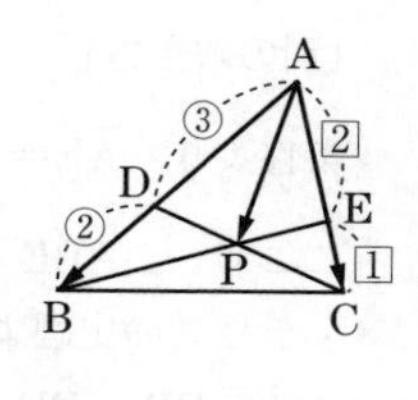


(1) 条件より

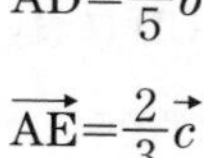

$$\overrightarrow{AD}=\frac{3}{5}\vec{b},$$
$$\overrightarrow{AE}=\frac{2}{3}\vec{c}$$

点Pは線分BE上にあるから

$$\overrightarrow{AP}=(1-s)\overrightarrow{AB}+s\overrightarrow{AE}$$
$$=(1-s)\vec{b}+\frac{2}{3}s\vec{c}\quad\cdots①$$

を満たす実数$s$が存在する。

点Pは線分CD上にあるから

$$\overrightarrow{AP}=(1-t)\overrightarrow{AC}+t\overrightarrow{AD}$$
$$=\frac{3}{5}t\vec{b}+(1-t)\vec{c}\quad\cdots②$$

を満たす実数$t$が存在する。

$\vec{b}$と$\vec{c}$は平行でなく，いずれも$\vec{0}$ではないから，①，②より

$$1-s=\frac{3}{5}t,\ \frac{2}{3}s=1-t$$

$$s=\frac{2}{3},\ t=\frac{5}{9}$$

よって，$\overrightarrow{AP}=\frac{1}{3}\vec{b}+\frac{4}{9}\vec{c}$

〔別の解き方〕

条件より，$\overrightarrow{AE}=\dfrac{2}{3}\vec{c}$

ここで，△ABE と直線 CD において，メネラウスの定理より

$$\frac{AC}{CE}\times\frac{EP}{PB}\times\frac{BD}{DA}=1$$

$$\frac{3}{1}\times\frac{EP}{PB}\times\frac{2}{3}=1$$

よって，$\dfrac{EP}{PB}=\dfrac{1}{2}$

これより，BP：PE＝2：1 であるから

$$\overrightarrow{AP}=\frac{\overrightarrow{AB}+2\overrightarrow{AE}}{2+1}$$

$$=\frac{1}{3}\vec{b}+\frac{4}{9}\vec{c}$$

答え $\overrightarrow{AP}=\dfrac{1}{3}\vec{b}+\dfrac{4}{9}\vec{c}$

(2) $|\overrightarrow{AP}|^2=\left|\dfrac{1}{3}\vec{b}+\dfrac{4}{9}\vec{c}\right|^2$

$$=\left|\frac{1}{9}(3\vec{b}+4\vec{c})\right|^2$$

$$=\frac{1}{81}(9|\vec{b}|^2+24\vec{b}\cdot\vec{c}+16|\vec{c}|^2)$$

$$=\frac{1}{81}(9\times5^2+24\times6+16\times3^2)$$

$$=\frac{1}{9}(25+16+16)$$

$$=\frac{19}{3}$$

$|\overrightarrow{AP}|\geqq0$ より

$$AP=|\overrightarrow{AP}|=\sqrt{\frac{19}{3}}=\frac{\sqrt{57}}{3}$$

答え $AP=\dfrac{\sqrt{57}}{3}$

**6**

$$\overrightarrow{AD}=k\left(\frac{\vec{b}}{|\vec{b}|}+\frac{\vec{c}}{|\vec{c}|}\right)=\frac{k}{|\vec{b}|}\vec{b}+\frac{k}{|\vec{c}|}\vec{c}$$

であり，D は直線 BC 上の点であるから

$$\frac{k}{|\vec{b}|}+\frac{k}{|\vec{c}|}=1$$

$$k=\frac{1}{\dfrac{1}{|\vec{b}|}+\dfrac{1}{|\vec{c}|}}=\frac{|\vec{b}||\vec{c}|}{|\vec{b}|+|\vec{c}|}$$

答え $k=\dfrac{|\vec{b}||\vec{c}|}{|\vec{b}|+|\vec{c}|}$

**7**

線分 BC の中点を H とする。

$\overrightarrow{OH}=\vec{h}$ とすると

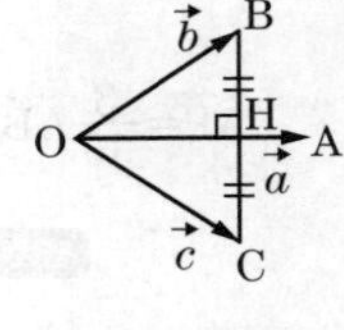


$$\vec{h}=\frac{\vec{b}+\vec{c}}{2}$$

よって

$\vec{c}=2\vec{h}-\vec{b}$ …①

点 H が直線 OA 上にあるので

$\vec{h}=k\vec{a}$ …②

を満たす実数 $k$ が存在する。

また，OA⊥BH であるから

$\overrightarrow{OA}\cdot\overrightarrow{BH}=0$

$\vec{a}\cdot(\vec{h}-\vec{b})=0$

$\vec{a}\cdot\vec{h}=\vec{a}\cdot\vec{b}$

これに②を代入すると

$\vec{a}\cdot(k\vec{a})=\vec{a}\cdot\vec{b}$

$k|\vec{a}|^2=\vec{a}\cdot\vec{b}$

$\vec{a}\neq\vec{0}$ より，$k=\dfrac{\vec{a}\cdot\vec{b}}{|\vec{a}|^2}$

②に代入すると，$\vec{h}=\dfrac{\vec{a}\cdot\vec{b}}{|\vec{a}|^2}\vec{a}$

これを①に代入すると，$\vec{c}=\dfrac{2\vec{a}\cdot\vec{b}}{|\vec{a}|^2}\vec{a}-\vec{b}$

となる。 答え $\vec{c}=\dfrac{2\vec{a}\cdot\vec{b}}{|\vec{a}|^2}\vec{a}-\vec{b}$

## 8

(1) $\overrightarrow{CA}=\overrightarrow{OA}-\overrightarrow{OC}=(1,\ -3,\ 5)$

$\overrightarrow{CB}=\overrightarrow{OB}-\overrightarrow{OC}=(4,\ -5,\ -1)$

より

$\overrightarrow{CA}\cdot\overrightarrow{CB}$

$=1\times4+(-3)\times(-5)+5\times(-1)$

$=14$ 　**答え** $\overrightarrow{CA}\cdot\overrightarrow{CB}=14$

(2) $|\overrightarrow{CA}|^2=1^2+(-3)^2+5^2=35$

$|\overrightarrow{CB}|^2=4^2+(-5)^2+(-1)^2=42$

であるから，△ABC の面積 $S$ は

$S=\dfrac{1}{2}\sqrt{|\overrightarrow{CA}|^2|\overrightarrow{CB}|^2-(\overrightarrow{CA}\cdot\overrightarrow{CB})^2}$

$=\dfrac{1}{2}\sqrt{35\times42-14^2}$

$=\dfrac{7\sqrt{26}}{2}$

**答え** $\dfrac{7\sqrt{26}}{2}$

(3) 条件より，$\overrightarrow{CP}=s\overrightarrow{CA}+t\overrightarrow{CB}$ を満たす実数 $s$，$t$ が存在する。

$\overrightarrow{OP}-\overrightarrow{OC}=s\overrightarrow{CA}+t\overrightarrow{CB}$ を成分で表すと

$(3,\ 3,\ z)-(1,\ 4,\ -2)$

$=s(1,\ -3,\ 5)+t(4,\ -5,\ -1)$

$(2,\ -1,\ z+2)$

$=(s+4t,\ -3s-5t,\ 5s-t)$

各成分を比較して

$s+4t=2$ …①

$-3s-5t=-1$ …②

$5s-t=z+2$ …③

①，②より $s=-\dfrac{6}{7}$，$t=\dfrac{5}{7}$ であるから，③より

$z=5s-t-2$

$=5\times\left(-\dfrac{6}{7}\right)-\dfrac{5}{7}-2$

$=-7$

**答え** $z=-7$

## 9

$\overrightarrow{DF}=\overrightarrow{AF}-\overrightarrow{AD}=(\vec{b}+\vec{e})-\vec{d}=\vec{b}-\vec{d}+\vec{e}$

I は直線 DF 上の点より，実数 $t$ を用いて

$\overrightarrow{AI}=(1-t)\overrightarrow{AD}+t\overrightarrow{AF}$

$=(1-t)\vec{d}+t(\vec{b}+\vec{e})$

$=t\vec{b}+(1-t)\vec{d}+t\vec{e}$ …①

と表せる。

また

$|\vec{b}|=3$，$|\vec{d}|=|\vec{e}|=4$，$\vec{b}\cdot\vec{e}=\vec{d}\cdot\vec{e}=0$，

$\vec{b}\cdot\vec{d}=|\vec{b}||\vec{d}|\cos60^\circ=3\times4\times\dfrac{1}{2}=6$

より

$\overrightarrow{AI}\cdot\overrightarrow{DF}$

$=\{t\vec{b}+(1-t)\vec{d}+t\vec{e}\}\cdot(\vec{b}-\vec{d}+\vec{e})$

$=t|\vec{b}|^2-(1-t)|\vec{d}|^2+t|\vec{e}|^2+(1-2t)\vec{b}\cdot\vec{d}$

$=9t+16(t-1)+16t+6(1-2t)$

$=29t-10$

AI⊥DF より，$\overrightarrow{AI}\cdot\overrightarrow{DF}=0$ であるから

$29t-10=0$ すなわち，$t=\dfrac{10}{29}$

①に代入して

$\overrightarrow{AI}=\dfrac{10}{29}\vec{b}+\dfrac{19}{29}\vec{d}+\dfrac{10}{29}\vec{e}$

**答え** $\overrightarrow{AI}=\dfrac{10}{29}\vec{b}+\dfrac{19}{29}\vec{d}+\dfrac{10}{29}\vec{e}$

## 10

(1) 円 $(x-a)^2+(y-b)^2=r^2$ の周上の点 $(x_1,\ y_1)$ における接線の方程式は

$(x_1-a)(x-a)+(y_1-b)(y-b)=r^2$

と表される。

$\ell$ の方程式は

$(2-1)(x-1)+(6-3)(y-3)=(\sqrt{10})^2$

すなわち，$x+3y-20=0$

〔別の解き方〕

$\ell$ の法線ベクトル($\ell$ と垂直なベクトル)の1つは

$\overrightarrow{CA}=(2,\ 6)-(1,\ 3)=(1,\ 3)$

であり，$\ell$ はAを通るから $\ell$ の方程式は

$1\cdot(x-2)+3\cdot(y-6)=0$

すなわち，$x+3y-20=0$

**答え** $x+3y-20=0$

(2) $\ell$ の法線ベクトルの1つは，

$\overrightarrow{CA}=(1,\ 3)$であり，これを $\overrightarrow{n_1}$ とおくと

$|\overrightarrow{n_1}|=\sqrt{1^2+3^2}=\sqrt{10}$

また，直線 $x-2y+4=0$ の法線ベクトルの1つは，$\overrightarrow{n_2}=(1,\ -2)$より

$|\overrightarrow{n_2}|=\sqrt{1^2+(-2)^2}=\sqrt{5}$

また

$\overrightarrow{n_1}\cdot\overrightarrow{n_2}=1\times1+3\times(-2)=-5$

であるから，$\overrightarrow{n_1}$ と $\overrightarrow{n_2}$ のなす角 $\theta$

$(0^\circ\leqq\theta\leqq180^\circ)$について

$$\cos\theta=\frac{\overrightarrow{n_1}\cdot\overrightarrow{n_2}}{|\overrightarrow{n_1}||\overrightarrow{n_2}|}$$

$$=\frac{-5}{\sqrt{10}\times\sqrt{5}}$$

$$=-\frac{1}{\sqrt{2}}$$

よって，$\theta=135^\circ$ であるから，求める鋭角 $\alpha$ は

$\alpha=180^\circ-135^\circ=45^\circ$

**答え** 45°

## 2-5 平面上の曲線

**解答**

**1** (1) 焦点の座標…$\left(0,\ \frac{1}{2}\right)$

準線の方程式…$y=-\frac{1}{2}$

(2) 楕円 $x^2+\frac{y^2}{4}=1$

(3) 焦点の座標…

$(0,\ \sqrt{13})$，$(0,\ -\sqrt{13})$

漸近線の方程式…

$y=\frac{2}{3}x$，$y=-\frac{2}{3}x$

**2** (1) $y=-x+3$

(2) 双曲線 $x^2-\frac{(y-2)^2}{3}=1$

(3) $n\leqq-\sqrt{3}$，$\sqrt{3}\leqq n$

**3** (1) 楕円 $\frac{(x-1)^2}{4}+\frac{(y+3)^2}{5}=1$

(2) 放物線 $y^2=x$(点$(0,\ 0)$を除く)

**4** (1) $\left(6\sqrt{3},\ \frac{2}{3}\pi\right)$

(2) $(0,\ -\sqrt{5})$

**5** (1) 極座標が$\left(2\sqrt{3},\ \frac{\pi}{6}\right)$である点Hを通り，線分OHに垂直な直線

(2) 極座標が$\left(1,\ \frac{\pi}{3}\right)$である点を中心とする半径1の円

**6** 双曲線 $\frac{(x-2)^2}{8}-(y-1)^2=-1$

**7** $x+y-3=0$，$x-y-3=0$

**8** 放物線 $y^2=x+1$ の $-\sqrt{2}\leqq y\leqq\sqrt{2}$ の部分

**9** 双曲線 $4x^2-4\left(y+\frac{1}{2}\right)^2=-1$

**10** 与えられた双曲線を $C$ とする。

$C$ は，2点$(2,\ 0)$，$(-2,\ 0)$を頂点とし，2直線 $y=\pm 2x$ を漸近線とする双曲線である。

P が $C$ 上にあるので

$\frac{a^2}{4}-\frac{b^2}{16}=1$

$4a^2-b^2=16$ …①

P における $C$ の接線を $\ell$ とすると，方程式は

$\frac{ax}{4}-\frac{by}{16}=1$

$4ax-by=16$ …②

②に $y=2x$ を代入すると

$4ax-2bx=16$

$(2a-b)x=8$

ここで，$2a-b=0$ すなわち，$b=2a$ と仮定すると，P が漸近線 $y=2x$ 上にないことに反する。

よって，$2a-b\neq 0$ としてよく，$\ell$ と漸近線 $y=2x$ との交点の $x$ 座標は，$x=\frac{8}{2a-b}$ となる。これを $x_1$ とする。

②に $y=-2x$ を代入したときについても同様に考えると，$\ell$ と漸近線 $y=-2x$ との交点の $x$ 座標は，$x=\frac{8}{2a+b}$ となる。これを $x_2$ とする。

①に注意して，線分 QR の中点の $x$ 座標は

$$\frac{x_1+x_2}{2}=\frac{1}{2}\left(\frac{8}{2a-b}+\frac{8}{2a+b}\right)$$
$$=4\cdot\frac{(2a+b)+(2a-b)}{4a^2-b^2}$$
$$=\frac{4\cdot 4a}{16}$$
$$=a\ (=(\text{P の } x \text{ 座標}))$$

P，Q，R はともに $\ell$ 上の点であるから，これより P は線分 QR の中点であることが示された。

解説

**1**

(1) $x^2=2y=4\cdot\frac{1}{2}y$ より，放物線の軸は $y$ 軸であり，焦点は点$\left(0,\ \frac{1}{2}\right)$，準線は直線 $y=-\frac{1}{2}$

答え 焦点の座標…$\left(0,\ \frac{1}{2}\right)$

準線の方程式… $y=-\frac{1}{2}$

(2) AP+BP=(定数)より，点 P の軌跡は，楕円 $\frac{x^2}{a^2}+\frac{y^2}{b^2}=1\ (b>a>0)$ である。

2焦点が $y$ 軸上の点より

$\sqrt{b^2-a^2}=\sqrt{3}$，$2b=4$

これより，$a=1$，$b=2$ であるから求める軌跡は，楕円 $x^2+\frac{y^2}{4}=1$ である。

答え 楕円 $x^2+\frac{y^2}{4}=1$

(3) 双曲線の式は $\frac{x^2}{3^2}-\frac{y^2}{2^2}=-1$ と表されるので

$\sqrt{3^2+2^2}=\sqrt{13}$

となることと，2焦点は $y$ 軸上の点より，その座標は，$(0,\ \pm\sqrt{13})$

また，漸近線の方程式は，$y=\pm\frac{2}{3}x$

答え 焦点の座標…

$(0,\ \sqrt{13})$，$(0,\ -\sqrt{13})$

漸近線の方程式…

$y=\frac{2}{3}x$，$y=-\frac{2}{3}x$

**2**

(1) $\dfrac{2\cdot x}{6}+\dfrac{1\cdot y}{3}=1$

$y=-x+3$

**答え** $\boldsymbol{y=-x+3}$

(2) $3x^2-y^2+4y-7=0$

$3x^2-(y-2)^2=3$

$x^2-\dfrac{(y-2)^2}{3}=1$

より，双曲線を表す。

**答え** **双曲線** $\boldsymbol{x^2-\dfrac{(y-2)^2}{3}=1}$

(3) $y=2x+n$ を $x^2-y^2=1$ に代入すると

$x^2-(2x+n)^2=1$

$3x^2+4nx+n^2+1=0$

これを $x$ の2次方程式とみると，判別式 $D$ について

$\dfrac{D}{4}=(2n)^2-3(n^2+1)=n^2-3$

$D\geqq0$ であるから，$n^2-3\geqq0$

よって，$n\leqq-\sqrt{3}$，$\sqrt{3}\leqq n$

**答え** $\boldsymbol{n\leqq-\sqrt{3}}$，$\boldsymbol{\sqrt{3}\leqq n}$

**3**

(1) $x=2\cos\theta+1$ より

$\cos\theta=\dfrac{x-1}{2}$

$y=\sqrt{5}\sin\theta-3$ より

$\sin\theta=\dfrac{y+3}{\sqrt{5}}$

$\cos^2\theta+\sin^2\theta=1$ であるから

$\dfrac{(x-1)^2}{4}+\dfrac{(y+3)^2}{5}=1$

**答え** **楕円** $\boldsymbol{\dfrac{(x-1)^2}{4}+\dfrac{(y+3)^2}{5}=1}$

(2) $x=\dfrac{4}{t^2}$，$y=\dfrac{2}{t}$ から，$t\neq0$，$x\neq0$，$y\neq0$ が成り立つ。

$x=\left(\dfrac{2}{t}\right)^2=y^2$

よって，求める曲線は，放物線 $y^2=x$ から点$(0,\ 0)$を除いた曲線である。

**答え** **放物線** $\boldsymbol{y^2=x}$**(点(0，0)を除く)**

**4**

(1) 求める極座標を$(r,\ \theta)$とおくと

$r=\sqrt{(-3\sqrt{3})^2+9^2}=6\sqrt{3}$

$\cos\theta=\dfrac{-3\sqrt{3}}{6\sqrt{3}}=-\dfrac{1}{2}$

$\sin\theta=\dfrac{9}{6\sqrt{3}}=\dfrac{\sqrt{3}}{2}$

$0\leqq\theta<2\pi$ とすると，$\theta=\dfrac{2}{3}\pi$

よって，求める極座標は

$\left(6\sqrt{3},\ \dfrac{2}{3}\pi\right)$ **答え** $\boldsymbol{\left(6\sqrt{3},\ \dfrac{2}{3}\pi\right)}$

(2) 求める直交座標を$(x,\ y)$とおくと

$x=\sqrt{5}\cos\dfrac{3}{2}\pi=0$

$y=\sqrt{5}\sin\dfrac{3}{2}\pi=-\sqrt{5}$

よって，求める直交座標は

$(0,\ -\sqrt{5})$ **答え** $\boldsymbol{(0,\ -\sqrt{5})}$

**5**

(1) 求める図形上の点を$\mathrm{P}(r,\ \theta)$，極座標が$\left(2\sqrt{3},\ \dfrac{\pi}{6}\right)$である点をHとすると

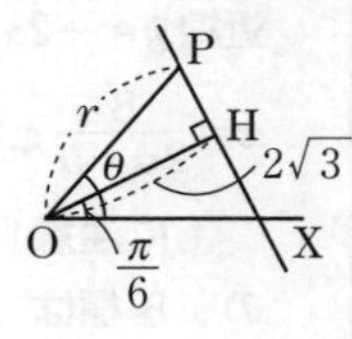


$\mathrm{OH}=r\cos\left(\theta-\dfrac{\pi}{6}\right)=2\sqrt{3}$（一定）

であるから，求める図形は極座標が$\left(2\sqrt{3},\ \dfrac{\pi}{6}\right)$である点Hを通り，直線OHに垂直な直線である。

**答え** **極座標が$\left(2\sqrt{3},\ \frac{\pi}{6}\right)$である点 H を通り，OH に垂直な直線**

(2) $\cos\theta+\sqrt{3}\sin\theta=2\cos\left(\theta-\frac{\pi}{3}\right)$

より，与えられた極方程式は

$r=2\cos\left(\theta-\frac{\pi}{3}\right)$

求める図形上の点を P$(r,\ \theta)$，極座標が$\left(2,\ \frac{\pi}{3}\right)$である点を A とすると

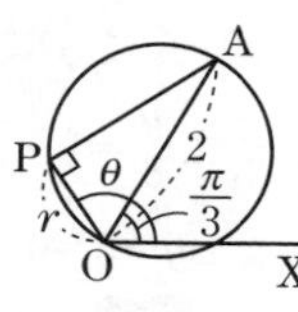


$\mathrm{OP}=2\cos\left(\theta-\frac{\pi}{3}\right)$

よって，点 P は OA を直径とする円周上にある。

$\theta=\frac{\pi}{3}$のとき点 P は点 A に一致し，

$\theta=\frac{5}{6}\pi$のとき OP$=0$ となり点 P は極 O に一致するので，この図形は 2 点 A，O も含む。

以上より，求める図形は極 O および極座標が$\left(2,\ \frac{\pi}{3}\right)$である点 A を直径の両端とする円である。すなわち，極座標が$\left(1,\ \frac{\pi}{3}\right)$である点を中心とする半径 1 の円である。

**答え** **極座標が$\left(1,\ \frac{\pi}{3}\right)$である点を中心とする半径 1 の円**

〔別の解き方〕

両辺に $r$ をかけて

$r^2=r\cos\theta+\sqrt{3}r\sin\theta$

直交座標を$(x,\ y)$とすると

$r^2=x^2+y^2,\ r\cos\theta=x,\ r\sin\theta=y$

であるから

$x^2+y^2=x+\sqrt{3}y$

$\left(x-\frac{1}{2}\right)^2+\left(y-\frac{\sqrt{3}}{2}\right)^2=1$

よって，求める図形は点$\left(\frac{1}{2},\ \frac{\sqrt{3}}{2}\right)$を中心とする半径 1 の円である。

**答え** **直交座標が$\left(\frac{1}{2},\ \frac{\sqrt{3}}{2}\right)$である点を中心とする半径 1 の円**

## 6

2 点 A，B をぞれぞれ $x$ 軸方向に$-2$，$y$ 軸方向に$-1$ だけ平行移動した点 A′，B′ はともに $y$ 軸上の点で，その座標は A′$(0,\ 3)$，B′$(0,\ -3)$であり，線分 A′B′ の中点は原点である。

よって，$|\mathrm{A'Q}-\mathrm{B'Q}|=2$ を満たす点 Q の軌跡は，双曲線 $\frac{x^2}{a^2}-\frac{y^2}{b^2}=-1$ $(a>0,\ b>0)$と表せる。

条件より

$\sqrt{a^2+b^2}=3,\ 2b=2$

$a=2\sqrt{2},\ b=1$

であるから，点 Q の軌跡は，双曲線 $\frac{x^2}{8}-y^2=-1$ である。

したがって，点 P の軌跡は，この双曲線を $x$ 軸方向に 2，$y$ 軸方向に 1 だけ平行移動した曲線より，双曲線

$\frac{(x-2)^2}{8}-(y-1)^2=-1$ である。

〔別の解き方〕

点Pの座標を$(x,\ y)$とすると

$AP=\sqrt{(x-2)^2+(y-4)^2}$

$BP=\sqrt{(x-2)^2+(y+2)^2}$

$AP-BP=2$の場合について考えると

$$\sqrt{(x-2)^2+(y-4)^2}=\sqrt{(x-2)^2+(y+2)^2}+2$$

両辺を2乗すると

$$(x-2)^2+(y-4)^2=(x-2)^2+(y+2)^2+4\sqrt{(x-2)^2+(y+2)^2}+4$$

$$-12y+8=4\sqrt{(x-2)^2+(y+2)^2}$$

$$-3y+2=\sqrt{(x-2)^2+(y+2)^2}$$

(右辺)$\geqq 0$より，(左辺)$\geqq 0$であるから

$y\leqq\dfrac{2}{3}$　…①

となることに注意する。

さらに両辺を2乗すれば

$$(-3y+2)^2=(x-2)^2+(y+2)^2$$

$$9y^2-12y+4=(x-2)^2+y^2+4y+4$$

$$(x-2)^2-8(y^2-2y)=0$$

$$\frac{(x-2)^2}{8}-(y-1)^2=-1$$

この式と①より，$y\leqq 0$である。

$AP-BP=-2$の場合にも同じ等式が成り立つ。ただし，$y\geqq 2$である。

**答え**　双曲線 $\dfrac{(x-2)^2}{8}-(y-1)^2=-1$

**7**

楕円$\dfrac{x^2}{5}+\dfrac{y^2}{4}=1$上の点$(x_1,\ y_1)$における接線の方程式は

$\dfrac{x_1x}{5}+\dfrac{y_1y}{4}=1$　…①

接線が点$(3,\ 0)$を通ることより

$\dfrac{3x_1}{5}=1$すなわち，$x_1=\dfrac{5}{3}$　…②

一方，点$(x_1,\ y_1)$は楕円上の点より

$$\frac{x_1^2}{5}+\frac{y_1^2}{4}=1$$

これに②を代入して

$$\frac{5}{9}+\frac{y_1^2}{4}=1$$

$y_1^2=\dfrac{16}{9}$すなわち，$y_1=\pm\dfrac{4}{3}$　…③

②，③を①に代入して

$$\frac{x}{3}\pm\frac{y}{3}=1$$

$$x\pm y-3=0$$

**答え**　$x+y-3=0$，$x-y-3=0$

〔別の解き方〕

点$(3,\ 0)$を通る直線のうち，$x$軸に垂直な直線は条件を満たさないから，傾き$m$を用いて，その方程式は

$y=m(x-3)$　…④

と表せる。

これを楕円の方程式に代入して

$$\frac{x^2}{5}+\frac{m^2(x-3)^2}{4}=1$$

$$4x^2+5m^2(x^2-6x+9)=20$$

$(5m^2+4)x^2-30m^2x+45m^2-20=0$　…⑤

$x$の2次方程式⑤の判別式$D$について

$$\frac{D}{4}=(-15m^2)^2-(5m^2+4)(45m^2-20)$$

$$=-80m^2+80$$

⑤が重解をもつことにより，$D=0$が成り立つので

$-80m^2+80=0$すなわち，$m=\pm 1$

それぞれ④に代入して

$y=x-3$，$y=-x+3$

**答え**　$y=x-3$，$y=-x+3$

**8**

与えられた等式を変形すると

$x=\sin 2\theta=2\sin\theta\cos\theta$

$y^2=(\sin\theta+\cos\theta)^2$

$=\sin^2\theta+2\sin\theta\cos\theta+\cos^2\theta$

$=1+2\sin\theta\cos\theta$

よって，$y^2=x+1$

一方

$y=\sin\theta+\cos\theta=\sqrt{2}\sin\left(\theta+\frac{\pi}{4}\right)$

であるから，$-1\leqq\sin\left(\theta+\frac{\pi}{4}\right)\leqq 1$ より

$-\sqrt{2}\leqq y\leqq\sqrt{2}$

以上より，求める曲線は，放物線 $y^2=x+1$ の $-\sqrt{2}\leqq y\leqq\sqrt{2}$ の部分である。

**答え** 放物線 $y^2=x+1$ の $-\sqrt{2}\leqq y\leqq\sqrt{2}$ の部分

**9**

$r=\frac{\sin\theta}{\cos 2\theta}$ の両辺に $r\cos 2\theta$ を掛けて

直交座標$(x,\ y)$で考えると

$r^2\cos 2\theta=r\sin\theta$

$r^2(\cos^2\theta-\sin^2\theta)=r\sin\theta$

$x^2-y^2=y$

$x^2-\left(y+\frac{1}{2}\right)^2=-\frac{1}{4}$

$4x^2-4\left(y+\frac{1}{2}\right)^2=-1$

**答え** 双曲線 $4x^2-4\left(y+\frac{1}{2}\right)^2=-1$

**10**

接線と2つの漸近線との交点の $x$ 座標を $a$，$b$ を用いて表し，その中点を求める。Pが双曲線上の点であることを用いて $b$ を消去する。

## 2-6 複素数平面

p. 97

**解答**

**1** (1) $2\sqrt{3}\left(\cos\frac{\pi}{6}+i\sin\frac{\pi}{6}\right)$

(2) 点 $z$ を 0 を中心に $\frac{\pi}{6}$ だけ回転し，0 からの距離を $2\sqrt{3}$ 倍した点

(3) $\sqrt{5}$

**2** $64+64\sqrt{3}i$

**3** (1) $\sqrt{2}\left(\cos\frac{\pi}{12}+i\sin\frac{\pi}{12}\right)$

(2) $n=12$

**4** (1) $z=\frac{\sqrt{6}}{2}+\frac{\sqrt{2}}{2}i,\ -\frac{\sqrt{2}}{2}+\frac{\sqrt{6}}{2}i,$

$-\frac{\sqrt{6}}{2}-\frac{\sqrt{2}}{2}i,\ \frac{\sqrt{2}}{2}-\frac{\sqrt{6}}{2}i$

(2) 1辺の長さが2の正方形

**5** $1+3\sqrt{2}+(3+\sqrt{2})i$

**6** $x=6$

**7** 正三角形

**8** (1) 点 $\frac{i}{3}$ を中心とする半径2の円

(2) 2点 $1-\frac{i}{2}$，$-\frac{1}{2}+i$ を結ぶ線分の垂直二等分線

**9** 2点 $\frac{1}{2}$，1を結ぶ線分の垂直二等分線

**10** 原点を中心とする半径1の円と実軸を合わせた図形から原点を除いたもの

解説

**1**

(1) $|\alpha|=\sqrt{3^2+(\sqrt{3})^2}=2\sqrt{3}$ より

$$\alpha=2\sqrt{3}\left(\frac{\sqrt{3}}{2}+\frac{1}{2}i\right)$$

$$=2\sqrt{3}\left(\cos\frac{\pi}{6}+i\sin\frac{\pi}{6}\right)$$

**答え** $2\sqrt{3}\left(\cos\frac{\pi}{6}+i\sin\frac{\pi}{6}\right)$

(2) (1)の結果より，点 $\alpha z$ は点 $z$ をOを中心に $\frac{\pi}{6}$ だけ回転し，Oからの距離を $2\sqrt{3}$ 倍した点である。

**答え** **点 $z$ をOを中心に $\frac{\pi}{6}$ だけ回転し，Oからの距離を $2\sqrt{3}$ 倍した点**

(3) $\mathrm{AB}=|\beta-\alpha|=|1+2i|=\sqrt{5}$

**答え** $\sqrt{5}$

**2**

$|z|=\sqrt{1^2+(\sqrt{3})^2}=2$ より

$$z=2\left(\frac{1}{2}+\frac{\sqrt{3}}{2}i\right)=2\left(\cos\frac{\pi}{3}+i\sin\frac{\pi}{3}\right)$$

ド・モアブルの定理を用いて

$$z^7=2^7\left(\cos\frac{\pi}{3}+i\sin\frac{\pi}{3}\right)^7$$

$$=128\left(\cos\frac{7}{3}\pi+i\sin\frac{7}{3}\pi\right)$$

$$=128\left(\cos\frac{\pi}{3}+i\sin\frac{\pi}{3}\right)$$

$$=128\left(\frac{1}{2}+\frac{\sqrt{3}}{2}i\right)$$

$$=64+64\sqrt{3}\,i$$

**答え** $64+64\sqrt{3}\,i$

**3**

(1) $|\sqrt{3}-i|=\sqrt{(\sqrt{3})^2+(-1)^2}=2$

より

$$\sqrt{3}-i=2\left(\frac{\sqrt{3}}{2}-\frac{1}{2}i\right)$$

$$=2\left\{\cos\left(-\frac{\pi}{6}\right)+i\sin\left(-\frac{\pi}{6}\right)\right\}$$

$|1-i|=\sqrt{1^2+(-1)^2}=\sqrt{2}$

より

$$1-i=\sqrt{2}\left(\frac{1}{\sqrt{2}}-\frac{1}{\sqrt{2}}i\right)$$

$$=\sqrt{2}\left\{\cos\left(-\frac{\pi}{4}\right)+i\sin\left(-\frac{\pi}{4}\right)\right\}$$

であるから

$$|z|=\frac{|\sqrt{3}-i|}{|1-i|}=\frac{2}{\sqrt{2}}=\sqrt{2}$$

$$\arg z=\arg(\sqrt{3}-i)-\arg(1-i)$$

$$=-\frac{\pi}{6}-\left(-\frac{\pi}{4}\right)$$

$$=\frac{\pi}{12}$$

よって，$z=\sqrt{2}\left(\cos\frac{\pi}{12}+i\sin\frac{\pi}{12}\right)$

**答え** $z=\sqrt{2}\left(\cos\frac{\pi}{12}+i\sin\frac{\pi}{12}\right)$

(2) ド・モアブルの定理を用いて

$$z^n=(\sqrt{2})^n\left(\cos\frac{\pi}{12}+i\sin\frac{\pi}{12}\right)^n$$

$$=(\sqrt{2})^n\left(\cos\frac{n\pi}{12}+i\sin\frac{n\pi}{12}\right)$$

$z^n$ が実数となるのは，$\frac{n\pi}{12}=k\pi$（$k$ は整数）となるときで，正の整数 $n$ のうち最小のものは，$n=12$

**答え** $n=12$

**4**

(1)　$z$の極形式を

$z=r(\cos\theta+i\sin\theta)$　…①

とすると，ド・モアブルの定理により

$z^4=r^4(\cos 4\theta+i\sin 4\theta)$

また

$-2+2\sqrt{3}i=4\left(\cos\frac{2}{3}\pi+i\sin\frac{2}{3}\pi\right)$

より

$r^4(\cos 4\theta+i\sin 4\theta)$

$=4\left(\cos\frac{2}{3}\pi+i\sin\frac{2}{3}\pi\right)$

両辺の絶対値と偏角を比較すると

$r^4=4$，$4\theta=\frac{2}{3}\pi+2k\pi$（$k$は整数）

$r>0$より，$r=\sqrt{2}$　…②

また，$\theta=\frac{\pi}{6}+\frac{k\pi}{2}$　…（＊）

$0\leqq\theta<2\pi$の範囲で考えると，$k=0$，1，2，3であるから

$\theta=\frac{\pi}{6}$，$\frac{2}{3}\pi$，$\frac{7}{6}\pi$，$\frac{5}{3}\pi$　…③

②，③を①に代入して

$z=\frac{\sqrt{6}}{2}+\frac{\sqrt{2}}{2}i$，$-\frac{\sqrt{2}}{2}+\frac{\sqrt{6}}{2}i$，

$-\frac{\sqrt{6}}{2}-\frac{\sqrt{2}}{2}i$，$\frac{\sqrt{2}}{2}-\frac{\sqrt{6}}{2}i$

**答え**　$z=\frac{\sqrt{6}}{2}+\frac{\sqrt{2}}{2}i$，$-\frac{\sqrt{2}}{2}+\frac{\sqrt{6}}{2}i$，

$-\frac{\sqrt{6}}{2}-\frac{\sqrt{2}}{2}i$，$\frac{\sqrt{2}}{2}-\frac{\sqrt{6}}{2}i$

(2)　（＊），②より

$\angle AOB=\angle BOC=\angle COD=\angle DOA=\frac{\pi}{2}$

$OA=OB=OC=OD=|z|=\sqrt{2}$

であるから

$AB=BC=CD=DA=\sqrt{2}\cdot\sqrt{2}=2$

よって，四角形ABCDは1辺の長さが2の正方形である。



**答え**　**1辺の長さが2の正方形**

**5**

$\alpha=1+3i$，$\beta=5+i$とし，求める複素数を$z$とすると

$z-\alpha=(\beta-\alpha)\left(\cos\frac{\pi}{4}+i\sin\frac{\pi}{4}\right)$

$z=(4-2i)\left(\frac{\sqrt{2}}{2}+\frac{\sqrt{2}}{2}i\right)+1+3i$

$=1+3\sqrt{2}+(3+\sqrt{2})i$

**答え**　$1+3\sqrt{2}+(3+\sqrt{2})i$

**6**

OA⊥OBとなるための必要十分条件は，$\frac{\beta}{\alpha}$が純虚数になることである。

$\alpha\neq 0$より

$\frac{\beta}{\alpha}=\frac{-3+xi}{2+i}=\frac{-6+x+(2x+3)i}{5}$

よって

$\frac{-6+x}{5}=0$すなわち，$x=6$

このとき，$\frac{2x+3}{5}\neq 0$であるから，条件を満たす。

**答え**　$x=6$

## 7

$\beta=0$ のとき，原点Oと点Bが一致してしまうので，$\beta\neq0$ である。

$\alpha^2-\alpha\beta+\beta^2=0$ の両辺を $\beta^2$ で割ると

$$\left(\frac{\alpha}{\beta}\right)^2-\frac{\alpha}{\beta}+1=0$$

$$\frac{\alpha}{\beta}=\frac{1\pm\sqrt{3}\,i}{2}$$

$$=\cos\left(\pm\frac{\pi}{3}\right)+i\sin\left(\pm\frac{\pi}{3}\right)$$

$$\alpha=\left\{\cos\left(\pm\frac{\pi}{3}\right)+i\sin\left(\pm\frac{\pi}{3}\right)\right\}\beta$$

（複号同順）

よって，点Aは，原点Oを中心として点Bを $\pm\frac{\pi}{3}$ だけ回転した点であるから，△OABは正三角形である。

**答え　正三角形**

## 8

(1)　$|3z-i|=6$ より，$\left|z-\frac{i}{3}\right|=2$

よって，求める図形は，点 $\frac{i}{3}$ を中心とする半径2の円である。

**答え　点 $\frac{i}{3}$ を中心とする半径2の円**

(2)　$|2z-2+i|=|2z+1-2i|$

$$2\left|z-1+\frac{i}{2}\right|=2\left|z+\frac{1}{2}-i\right|$$

$$\left|z-\left(1-\frac{i}{2}\right)\right|=\left|z-\left(-\frac{1}{2}+i\right)\right|$$

よって，求める図形は，2点 $1-\frac{i}{2}$，$-\frac{1}{2}+i$ を結ぶ線分の垂直二等分線である。

**答え　2点 $1-\frac{i}{2}$，$-\frac{1}{2}+i$ を結ぶ線分の垂直二等分線**

## 9

$$w=\frac{z-1}{z-2}$$

$$w(z-2)=z-1$$

$$(w-1)z=2w-1$$

$w=1$ のときは等式は成り立たないから，$w\neq1$ より

$$z=\frac{2w-1}{w-1}$$

これを $|z|=2$ に代入すると

$$\left|\frac{2w-1}{w-1}\right|=2$$

$$|2w-1|=2|w-1|$$

$$\left|w-\frac{1}{2}\right|=|w-1|$$

よって，点Qの全体は，2点 $\frac{1}{2}$，1を結ぶ線分の垂直二等分線（点 $\frac{3}{4}$ を通り，実軸に垂直な直線）である。

**答え　2点 $\frac{1}{2}$，1を結ぶ線分の垂直二等分線**

**10**

条件より，$z\neq0$ …①

①のもとで，$z+\dfrac{1}{z}$ が実数であることより

$$z+\frac{1}{z}=\overline{z+\frac{1}{z}}$$

$$z+\frac{1}{z}=\overline{z}+\frac{1}{\overline{z}}$$

$$z-\overline{z}=\frac{z-\overline{z}}{z\overline{z}}$$

$$z\overline{z}(z-\overline{z})-(z-\overline{z})=0$$

$$|z|^2(z-\overline{z})-(z-\overline{z})=0$$

$$(|z|^2-1)(z-\overline{z})=0$$

$$(|z|+1)(|z|-1)(z-\overline{z})=0$$

$|z|+1>0$ より

$|z|=1$ …②または $z=\overline{z}$ …③

②のとき，点 $z$ は原点を中心とした半径1の円周上にある。

③のとき，$z$ は実数であるから，点 $z$ は実軸上にある。

これらと①より，求める図形は，原点を中心とする半径1の円と実軸を合わせた図形から原点を除いたものである。

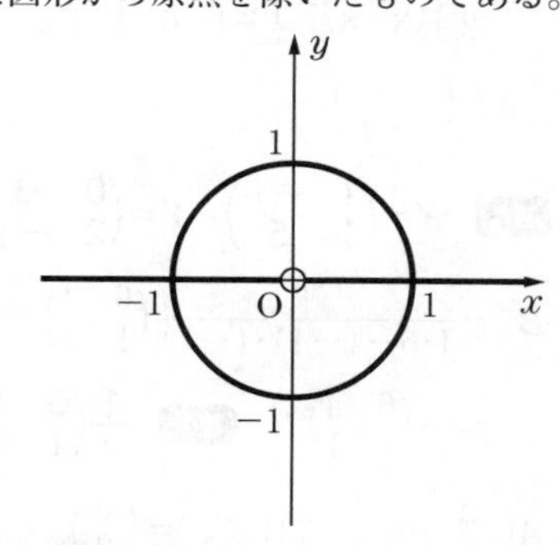


**答え** 原点を中心とする半径1の円と実軸を合わせた図形から原点を除いたもの

## 2-7 行列

p.111

**解答**

**1** (1) $\begin{pmatrix}3&12\\13&10\end{pmatrix}$

(2) $\begin{pmatrix}3&0&5\\9&-2&11\end{pmatrix}$

(3) $X=\begin{pmatrix}1&-1\\1&5\end{pmatrix}$,

$Y=\begin{pmatrix}0&3\\2&-1\end{pmatrix}$

(4) $\dfrac{1}{2}\begin{pmatrix}6&4\\1&1\end{pmatrix}$

(5) $(0,\ 2)$

**2** $\begin{pmatrix}10&4\\-16&-6\end{pmatrix}$

**3** (1) $A=\begin{pmatrix}a&b\\c&d\end{pmatrix}$, $B=\begin{pmatrix}e&f\\g&h\end{pmatrix}$ とおくと

$$AB=\begin{pmatrix}a&b\\c&d\end{pmatrix}\begin{pmatrix}e&f\\g&h\end{pmatrix}$$

$$=\begin{pmatrix}ae+bg&af+bh\\ce+dg&cf+dh\end{pmatrix}$$

より

$|AB|$

$=(ae+bg)(cf+dh)$

$\quad-(af+bh)(ce+dg)$

$=acef+adeh+bcfg+bdgh$

$\quad-(acef+adfg+bceh+bdgh)$

$=ad(eh-fg)+bc(fg-eh)$

$=(ad-bc)(eh-fg)$

$=|A||B|$

よって，$|AB|=|A||B|$ が成り立つ。

(2) $E$ を2次の単位行列とする。

$|A|=0$ を満たす $A$ に逆行列 $A^{-1}$ が存在すると仮定すれば

$AA^{-1}=E$ …①

を満たす。

①の両辺の行列式を考えると

$|AA^{-1}|=|E|=1$

ここで，(1)より

$|A||A^{-1}|=1$ …②

$|A|=0$ より，矛盾が生じる。

よって，$|A|=0$ を満たす行列 $A$ に逆行列 $A^{-1}$ は存在しない。

**4** $\begin{pmatrix} 1 & 0 \\ 3(2^n-1) & 2^n \end{pmatrix}$

**5** $\begin{pmatrix} -3\cdot2^n+4\cdot3^n & -3\cdot2^n+3\cdot3^n \\ 4\cdot2^n-4\cdot3^n & 4\cdot2^n-3\cdot3^n \end{pmatrix}$

**6** (1) $k=-2$，$X=\begin{pmatrix} 2 & -1 \\ 4 & -2 \end{pmatrix}$

(2) $\begin{pmatrix} (n+1)\cdot2^n & -n\cdot2^{n-1} \\ n\cdot2^{n+1} & -(n-1)\cdot2^n \end{pmatrix}$

**7** $\left(\dfrac{4-3\sqrt{3}}{2},\ \dfrac{3+4\sqrt{3}}{2}\right)$

**8** $\begin{pmatrix} 0 & 2 \\ 2 & 0 \end{pmatrix}$

**9** $k=3$

**10** (1) 条件より

$$A=2\cdot\frac{1}{2}\begin{pmatrix} -1 & -\sqrt{3} \\ \sqrt{3} & -1 \end{pmatrix}$$

$$=2\begin{pmatrix} \cos\frac{2}{3}\pi & -\sin\frac{2}{3}\pi \\ \sin\frac{2}{3}\pi & \cos\frac{2}{3}\pi \end{pmatrix}$$

と表される。

よって，$A$ は原点Oを中心とした $\frac{2}{3}\pi$ の回転移動をしたあと，原点Oからの距離を2倍に拡大する変換を表すから，題意が成り立つ。

(2) $2^n\begin{pmatrix} \cos\frac{2}{3}n\pi & -\sin\frac{2}{3}n\pi \\ \sin\frac{2}{3}n\pi & \cos\frac{2}{3}n\pi \end{pmatrix}$

解説

**1**

(1) $4A-B=4\begin{pmatrix} 1 & 2 \\ 3 & 4 \end{pmatrix}-\begin{pmatrix} 1 & -4 \\ -1 & 6 \end{pmatrix}$

$=\begin{pmatrix} 4-1 & 8+4 \\ 12+1 & 16-6 \end{pmatrix}$

$=\begin{pmatrix} 3 & 12 \\ 13 & 10 \end{pmatrix}$　答え $\begin{pmatrix} 3 & 12 \\ 13 & 10 \end{pmatrix}$

(2) $AC=\begin{pmatrix} 1 & 2 \\ 3 & 4 \end{pmatrix}\begin{pmatrix} 3 & -2 & 1 \\ 0 & 1 & 2 \end{pmatrix}$

$=\begin{pmatrix} 3 & 0 & 5 \\ 9 & -2 & 11 \end{pmatrix}$

答え $\begin{pmatrix} 3 & 0 & 5 \\ 9 & -2 & 11 \end{pmatrix}$

(3) $X+Y=A$，$X-Y=B$ より

$X=\frac{1}{2}(A+B)$

$=\frac{1}{2}\left\{\begin{pmatrix} 1 & 2 \\ 3 & 4 \end{pmatrix}+\begin{pmatrix} 1 & -4 \\ -1 & 6 \end{pmatrix}\right\}$

$=\begin{pmatrix} 1 & -1 \\ 1 & 5 \end{pmatrix}$

同様に

$Y=\frac{1}{2}(A-B)$

$=\frac{1}{2}\left\{\begin{pmatrix} 1 & 2 \\ 3 & 4 \end{pmatrix}-\begin{pmatrix} 1 & -4 \\ -1 & 6 \end{pmatrix}\right\}$

$=\begin{pmatrix} 0 & 3 \\ 2 & -1 \end{pmatrix}$

答え $X=\begin{pmatrix} 1 & -1 \\ 1 & 5 \end{pmatrix}$，$Y=\begin{pmatrix} 0 & 3 \\ 2 & -1 \end{pmatrix}$

(4) $B^{-1}=\dfrac{1}{1\cdot6-(-4)\cdot(-1)}\begin{pmatrix} 6 & 4 \\ 1 & 1 \end{pmatrix}$

$=\frac{1}{2}\begin{pmatrix} 6 & 4 \\ 1 & 1 \end{pmatrix}$　答え $\frac{1}{2}\begin{pmatrix} 6 & 4 \\ 1 & 1 \end{pmatrix}$

(5) $A\begin{pmatrix} 2 \\ -1 \end{pmatrix}=\begin{pmatrix} 1 & 2 \\ 3 & 4 \end{pmatrix}\begin{pmatrix} 2 \\ -1 \end{pmatrix}=\begin{pmatrix} 0 \\ 2 \end{pmatrix}$

より，求める点の座標は(0，2)

答え (0，2)

**2**

$E=\begin{pmatrix}1&0\\0&1\end{pmatrix}$, $O=\begin{pmatrix}0&0\\0&0\end{pmatrix}$とすると，ケーリー・ハミルトンの定理より

$A^2-2A+E=O$

また

$x^4-2x^3+3x^2$
$=(x^2-2x+1)(x^2+2)+4x-2$

であるから

$A^4-2A^3+3A^2$
$=(A^2-2A+E)(A^2+2E)+4A-2E$
$=4A-2E$
$=4\begin{pmatrix}3&1\\-4&-1\end{pmatrix}-2\begin{pmatrix}1&0\\0&1\end{pmatrix}$
$=\begin{pmatrix}10&4\\-16&-6\end{pmatrix}$

**答え** $\begin{pmatrix}10&4\\-16&-6\end{pmatrix}$

**3**

(1) $B$の各成分を文字でおいて，$|AB|$を計算し，$|A|=ad-bc$と$|B|=eh-fg$の積に一致することを示す。

(2) $A$に逆行列があると仮定して，$AA^{-1}=E$の両辺の行列式を考え，矛盾を導く。

**4**

$A^2=\begin{pmatrix}1&0\\3&2\end{pmatrix}\begin{pmatrix}1&0\\3&2\end{pmatrix}=\begin{pmatrix}1&0\\9&4\end{pmatrix}$

$A^3=A^2A=\begin{pmatrix}1&0\\9&4\end{pmatrix}\begin{pmatrix}1&0\\3&2\end{pmatrix}=\begin{pmatrix}1&0\\21&8\end{pmatrix}$

$A^4=A^3A=\begin{pmatrix}1&0\\21&8\end{pmatrix}\begin{pmatrix}1&0\\3&2\end{pmatrix}=\begin{pmatrix}1&0\\45&16\end{pmatrix}$

$A^n$の(2，1)成分を$a_n$とすると，数列$\{a_n\}$の階差数列6，12，24が$3\cdot2^n$と推測されることから

$a_n=a_1+\sum_{k=1}^{n-1}3\cdot2^k\ (n\geqq2)$
$=3+3\cdot\dfrac{2(2^{n-1}-1)}{2-1}$
$=3(2^n-1)$

と推測される($n=1$の場合も含める)。

以上より，$A^n=\begin{pmatrix}1&0\\3(2^n-1)&2^n\end{pmatrix}$ …①

と推測される。この推測が正しいことを数学的帰納法により証明する。

(i) $n=1$のとき

$\begin{pmatrix}1&0\\3(2^1-1)&2^1\end{pmatrix}=\begin{pmatrix}1&0\\3&2\end{pmatrix}$

より，$A$と一致するから①が成り立つ。

(ii) $n=k$のとき

①は正しい，すなわち

$A^k=\begin{pmatrix}1&0\\3(2^k-1)&2^k\end{pmatrix}$

であると仮定すると

$A^{k+1}=A^kA$
$=\begin{pmatrix}1&0\\3(2^k-1)&2^k\end{pmatrix}\begin{pmatrix}1&0\\3&2\end{pmatrix}$
$=\begin{pmatrix}1&0\\3(2^k-1)+3\cdot2^k&2^{k+1}\end{pmatrix}$
$=\begin{pmatrix}1&0\\3(2^{k+1}-1)&2^{k+1}\end{pmatrix}$

よって，$n=k+1$ のときも①が成り立つ。

(i)，(ii)より，すべての正の整数 $n$ について

$$A^n=\begin{pmatrix}1 & 0\\ 3(2^n-1) & 2^n\end{pmatrix}$$

答え $\begin{pmatrix}1 & 0\\ 3(2^n-1) & 2^n\end{pmatrix}$

**5**

$$P^{-1}=\frac{1}{3\cdot(-1)-1\cdot(-4)}\begin{pmatrix}-1 & -1\\ 4 & 3\end{pmatrix}$$

$$=\begin{pmatrix}-1 & -1\\ 4 & 3\end{pmatrix}$$

より

$$B=P^{-1}AP$$

$$=\begin{pmatrix}-1 & -1\\ 4 & 3\end{pmatrix}\begin{pmatrix}6 & 3\\ -4 & -1\end{pmatrix}\begin{pmatrix}3 & 1\\ -4 & -1\end{pmatrix}$$

$$=\begin{pmatrix}-2 & -2\\ 12 & 9\end{pmatrix}\begin{pmatrix}3 & 1\\ -4 & -1\end{pmatrix}$$

$$=\begin{pmatrix}2 & 0\\ 0 & 3\end{pmatrix}$$

よって

$$A^n=(PBP^{-1})^n$$

$$=PB^nP^{-1}$$

$$=\begin{pmatrix}3 & 1\\ -4 & -1\end{pmatrix}\begin{pmatrix}2 & 0\\ 0 & 3\end{pmatrix}^n\begin{pmatrix}-1 & -1\\ 4 & 3\end{pmatrix}$$

$$=\begin{pmatrix}3 & 1\\ -4 & -1\end{pmatrix}\begin{pmatrix}2^n & 0\\ 0 & 3^n\end{pmatrix}\begin{pmatrix}-1 & -1\\ 4 & 3\end{pmatrix}$$

$$=\begin{pmatrix}3\cdot 2^n & 3^n\\ -4\cdot 2^n & -3^n\end{pmatrix}\begin{pmatrix}-1 & -1\\ 4 & 3\end{pmatrix}$$

$$=\begin{pmatrix}-3\cdot 2^n+4\cdot 3^n & -3\cdot 2^n+3\cdot 3^n\\ 4\cdot 2^n-4\cdot 3^n & 4\cdot 2^n-3\cdot 3^n\end{pmatrix}$$

答え $\begin{pmatrix}-3\cdot 2^n+4\cdot 3^n & -3\cdot 2^n+3\cdot 3^n\\ 4\cdot 2^n-4\cdot 3^n & 4\cdot 2^n-3\cdot 3^n\end{pmatrix}$

**6**

(1) $X=A+kE$

$$=\begin{pmatrix}4 & -1\\ 4 & 0\end{pmatrix}+k\begin{pmatrix}1 & 0\\ 0 & 1\end{pmatrix}$$

$$=\begin{pmatrix}4+k & -1\\ 4 & k\end{pmatrix}\quad\cdots①$$

より

$$X^2=\begin{pmatrix}4+k & -1\\ 4 & k\end{pmatrix}\begin{pmatrix}4+k & -1\\ 4 & k\end{pmatrix}$$

$$=\begin{pmatrix}(k+4)^2-4 & -2k-4\\ 8k+16 & k^2-4\end{pmatrix}$$

$X^2=O$ を満たすのは，$k=-2$

これを①に代入すれば

$$X=\begin{pmatrix}2 & -1\\ 4 & -2\end{pmatrix}$$

答え $k=-2$，$X=\begin{pmatrix}2 & -1\\ 4 & -2\end{pmatrix}$

(2) (1)より，$A=2E+X$

一方，二項定理より

$(2+x)^n$

$=2^n+{}_nC_1 2^{n-1}x+{}_nC_2 2^{n-2}x^2+\cdots+x^n$

$EX=XE=X$ が成り立つから

$A^n$

$=(2E+X)^n$

$=2^nE+{}_nC_1 2^{n-1}X+{}_nC_2 2^{n-2}X^2+\cdots+X^n$

$X^2=O$ であるから

$A^n=2^nE+{}_nC_1 2^{n-1}X$

$$=2^n\begin{pmatrix}1 & 0\\ 0 & 1\end{pmatrix}+n\cdot 2^{n-1}\begin{pmatrix}2 & -1\\ 4 & -2\end{pmatrix}$$

$$=\begin{pmatrix}(n+1)\cdot 2^n & -n\cdot 2^{n-1}\\ n\cdot 2^{n+1} & -(n-1)\cdot 2^n\end{pmatrix}$$

答え $\begin{pmatrix}(n+1)\cdot 2^n & -n\cdot 2^{n-1}\\ n\cdot 2^{n+1} & -(n-1)\cdot 2^n\end{pmatrix}$

**7**

△OABが正三角形となる点Bは，Oを中心としてAを$\pm\frac{\pi}{3}$だけ回転移動した点である。

OAと$x$軸の正の向きとのなす角$\alpha$について$\tan\frac{\pi}{6}<\frac{3}{4}<\tan\frac{\pi}{4}$より，$\frac{\pi}{6}<\alpha<\frac{\pi}{4}$が成り立つことに注意すると，BはOを中心としてAを$\frac{\pi}{3}$だけ回転移動した点である。



よって

$$\begin{pmatrix}\cos\frac{\pi}{3} & -\sin\frac{\pi}{3}\\ \sin\frac{\pi}{3} & \cos\frac{\pi}{3}\end{pmatrix}\begin{pmatrix}4\\3\end{pmatrix}$$

$$=\frac{1}{2}\begin{pmatrix}1 & -\sqrt{3}\\ \sqrt{3} & 1\end{pmatrix}\begin{pmatrix}4\\3\end{pmatrix}$$

$$=\frac{1}{2}\begin{pmatrix}4-3\sqrt{3}\\ 4\sqrt{3}+3\end{pmatrix}$$

より，Bの座標は，$\left(\frac{4-3\sqrt{3}}{2},\ \frac{3+4\sqrt{3}}{2}\right)$

**答え** $\left(\frac{4-3\sqrt{3}}{2},\ \frac{3+4\sqrt{3}}{2}\right)$

**8**

$A\begin{pmatrix}1\\3\end{pmatrix}=\begin{pmatrix}6\\2\end{pmatrix}$ …①, $A\begin{pmatrix}2\\4\end{pmatrix}=\begin{pmatrix}8\\4\end{pmatrix}$ …②

求める行列を$A=\begin{pmatrix}a & b\\ c & d\end{pmatrix}$とすると，

①より

$\begin{pmatrix}a & b\\ c & d\end{pmatrix}\begin{pmatrix}1\\3\end{pmatrix}=\begin{pmatrix}6\\2\end{pmatrix}$　$\begin{pmatrix}a+3b\\ c+3d\end{pmatrix}=\begin{pmatrix}6\\2\end{pmatrix}$

$\begin{cases}a+3b=6 & \cdots③\\ c+3d=2 & \cdots④\end{cases}$

②からも同様に，$\begin{pmatrix}2a+4b\\ 2c+4d\end{pmatrix}=\begin{pmatrix}8\\4\end{pmatrix}$

$\begin{cases}a+2b=4 & \cdots⑤\\ c+2d=2 & \cdots⑥\end{cases}$

③，⑤より，$a=0$，$b=2$

④，⑥より，$c=2$，$d=0$

よって，$A=\begin{pmatrix}0 & 2\\ 2 & 0\end{pmatrix}$

〔別の解き方〕

条件より

$A\begin{pmatrix}1\\3\end{pmatrix}=\begin{pmatrix}6\\2\end{pmatrix}$，$A\begin{pmatrix}2\\4\end{pmatrix}=\begin{pmatrix}8\\4\end{pmatrix}$

$A\begin{pmatrix}1 & 2\\ 3 & 4\end{pmatrix}=\begin{pmatrix}6 & 8\\ 2 & 4\end{pmatrix}$ …⑦

$$\begin{pmatrix}1 & 2\\ 3 & 4\end{pmatrix}^{-1}=\frac{1}{1\cdot4-2\cdot3}\begin{pmatrix}4 & -2\\ -3 & 1\end{pmatrix}$$

$$=\frac{1}{2}\begin{pmatrix}-4 & 2\\ 3 & -1\end{pmatrix}$$

これを⑦の両辺の右からかけることにより

$$A=\frac{1}{2}\begin{pmatrix}6 & 8\\ 2 & 4\end{pmatrix}\begin{pmatrix}-4 & 2\\ 3 & -1\end{pmatrix}$$

$$=\begin{pmatrix}3 & 4\\ 1 & 2\end{pmatrix}\begin{pmatrix}-4 & 2\\ 3 & -1\end{pmatrix}$$

$$=\begin{pmatrix}0 & 2\\ 2 & 0\end{pmatrix}$$

**答え** $\begin{pmatrix}0 & 2\\ 2 & 0\end{pmatrix}$

**9**

3点P，Q，Rの座標をそれぞれ$(p_1,\ p_2)$，$(q_1,\ q_2)$，$(r_1,\ r_2)$とおくと，条件より

$A\begin{pmatrix}p_1 & q_1\\ p_2 & q_2\end{pmatrix}=\begin{pmatrix}r_1 & r_1\\ r_2 & r_2\end{pmatrix}$ …①

ここで，$A$が逆行列$A^{-1}$をもつと仮定すると，$A^{-1}$を①の両辺の左からかけることにより

$\begin{pmatrix}p_1 & q_1\\ p_2 & q_2\end{pmatrix}=A^{-1}\begin{pmatrix}r_1 & r_1\\ r_2 & r_2\end{pmatrix}$

これは，2点P，Qが異なることに矛盾する。

よって$A$は逆行列をもたないから

$6(k-1)-4k=0$

$k=3$

**答え** $k=3$

**10**

(1) $A=k\begin{pmatrix}\cos\theta & -\sin\theta \\ \sin\theta & \cos\theta\end{pmatrix}$

と表されれば，$A$ は原点Oを中心として角 $\theta$ だけ回転したあと，原点Oからの距離を $k$ 倍した1次変換を表す。

(2) $\begin{pmatrix}\cos\theta & -\sin\theta \\ \sin\theta & \cos\theta\end{pmatrix}^n$ は原点Oを中心とした角 $\theta$ の回転移動を $n$ 回繰り返す1次変換を表す行列であるから

$$\begin{pmatrix}\cos\theta & -\sin\theta \\ \sin\theta & \cos\theta\end{pmatrix}^n$$

$$=\begin{pmatrix}\cos n\theta & -\sin n\theta \\ \sin n\theta & \cos n\theta\end{pmatrix}$$

$\theta=\frac{2}{3}\pi$ とおくと，(1)より

$$A^n=2^n\begin{pmatrix}\cos\frac{2}{3}\pi & -\sin\frac{2}{3}\pi \\ \sin\frac{2}{3}\pi & \cos\frac{2}{3}\pi\end{pmatrix}^n$$

$$=2^n\begin{pmatrix}\cos\frac{2}{3}n\pi & -\sin\frac{2}{3}n\pi \\ \sin\frac{2}{3}n\pi & \cos\frac{2}{3}n\pi\end{pmatrix}$$

**答え** $2^n\begin{pmatrix}\cos\frac{2}{3}n\pi & -\sin\frac{2}{3}n\pi \\ \sin\frac{2}{3}n\pi & \cos\frac{2}{3}n\pi\end{pmatrix}$

## 3-1 三角関数

p.122

**解答**

**1** (1) $0\leqq\theta<\frac{\pi}{2}$，$\frac{5}{6}\pi\leqq\theta<\frac{3}{2}\pi$，$\frac{11}{6}\pi\leqq\theta<2\pi$

(2) $\theta=0$，$\frac{\pi}{3}$，$\frac{2}{3}\pi$，$\pi$

(3) $0<\theta<\frac{2}{3}\pi$，$\frac{4}{3}\pi<\theta<2\pi$

(4) $\theta=\frac{5}{12}\pi$，$\frac{13}{12}\pi$

**2** (1) $\frac{\sqrt{5}+2\sqrt{15}}{12}$

(2) $\frac{-2-5\sqrt{3}}{12}$

**3** $y=-2x$，$y=\frac{1}{2}x$

**4** (1) $y=t^2+2t-2$，$-2\leqq t\leqq2$

(2) $\theta=\frac{\pi}{6}$ のとき最大値6，

$\theta=\frac{5}{6}\pi$，$\frac{3}{2}\pi$ のとき

最小値$-3$

**5** $100\sqrt{3}$ m

**解説**

**1**

(1) $\sqrt{3}\tan\theta+1\geqq0$ より

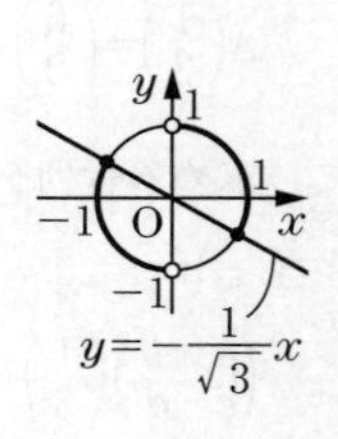


$\tan\theta\geqq-\frac{1}{\sqrt{3}}$

$0\leqq\theta<2\pi$ のとき，

$\tan\theta=-\frac{1}{\sqrt{3}}$ となる

$\theta$ は $\theta=\frac{5}{6}\pi$，$\frac{11}{6}\pi$ より不等式の解は

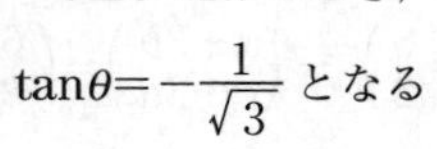

$0\leqq\theta<\frac{\pi}{2}$，$\frac{5}{6}\pi\leqq\theta<\frac{3}{2}\pi$，$\frac{11}{6}\pi\leqq\theta<2\pi$

**答え** $0 \leqq \theta < \dfrac{\pi}{2}$, $\dfrac{5}{6}\pi \leqq \theta < \dfrac{3}{2}\pi$, $\dfrac{11}{6}\pi \leqq \theta < 2\pi$

(2) $2\sin^2\theta = \sqrt{3}\sin\theta$ より

$\sin\theta(2\sin\theta - \sqrt{3}) = 0$

$\sin\theta = 0$, $\dfrac{\sqrt{3}}{2}$

よって，$\theta = 0$, $\dfrac{\pi}{3}$, $\dfrac{2}{3}\pi$, $\pi$

**答え** $\theta = 0$, $\dfrac{\pi}{3}$, $\dfrac{2}{3}\pi$, $\pi$

(3) $\cos 2\theta < \cos\theta$ より

$2\cos^2\theta - \cos\theta - 1 < 0$

$(2\cos\theta + 1)(\cos\theta - 1) < 0$

$-\dfrac{1}{2} < \cos\theta < 1$

$0 \leqq \theta < 2\pi$ のとき，$\cos\theta = -\dfrac{1}{2}$ となる $\theta$ は $\theta = \dfrac{2}{3}\pi$, $\dfrac{4}{3}\pi$ より不等式の解は

$0 < \theta < \dfrac{2}{3}\pi$, $\dfrac{4}{3}\pi < \theta < 2\pi$

**答え** $0 < \theta < \dfrac{2}{3}\pi$, $\dfrac{4}{3}\pi < \theta < 2\pi$

(4) 三角関数の合成を用いると

$\sin\theta - \cos\theta = \sqrt{2}\sin\left(\theta - \dfrac{\pi}{4}\right)$

また，$\sin\theta - \cos\theta = \dfrac{1}{\sqrt{2}}$ より

$\sin\left(\theta - \dfrac{\pi}{4}\right) = \dfrac{1}{2}$

$0 \leqq \theta < 2\pi$ のとき，$-\dfrac{\pi}{4} \leqq \theta - \dfrac{\pi}{4} < \dfrac{7}{4}\pi$ であるから，この範囲で考えると，

$\theta - \dfrac{\pi}{4} = \dfrac{\pi}{6}$, $\dfrac{5}{6}\pi$

よって，$\theta = \dfrac{5}{12}\pi$, $\dfrac{13}{12}\pi$

**答え** $\theta = \dfrac{5}{12}\pi$, $\dfrac{13}{12}\pi$

**2**

(1) $\dfrac{\pi}{2} < \alpha < \pi$ より $\cos\alpha < 0$ であるから

$$\cos\alpha = -\sqrt{1 - \sin^2\alpha} = -\sqrt{1 - \left(\dfrac{\sqrt{5}}{3}\right)^2} = -\dfrac{2}{3}$$

$\dfrac{3}{2}\pi < \beta < 2\pi$ より $\sin\beta < 0$ であるから

$$\sin\beta = -\sqrt{1 - \cos^2\beta} = -\sqrt{1 - \left(\dfrac{1}{4}\right)^2} = -\dfrac{\sqrt{15}}{4}$$

よって

$$\begin{aligned}
&\sin(\alpha + \beta) \\
&= \sin\alpha\cos\beta + \cos\alpha\sin\beta \\
&= \dfrac{\sqrt{5}}{3} \cdot \dfrac{1}{4} + \left(-\dfrac{2}{3}\right) \cdot \left(-\dfrac{\sqrt{15}}{4}\right) \\
&= \dfrac{\sqrt{5} + 2\sqrt{15}}{12}
\end{aligned}$$

**答え** $\dfrac{\sqrt{5} + 2\sqrt{15}}{12}$

(2)
$$\begin{aligned}
&\cos(\alpha - \beta) \\
&= \cos\alpha\cos\beta + \sin\alpha\sin\beta \\
&= \left(-\dfrac{2}{3}\right) \cdot \dfrac{1}{4} + \dfrac{\sqrt{5}}{3} \cdot \left(-\dfrac{\sqrt{15}}{4}\right) \\
&= \dfrac{-2 - 5\sqrt{3}}{12}
\end{aligned}$$

**答え** $\dfrac{-2 - 5\sqrt{3}}{12}$

**3**

$3x - y = 0$ より $y = 3x$ であるから，この直線と $x$ 軸の正の向きとのなす角を $\alpha$ とすると

$\tan\alpha = 3$, $\dfrac{\pi}{4} < \alpha < \dfrac{\pi}{2}$

求める直線は2つあり，それぞれの傾きは

$$\tan\left(\alpha + \dfrac{\pi}{4}\right) = \dfrac{\tan\alpha + \tan\dfrac{\pi}{4}}{1 - \tan\alpha\tan\dfrac{\pi}{4}} = \dfrac{3 + 1}{1 - 3 \cdot 1} = -2$$

$$\tan\left(\alpha-\frac{\pi}{4}\right)=\frac{\tan\alpha-\tan\frac{\pi}{4}}{1+\tan\alpha\tan\frac{\pi}{4}}$$

$$=\frac{3-1}{1+3\cdot1}=\frac{1}{2}$$

よって，条件を満たす直線は

$y=-2x$，$y=\frac{1}{2}x$

**答え** $\boldsymbol{y=-2x}$，$\boldsymbol{y=\frac{1}{2}x}$

## 4

(1) $\sin2\theta=2\sin\theta\cos\theta$，

$\cos2\theta=2\cos^2\theta-1$ より

$t^2=(\sin\theta+\sqrt{3}\cos\theta)^2$

$=\sin^2\theta+2\sqrt{3}\sin\theta\cos\theta+3\cos^2\theta$

$=1+\sqrt{3}\sin2\theta+2\cos^2\theta$

$=\sqrt{3}\sin2\theta+\cos2\theta+2$

$t^2-2=\sqrt{3}\sin2\theta+\cos2\theta$ から

$y=t^2-2+2(\sin\theta+\sqrt{3}\cos\theta)$

$=t^2+2t-2$

また，三角関数の合成を用いると

$t=\sin\theta+\sqrt{3}\cos\theta=2\sin\left(\theta+\frac{\pi}{3}\right)$

$0\leqq\theta<2\pi$ のとき，$\frac{\pi}{3}\leqq\theta+\frac{\pi}{3}<\frac{7}{3}\pi$

から

$-1\leqq\sin\left(\theta+\frac{\pi}{3}\right)\leqq1$

よって，$-2\leqq t\leqq2$

**答え** $\boldsymbol{y=t^2+2t-2}$，$\boldsymbol{-2\leqq t\leqq2}$

(2) $y=(t+1)^2-3$ と変形されるから，$-2\leqq t\leqq2$ より，$y$ は $t=2$ のとき最大値 6，$t=-1$ のとき最小値 $-3$ をとる。

$t=2$ のとき，$\sin\left(\theta+\frac{\pi}{3}\right)=1$

$\frac{\pi}{3}\leqq\theta+\frac{\pi}{3}<\frac{7}{3}\pi$ であるから

$\theta+\frac{\pi}{3}=\frac{\pi}{2}$

よって，$\theta=\frac{\pi}{6}$

$t=-1$ のとき

$\sin\left(\theta+\frac{\pi}{3}\right)=-\frac{1}{2}$

$\theta+\frac{\pi}{3}=\frac{7}{6}\pi$，$\frac{11}{6}\pi$

よって，$\theta=\frac{5}{6}\pi$，$\frac{3}{2}\pi$

以上より，$y$ は $\theta=\frac{\pi}{6}$ のとき最大値 6，$\theta=\frac{5}{6}\pi$，$\frac{3}{2}\pi$ のとき最小値 $-3$ をとる。

**答え** $\boldsymbol{\theta=\frac{\pi}{6}}$ **のとき最大値 6，**

$\boldsymbol{\theta=\frac{5}{6}\pi}$，$\boldsymbol{\frac{3}{2}\pi}$ **のとき最小値 −3**

## 5

DH$=x$m$(x>0)$とすると

$\tan\angle BDH=\dfrac{300}{x}$, $\tan\angle ADH=\dfrac{100}{x}$

$\theta=\angle BDH-\angle ADH$であるから

$$\tan\theta=\frac{\tan\angle BDH-\tan\angle ADH}{1+\tan\angle BDH\cdot\tan\angle ADH}$$

$$=\frac{\dfrac{300}{x}-\dfrac{100}{x}}{1+\dfrac{300}{x}\cdot\dfrac{100}{x}}$$

$$=\frac{200}{x+\dfrac{30000}{x}}$$

$x>0$より$\dfrac{30000}{x}>0$であるから，相加平均と相乗平均の大小関係より

$$x+\frac{30000}{x}\geqq 2\sqrt{x\cdot\frac{30000}{x}}$$
$$=200\sqrt{3}$$

であり，等号が成り立つのは$x>0$かつ$x=\dfrac{30000}{x}$より，$x=100\sqrt{3}$のときである。

このとき，$\tan\theta\leqq\dfrac{200}{200\sqrt{3}}=\dfrac{1}{\sqrt{3}}$より，$\tan\theta$は最大値$\dfrac{1}{\sqrt{3}}$をとる。$0<\theta<\dfrac{\pi}{2}$において，$\tan\theta$が最大となるとき$\theta$も最大となる。

よって，$\theta$が最大になるのはドローンを高さ$100\sqrt{3}$mまで飛ばしたときである。

**答え** $100\sqrt{3}$ m

## 3-2 指数関数

p.128

**解答**

**1** (1) 2　(2) 6

**2** (1) 3　(2) 4

**3** (1) $x=1$　(2) $x<-1$

**4** $x=-3$のとき最小値$-\dfrac{1}{16}$

**5** $a=-9$，$a\geqq 0$

**6** $x=\dfrac{3}{2}, y=\dfrac{3}{4}$のとき最小値$6\sqrt{3}$

**解説**

### 1

(1) $\sqrt[3]{12}\div\sqrt[3]{6}\times\sqrt[3]{4}=\sqrt[3]{\dfrac{12\times4}{6}}=\sqrt[3]{8}=2$

**答え** 2

(2) $3^{\frac{5}{3}}\div(2^3\times3^4)^{\frac{1}{6}}\times2^{\frac{3}{2}}$

$=3^{\frac{5}{3}}\div\left(2^{3\times\frac{1}{6}}\times3^{4\times\frac{1}{6}}\right)\times2^{\frac{3}{2}}$

$=3^{\frac{5}{3}}\div2^{\frac{1}{2}}\div3^{\frac{2}{3}}\times2^{\frac{3}{2}}$

$=3^{\frac{5}{3}-\frac{2}{3}}\times2^{\frac{3}{2}-\frac{1}{2}}$

$=3^1\times2^1=6$

**答え** 6

### 2

(1) $4^x+4^{-x}=(2^x-2^{-x})^2+2\cdot2^x\cdot2^{-x}$
$=1^2+2\cdot1=3$

**答え** 3

(2) $8^x-8^{-x}$

$=(2^x-2^{-x})^3+3\cdot2^x\cdot2^{-x}\cdot(2^x-2^{-x})$

$=1^3+3\cdot1\cdot1=4$

〔別の解き方〕

$8^x-8^{-x}$

$=(2^x-2^{-x})(4^x+2^x\cdot2^{-x}+4^{-x})$

$=1\cdot(3+1)=4$

**答え** 4

**3**

(1) $27^{5-x}=81^{2x+1}$

$(3^3)^{5-x}=(3^4)^{2x+1}$

$3^{15-3x}=3^{8x+4}$

$15-3x=8x+4$

よって，$x=1$

**答え** $x=1$

(2) $2^x=t$ とおくと，$t>0$ で

$4^{x+1}=(2^x)^2\cdot 4=4t^2$

$2^{x+1}=2^x\cdot 2^1=2t$

よって

$2\cdot 4t^2-2t-1<0$

$(4t+1)(2t-1)<0$

$t>0$ より

$0<t<\frac{1}{2}$ すなわち，$2^x<2^{-1}$

底 2 は 1 より大きいから，$x<-1$

**答え** $x<-1$

**4**

$2^x=t$ とおくと，$t>0$ で

$4^{x+1}=(2^x)^2\cdot 4=4t^2$

であるから

$y=4t^2-t=4\left(t-\frac{1}{8}\right)^2-\frac{1}{16}$

$t=\frac{1}{8}$ は $t>0$ を満たすから，$y$ は

$t=\frac{1}{8}$ のとき最小値 $-\frac{1}{16}$ をとる。

$t=\frac{1}{8}$ となるのは

$2^x=2^{-3}$ すなわち，$x=-3$

のときである。

**答え** $x=-3$ **のとき最小値** $-\frac{1}{16}$

**5**

$2^x=t$ とおくと，$t>0$ で

$4^x=(2^x)^2=t^2$

$2^{x+1}=2^x\cdot 2^1=2t$

よって

$t^2-3\cdot 2t=a$

$t^2-6t=a$

この左辺を $f(t)$ とおくと



$f(t)=(t-3)^2-9$

より，$t>0$ における $y=f(t)$ のグラフは図のようになる。

与えられた方程式の異なる実数解の個数は，$y=f(t)$ のグラフと直線 $y=a$ との共有点のうち，$t>0$ であるものの個数に一致するから，求める値の範囲は

$a=-9$，$a\geqq 0$

**答え** $a=-9$，$a\geqq 0$

**6**

$3^x>0$，$9^y>0$ であるから，相加平均と相乗平均の大小関係と条件より

$$3^x+9^y\geqq 2\sqrt{3^x\cdot 9^y}$$
$$=2\sqrt{3^x\cdot 3^{2y}}$$
$$=2\sqrt{3^{x+2y}}$$
$$=2\sqrt{3^3}$$
$$=6\sqrt{3}$$

等号が成り立つのは

$3^x=9^y$ すなわち，$x=2y$

のときである。

$x+2y=3$ より，$x=\frac{3}{2}$，$y=\frac{3}{4}$

よって，$3^x+9^y$ は $x=\frac{3}{2}$，$y=\frac{3}{4}$ のとき最小値 $6\sqrt{3}$ をとる。

**答え** $x=\frac{3}{2}$，$y=\frac{3}{4}$ **のとき最小値** $6\sqrt{3}$

## 3-3 対数関数

p. 135

解答

**1** (1) $\frac{5}{4}$ (2) 2

**2** $\frac{b+1}{4(b-a+1)}$

**3** (1) $x=5$ (2) $x>3$

**4** 小数第2位まで確定し，0.35となる。

**5** 小数第37位に初めて0でない数字4が現れる。

**6** (1) 100倍 (2) 1.56倍

解説

**1**

(1) $\log_9\sqrt{27}+\log_3\sqrt{3}$

$=\frac{\log_3 3^{\frac{3}{2}}}{\log_3 3^2}+\log_3 3^{\frac{1}{2}}$

$=\frac{1}{2}\cdot\frac{3}{2}+\frac{1}{2}$

$=\frac{5}{4}$

答え $\frac{5}{4}$

(2) $\log_2 6\cdot\log_3 6-(\log_2 3+\log_3 2)$

$=\log_2(2\cdot3)\cdot\frac{\log_2(2\cdot3)}{\log_2 3}-\log_2 3-\frac{1}{\log_2 3}$

$=(1+\log_2 3)\cdot\frac{1+\log_2 3}{\log_2 3}-\log_2 3-\frac{1}{\log_2 3}$

$=\frac{1+2\log_2 3+(\log_2 3)^2-(\log_2 3)^2-1}{\log_2 3}$

$=\frac{2\log_2 3}{\log_2 3}$

$=2$

答え 2

**2**

$\log_{15}\sqrt[4]{30}=\frac{\log_{10}30^{\frac{1}{4}}}{\log_{10}15}$

$=\frac{\log_{10}30}{4\log_{10}\frac{30}{2}}$

$=\frac{\log_{10}(3\cdot10)}{4\{\log_{10}(3\cdot10)-\log_{10}2\}}$

$=\frac{\log_{10}3+1}{4(\log_{10}3+1-\log_{10}2)}$

$=\frac{b+1}{4(b-a+1)}$

答え $\frac{b+1}{4(b-a+1)}$

**3**

(1) 真数は正より，$x-1>0$ かつ $x-3>0$

すなわち，$x>3$ …①

$\log_2(x-1)+\log_2(x-3)=3$

$\log_2(x-1)(x-3)=\log_2 2^3$

$(x-1)(x-3)=8$

$x^2-4x-5=0$

$(x+1)(x-5)=0$

①より，$x=5$

答え $x=5$

(2) 真数は正より，$x-1>0$ かつ $x+1>0$

すなわち，$x>1$ …①

$\log_3(x-1)>\log_9(x+1)$

$\log_3(x-1)>\frac{\log_3(x+1)}{\log_3 9}$

$2\log_3(x-1)>\log_3(x+1)$

$\log_3(x-1)^2>\log_3(x+1)$

底3は1より大きいから

$(x-1)^2>x+1$

$x^2-3x>0$

$x(x-3)>0$

$x<0$，$3<x$

①より，$x>3$

答え $x>3$

**4**

$2^{14}<7^5$，$7^6<2^{17}$ において7を底とする対数をとると，底7は1より大きいから

$$\begin{cases}\log_7 2^{14}<\log_7 7^5\\ \log_7 7^6<\log_7 2^{17}\end{cases} \Longleftrightarrow \begin{cases}14\log_7 2<5\\ 6<17\log_7 2\end{cases}$$

よって，$\dfrac{6}{17}<\log_7 2<\dfrac{5}{14}$

$\dfrac{6}{17}=0.352\cdots$，$\dfrac{5}{14}=0.357\cdots$ より，

$\log_7 2$ の値は，小数第2位までが0.35と確定する。

答え **小数第2位まで確定し，0.35となる。**

**5**

$$\log_{10}(0.2)^{52}=52\log_{10}\frac{2}{10}$$
$$=52(0.3010-1)$$
$$=-36.348$$

よって

$-37<\log_{10}(0.2)^{52}<-36$

$10^{-37}<(0.2)^{52}<10^{-36}$

であるから，$(0.2)^{52}$ は小数第37位に初めて0でない数字が現れる。

ここで

$\log_{10}(0.2)^{52}=-37+0.652$

$\log_{10}4=2\log_{10}2=2\times0.3010=0.6020$

$\log_{10}5=\log_{10}\dfrac{10}{2}=1-0.3010=0.6990$

よって

$$-37+0.6020<\log_{10}(0.2)^{52}<-37+0.6990$$

$10^{-37}\times10^{0.6020}<(0.2)^{52}<10^{-37}\times10^{0.6990}$

$10^{-37}\times4<(0.2)^{52}<10^{-37}\times5$

であるから，$(0.2)^{52}$ の小数第37位の数字は4である。

答え **小数第37位に初めて0でない数字4が現れる。**

**6**

(1) $m=1.0$，$n=6.0$ より

$6.0-1.0=2.5(\log_{10}L_{1.0}-\log_{10}L_{6.0})$

$\log_{10}\dfrac{L_{1.0}}{L_{6.0}}=2.0$

$\dfrac{L_{1.0}}{L_{6.0}}=10^{2.0}=100$

よって，等級1.0の星の明るさは，等級6.0の星の明るさの100倍である。

答え **100倍**

(2) 明るいほうの星の等級を $m$ として，$n=m+0.5$ とすると

$m+0.5-m=2.5(\log_{10}L_m-\log_{10}L_n)$

$\log_{10}\dfrac{L_m}{L_n}=0.2$

$\dfrac{L_m}{L_n}=10^{0.2}$

ここで，$10^{0.30}=2$ より

$$10^{0.2}=10^{2.0-0.30\times6}$$
$$=\frac{10^{2.0}}{(10^{0.30})^6}$$
$$=\frac{100}{2^6}$$
$$=1.5625$$

$\dfrac{L_m}{L_n}\fallingdotseq1.56$

よって，明るいほうの星の明るさは，暗いほうの星の明るさの1.56倍である。

答え **1.56倍**

## 3-4 数列

p.148

解答

**1** (1) $a_n=-\frac{2}{3}n+14$

(2) $n=20$，21 のとき最大値 140

**2** $x=-\frac{4}{3}$

**3** (1) $n(n+6)$

(2) $\frac{1}{6}n(n-1)(8n+11)$

(3) $\frac{2^{n+2}+3^{n+2}-13}{2}$

(4) $\frac{1}{6}n(n+1)(n+2)$

(5) $\frac{1}{6}n(n+1)(7n+2)$

**4** $a_n=2n-4$

**5** (1) $\frac{n}{3n+1}$

(2) $\frac{3^{n+1}-2n-3}{4\cdot3^{n-1}}$

**6** (1) $a_n=-2n+5$

(2) $a_n=5\cdot7^{n-1}$

(3) $a_n=n^2-n+2$

(4) $a_n=\frac{1-(-2)^n}{3}$

**7** (1) $a_n=\frac{3}{n}$　(2) $a_n=n\cdot2^{n-1}$

**8** (1) $a_{n+1}-b_{n+1}=2(a_n-b_n)$,

$a_{n+1}-2b_{n+1}=3(a_n-2b_n)$

(2) $a_n=3^n-2^n$，$b_n=3^n-2^{n-1}$

**9** (1)与えられた等式を①とする。

(i) $n=1$ のとき

(左辺)$=1+1=2$

(右辺)$=2^1\cdot1=2$

より，①は成り立つ。

(ii) $n=k$ のとき①は成り立つ，すなわち

$(k+1)(k+2)(k+3)\cdot\cdots\cdot2k$

$=2^k\cdot1\cdot3\cdot5\cdot\cdots\cdot(2k-1)$

と仮定すると，$n=k+1$ のとき

$\{(k+1)+1\}\{(k+1)+2\}\cdot\cdots\cdot2(k+1)$

$=(k+2)(k+3)\cdot\cdots\cdot2k(2k+1)\cdot2(k+1)$

$=\frac{(2k+1)\cdot2(k+1)}{k+1}\cdot(k+1)\cdot\cdots\cdot2k$

$=2(2k+1)\cdot2^k\cdot1\cdot3\cdot5\cdot\cdots\cdot(2k-1)$

$=2^{k+1}\cdot1\cdot3\cdot\cdots\cdot(2k-1)\{2(k+1)-1\}$

より，$n=k+1$ のときも①は成り立つ。

(i)，(ii)より，すべての正の整数 $n$ について①は成り立つ。

(2)与えられた不等式を①とする。

(i) $n=1$ のとき

(右辺)$-$(左辺)

$=\frac{2^3}{3}-1^2=\frac{5}{3}>0$

より，①は成り立つ。

(ii) $n=k$ のとき①は成り立つ，すなわち

$1^2+2^2+3^3+\cdots+k^2<\frac{(k+1)^3}{3}$

と仮定すると，$n=k+1$ のとき

(右辺)$-$(左辺)

$=\frac{\{(k+1)+1\}^3}{3}$

$-\{1^2+\cdots+k^2+(k+1)^2\}$

$>\frac{\{(k+1)+1\}^3}{3}$

$-\frac{(k+1)^3}{3}-(k+1)^2$

$=\dfrac{3(k+1)^2+3(k+1)+1}{3}-(k+1)^2$

$=\dfrac{3k+4}{3}>0\ (k\geqq1)$

より，$n=k+1$ のときも①は成り立つ。

(i)，(ii)より，すべての正の整数 $n$ について①は成り立つ。

**10** 命題「$3^{2n}+4^{n+1}$ は5の倍数である」を $P$ とする。

(i) $n=1$ のとき

$3^2+4^{1+1}=9+16=5\cdot5$ より，$P$ は成り立つ。

(ii) $n=k$ のとき $P$ は成り立つと仮定すると，整数 $M$ を用いて

$3^{2k}+4^{k+1}=5M$

$3^{2k}=5M-4^{k+1}$

と表される。

$n=k+1$ のとき

$3^{2(k+1)}+4^{(k+1)+1}$

$=9\cdot3^{2k}+4\cdot4^{k+1}$

$=9(5M-4^{k+1})+4\cdot4^{k+1}$

$=45M-5\cdot4^{k+1}$

$=5(9M-4^{k+1})$

$M$ は整数，$k$ は正の整数であるから，$9M-4^{k+1}$ も整数であり，$n=k+1$ のときも $P$ は成り立つ。

(i)，(ii)より，すべての正の整数 $n$ について $P$ は成り立つ。

**11** $a_n=\dfrac{2n-1}{n}$

**12** (1) $n^2-n+2$

(2) $n(n^2+1)$

解説

**1**

(1) 公差を $d$ とすると

$a_1+5d=10$，$a_1+8d=8$

$a_1=\dfrac{40}{3}$，$d=-\dfrac{2}{3}$

よって

$a_n=\dfrac{40}{3}+(n-1)\cdot\left(-\dfrac{2}{3}\right)$

$=-\dfrac{2}{3}n+14$

答え $a_n=-\dfrac{2}{3}n+14$

(2) $a_n=-\dfrac{2}{3}n+14\geqq0$ を解くと，$n\leqq21$

よって

$a_1>a_2>\cdots>a_{20}>a_{21}=0>a_{22}>a_{23}>\cdots$

$S_n$ が最大となるのは $n=20$，21 のときで

$S_{20}=\dfrac{1}{2}\cdot20\left\{2\cdot\dfrac{40}{3}+(20-1)\cdot\left(-\dfrac{2}{3}\right)\right\}$

$=10\cdot14$

$=140$

答え $n=20$，21 のとき最大値 140

**2**

この等比数列の公比を $r$ とすると

$rx=x+2$，$r(x+2)=x+1$

$x$，$x+2$，$x+1$ はこの順に等比数列をなすので，$x\neq0$

$r=\dfrac{x+2}{x}$ より

$\dfrac{x+2}{x}\cdot(x+2)=x+1$

$(x+2)^2=x(x+1)$

$3x+4=0$

$x=-\dfrac{4}{3}$

答え $x=-\dfrac{4}{3}$

**3**

(1) $\sum_{k=1}^{n}(2k+5)$

$=2\cdot\frac{1}{2}n(n+1)+5n$

$=n(n+6)$

〔別の解き方〕

求める和は，初項$2+5=7$，末項$2n+5$，項数$n$の等差数列の和より

$\sum_{k=1}^{n}(2k+5)$

$=\frac{1}{2}n(7+2n+5)$

$=n(n+6)$ **答え** $\boldsymbol{n(n+6)}$

(2) $\sum_{k=1}^{n}(4k+1)(k-1)$

$=\sum_{k=1}^{n}(4k^2-3k-1)$

$=4\cdot\frac{1}{6}n(n+1)(2n+1)$

$-3\cdot\frac{1}{2}n(n+1)-n$

$=\frac{1}{6}n\{4(n+1)(2n+1)-9(n+1)-6\}$

$=\frac{1}{6}n(8n^2+3n-11)$

$=\frac{1}{6}n(n-1)(8n+11)$

**答え** $\boldsymbol{\frac{1}{6}n(n-1)(8n+11)}$

(3) $\sum_{k=1}^{n}(2^k+3^{k+1})$

$=\frac{2(2^n-1)}{2-1}+\frac{3^2(3^n-1)}{3-1}$

$=2^{n+1}-2+\frac{3^{n+2}-9}{2}$

$=\frac{2^{n+2}+3^{n+2}-13}{2}$

**答え** $\boldsymbol{\frac{2^{n+2}+3^{n+2}-13}{2}}$

(4) $\sum_{k=1}^{n}\left(\sum_{i=1}^{k}i\right)$

$=\sum_{k=1}^{n}\left\{\frac{1}{2}k(k+1)\right\}$

$=\frac{1}{2}\sum_{k=1}^{n}(k^2+k)$

$=\frac{1}{2}\left\{\frac{1}{6}n(n+1)(2n+1)+\frac{1}{2}n(n+1)\right\}$

$=\frac{1}{12}n(n+1)\{(2n+1)+3\}$

$=\frac{1}{6}n(n+1)(n+2)$

〔別の解き方〕

$\sum_{k=1}^{n}\left(\sum_{i=1}^{k}i\right)$

$=\sum_{k=1}^{n}\left\{\frac{1}{2}k(k+1)\right\}$

$=\frac{1}{2}\sum_{k=1}^{n}\frac{1}{3}\{k(k+1)(k+2)$

$-(k-1)k(k+1)\}$

$=\frac{1}{6}[(1\cdot2\cdot3-0\cdot1\cdot2)$

$+(2\cdot3\cdot4-1\cdot2\cdot3)+\cdots$

$+\{n(n+1)(n+2)-(n-1)n(n+1)\}]$

$=\frac{1}{6}n(n+1)(n+2)$

**答え** $\boldsymbol{\frac{1}{6}n(n+1)(n+2)}$

(5) 求める和は

$\sum_{k=1}^{n}k(n+2k)$

$=\sum_{k=1}^{n}(nk+2k^2)$

$=n\cdot\frac{1}{2}n(n+1)+2\cdot\frac{1}{6}n(n+1)(2n+1)$

$=\frac{1}{6}n(n+1)\{3n+2(2n+1)\}$

$=\frac{1}{6}n(n+1)(7n+2)$

**答え** $\boldsymbol{\frac{1}{6}n(n+1)(7n+2)}$

**4**

$a_1=S_1=1^2-3\cdot1=-2$

$n\geqq2$ のとき

$a_n=S_n-S_{n-1}$

$=(n^2-3n)-\{(n-1)^2-3(n-1)\}$

$=n^2-3n-(n^2-5n+4)$

$=2n-4\quad\cdots①$

$a_1=-2$ より，①は $n=1$ のときも成り立つ。

よって，$a_n=2n-4$

答え $a_n=2n-4$

**5**

(1) $\dfrac{1}{(3k-2)(3k+1)}$

$=\dfrac{1}{3}\left(\dfrac{1}{3k-2}-\dfrac{1}{3k+1}\right)$

より

$\dfrac{1}{1\cdot4}+\dfrac{1}{4\cdot7}+\cdots+\dfrac{1}{(3n-2)(3n+1)}$

$=\dfrac{1}{3}\left(\dfrac{1}{1}-\dfrac{1}{4}\right)+\dfrac{1}{3}\left(\dfrac{1}{4}-\dfrac{1}{7}\right)+\cdots+\dfrac{1}{3}\left(\dfrac{1}{3n-2}-\dfrac{1}{3n+1}\right)$

$=\dfrac{1}{3}\left(1-\dfrac{1}{3n+1}\right)$

$=\dfrac{n}{3n+1}$

答え $\dfrac{n}{3n+1}$

(2) 求める和を $S_n$ とすると

$$S_n=1+\frac{2}{3}+\frac{3}{3^2}+\frac{4}{3^3}+\cdots+\frac{n}{3^{n-1}}$$

$$-)\ \frac{1}{3}S_n=\qquad\frac{1}{3}+\frac{2}{3^2}+\frac{3}{3^3}+\cdots+\frac{n-1}{3^{n-1}}+\frac{n}{3^n}$$

$$\frac{2}{3}S_n=1+\frac{1}{3}+\frac{1}{3^2}+\frac{1}{3^3}+\cdots+\frac{1}{3^{n-1}}-\frac{n}{3^n}$$

$$=\frac{1\cdot\left\{1-\left(\frac{1}{3}\right)^n\right\}}{1-\frac{1}{3}}-\frac{n}{3^n}$$

$$=\frac{3}{2}\left(1-\frac{1}{3^n}\right)-\frac{n}{3^n}$$

$$=\frac{3^{n+1}-2n-3}{2\cdot3^n}$$

よって

$$S_n=\frac{3}{2}\cdot\frac{3^{n+1}-2n-3}{2\cdot3^n}=\frac{3^{n+1}-2n-3}{4\cdot3^{n-1}}$$

答え $\dfrac{3^{n+1}-2n-3}{4\cdot3^{n-1}}$

**6**

(1) 数列 $\{a_n\}$ は初項3，公差 $-2$ の等差数列より

$a_n=3+(n-1)\cdot(-2)=-2n+5$

答え $a_n=-2n+5$

(2) 数列 $\{a_n\}$ は初項5，公比7の等比数列より

$a_n=5\cdot7^{n-1}$ 答え $a_n=5\cdot7^{n-1}$

(3) $a_{n+1}-a_n=2n$ より，$n\geqq2$ のとき

$a_n=a_1+\displaystyle\sum_{k=1}^{n-1}2k$

$=2+2\cdot\dfrac{1}{2}(n-1)(n+1-1)$

$=n^2-n+2\quad\cdots①$

$a_1=2$ より，①は $n=1$ のときも成り立つ。

よって，$a_n=n^2-n+2$

答え $a_n=n^2-n+2$

(4) 等式 $c=-2c+1$ を満たす定数は

$c=\frac{1}{3}$ より，漸化式は

$$a_{n+1}-\frac{1}{3}=-2\left(a_n-\frac{1}{3}\right)$$

と変形できる。

数列 $\left\{a_n-\frac{1}{3}\right\}$ は初項 $a_1-\frac{1}{3}=\frac{2}{3}$,

公比 $-2$ の等比数列より

$$a_n-\frac{1}{3}=\frac{2}{3}\cdot(-2)^{n-1}$$

$$a_n=\frac{1-(-2)^n}{3}$$

**答え** $\boldsymbol{a_n=\frac{1-(-2)^n}{3}}$

## 7

(1) $a_1>0$ であり，$a_k>0$ と仮定すると漸化式より $a_{k+1}>0$ も成り立つから，すべての正の整数 $n$ について $a_n>0$ が成り立つ。

漸化式の両辺の逆数をとると

$$\frac{1}{a_{n+1}}=\frac{a_n+3}{3a_n}=\frac{1}{a_n}+\frac{1}{3}$$

数列 $\left\{\frac{1}{a_n}\right\}$ は初項 $\frac{1}{a_1}=\frac{1}{3}$, 公差 $\frac{1}{3}$ の等差数列より

$$\frac{1}{a_n}=\frac{1}{3}+(n-1)\cdot\frac{1}{3}=\frac{n}{3}$$

よって，$a_n=\frac{3}{n}$

**答え** $\boldsymbol{a_n=\frac{3}{n}}$

(2) 漸化式の両辺を $n(n+1)(\neq 0)$ で割ると

$$\frac{a_{n+1}}{n+1}=2\cdot\frac{a_n}{n}$$

数列 $\left\{\frac{a_n}{n}\right\}$ は初項 $\frac{a_1}{1}=1$，公比 2 の等比数列より

$$\frac{a_n}{n}=1\cdot 2^{n-1}=2^{n-1}$$

よって，$a_n=n\cdot 2^{n-1}$

**答え** $\boldsymbol{a_n=n\cdot 2^{n-1}}$

## 8

(1) $a_{n+1}-b_{n+1}$

$=(a_n+2b_n)-(-a_n+4b_n)$

$=2(a_n-b_n)$

$a_{n+1}-2b_{n+1}$

$=(a_n+2b_n)-2(-a_n+4b_n)$

$=3(a_n-2b_n)$

**答え** $\boldsymbol{a_{n+1}-b_{n+1}=2(a_n-b_n)}$,
$\boldsymbol{a_{n+1}-2b_{n+1}=3(a_n-2b_n)}$

(2) (1)の結果から，数列 $\{a_n-b_n\}$ は初項 $a_1-b_1=-1$，公比 2 の等比数列より

$a_n-b_n=-1\cdot 2^{n-1}=-2^{n-1}$ …①

同様に，数列 $\{a_n-2b_n\}$ は初項 $a_1-2b_1=-3$，公比 3 の等比数列より

$a_n-2b_n=-3\cdot 3^{n-1}=-3^n$ …②

①−②より

$b_n=3^n-2^{n-1}$

①より

$a_n=b_n-2^{n-1}$

$=(3^n-2^{n-1})-2^{n-1}$

$=3^n-2^n$

**答え** $\boldsymbol{a_n=3^n-2^n}$，$\boldsymbol{b_n=3^n-2^{n-1}}$

**9**

(1) $n=k$ のときの仮定

$$(n+1)(n+2)\cdots\cdots(n+k)$$
$$=2^k\cdot1\cdot3\cdot\cdots\cdot(2k-1)$$

を用いて，$n=k+1$ のときの等号が成り立つことを証明する。

(2) $n=k$ のときの仮定

$$1^2+2^2+3^2+\cdots+k^2<\frac{(k+1)^3}{3}$$

すなわち

$$-(1^2+2^2+3^2+\cdots+k^2)>-\frac{(k+1)^3}{3}$$

を用いて，$n=k+1$ のときの不等号が成り立つことを証明する。

**10**

$n=k$ のときの仮定から

$3^{2k}+4^{k+1}=5M$（$M$ は整数）

と表し，$n=k+1$ のときの $3^{2(k+1)}+4^{(k+1)+1}$ を $5\times$(整数)の形にする。

**11**

与えられた漸化式に $n=1, 2, 3$ を代入すると

$$a_2=\frac{a_1-4}{a_1-3}=\frac{1-4}{1-3}=\frac{3}{2}$$

$$a_3=\frac{a_2-4}{a_2-3}=\frac{\frac{3}{2}-4}{\frac{3}{2}-3}=\frac{5}{3}$$

$$a_4=\frac{a_3-4}{a_3-3}=\frac{\frac{5}{3}-4}{\frac{5}{3}-3}=\frac{7}{4}$$

これより，$a_n=\dfrac{2n-1}{n}$ …①と推測される。

①がすべての正の整数 $n$ について成り立つことを数学的帰納法で証明する。

(i) $n=1$ のとき

$$a_1=1=\frac{2\cdot1-1}{1}$$

より，①は成り立つ。

(ii) $n=k$ のとき①は成り立つ，すなわち $a_k=\dfrac{2k-1}{k}$ と仮定すると，$n=k+1$ のとき

$$a_{k+1}=\frac{a_k-4}{a_k-3}=\frac{\frac{2k-1}{k}-4}{\frac{2k-1}{k}-3}$$

$$=\frac{(2k-1)-4k}{(2k-1)-3k}=\frac{2(k+1)-1}{k+1}$$

より，$n=k+1$ のときも①は成り立つ。

(i)，(ii)より，すべての正の整数 $n$ について，$a_n=\dfrac{2n-1}{n}$ は成り立つ。

**答え** $a_n=\dfrac{2n-1}{n}$

**12**

(1) $n\geqq2$ のとき，第 $(n-1)$ 群までに含まれる項の総数は

$$1+2+3+\cdots+(n-1)=\frac{1}{2}n(n-1)$$

より，第 $n$ 群の最初の数は

$\left\{\dfrac{1}{2}n(n-1)+1\right\}$ 番目の偶数なので

$$2\cdot\left\{\frac{1}{2}n(n-1)+1\right\}=n^2-n+2$$

**答え** $n^2-n+2$

(2) 第 $n$ 群は，初項 $n^2-n+2$，項数 $n$，末項

$$2\cdot\left\{\frac{1}{2}n(n+1)+1-1\right\}=n^2+n$$

の等差数列より

$$\frac{1}{2}\cdot n\{(n^2-n+2)+(n^2+n)\}=n(n^2+1)$$

**答え** $n(n^2+1)$

## 3-5 極限

p.166

解答

**1** (1)

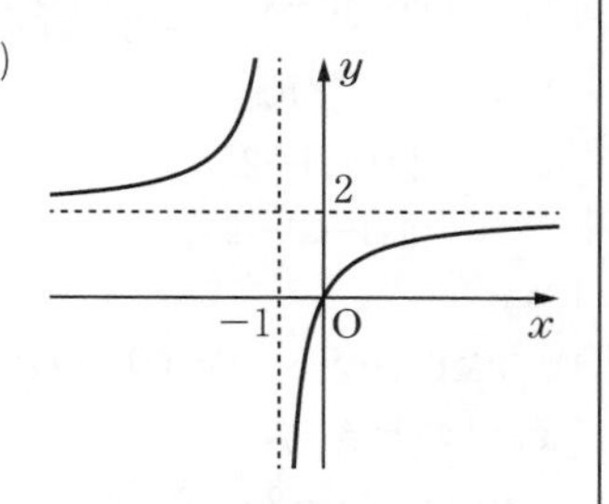


(2) $-3 \leqq x \leqq -2$, $-1 < x$

(3) $f^{-1}(x) = -\dfrac{x}{x-2}$

**2**

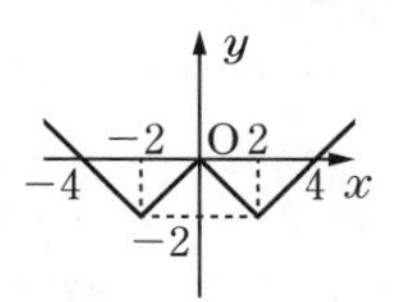


**3** (1) $-\dfrac{1}{2}$ (2) $\infty$ (3) $0$

(4) $\begin{cases} |r|>5 \text{ のとき } \dfrac{1}{r} \\ r=5 \text{ のとき } -\dfrac{2}{3} \\ |r|<5 \text{ のとき } -5 \\ r=-5 \text{ のとき極限はない} \end{cases}$

**4** (1) $a_n = 2 - 4 \cdot \left(\dfrac{1}{2}\right)^{n-1}$ (2) $2$

**5** (1) 収束し，その和は $\dfrac{1}{6}$

(2) 正の無限大に発散する

(3) 収束し，その和は $\dfrac{9-3\sqrt{3}}{2}$

**6** $\left(\dfrac{125}{34}, \dfrac{75}{34}\right)$

**7** (1) $8$ (2) $\dfrac{3}{4}$ (3) $\dfrac{5}{3}$

(4) $-1$ (5) $2$

**8** $a=-2$, $b=\pi$

**9**

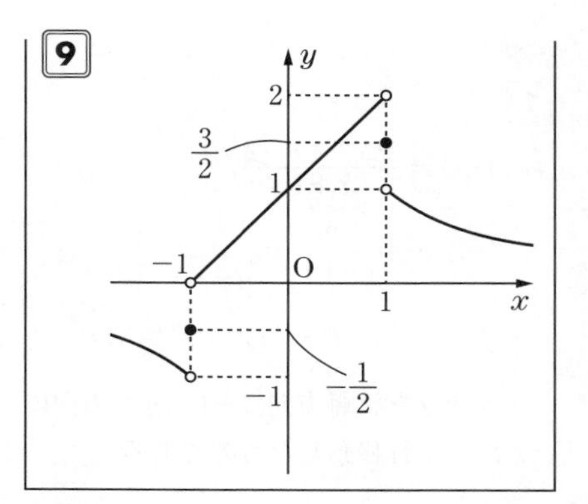

解説

**1**

(1) $f(x)=\dfrac{2(x+1)-2}{x+1}$

$=-\dfrac{2}{x+1}+2$

よって，$y=f(x)$のグラフは，$y=-\dfrac{2}{x}$ のグラフを $x$ 軸方向に$-1$，$y$ 軸方向に2だけ平行移動したものである。

(2) $\dfrac{2x}{x+1}=x+6$

とすると

$2x=(x+1)(x+6)$

$x^2+5x+6=0$

$(x+3)(x+2)=0$

$x=-3,\ -2$



これより，(1)のグラフと $y=x+6$ のグラフとの位置関係は図のようになるから，不等式の解は

$-3\leqq x\leqq -2,\ -1<x$

答え $-3\leqq x\leqq -2,\ -1<x$

(3) $y=\dfrac{2x}{x+1}$とおくと，(1)より

$y\neq 2$ …①

$x$ について解くと

$y(x+1)=2x$

$(y-2)x=-y$

①より，$x=-\dfrac{y}{y-2}$

この式の $x$ と $y$ を入れかえると

$y=-\dfrac{x}{x-2}$

よって，$f^{-1}(x)=-\dfrac{x}{x-2}$である。

答え $f^{-1}(x)=-\dfrac{x}{x-2}$

**2**

$f(x)=|x|-2=\begin{cases}x-2 & (x\geqq 0)\\ -x-2 & (x<0)\end{cases}$

$h(x)=(f\circ f)(x)$

$=|f(x)|-2$

$=||x|-2|-2$

より

(i) $x\geqq 0$ かつ $x-2\geqq 0$ すなわち，$x\geqq 2$ のとき

$h(x)=(x-2)-2=x-4$

(ii) $x\geqq 0$ かつ $x-2<0$ すなわち，$0\leqq x<2$ のとき

$h(x)=-(x-2)-2=-x$

(iii) $x<0$ かつ$-x-2\geqq 0$ すなわち，$x\leqq -2$ のとき

$h(x)=(-x-2)-2=-x-4$

(iv) $x<0$ かつ$-x-2<0$ すなわち，$-2<x<0$ のとき

$h(x)=-(-x-2)-2=x$

以上より

$h(x)=\begin{cases}-x-4 & (x\leqq -2)\\ x & (-2<x<0)\\ -x & (0\leqq x<2)\\ x-4 & (x\geqq 2)\end{cases}$

と表される。

**3**

(1) $\displaystyle\lim_{n\to\infty}\frac{5n-2n^3}{4n^3-3n}=\lim_{n\to\infty}\frac{\frac{5}{n^2}-2}{4-\frac{3}{n^2}}$

$=\dfrac{0-2}{4-0}=-\dfrac{1}{2}$

答え $-\dfrac{1}{2}$

(2) $\displaystyle\lim_{n\to\infty}\{5^n+(-4)^n\}$

$\displaystyle=\lim_{n\to\infty}5^n\left\{1+\left(-\frac{4}{5}\right)^n\right\}=\infty$

答え $\infty$

(3)　$-1 \leqq (-1)^n \leqq 1$ より

$$-\frac{1}{n^2} \leqq \frac{(-1)^n}{n^2} \leqq \frac{1}{n^2}$$

$\lim_{n\to\infty}\left(-\frac{1}{n^2}\right)=0$，$\lim_{n\to\infty}\frac{1}{n^2}=0$ であるから，はさみうちの原理により

$$\lim_{n\to\infty}\frac{(-1)^n}{n^2}=0$$

**答え　0**

(4)　(i)　$|r|>5$ のとき $\left|\frac{5}{r}\right|<1$ より

$$\lim_{n\to\infty}\frac{r^n-5^{n+1}}{r^{n+1}+5^n}=\lim_{n\to\infty}\frac{1-5\left(\frac{5}{r}\right)^n}{r+\left(\frac{5}{r}\right)^n}$$

$$=\frac{1}{r}$$

(ii)　$r=5$ のとき

$$\lim_{n\to\infty}\frac{5^n-5^{n+1}}{5^{n+1}+5^n}=\frac{1-5}{5+1}=-\frac{2}{3}$$

(iii)　$|r|<5$ のとき $\left|\frac{r}{5}\right|<1$ より

$$\lim_{n\to\infty}\frac{r^n-5^{n+1}}{r^{n+1}+5^n}=\lim_{n\to\infty}\frac{\left(\frac{r}{5}\right)^n-5}{r\left(\frac{r}{5}\right)^n+1}$$

$$=-5$$

(iv)　$r=-5$ のとき

$$\lim_{n\to\infty}\frac{(-5)^n-5^{n+1}}{(-5)^{n+1}+5^n}=\lim_{n\to\infty}\frac{(-1)^n-5}{5(-1)^{n+1}+1}$$

より，極限はない

**答え　$|r|>5$ のとき $\frac{1}{r}$，$r=5$ のとき $-\frac{2}{3}$，**
**$|r|<5$ のとき $-5$，**
**$r=-5$ のとき極限はない**

## 4

(1)　与えられた漸化式を変形すると

$$a_{n+1}-2=\frac{1}{2}(a_n-2)$$

数列 $\{a_n-2\}$ は初項 $a_1-2=-4$，公比 $\frac{1}{2}$ の等比数列であるから

$$a_n-2=-4\cdot\left(\frac{1}{2}\right)^{n-1}$$

$$a_n=2-4\cdot\left(\frac{1}{2}\right)^{n-1}$$

**答え　$a_n=2-4\cdot\left(\frac{1}{2}\right)^{n-1}$**

(2)　$\lim_{n\to\infty}a_n=\lim_{n\to\infty}\left\{2-4\cdot\left(\frac{1}{2}\right)^{n-1}\right\}=2$

**答え　2**

## 5

(1)　$\frac{1}{(3n-1)(3n+2)}$

$$=\frac{1}{3}\left(\frac{1}{3n-1}-\frac{1}{3n+2}\right)$$

より，第 $n$ 項までの部分和 $S_n$ は

$$S_n=\frac{1}{3}\left(\frac{1}{2}-\frac{1}{5}\right)+\frac{1}{3}\left(\frac{1}{5}-\frac{1}{8}\right)+\cdots$$
$$+\frac{1}{3}\left(\frac{1}{3n-4}-\frac{1}{3n-1}\right)$$
$$+\frac{1}{3}\left(\frac{1}{3n-1}-\frac{1}{3n+2}\right)$$
$$=\frac{1}{3}\left(\frac{1}{2}-\frac{1}{3n+2}\right)$$

よって

$$\lim_{n\to\infty}S_n=\frac{1}{3}\cdot\frac{1}{2}=\frac{1}{6}$$

**答え　収束し，その和は $\frac{1}{6}$**

(2) $\dfrac{1}{\sqrt{n+2}+\sqrt{n}}$

$=\dfrac{\sqrt{n+2}-\sqrt{n}}{(\sqrt{n+2}+\sqrt{n})(\sqrt{n+2}-\sqrt{n})}$

$=\dfrac{\sqrt{n+2}-\sqrt{n}}{2}$

より，第 $n$ 項までの部分和 $S_n$ は

$$S_n=\frac{\sqrt{3}-\sqrt{1}}{2}+\frac{\sqrt{4}-\sqrt{2}}{2}+\frac{\sqrt{5}-\sqrt{3}}{2}+\cdots+\frac{\sqrt{n}-\sqrt{n-2}}{2}+\frac{\sqrt{n+1}-\sqrt{n-1}}{2}+\frac{\sqrt{n+2}-\sqrt{n}}{2}$$

$$=\frac{\sqrt{n+2}+\sqrt{n+1}-\sqrt{2}-1}{2}$$

よって

$\lim_{n\to\infty}S_n=\infty$

**答え　正の無限大に発散する**

(3) 初項 3，公比 $-\dfrac{1}{\sqrt{3}}$ の無限等比級数であるから収束し，その和は

$\dfrac{3}{1-\left(-\dfrac{1}{\sqrt{3}}\right)}$

$=\dfrac{3\sqrt{3}}{\sqrt{3}+1}$

$=\dfrac{3\sqrt{3}(\sqrt{3}-1)}{(\sqrt{3}+1)(\sqrt{3}-1)}$

$=\dfrac{9-3\sqrt{3}}{2}$

**答え　収束し，その和は $\dfrac{9-3\sqrt{3}}{2}$**

## 6

このロボットは，動く規則の③が実行されるごとに

$\mathrm{O}\to(5,\ 0)\to(5,\ 3)\to\left(\dfrac{16}{5},\ 3\right)$

$\to\left(\dfrac{16}{5},\ \dfrac{48}{25}\right)\to\cdots$

と動く。

③が $n$ 回実行されたあとに着く点の座標を $(x_n,\ y_n)$ とすると，点Pの座標は $(\lim_{n\to\infty}x_n,\ \lim_{n\to\infty}y_n)$ である。

$\lim_{n\to\infty}x_n$，$\lim_{n\to\infty}x_{2n-1}$，$\lim_{n\to\infty}x_{2n}$ と $\lim_{n\to\infty}y_n$，$\lim_{n\to\infty}y_{2n-1}$，$\lim_{n\to\infty}y_{2n}$ はそれぞれある値に収束するので，$\mathrm{P}(\lim_{n\to\infty}x_{2n},\ \lim_{n\to\infty}y_{2n})$ について考える。

$x_{2n}$ は初項 5，公比 $-\dfrac{9}{25}$，項数 $n$ の等比数列の和，$y_{2n}$ は初項 3，公比 $-\dfrac{9}{25}$，項数 $n$ の等比数列の和であるから

$$\lim_{n\to\infty}x_{2n}=\frac{5}{1-\left(-\frac{9}{25}\right)}=\frac{125}{34}$$

$$\lim_{n\to\infty}y_{2n}=\frac{3}{1-\left(-\frac{9}{25}\right)}=\frac{75}{34}$$

より，点Pの座標は $\left(\dfrac{125}{34},\ \dfrac{75}{34}\right)$ である。

**答え　$\left(\dfrac{125}{34},\ \dfrac{75}{34}\right)$**

## 7

(1) $\lim_{x\to-2}\dfrac{x^3+x^2+4}{x+2}$

$=\lim_{x\to-2}\dfrac{(x+2)(x^2-x+2)}{x+2}$

$=\lim_{x\to-2}(x^2-x+2)$

$=(-2)^2-(-2)+2=8$　**答え　8**

(2) $\lim_{x\to1}\frac{\sqrt{3x+1}-2}{x-1}$

$=\lim_{x\to1}\frac{(\sqrt{3x+1}-2)(\sqrt{3x+1}+2)}{(x-1)(\sqrt{3x+1}+2)}$

$=\lim_{x\to1}\frac{(3x+1)-4}{(x-1)(\sqrt{3x+1}+2)}$

$=\lim_{x\to1}\frac{3(x-1)}{(x-1)(\sqrt{3x+1}+2)}$

$=\lim_{x\to1}\frac{3}{\sqrt{3x+1}+2}$

$=\frac{3}{\sqrt{3\cdot1+1}+2}=\frac{3}{4}$

**答え** $\frac{3}{4}$

(3) $\lim_{x\to0}\frac{\sin2x+\sin3x}{\sin4x-\sin x}$

$$=\lim_{x\to0}\frac{\frac{\sin2x}{x}+\frac{\sin3x}{x}}{\frac{\sin4x}{x}-\frac{\sin x}{x}}$$

$$=\lim_{x\to0}\frac{2\cdot\frac{\sin2x}{2x}+3\cdot\frac{\sin3x}{3x}}{4\cdot\frac{\sin4x}{4x}-\frac{\sin x}{x}}$$

$=\frac{2\cdot1+3\cdot1}{4\cdot1-1}=\frac{5}{3}$

**〔別の解き方〕**

$$\sin2x+\sin3x=\sin\left(\frac{5}{2}x-\frac{1}{2}x\right)+\sin\left(\frac{5}{2}x+\frac{1}{2}x\right)$$

$$=2\sin\frac{5}{2}x\cos\frac{1}{2}x$$

$$\sin4x-\sin x=\sin\left(\frac{5}{2}x+\frac{3}{2}x\right)-\sin\left(\frac{5}{2}x-\frac{3}{2}x\right)$$

$$=2\cos\frac{5}{2}x\sin\frac{3}{2}x$$

より

$$\lim_{x\to0}\frac{\sin2x+\sin3x}{\sin4x-\sin x}=\lim_{x\to0}\frac{2\sin\frac{5}{2}x\cos\frac{1}{2}x}{2\cos\frac{5}{2}x\sin\frac{3}{2}x}$$

$$=\lim_{x\to0}\frac{\frac{5}{2}\cdot\frac{\sin\frac{5}{2}x}{\frac{5}{2}x}\cdot\cos\frac{1}{2}x}{\frac{3}{2}\cdot\frac{\sin\frac{3}{2}x}{\frac{3}{2}x}\cdot\cos\frac{5}{2}x}$$

$$=\frac{\frac{5}{2}\cdot1\cdot1}{\frac{3}{2}\cdot1\cdot1}=\frac{5}{3}$$

**答え** $\frac{5}{3}$

(4) $\lim_{x\to-\infty}\frac{3^x-3^{-x}}{3^x+3^{-x}}=\lim_{x\to-\infty}\frac{3^{2x}-1}{3^{2x}+1}$

$=\frac{0-1}{0+1}=-1$

**答え** $-1$

(5) $t=-x$ とおくと，$x=-t$ であり，$x\to-\infty$ のとき $t\to\infty$ であるから

$\lim_{x\to-\infty}(\sqrt{x^2-2x}-\sqrt{x^2+2x})$

$=\lim_{t\to\infty}(\sqrt{t^2+2t}-\sqrt{t^2-2t})$

$=\lim_{t\to\infty}\frac{(\sqrt{t^2+2t}-\sqrt{t^2-2t})(\sqrt{t^2+2t}+\sqrt{t^2-2t})}{\sqrt{t^2+2t}+\sqrt{t^2-2t}}$

$=\lim_{t\to\infty}\frac{4t}{\sqrt{t^2+2t}+\sqrt{t^2-2t}}$

$$=\lim_{t\to\infty}\frac{4}{\sqrt{1+\frac{2}{t}}+\sqrt{1-\frac{2}{t}}}$$

$=\frac{4}{\sqrt{1+0}+\sqrt{1-0}}=2$

**答え** $2$

**8**

$\displaystyle\lim_{x\to\frac{\pi}{2}}\cos x=0$ より

$\displaystyle\lim_{x\to\frac{\pi}{2}}(ax+b)=0$

であるから

$b=-\dfrac{\pi}{2}a$　…①

このとき

$$\frac{ax+b}{\cos x}=\frac{ax-\frac{\pi}{2}a}{\cos x}=\frac{a\left(x-\frac{\pi}{2}\right)}{\cos x}$$

ここで，$x-\dfrac{\pi}{2}=t$ とおくと，$x\to\dfrac{\pi}{2}$ のとき $t\to 0$ であるから

$$\lim_{x\to\frac{\pi}{2}}\frac{ax+b}{\cos x}=\lim_{t\to 0}\frac{at}{\cos\left(t+\frac{\pi}{2}\right)}$$

$$=\lim_{t\to 0}\frac{at}{-\sin t}$$

$$=\lim_{t\to 0}\left(-a\cdot\frac{t}{\sin t}\right)$$

$$=-a\cdot 1=-a$$

よって，$-a=2$ すなわち，$a=-2$

これを①に代入すると

$b=-\dfrac{\pi}{2}\cdot(-2)=\pi$

以上より，$a=-2$，$b=\pi$

**答え**　$\boldsymbol{a=-2}$，$\boldsymbol{b=\pi}$

**9**

(i)　$|x|>1$ すなわち，$x<-1$ または $1<x$ のとき

$$f(x)=\lim_{n\to\infty}\frac{\frac{1}{x}+\frac{1}{x^{2n-1}}+\frac{1}{x^{2n}}}{1+\frac{1}{x^{2n}}}$$

$$=\frac{\frac{1}{x}+0+0}{1+0}=\frac{1}{x}$$

(ii)　$x=-1$ のとき

$$f(x)=\frac{-1-1+1}{1+1}=-\frac{1}{2}$$

(iii)　$x=1$ のとき

$$f(x)=\frac{1+1+1}{1+1}=\frac{3}{2}$$

(iv)　$|x|<1$ すなわち，$-1<x<1$ のとき

$$f(x)=\frac{0+x+1}{0+1}=x+1$$

以上より

$$f(x)=\begin{cases}\dfrac{1}{x} & (x<-1,\ 1<x)\\ -\dfrac{1}{2} & (x=-1)\\ x+1 & (-1<x<1)\\ \dfrac{3}{2} & (x=1)\end{cases}$$

## 3-6 微分法

p. 186

解答

**1** (1) $e^{-\frac{2}{3}}$　(2) 3　(3) $e^{-\frac{7}{2}}$

**2** (1) $y'=6x^2-8x+5$

(2) $y'=\dfrac{2x-1}{3\sqrt[3]{(x^2-x+1)^2}}$

(3) $y'=\dfrac{1}{1+\cos x}$

(4) $y'=e^x(\log_e x)^2+\dfrac{2}{x}e^x\log_e x$

**3** $f^{(n)}(x)=e^x(n+x)$

**4** (1) 接線の方程式…

$y=-\sqrt{2}\,x+2\sqrt{2}$

法線の方程式…

$y=\dfrac{\sqrt{2}}{2}x+\dfrac{\sqrt{2}}{2}$

(2) $y=\dfrac{1}{2e}x$

**5** $x=\pi$ のとき最大値 $\sqrt{3}$,

$x=\dfrac{2}{3}\pi$ のとき最小値 $-4\sqrt{3}$

**6** $f(x)=\log_e x$ とおくと,

$f'(x)=\dfrac{1}{x}$ であるから，平均値の定理より

$$\frac{\log_e(1+x)-\log_e 1}{(1+x)-1}=f'(c)$$

すなわち, $\dfrac{\log_e(1+x)}{x}=\dfrac{1}{c}$

を満たす実数 $c\ (1<c<1+x)$ が存在する。

このとき $\dfrac{1}{1+x}<\dfrac{1}{c}<1$ であるから

$$\frac{1}{1+x}<\frac{\log_e(1+x)}{x}<1$$

$$\frac{x}{1+x}<\log_e(1+x)<x$$

**7** (1) $S(x)=x\sqrt{4-x^2}$

(2) 1 辺の長さが $\sqrt{2}$ の正方形のとき

**8** (1) $0<a<2$

(2) $a$ の値… $a=1$

極小値… $-\dfrac{1}{3}$

**9** (1)

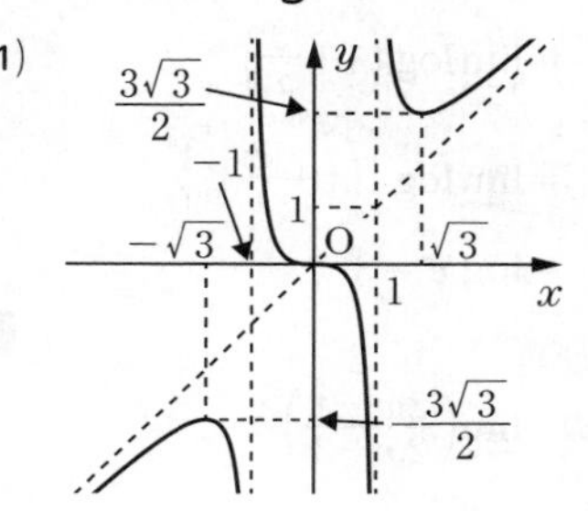


(2)

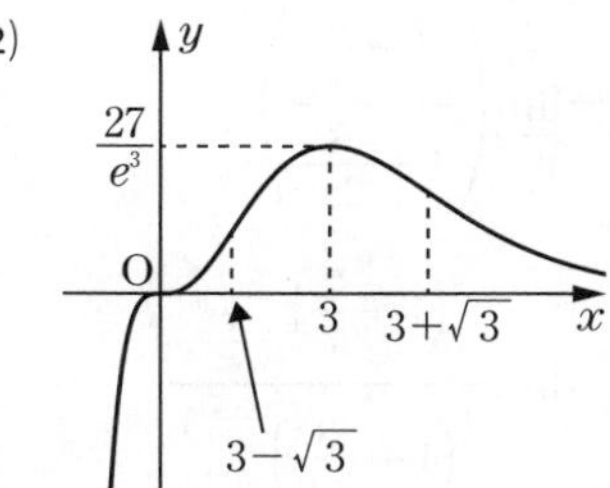


**10**

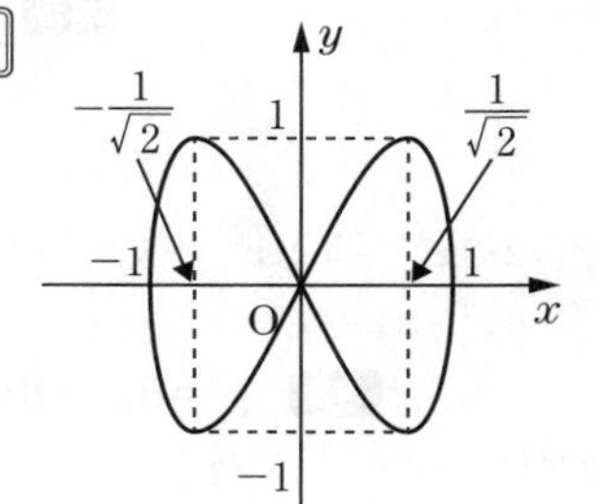


**11** (1) $x=1$ のとき極小値 3

(2) $\begin{cases} a<3 \text{ のとき 1 個} \\ a=3 \text{ のとき 2 個} \\ a>3 \text{ のとき 3 個} \end{cases}$

**12** $e^\pi>\pi^e$

解説

**1**

(1) $\displaystyle\lim_{x\to0}(1-2x)^{\frac{1}{3x}}$

$\displaystyle=\lim_{x\to0}\{(1-2x)^{\frac{1}{-2x}}\}^{-\frac{2}{3}}$

$=e^{-\frac{2}{3}}$

答え $e^{-\frac{2}{3}}$

(2) $\displaystyle\lim_{x\to\infty}x\{\log_e(x+3)-\log_e x\}$

$\displaystyle=\lim_{x\to\infty}\log_e\left(1+\frac{3}{x}\right)^x$

$\displaystyle=\lim_{x\to\infty}\log_e\left\{\left(1+\frac{3}{x}\right)^{\frac{x}{3}}\right\}^3$

$=\log_e e^3=3$

答え 3

(3) $\displaystyle\lim_{x\to\infty}\left(\frac{2x-4}{2x+3}\right)^x$

$\displaystyle=\lim_{x\to\infty}\left(\frac{1-\frac{2}{x}}{1+\frac{3}{2x}}\right)^x$

$\displaystyle=\lim_{x\to\infty}\frac{\left\{\left(1-\frac{2}{x}\right)^{-\frac{x}{2}}\right\}^{-2}}{\left\{\left(1+\frac{3}{2x}\right)^{\frac{2x}{3}}\right\}^{\frac{3}{2}}}$

$\displaystyle=\frac{e^{-2}}{e^{\frac{3}{2}}}=e^{-\frac{7}{2}}$

答え $e^{-\frac{7}{2}}$

**2**

(1) $y'=2\cdot3x^{3-1}-4\cdot2x^{2-1}+5x^{1-1}+0$

$=6x^2-8x+5$

答え $y'=6x^2-8x+5$

(2) $y=(x^2-x+1)^{\frac{1}{3}}$であるから

$\displaystyle y'=\frac{1}{3}(x^2-x+1)^{-\frac{2}{3}}\cdot(x^2-x+1)'$

$\displaystyle=\frac{2x-1}{3\sqrt[3]{(x^2-x+1)^2}}$

答え $\displaystyle y'=\frac{2x-1}{3\sqrt[3]{(x^2-x+1)^2}}$

(3) $\displaystyle y'=\frac{(\sin x)'(1+\cos x)-\sin x(1+\cos x)'}{(1+\cos x)^2}$

$\displaystyle=\frac{\cos x+\cos^2x+\sin^2x}{(1+\cos x)^2}$

$\displaystyle=\frac{1+\cos x}{(1+\cos x)^2}$

$\displaystyle=\frac{1}{1+\cos x}$

答え $\displaystyle y'=\frac{1}{1+\cos x}$

(4) $y'=(e^x)'(\log_e x)^2$

$+e^x\cdot2\log_e x\cdot(\log_e x)'$

$\displaystyle=e^x(\log_e x)^2+\frac{2}{x}e^x\log_e x$

答え $\displaystyle y'=e^x(\log_e x)^2+\frac{2}{x}e^x\log_e x$

**3**

$f'(x)=(x)'e^x+x(e^x)'=e^x(1+x)$ …①

$f''(x)=(e^x)'(1+x)+e^x(1+x)'$

$=e^x(2+x)$

$f'''(x)=(e^x)'(2+x)+e^x(2+x)'$

$=e^x(3+x)$

これより，$f^{(n)}(x)=e^x(n+x)$ …②と推測される。

(i) $n=1$のとき

①より，②は成り立つ。

(ii) $n=k$のとき

②は成り立つ，すなわち

$f^{(k)}(x)=e^x(k+x)$

であると仮定する。

$n=k+1$のとき

$f^{(k+1)}(x)=\{e^x(k+x)\}'$

$=(e^x)'(k+x)+e^x(k+x)'$

$=e^x\{(k+1)+x\}$

よって，②は成り立つ。

(i)，(ii)より，すべての正の整数$n$について②は成り立つ。

よって，$f^{(n)}(x)=e^x(n+x)$

答え $f^{(n)}(x)=e^x(n+x)$

**4**

(1)　$2x^2+y^2=4$ の両辺を $x$ で微分すると

$$4x+2y\frac{dy}{dx}=0$$

よって，$y\neq 0$ のとき

$$\frac{dy}{dx}=-\frac{2x}{y}$$

これに $x=1$，$y=\sqrt{2}$ を代入すると接線の傾きは $-\frac{2}{\sqrt{2}}=-\sqrt{2}$ より，接線の方程式は

$$y-\sqrt{2}=-\sqrt{2}(x-1)$$

すなわち，$y=-\sqrt{2}x+2\sqrt{2}$

法線の傾きは $\frac{\sqrt{2}}{2}$ より，法線の方程式は

$$y-\sqrt{2}=\frac{\sqrt{2}}{2}(x-1)$$

すなわち，$y=\frac{\sqrt{2}}{2}x+\frac{\sqrt{2}}{2}$

**答え　接線の方程式…$y=-\sqrt{2}x+2\sqrt{2}$**

**法線の方程式…$y=\frac{\sqrt{2}}{2}x+\frac{\sqrt{2}}{2}$**

(2)　$f(x)=\frac{\log_e x}{x}$ とすると

$$f'(x)=\frac{\frac{1}{x}\cdot x-\log_e x\cdot 1}{x^2}$$

$$=\frac{1-\log_e x}{x^2}$$

接点の $x$ 座標を $a$ とすると，接線の方程式は

$$y-f(a)=f'(a)(x-a)$$

$$y-\frac{\log_e a}{a}=\frac{1-\log_e a}{a^2}(x-a)$$

$$y=\frac{1-\log_e a}{a^2}x+\frac{2\log_e a-1}{a}$$

これに $x=0$，$y=0$ を代入すると

$$\frac{2\log_e a-1}{a}=0$$

$$\log_e a=\frac{1}{2}$$

$$a=e^{\frac{1}{2}}=\sqrt{e}$$

より

$$f'(a)=\frac{1-\log_e\sqrt{e}}{(\sqrt{e})^2}$$

$$=\frac{1-\frac{1}{2}}{e}$$

$$=\frac{1}{2e}$$

よって，求める接線の方程式は

$$y=\frac{1}{2e}x$$

**答え　$y=\frac{1}{2e}x$**

**5**

$$f(x)=4\sin^3x-4\sqrt{3}\cos^3x+3\sqrt{3}\cos x-9\sin x$$

$$\begin{aligned}f'(x)&=12\sin^2x\cos x+12\sqrt{3}\cos^2x\sin x-3\sqrt{3}\sin x-9\cos x\\&=12\sin x\cos x(\sin x+\sqrt{3}\cos x)-3\sqrt{3}(\sin x+\sqrt{3}\cos x)\\&=(6\sin 2x-3\sqrt{3})(\sin x+\sqrt{3}\cos x)\\&=12\left(\sin 2x-\frac{\sqrt{3}}{2}\right)\sin\left(x+\frac{\pi}{3}\right)\end{aligned}$$

$0\leqq x\leqq\pi$ より $0\leqq 2x\leqq 2\pi$，

$\frac{\pi}{3}\leqq x+\frac{\pi}{3}\leqq\frac{4}{3}\pi$ であることに注意すると，

$f'(x)=0$ となるのは

$$2x=\frac{\pi}{3},\ \frac{2}{3}\pi \text{ または } x+\frac{\pi}{3}=\pi$$

$$x=\frac{\pi}{6},\ \frac{\pi}{3},\ \frac{2}{3}\pi$$

のときであるから，$f(x)$ の増減表は次のようになる。

| $x$ | $0$ | … | $\frac{\pi}{6}$ | … | $\frac{\pi}{3}$ | … | $\frac{2}{3}\pi$ | … | $\pi$ |
|---|---|---|---|---|---|---|---|---|---|
| $f'(x)$ | | $-$ | $0$ | $+$ | $0$ | $-$ | $0$ | $+$ | |
| $f(x)$ | $-\sqrt{3}$ | ↘ | $-4$ | ↗ | $-2\sqrt{3}$ | ↘ | $-4\sqrt{3}$ | ↗ | $\sqrt{3}$ |

これより，$f(x)$ は $x=\pi$ で最大値 $\sqrt{3}$，$x=\frac{2}{3}\pi$ で最小値 $-4\sqrt{3}$ をとる。

**答え** $\boldsymbol{x=\pi}$ **のとき最大値** $\boldsymbol{\sqrt{3}}$**，**
$\boldsymbol{x=\frac{2}{3}\pi}$ **のとき最小値** $\boldsymbol{-4\sqrt{3}}$

**6**

$(\log_e x)'=\frac{1}{x}$ に着目して，平均値の定理を用いる。

**7**

(1)　長方形ABCDの対角線の長さは円の直径の2であるから，△ABDにおいて三平方の定理より

$$x^2+\mathrm{AD}^2=2^2$$

$\mathrm{AD}>0$ より，$\mathrm{AD}=\sqrt{4-x^2}$

よって

$$S(x)=\mathrm{AB}\cdot\mathrm{AD}=x\sqrt{4-x^2}$$

**答え** $\boldsymbol{S(x)=x\sqrt{4-x^2}}$

(2)　$S'(x)=1\cdot\sqrt{4-x^2}+x\cdot\frac{-2x}{2\sqrt{4-x^2}}$

$$=\frac{2(2-x^2)}{\sqrt{4-x^2}}$$

$0<x<2$ のとき，$S'(x)=0$ とすると，$x=\sqrt{2}$

よって，$S(x)$ の増減表は右のようになるから，$S(x)$ は $x=\sqrt{2}$ のとき極大かつ最大となる。

| $x$ | $0$ | … | $\sqrt{2}$ | … | $2$ |
|---|---|---|---|---|---|
| $S'(x)$ | | $+$ | $0$ | $-$ | |
| $S(x)$ | | ↗ | 極大 $2$ | ↘ | |

$x=\sqrt{2}$ のとき $\sqrt{4-x^2}=\sqrt{2}$ であるから，長方形ABCDの面積が最大となるのは，1辺の長さが $\sqrt{2}$ の正方形のときである。

**答え** **1辺の長さが** $\boldsymbol{\sqrt{2}}$ **の正方形のとき**

**8**

(1) $f(x)$がすべての実数$x$について定義されるための必要十分条件は

$x^2-ax+1=0$ …①

を満たす実数$x$が存在しないことである。

よって，①の判別式$D$について

$D=a^2-4=(a+2)(a-2)<0$

$a>0$であるから，求める値の範囲は

$0<a<2$ …②

**答え** $0<a<2$

(2) $$f'(x)=\frac{a(x^2-ax+1)-ax(2x-a)}{(x^2-ax+1)^2}$$

$$=\frac{a(-x^2+1)}{(x^2-ax+1)^2}$$

$$=\frac{a(1+x)(1-x)}{(x^2-ax+1)^2}$$

$f'(x)=0$とすると，$x=\pm1$であるから，②に注意すると，$f(x)$の増減表は次のようになる。

| $x$ | … | $-1$ | … | $1$ | … |
|---|---|---|---|---|---|
| $f'(x)$ | $-$ | $0$ | $+$ | $0$ | $-$ |
| $f(x)$ | ↘ | 極小 | ↗ | 極大 | ↘ |

これより，$f(x)$の極大値は

$$f(1)=\frac{a}{1-a+1}=\frac{a}{2-a}$$

$f(1)=1$より

$\dfrac{a}{2-a}=1$すなわち，$a=1$

このとき，$f(x)=\dfrac{x}{x^2-x+1}$

極小値は

$$f(-1)=\frac{-1}{1+1+1}=-\frac{1}{3}$$

**答え** $a$の値…$a=1$，極小値…$-\dfrac{1}{3}$

**9**

(1) この関数の定義域は$x\neq\pm1$である。

$$y'=\frac{3x^2\cdot(x^2-1)-x^3\cdot2x}{(x^2-1)^2}$$

$$=\frac{x^2(x^2-3)}{(x^2-1)^2}$$

$y'=0$とすると，$x=0$，$\pm\sqrt{3}$

$y''$は，対数微分法により求めると

$\log_e|y'|$

$=2\log_e|x|+\log_e|x^2-3|-2\log_e|x^2-1|$

$\dfrac{y''}{y'}$

$$=\frac{2}{x}+\frac{2x}{x^2-3}-2\frac{2x}{x^2-1}$$

$$=\frac{2(x^2-3)(x^2-1)+2x^2(x^2-1)-4x^2(x^2-3)}{x(x^2-3)(x^2-1)}$$

$$=\frac{2(x^2+3)}{x(x^2-3)(x^2-1)}$$

より

$$y''=y'\cdot\frac{2(x^2+3)}{x(x^2-3)(x^2-1)}$$

$$=\frac{x^2(x^2-3)}{(x^2-1)^2}\cdot\frac{2(x^2+3)}{x(x^2-3)(x^2-1)}$$

$$=\frac{2x(x^2+3)}{(x^2-1)^3}$$

$y''=0$とすると，$x=0$

よって，$y$の増減表は次のようになる。

| $x$ | … | $-\sqrt{3}$ | … | $-1$ | … | $0$ | … | $1$ | … | $\sqrt{3}$ | … |
|---|---|---|---|---|---|---|---|---|---|---|---|
| $y'$ | $+$ | $0$ | $-$ | ／ | $-$ | $0$ | $-$ | ／ | $-$ | $0$ | $+$ |
| $y''$ | $-$ | $-$ | $-$ | ／ | $+$ | $0$ | $-$ | ／ | $+$ | $+$ | $+$ |
| $y$ | ↗ | 極大 $-\dfrac{3\sqrt{3}}{2}$ | ↘ | ／ | ↘ | 変曲点 $0$ | ↘ | ／ | ↘ | 極小 $\dfrac{3\sqrt{3}}{2}$ | ↗ |

また，$y=\dfrac{x^3}{x^2-1}=\dfrac{x}{x^2-1}+x$より

$\displaystyle\lim_{x\to-1-0}y=-\infty$，$\displaystyle\lim_{x\to-1+0}y=\infty$，

$\displaystyle\lim_{x\to1-0}y=-\infty$，$\displaystyle\lim_{x\to1+0}y=\infty$，

$\displaystyle\lim_{x\to\pm\infty}(y-x)=0$

であるから，直線$x=\pm1$，$y=x$は漸近線である。

(2) $y'=3x^2e^{-x}+x^3(-e^{-x})$

$=(-x^3+3x^2)e^{-x}$

$=-x^2(x-3)e^{-x}$

$y'=0$ とすると，$x=0$，$3$

$y''=(-3x^2+6x)e^{-x}$

$+(-x^3+3x^2)\cdot(-e^{-x})$

$=x(x^2-6x+6)e^{-x}$

$y''=0$ とすると，$x=0$，$3\pm\sqrt{3}$

よって，$y$ の増減表は次のようになる。

| $x$ | … | $0$ | … | $3-\sqrt{3}$ | … | $3$ | … | $3+\sqrt{3}$ | … |
|---|---|---|---|---|---|---|---|---|---|
| $y'$ | + | 0 | + | + | + | 0 | − | − | − |
| $y''$ | − | 0 | + | 0 | − | − | − | 0 | + |
| $y$ | ↗ | 変曲点 | ↗ | 変曲点 | ↗ | 極大 $\frac{27}{e^3}$ | ↘ | 変曲点 | ↘ |

変曲点の座標は

$(0,\ 0)$，$\left(3\pm\sqrt{3},\ \dfrac{6(9\pm5\sqrt{3})}{e^{3\pm\sqrt{3}}}\right)$

（複号同順）

また，$\displaystyle\lim_{x\to-\infty}y=-\infty$，$\displaystyle\lim_{x\to\infty}y=0$

であるから，$x$ 軸は漸近線である。

**10**

$y^2=(2\sin\theta\cos\theta)^2=4\sin^2\theta(1-\sin^2\theta)$

$x=\sin\theta$ より，$y^2=4x^2(1-x^2)$ …①

①は，$x$ を $-x$，$y$ を $-y$ におき換えても成り立つから，曲線 $C$ は $x$ 軸，$y$ 軸に関してそれぞれ対称である。

$1-x^2\geqq0$ より $0\leqq x\leqq1$ である。

$x\geqq0$，$y\geqq0$ とすると，①より

$y=2x\sqrt{1-x^2}$ …②

$0<x<1$ において

$y'=2\sqrt{1-x^2}+2x\cdot\dfrac{-2x}{2\sqrt{1-x^2}}$

$=\dfrac{2(1-2x^2)}{\sqrt{1-x^2}}$

$0\leqq x\leqq1$ のとき，$y'=0$ とすると

$x=\dfrac{1}{\sqrt{2}}$

$y''=\dfrac{-8x\sqrt{1-x^2}-2(1-2x^2)\cdot\dfrac{-2x}{2\sqrt{1-x^2}}}{1-x^2}$

$=\dfrac{2x(2x^2-3)}{\sqrt{(1-x^2)^3}}\leqq0$

よって，$y$ の増減表は次のようになる。

| $x$ | $0$ | … | $\frac{1}{\sqrt{2}}$ | … | $1$ |
|---|---|---|---|---|---|
| $y'$ | ／ | + | 0 | − | ／ |
| $y''$ | ／ | − | − | − | ／ |
| $y$ | $0$ | ↗ | 極大 $1$ | ↘ | $0$ |

〔別の解き方〕

$x=\sin\theta$，$y=\sin 2\theta$ をそれぞれ $\theta$ で微分すると

$$\frac{dx}{d\theta}=\cos\theta,\quad \frac{dy}{d\theta}=2\cos 2\theta$$

$0\leqq\theta\leqq\pi$ のとき

$\dfrac{dx}{d\theta}=0$ とすると，$\theta=\dfrac{\pi}{2}$

$\dfrac{dy}{d\theta}=0$ とすると，$\theta=\dfrac{\pi}{4}$，$\dfrac{3}{4}\pi$

よって，$0\leqq\theta\leqq\pi$ のときの $x$，$y$ の増減と，$\theta$ に対応する点Pの移動方向についてまとめると，次のようになる。

| $\theta$ | $0$ | … | $\frac{\pi}{4}$ | … | $\frac{\pi}{2}$ | … | $\frac{3}{4}\pi$ | … | $\pi$ |
|---|---|---|---|---|---|---|---|---|---|
| $\frac{dx}{d\theta}$ | ／ | $+$ | $+$ | $+$ | $0$ | $-$ | $-$ | $-$ | ／ |
| $x$ | $0$ | → | $\frac{1}{\sqrt{2}}$ | → | $1$ | ← | $\frac{1}{\sqrt{2}}$ | ← | $0$ |
| $\frac{dy}{d\theta}$ | ／ | $+$ | $0$ | $-$ | $-$ | $-$ | $0$ | $+$ | ／ |
| $y$ | $0$ | ↑ | $1$ | ↓ | $0$ | ↓ | $-1$ | ↑ | $0$ |
| P | $(0,0)$ | ↗ | $\left(\frac{1}{\sqrt{2}},1\right)$ | ↘ | $(1,0)$ | ↙ | $\left(\frac{1}{\sqrt{2}},-1\right)$ | ↖ | $(0,0)$ |

また

$\sin(-\theta)=-\sin\theta$

$\sin(-2\theta)=-\sin 2\theta$

より，曲線 $C$ は原点に関して対称となることがわかる。

**11**

(1) $f(x)=x^2+\dfrac{2}{x}$ より

$$f'(x)=2x-\frac{2}{x^2}=\frac{2x^3-2}{x^2}=\frac{2(x-1)(x^2+x+1)}{x^2}$$

$f'(x)=0$ とすると，$x=1$

$f(x)$ の増減表は次のようになる。

| $x$ | … | $0$ | … | $1$ | … |
|---|---|---|---|---|---|
| $f'(x)$ | $-$ | ／ | $-$ | $0$ | $+$ |
| $f(x)$ | ↘ | ／ | ↘ | 極小<br>3 | ↗ |

よって，$f(x)$ は $x=1$ のとき極小値3をとる。

**答え　$x=1$ のとき極小値3**

(2) $\displaystyle\lim_{x\to\pm\infty}f(x)=\infty$

$\displaystyle\lim_{x\to+0}f(x)=\infty$

$\displaystyle\lim_{x\to-0}f(x)=-\infty$

これと(1)の結果より，曲線 $y=f(x)$ の概形は右の図のようになるから，これと直線 $y=a$ との共有点の個数が方程式 $f(x)=a$ の異なる実数解の個数である。

よって，方程式 $f(x)=a$ の異なる定数解の個数は，$a<3$ のとき1個，$a=3$ のとき2個，$a>3$ のとき3個である。

**答え**
- **$a<3$ のとき1個**
- **$a=3$ のとき2個**
- **$a>3$ のとき3個**

**12**

関数 $y=\dfrac{\log_e x}{x}$ $(x>0)$ を考える。

$$y'=\frac{\frac{1}{x}\cdot x-\log_e x\cdot 1}{x^2}$$

$$=\frac{1-\log_e x}{x^2}$$

$y'=0$ とすると，$x=e$

$y$ の増減表は次のようになり，$y$ は $x=e$ で極大かつ最大となる。

| $x$ | 0 | $\cdots$ | $e$ | $\cdots$ |
|---|---|---|---|---|
| $y'$ | ／ | $+$ | 0 | $-$ |
| $y$ | ／ | ↗ | 極大 | ↘ |

$e<\pi$ であり，$x$ が $e$ から $\pi$ まで増加するとき $y$ は減少するから

$$\frac{\log_e e}{e}>\frac{\log_e \pi}{\pi}$$

$\pi\log_e e>e\log_e \pi$

$\log_e e^{\pi}>\log_e \pi^{e}$

底 $e$ は1より大きいから

$e^{\pi}>\pi^{e}$

**答え** $e^{\pi}>\pi^{e}$

## 3-7 積分法

p. 207

**解答**

**1** (1) $\dfrac{3}{7}x^2\sqrt[3]{x}+C$（$C$ は積分定数）

(2) $-\dfrac{1}{3\tan 3x}+C$（$C$ は積分定数）

(3) $-\dfrac{\sin 7x}{14}+\dfrac{\sin 3x}{6}+C$（$C$ は積分定数）

(4) $\log_e|\log_e x|+C$（$C$ は積分定数）

**2** (1) $\dfrac{16}{15}$　(2) $\log_e\dfrac{2e}{e+1}$

(3) $\dfrac{\pi}{4}$　(4) $\dfrac{\pi}{6\sqrt{3}}$

(5) $\dfrac{\pi^2}{4}-2$　(6) $-\dfrac{2(e^{2\pi}+1)}{13}$

**3** (1) $\dfrac{2t}{1+t^2}$

(2) $\log_e\left|\tan\dfrac{x}{2}\right|+C$

（$e$ は自然対数の底，$C$ は積分定数）

**4** $-\dfrac{1}{12}(\beta-\alpha)^4$

**5** $f(x)=\log_e x+\dfrac{1+e^2}{2(3-e^2)}$

**6** $\log_e 3$

**7** $0\leqq x\leqq 1$ において，

$x\leqq 2x-x^2\leqq 1$ のいずれかの等号が成り立つのは $x=0$，1 のときだけであり，$0<x<1$ において，$x<2x-x^2<1$ となる。

よって，$0<x<1$ において，$e^x<e^{2x-x^2}<e$ となるので，各辺0から1まで積分して

$$\int_0^1 e^x dx<\int_0^1 e^{2x-x^2}dx<\int_0^1 e\,dx$$

$$e-1<\int_0^1 e^{2x-x^2}dx<e$$

$2.71<e<2.72$ より

$$1.71<\int_0^1 e^{2x-x^2}dx<2.72$$

が成り立つ。

**8** (1) $\frac{1}{6}$　(2) $\frac{\pi}{15}$

**9** (1) $\frac{e}{2}-1$　(2) $\frac{e^2-3}{6}\pi$

**10** (1) $\frac{\pi^2}{2}$　(2) $2\pi^2$

**11** $2\left(1-\frac{1}{e}\right)$

**解説**

**1**

(1) $\int x\sqrt[3]{x}\,dx=\int x^{\frac{4}{3}}dx$

$$=\frac{1}{\frac{4}{3}+1}x^{\frac{4}{3}+1}+C$$

$$=\frac{3}{7}x^2\sqrt[3]{x}+C$$

答え $\frac{3}{7}x^2\sqrt[3]{x}+C$（$C$ は積分定数）

(2) $\left(\frac{1}{\tan 3x}\right)'=-\frac{3}{\sin^2 3x}$ より

$$\int\frac{dx}{\sin^2 3x}=-\frac{1}{3\tan 3x}+C$$

答え $-\frac{1}{3\tan 3x}+C$（$C$ は積分定数）

(3) $\cos(\alpha+\beta)$

$=\cos\alpha\cos\beta-\sin\alpha\sin\beta$ …①

$\cos(\alpha-\beta)$

$=\cos\alpha\cos\beta+\sin\alpha\sin\beta$ …②

$(①-②)\times\left(-\frac{1}{2}\right)$ より

$\sin\alpha\sin\beta$

$=-\frac{1}{2}\{\cos(\alpha+\beta)-\cos(\alpha-\beta)\}$

この式で $\alpha=5x$，$\beta=2x$ とおくと，$\alpha+\beta=7x$，$\alpha-\beta=3x$ となるから

$$\int\sin 5x\sin 2x\,dx$$

$$=-\frac{1}{2}\int(\cos 7x-\cos 3x)\,dx$$

$$=-\frac{1}{2}\left(\frac{\sin 7x}{7}-\frac{\sin 3x}{3}\right)+C$$

$$=-\frac{\sin 7x}{14}+\frac{\sin 3x}{6}+C$$

答え $-\frac{\sin 7x}{14}+\frac{\sin 3x}{6}+C$

（$C$ は積分定数）

(4) $\int\frac{dx}{x\log_e x}=\int\frac{1}{\log_e x}\cdot(\log_e x)'\,dx$

$$=\log_e|\log_e x|+C$$

答え $\log_e|\log_e x|+C$（$C$ は積分定数）

**2**

(1) $\sqrt{x-1}=t$ とおくと

$x=t^2+1$，$dx=2t\,dt$

| $x$ | $1\to2$ |
|---|---|
| $t$ | $0\to1$ |

$$\int_1^2 x\sqrt{x-1}\,dx=\int_0^1(t^2+1)\cdot t\cdot 2t\,dt$$

$$=2\int_0^1(t^4+t^2)\,dt$$

$$=2\left[\frac{t^5}{5}+\frac{t^3}{3}\right]_0^1$$

$$=2\left(\frac{1}{5}+\frac{1}{3}\right)$$

$$=\frac{16}{15}$$

答え $\frac{16}{15}$

(2)　$e^x=t$ とおくと

$x=\log_e t$，$dx=\frac{1}{t}dt$

$\int_0^1 \frac{dx}{e^x+1}$

| $x$ | $0\to 1$ |
|---|---|
| $t$ | $1\to e$ |

$=\int_1^e \frac{1}{t+1}\cdot\frac{dt}{t}$

$=\int_1^e \left(\frac{1}{t}-\frac{1}{t+1}\right)dt$

$=\left[\log_e|t|-\log_e|t+1|\right]_1^e$

$=\left[\log_e\left|\frac{t}{t+1}\right|\right]_1^e$

$=\log_e\frac{e}{e+1}-\log_e\frac{1}{2}$

$=\log_e\frac{2e}{e+1}$

**答え**　$\log_e\frac{2e}{e+1}$

(3)　$\int_{-1}^0 \sqrt{-x^2-2x}\,dx$

$=\int_{-1}^0 \sqrt{1-(x+1)^2}\,dx$

$x+1=\sin t$ とおくと

$dx=\cos t\,dt$

$\int_{-1}^0 \sqrt{-x^2-2x}\,dx$

| $x$ | $-1\to 0$ |
|---|---|
| $t$ | $0\to\frac{\pi}{2}$ |

$=\int_0^{\frac{\pi}{2}} \cos t\cdot\cos t\,dt$

$=\int_0^{\frac{\pi}{2}} \frac{1+\cos 2t}{2}dt$

$=\left[\frac{t}{2}+\frac{1}{4}\sin 2t\right]_0^{\frac{\pi}{2}}$

$=\frac{\pi}{4}$

**答え**　$\frac{\pi}{4}$

(4)　$\int_{-\frac{2}{3}}^0 \frac{1}{3x^2+6x+4}dx$

$=\int_{-\frac{2}{3}}^0 \frac{1}{3(x+1)^2+1}dx$

$x+1=\frac{1}{\sqrt{3}}\tan t$ とおくと

$dx=\frac{1}{\sqrt{3}\cos^2 t}dt$

$\int_{-\frac{2}{3}}^0 \frac{1}{3x^2+6x+4}dx$

| $x$ | $-\frac{2}{3}\to 0$ |
|---|---|
| $t$ | $\frac{\pi}{6}\to\frac{\pi}{3}$ |

$=\int_{\frac{\pi}{6}}^{\frac{\pi}{3}} \frac{1}{\tan^2 t+1}\cdot\frac{1}{\sqrt{3}\cos^2 t}dt$

$=\frac{1}{\sqrt{3}}\int_{\frac{\pi}{6}}^{\frac{\pi}{3}} dt$

$=\frac{1}{\sqrt{3}}\left[t\right]_{\frac{\pi}{6}}^{\frac{\pi}{3}}$

$=\frac{\pi}{6\sqrt{3}}$

**答え**　$\frac{\pi}{6\sqrt{3}}$

(5)　$\int_0^{\frac{\pi}{2}} x^2\cos x\,dx$

$=\int_0^{\frac{\pi}{2}} x^2(\sin x)'dx$

$=\left[x^2\sin x\right]_0^{\frac{\pi}{2}}-\int_0^{\frac{\pi}{2}} 2x\sin x\,dx$

$=\left(\frac{\pi}{2}\right)^2\cdot 1-\int_0^{\frac{\pi}{2}} 2x(-\cos x)'dx$

$=\frac{\pi^2}{4}+2\left(\left[x\cos x\right]_0^{\frac{\pi}{2}}-\int_0^{\frac{\pi}{2}}\cos x\,dx\right)$

$=\frac{\pi^2}{4}-2\left[\sin x\right]_0^{\frac{\pi}{2}}$

$=\frac{\pi^2}{4}-2$

**答え**　$\frac{\pi^2}{4}-2$

(6)　$I=\int_0^{\pi} e^{2x}\cos 3x\,dx$ とする。

$$I=\int_0^{\pi}\left(\frac{1}{2}e^{2x}\right)'\cos 3x\,dx$$

$$=\frac{1}{2}\Big[e^{2x}\cos 3x\Big]_0^{\pi}+\frac{3}{2}\int_0^{\pi} e^{2x}\sin 3x dx$$

$$=\frac{1}{2}(-e^{\pi}-1)+\frac{3}{2}\int_0^{\pi}\left(\frac{1}{2}e^{2x}\right)'\sin 3x dx$$

$$=-\frac{e^{2\pi}+1}{2}+\frac{3}{4}\Big[e^{2x}\sin 3x\Big]_0^{\pi}-\frac{9}{4}I$$

よって

$$I=-\frac{e^{2\pi}+1}{2}-\frac{9}{4}I$$

$$I=-\frac{2(e^{2\pi}+1)}{13}$$

**〔別の解き方〕**

$(e^{2x}\sin 3x)'$

$=2e^{2x}\sin 3x+3e^{2x}\cos 3x$　…①

$(e^{2x}\cos 3x)'$

$=2e^{2x}\cos 3x-3e^{2x}\sin 3x$　…②

$(3\times$①$+2\times$②$)\times\frac{1}{13}$より

$$e^{2x}\cos 3x=\frac{1}{13}(3e^{2x}\sin 3x+2e^{2x}\cos 3x)'$$

両辺0から$\pi$まで積分して

$$\int_0^{\pi} e^{2x}\cos 3x\,dx$$

$$=\frac{1}{13}\Big[3e^{2x}\sin 3x+2e^{2x}\cos 3x\Big]_0^{\pi}$$

$$=-\frac{2(e^{2\pi}+1)}{13}$$

**答え**　$-\dfrac{2(e^{2\pi}+1)}{13}$

## 3

(1)　$\sin x=2\sin\frac{x}{2}\cos\frac{x}{2}$

$$=2\tan\frac{x}{2}\cos^2\frac{x}{2}$$

$$=2\tan\frac{x}{2}\cdot\frac{1}{1+\tan^2\frac{x}{2}}$$

$$=\frac{2t}{1+t^2}$$

**答え**　$\dfrac{2t}{1+t^2}$

(2)　$t=\tan\frac{x}{2}$より

$$dt=\frac{1}{2\cos^2\frac{x}{2}}dx$$

$$=\frac{1+t^2}{2}dx$$

$$dx=\frac{2}{1+t^2}dt$$

$$\int\frac{dx}{\sin x}=\int\frac{1+t^2}{2t}\cdot\frac{2}{1+t^2}dt$$

$$=\int\frac{1}{t}dt$$

$$=\log_e|t|+C$$

$$=\log_e\left|\tan\frac{x}{2}\right|+C$$

〔別の解き方 1〕

$$\frac{1}{\sin x}$$

$$=\frac{\sin x}{\sin^2 x}$$

$$=\frac{\sin x}{1-\cos^2 x}$$

$$=-\frac{1}{2}\left(\frac{1}{1-\cos x}+\frac{1}{1+\cos x}\right)\cdot(\cos x)'$$

と変形して計算すると

$$\int\frac{dx}{\sin x}$$

$$=-\frac{1}{2}\{-\log_e(1-\cos x)+\log_e(1+\cos x)\}+C$$

$$=\frac{1}{2}\log_e\frac{1-\cos x}{1+\cos x}+C$$

$$=\frac{1}{2}\log_e\frac{2\sin^2\frac{x}{2}}{2\cos^2\frac{x}{2}}+C$$

$$=\frac{1}{2}\log_e\tan^2\frac{x}{2}+C$$

$$=\log_e\left|\tan\frac{x}{2}\right|+C$$

〔別の解き方 2〕

$$\int\frac{dx}{\sin x}=\int\frac{\sin^2\frac{x}{2}+\cos^2\frac{x}{2}}{2\sin\frac{x}{2}\cos\frac{x}{2}}dx$$

$$=\frac{1}{2}\int\left(\tan\frac{x}{2}+\frac{1}{\tan\frac{x}{2}}\right)dx$$

$$=-\log_e\left|\cos\frac{x}{2}\right|+\log_e\left|\sin\frac{x}{2}\right|+C$$

$$=\log_e\left|\tan\frac{x}{2}\right|+C$$

**答え** $\log_e\left|\tan\frac{x}{2}\right|+C$

($e$ は自然対数の底，$C$ は積分定数)

**4**

$$\int_\alpha^\beta(x-\alpha)^2(x-\beta)\,dx$$

$$=\int_\alpha^\beta\left\{\frac{1}{3}(x-\alpha)^3\right\}'(x-\beta)\,dx$$

$$=\left[\frac{1}{3}(x-\alpha)^3(x-\beta)\right]_\alpha^\beta-\frac{1}{3}\int_\alpha^\beta(x-\alpha)^3dx$$

$$=-\frac{1}{3}\left[\frac{1}{4}(x-\alpha)^4\right]_\alpha^\beta$$

$$=-\frac{1}{12}(\beta-\alpha)^4$$

**答え** $-\frac{1}{12}(\beta-\alpha)^4$

**5**

$\int_1^e tf(t)\,dt$ は定数であるから，これを $k$ とおくと

$$f(x)=\log_e x+k$$

$$k=\int_1^e t(\log_e t+k)\,dt$$

$$=\int_1^e t\log_e t\,dt+k\int_1^e t\,dt$$

ここで

$$\int_1^e t\log_e t\,dt=\left[\frac{1}{2}t^2\log_e t\right]_1^e-\int_1^e\frac{1}{2}t\,dt$$

$$=\frac{1}{2}e^2-\frac{1}{4}\left[t^2\right]_1^e$$

$$=\frac{1}{4}(e^2+1)$$

$$k\int_1^e t\,dt=k\left[\frac{t^2}{2}\right]_1^e=\frac{k}{2}(e^2-1)$$

であるから

$$k=\frac{1}{4}(e^2+1)+\frac{k}{2}(e^2-1)$$

$$\frac{k}{2}(3-e^2)=\frac{1}{4}(e^2+1)$$

$$k=\frac{1+e^2}{2(3-e^2)}$$

よって，$f(x)=\log_e x+\frac{1+e^2}{2(3-e^2)}$

**答え** $f(x)=\log_e x+\frac{1+e^2}{2(3-e^2)}$

**6**

$$\lim_{n\to\infty}\sum_{k=1}^{n}\frac{n+2k}{n^2+nk+k^2}$$

$$=\lim_{n\to\infty}\sum_{k=1}^{n}\frac{\dfrac{n+2k}{n^2}}{\dfrac{n^2+nk+k^2}{n^2}}$$

$$=\lim_{n\to\infty}\frac{1}{n}\sum_{k=1}^{n}\frac{1+2\cdot\dfrac{k}{n}}{1+\dfrac{k}{n}+\left(\dfrac{k}{n}\right)^2}$$

$$=\int_0^1\frac{1+2x}{1+x+x^2}dx$$

$$=\int_0^1\frac{(1+x+x^2)'}{1+x+x^2}dx$$

$$=\Big[\log_e(1+x+x^2)\Big]_0^1$$

$$=\log_e 3$$

**答え** $\log_e 3$

**7**

与えられた不等式と $e>1$ より $0<x<1$ において，$e^x<e^{2x-x^2}<e$ が成り立つ。

**8**

(1) $D$ は図のような領域であり，$y=(1-\sqrt{x})^2$ と表されるので

$y$, $1$, $\sqrt{x}+\sqrt{y}=1$, $D$, O, $1$, $x$

$$S=\int_0^1 ydx$$

$$=\int_0^1(1-2\sqrt{x}+x)dx$$

$$=\left[x-2\cdot\frac{2}{3}x^{\frac{3}{2}}+\frac{1}{2}x^2\right]_0^1$$

$$=1-\frac{4}{3}+\frac{1}{2}$$

$$=\frac{1}{6}$$

**答え** $\dfrac{1}{6}$

(2) $$V=\pi\int_0^1 y^2dx$$

$$=\pi\int_0^1(1-4\sqrt{x}+6x-4x\sqrt{x}+x^2)dx$$

$$=\pi\left[x-4\cdot\frac{2}{3}x^{\frac{3}{2}}+6\cdot\frac{1}{2}x^2-4\cdot\frac{2}{5}x^{\frac{5}{2}}+\frac{1}{3}x^3\right]_0^1$$

$$=\pi\left(1-\frac{8}{3}+3-\frac{8}{5}+\frac{1}{3}\right)$$

$$=\frac{\pi}{15}$$

**答え** $\dfrac{\pi}{15}$

**9**

(1) $f(x)=e^x$ とすると，$f'(x)=e^x$ より $f'(1)=e$ であるから，$\ell$ の方程式は

$$y-e=e(x-1)$$

$$y=ex$$

よって，$D$ は図のようになるから

$y$, $e$, $C$, $D$, $\ell$, O, $1$, $x$

$$S=\int_0^1(e^x-ex)dx$$

$$=\left[e^x-\frac{e}{2}x^2\right]_0^1$$

$$=\left(e-\frac{e}{2}\right)-1$$

$$=\frac{e}{2}-1$$

**答え** $\dfrac{e}{2}-1$

(2) $$V=\pi\int_0^1\{(e^x)^2-(ex)^2\}dx$$

$$=\pi\int_0^1(e^{2x}-e^2x^2)dx$$

$$=\pi\left[\frac{1}{2}e^{2x}-\frac{e^2}{3}x^3\right]_0^1$$

$$=\pi\left\{\left(\frac{e^2}{2}-\frac{e^2}{3}\right)-\frac{1}{2}\right\}$$

$$=\frac{e^2-3}{6}\pi$$

**答え** $\dfrac{e^2-3}{6}\pi$

**10**

(1) $D$ は図のようになるから

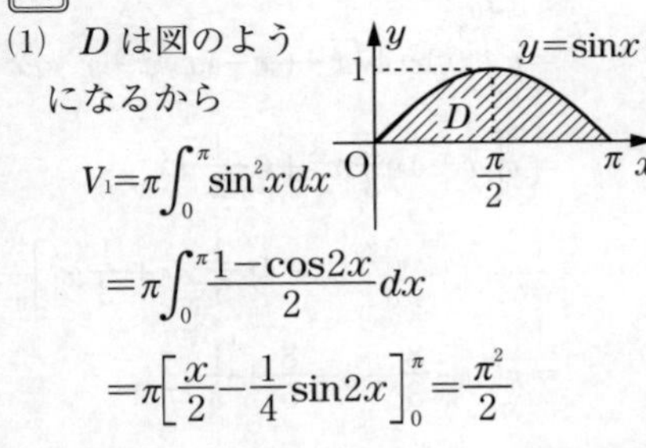


$$V_1=\pi\int_0^{\pi}\sin^2 x\,dx$$

$$=\pi\int_0^{\pi}\frac{1-\cos 2x}{2}dx$$

$$=\pi\left[\frac{x}{2}-\frac{1}{4}\sin 2x\right]_0^{\pi}=\frac{\pi^2}{2}$$

**答え** $\boldsymbol{\dfrac{\pi^2}{2}}$

(2) 曲線 $y=\sin x\,(0\leqq x\leqq\pi)$ と直線 $y=y_1\,(0\leqq y_1<1)$ の異なる2交点の $x$ 座標を $x_1$，$x_2\,(x_1<x_2)$ とおくと

$y_1=\sin x_1$

$dy_1=\cos x_1 dx_1$

$y_1=\sin x_2$

$dy_1=\cos x_2 dx_2$

| $y_1$ | $0\to 1$ |
|---|---|
| $x_1$ | $0\to\dfrac{\pi}{2}$ |
| $x_2$ | $\pi\to\dfrac{\pi}{2}$ |

よって

$$V_2=\pi\int_{\pi}^{\frac{\pi}{2}}x_2^2\,dy_1-\pi\int_0^{\frac{\pi}{2}}x_1^2\,dy_1$$

$$=\pi\int_{\pi}^{\frac{\pi}{2}}x_2^2\cos x_2\,dx_2+\pi\int_{\frac{\pi}{2}}^{0}x_1^2\cos x_1\,dx_1$$

$$=\pi\int_{\pi}^{0}x^2\cos x\,dx$$

ここで

$$\int x^2\cos x\,dx$$

$$=\int x^2(\sin x)'dx$$

$$=x^2\sin x-\int 2x(-\cos x)'dx$$

$$=x^2\sin x+2x\cos x-2\int\cos x\,dx$$

$=x^2\sin x+2x\cos x-2\sin x+C$（$C$ は積分定数）

であるから

$$V_2=\pi\left[x^2\sin x+2x\cos x-2\sin x\right]_{\pi}^{0}=2\pi^2$$

〔別の解き方〕

$D$ において，$x$ 座標が $t$ である部分は，長さが $\sin t$ の $y$ 軸に平行な線分である。

この線分が $y$ 軸のまわりを1回転すると，線分が動く部分の面積 $s(t)$ は，底面の半径が $t$，高さが $\sin t$ の円柱の側面積，すなわち

$s(t)=2\pi t\sin t$

となる。

これを $t=0$ から $t=\pi$ まで積分したものが $V_2$ となるので

$$V_2=\int_0^{\pi}s(t)\,dt$$

$$=2\pi\int_0^{\pi}t(-\cos t)'dt$$

$$=-2\pi\Big[t\cos t\Big]_0^{\pi}+2\pi\int_0^{\pi}\cos t\,dt$$

$$=2\pi^2+2\pi\Big[\sin t\Big]_0^{\pi}$$

$$=2\pi^2$$

**答え** $\boldsymbol{2\pi^2}$

**11**

$$\frac{dx}{dt}=-e^{-t}(\sin t+\cos t)+e^{-t}(\cos t-\sin t)$$
$$=-2e^{-t}\sin t$$
$$\frac{dy}{dt}=-e^{-t}(\sin t-\cos t)+e^{-t}(\cos t+\sin t)$$
$$=2e^{-t}\cos t$$

であるから，$e^{-t}>0$ に注意すると

$$\sqrt{\left(\frac{dx}{dt}\right)^2+\left(\frac{dy}{dt}\right)^2}$$
$$=\sqrt{(-2e^{-t}\sin t)^2+(2e^{-t}\cos t)^2}$$
$$=2e^{-t}$$

よって

$$\ell=\int_0^1 2e^{-t}dt$$
$$=\Big[-2e^{-t}\Big]_0^1$$
$$=-2e^{-1}+2$$
$$=2\left(1-\frac{1}{e}\right)$$

**答え** $2\left(1-\frac{1}{e}\right)$

## 4-1 確率分布と統計的な推測 

**解答**

**1** (1) $E(X)=300$, $V(X)=200$, $\sigma(X)=10\sqrt{2}$

(2) 0.017

**2** [140.2, 143.8]

**3** [0.255, 0.345]

**4** 正しいといえる。

**解説**

**1**

(1) 1回さいころを振って3の倍数の目が出る確率は，$\frac{2}{6}=\frac{1}{3}$ である。

よって，$X$ は二項分布 $B\left(900,\ \frac{1}{3}\right)$ に従うから

$$E(X)=900\cdot\frac{1}{3}=300$$
$$V(X)=900\cdot\frac{1}{3}\cdot\left(1-\frac{1}{3}\right)=200$$
$$\sigma(X)=\sqrt{V(X)}=\sqrt{200}=10\sqrt{2}$$

**答え** $E(X)=300$，$V(X)=200$，$\sigma(X)=10\sqrt{2}$

(2) $X$ は近似的に正規分布 $N(300,\ (10\sqrt{2})^2)$ に従うから

$$Z=\frac{X-300}{10\sqrt{2}}=\frac{1.414}{20}(X-300)$$

は近似的に標準正規分布 $N(0,\ 1)$ に従う。

$P(X\leqq 270)=P(X\geqq 330)$ に注意して，$X=330$ のときの $Z$ を求めると

$$Z=\frac{1.414}{20}(330-300)\fallingdotseq 2.12$$

正規分布表より

$$P(0\leqq Z\leqq 2.12)=0.48300$$

であるから

$P(X \leqq 270)=0.5-0.48300=0.017$

**答え 0.017**

**2**

母平均 $m$ に対する信頼度 95 %の信頼区間は

$$\left[\overline{X}-1.96\cdot\frac{\sigma}{\sqrt{n}},\ \overline{X}+1.96\cdot\frac{\sigma}{\sqrt{n}}\right]$$

標本平均 142，母標準偏差 9，標本の大きさは 100 であり

$$1.96\times\frac{9}{\sqrt{100}}=1.764 \fallingdotseq 1.8$$

よって，信頼度 95 %の信頼区間は

$[142-1.8,\ 142+1.8]$

$=[140.2,\ 143.8]$

**答え [140.2，143.8]**

**3**

母比率 $p$ に対する信頼度 95 %の信頼区間は

$$\left[R-1.96\sqrt{\frac{R(1-R)}{n}},R+1.96\sqrt{\frac{R(1-R)}{n}}\right]$$

標本比率 $\frac{120}{400}=0.3$，

$$1.96\sqrt{\frac{0.3(1-0.3)}{400}} \fallingdotseq 0.045$$

であるから政党Aの支持率に対する信頼度 95 %の信頼区間は

$[0.3-0.045,\ 0.3+0.045]$

$=[0.255,\ 0.345]$

**答え [0.255，0.345]**

**4**

キャップの表が出る確率を $p$ とし，帰無仮説 $H_0$ :「$p=0.4$」，対立仮説 $H_1$ :「$p\neq0.4$」とする。

キャップの表が出た回数を $X$ とすると，$X$ は二項分布 $B(500,\ 0.4)$ に従い，$X$ の平均 $E(X)$，分散 $V(X)$，標準偏差 $\sigma(X)$ はそれぞれ

$E(X)=500\times0.4=200$

$V(X)=500\times0.4(1-0.4)=120$

$\sigma(X)=\sqrt{120}=2\sqrt{30}=10.954$

これより，$X$ は近似的に正規分布 $N(200,\ 10.954^2)$ に従うので，

$Z=\frac{X-200}{10.954}$ は標準正規分布 $N(0,\ 1)$ に従う。

$X=172$ のとき

$$Z=\frac{172-200}{10.954}=-2.556\cdots\fallingdotseq-2.56$$

正規分布表より，有意水準 5 %の棄却域は

$Z<-1.96,\ 1.96<Z$

であり，$Z<-1.96$ となるから，$H_0$ は棄却される。

よって，Bさんがキャップを投げた条件がAさんとは異なっていたというBさんの考えは正しいといえる。

**答え 正しいといえる。**

## 5 数学検定特有問題

p.224

解答

**1** $\frac{26}{65}$, $\frac{19}{95}$

**2** $n_1=2027$, $n_2=1997$

**3** $x=17$

**4** (1) $n_1=6$ で操作は 11 回,
$n_2=7$ で操作は 9 回

(2) $n=9$

(3) $n=23$, $25$, $29$, $31$

**5** 以下, 条件を満たす線分が存在することを証明する。

格子点の $x$ 座標, $y$ 座標を 4 で割ったときの余りは 0, 1, 2, 3 のいずれかであるから, $x$ 座標を 4 で割ったときの余りと $y$ 座標を 4 で割ったときの余りの組合せは

$4\cdot4=16$(通り)

ある。鳩の巣原理より, 異なる 17 個の点のうち, 少なくとも 2 点について, $x$ 座標を 4 で割ったときの余りと $y$ 座標を 4 で割ったときの余りの組が一致する。その 2 点を A, B とすると

$\mathrm{A}(4m+r,\ 4n+s)$,

$\mathrm{B}(4m'+r,\ 4n'+s)$

と表される($m$, $n$, $m'$, $n'$ は整数, $r$, $s$ は 0, 1, 2, 3 のいずれかの数)。

線分 AB において, 1：3 に内分する点, 中点, 3：1 に内分する点はそれぞれ

$$\left(\frac{3(4m+r)+4m'+r}{1+3},\ \frac{3(4n+s)+4n'+s}{1+3}\right)$$

より, $(3m+m'+r,\ 3n+n'+s)$

$$\left(\frac{4m+r+4m'+r}{2},\ \frac{4n+s+4n'+s}{2}\right)$$

より, $(2m+2m'+r,\ 2n+2n'+s)$

$$\left(\frac{4m+r+3(4m'+r)}{3+1},\ \frac{4n+s+3(4n'+s)}{3+1}\right)$$

より, $(m+3m'+r,\ n+3n'+s)$

となるので, これらはすべて格子点となる。よって, 線分 AB は条件を満たす。

**6** (1) 向きを変える回数… 15 回
ロボットが動くルート…
下図のいずれか

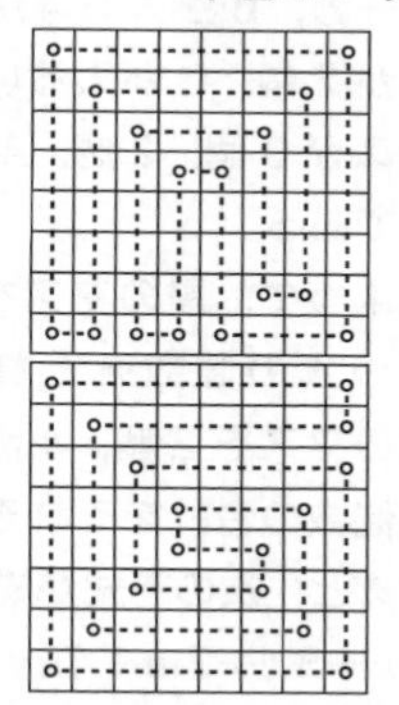

(2) マスを, たとえば右図のように黒 32 マス, 白 32 マスに色分けすると, ロボットは黒のマスと白のマスを交互に通る。すべてのマスをちょうど 1 度ずつ通過するとき, スタートが黒のマスであるから, 停止するマスは白のマスのいずれかである。

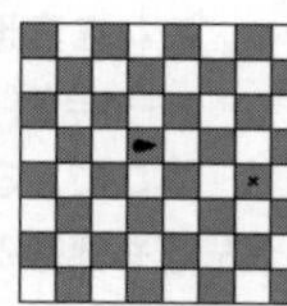

しかし × のマスは黒であるから, このマスで停止させることはできないので, このような通らせ方は不可能である。

**7** (1) [2], [3], [4] (2) 200通り

**8** できあがる長方形を，たとえば下図のように黒36マス，白36マスに色分けする。

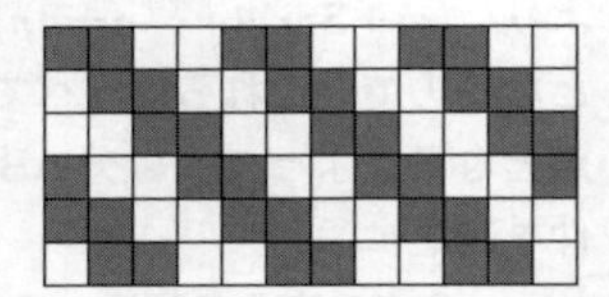

このとき，Aが入る場所には黒のマスが1個または3個ある。

一方，Bが入る場所には黒のマスが2個，Cが入る場所には黒のマスが0個，2個，4個のいずれかである。

よって，黒のマスを1個，3個覆うAの個数をそれぞれ$k$，$\ell$，黒のマスを2個，4個覆うBとCの個数の合計をそれぞれ$m$，$n$とすると，次の等式が成り立つ。

$k+3\ell+2m+4n=36$

これを変形すると

$k+\ell=2(18-\ell-m-2n)$

ここで，右辺は偶数であるから，左辺も偶数となる。ここで，$k+\ell$はAの個数と一致するので，縦6，横12の長方形をつくると使われるAの個数は必ず偶数である。

解説

**1**

$a$，$b$，$c$を互いに異なる1桁の正の整数とする。

［1］ 分母と分子の一の位どうしが同じ$\dfrac{10a+b}{10c+b}$の形のとき

『新たな分数』は$\dfrac{a}{c}$となるから

$\dfrac{10a+b}{10c+b}=\dfrac{a}{c}$

$b(a-c)=0$

この等式を満たすのは$b=0$または$a=c$となるが，どちらも条件を満たさない。

［2］ 分母と分子の十の位どうしが同じ$\dfrac{10a+b}{10a+c}$の形のとき

『新たな分数』は$\dfrac{b}{c}$となるから

$\dfrac{10a+b}{10a+c}=\dfrac{b}{c}$

$10a(b-c)=0$

この等式を満たすのは$a=0$または$b=c$であるが，どちらも条件を満たさない。

［3］ 分子の一の位と分母の十の位が同じ$\dfrac{10a+b}{10b+c}$の形のとき

『新たな分数』は$\dfrac{a}{c}(a<c)$となるから

$\dfrac{10a+b}{10b+c}=\dfrac{a}{c}$ …①

$10ac+bc=10ab+ac$

$10a(c-b)=c(a-b)$ …②

左辺は5の倍数より，$c$または$a-b$は5の倍数である。

(i) $c=5$とすると②は

$10a(5-b)=5(a-b)$

$2a(5-b)=a-b$

$(2a-1)b=9a$

$a<c$ に注意し，$a=1$，2，3，4 の場合について調べると

$a=1$ のとき $b=9$ より①は，

$\frac{19}{95}=\frac{1}{5}$ であるから『成功』となる。

$a=2$ のとき $b=6$ より①は，

$\frac{26}{65}=\frac{2}{5}$ であるから『成功』となる。

$a=3$，4 の場合は $b$ が整数にならないから条件を満たさない。

(ii) $a-b=5$ すなわち，$a=b+5$ とすると②は

$10(b+5)(c-b)=5c$

$2(b+5)(c-b)=c$

$c>b$ より左辺は $2\cdot6\cdot1=12$ 以上の整数になり，右辺とは等しくならないから条件を満たさない。

(iii) $a-b=-5$ すなわち，$b=a+5$ とすると②は

$10a\{c-(a+5)\}=-5c$

$-2a(a-c+5)=-c$

$2a(a+5)=c(2a+1)$ …③

ここで，$a$ と $a+5$ のいずれか一方は偶数であるから，③の左辺は 4 の倍数である。

③の右辺について，$2a+1$ は奇数であるから，$c$ は 4 の倍数である。

$c=4$ とすると③は

$a^2+a-2=0$

$(a+2)(a-1)=0$

$a>0$ より，$a=1$，$b=a+5=6$ となるので①は $\frac{16}{64}=\frac{1}{4}$ となり，問題文ですでに与えられた『成功』となる例である。

$c=8$ とすると③は

$a^2-3a-4=0$

$(a+1)(a-4)=0$

$a>0$ より，$a=4$，$b=a+5=9$ となるが①において，$\frac{49}{98}=\frac{4}{8}$ は既約分数ではないから条件を満たさない。

[4] 分子の十の位と分母の一の位が同じ $\frac{10a+b}{10c+a}$ の形のとき

『新たな分数』は $\frac{b}{c}$ $(b<c)$ となるが，[3]と同様に考えると条件を満たす分数は存在しないことがわかる。

[1]～[4]より，条件を満たす分数は

$\frac{26}{65}$，$\frac{19}{95}$

**答え** $\frac{26}{65}$，$\frac{19}{95}$

## 2

$m \neq 2$ のとき，$m$，$n(m<n)$ は素数より，$m$ は3以上の奇数，$n$ は5以上の奇数となり，$m+n$ は8以上の偶数であるから素数にはならない。

よって，$m=2$ と定まる。

$m=2$ であるから，$n$，$2+n$ のいずれも素数となる2024にもっとも近い $n$ について考えればよい。

ここで，$n$，$2+n$ を6で割ったときの余りについて考える。

$n>3$ において，6で割ったときの余りが0，2，4となるとき，$n$ は4以上の偶数となるので不適である。

$n>3$ において，6で割ったときの余りが3となるとき，$n$ は9以上の3の倍数となるので不適である。

よって，$n$ が素数となるのは $n$ を6で割ったときの余りが1，5のいずれかである。このとき，$n+2$ を6で割ったときの余りは3，1となるが，$n+2$ も素数となるのは，$n$ を6で割ったときの余りが5となる必要がある。

$2024=6 \cdot 337+2$ であり，2024に近く6で割った余りが5となる整数 $n$ を考える。

$n=2021=43 \cdot 47$（素数ではない）

$n=2027$（素数）のとき

$2+n=2029$（素数）

であるから，$n_1=2027$

同様に

$n=2015$，2033，2009，2039，2003，2045，1997，2051

を調べると

$n=1997$（素数）のとき

$2+n=1999$（素数）

がわかり，$n_2=1997$ が求まる。

**答え** $n_1=2027$，$n_2=1997$

## 3

$a$，$b$ を0以上の整数とする。

3個入りを $a$ 箱，10個入りを $b$ 箱買うとすると，$3a+10b=x$　…(*)である。

以下のように表から，最大の整数 $x$ は $x=17$ と予想できる。

| $x$ | 1 | 2 | 3 | 4 | 5 | 6 | 7 | 8 | 9 | 10 | 11 | 12 |
|---|---|---|---|---|---|---|---|---|---|---|---|---|
| $a$ | | | 1 | | | 2 | | | 3 | 0 | | 4 |
| $b$ | | | 0 | | | 0 | | | 0 | 1 | | 0 |

| $x$ | 13 | 14 | 15 | 16 | 17 | 18 | 19 | 20 | 21 | 22 |
|---|---|---|---|---|---|---|---|---|---|---|
| $a$ | 1 | | 5 | 2 | | 6 | 3 | 0 | 7 | 4 |
| $b$ | 1 | | 0 | 1 | | 0 | 1 | 2 | 0 | 1 |

$m$ を正の整数とする。

[1]　$x=3m-2$ のとき

$3a+10b=3m-2$
$=3(m-4)+10 \cdot 1$

より，$(a, b)=(m-4, 1)$ が(*)を満たす。

ここで，$a=m-4 \geqq 0$ より $m \geqq 4$ であるから，(*)を満たさない最大の整数 $x$ は $m=3$ のときより，$3 \cdot 3-2=7$ となる。

[2]　$x=3m-1$ のとき

$3a+10b=3m-1$
$=3(m-7)+10 \cdot 2$

より，$(a, b)=(m-7, 2)$ が(*)を満たす。

ここで，$a=m-7 \geqq 0$ より $m \geqq 7$ であるから，(*)を満たさない最大の整数 $x$ は $m=6$ のときより，$3 \cdot 6-1=17$ となる。

[3]　$x=3m$ のとき

$3a+10b=3m=3 \cdot m+10 \cdot 0$

より，$(a, b)=(m, 0)$ が(*)を満たす。

ここで，$a=m \geqq 0$ より(*)を満たさない整数 $x$ は存在しない。

以上より，(*)を満たさない最大の整数 $x$ は 17 である。 **答え** $x=17$

**4**

(1) 最初の数が $n=5$ のとき

$5\to10\to5$

となり，$m=19$ とはならない。

最初の数が $n=6$ のとき

$6\to3\to7\to13\to22\to11$

$\to19\to31\to49\to76\to38\to19$

のように，操作が 11 回行われて，$m=19$ となる。

また，この結果から最初に $n=7$ とすると操作が 9 回行われて，$m=19$ となることもわかる。

よって，$n_1=6$ で操作は 11 回，$n_2=7$ で操作は 9 回となる。

**答え** $n_1=6$ **で操作は 11 回，** $n_2=7$ **で操作は 9 回**

(2) 最初の数が $n=2$，3，4，7 のときは問題の例から，$n=5$，6 のときは(1)から条件を満たさないことがわかる。

最初の数が $n=8$ のとき

$8\to4\to2\to1$

となり，操作は 3 回となるので，条件を満たさない。

最初の数が $n=9$ のとき

$9\to16\to8\to4\to2\to1$

となり，操作が 5 回行われて $m=1$ となるから，条件を満たすのは $n=9$ である。

〔別の解き方〕

操作①によって $m=1$，2，4，8 になることはないから

$n\to16\to8\to4\to2\to1$

のパターンに限られる。

よって，条件を満たすのは

$n=2k-1$ かつ $3k+1=16$

すなわち，$k=5$，$n=9$ のときに限る。

**答え** $n=9$

(3) $n=22$ のとき，問題の例から操作は 7 回となるので条件を満たさない。

それ以外の $n$ の値で実際に操作すると

$20\to10\to5\to10$(不適)

$21\to34\to17\to28\to14\to7\to\cdots$ (不適)

$23\to37\to58\to29\to46\to23$ (適する)

$24\to12\to6\to3\to7\to\cdots$(不適)

$25\to40\to20\to10\to5\to10$ (適する)

…

のようになる。

同様に調べると，$n=32$ 以外に $n=29$，31 が見つかる。

**答え** $n=23$，**25**，**29**，**31**

**5**

2 つの格子点 $(x_1,\ y_1)$，$(x_2,\ y_2)$ を結ぶ線分を 4 等分する点

$$\left(\frac{3x_1+x_2}{4},\ \frac{3y_1+y_2}{4}\right),$$

$$\left(\frac{x_1+x_2}{2},\ \frac{y_1+y_2}{2}\right),$$

$$\left(\frac{x_1+3x_2}{4},\ \frac{y_1+3y_2}{4}\right)$$

が格子点となり得ることを示すために，$x$ 座標と $y$ 座標を 4 で割ったときの余りを考える。その際，考えられる余りの組合せは合計 16 通りであるから，鳩の巣原理を用いると異なる 17 個の点のうち，少なくとも 2 個は $x$ 座標を 4 で割ったときの余りと $y$ 座標を 4 で割ったときの余りの組が一致する点が存在する。

## 6

(1) 板の四隅では，必ず動く向きが変わるから，四隅を周回するルートにどこで入らせるかに着目すると，残りのマスをどう通過させれば向きを変える回数が少なくてすむか見えてくる。

(2) 解答のように，隣り合うマスを異なる色で塗ったとき，スタートした地点とゴールした地点では異なる色となることに着目する。

## 7

(1) 条件より，左から5番めのカードに書かれた整数は4以下である。

左から5番めが[1]とすると，6番めは[1]，[2]，[3]のいずれかとなり，左から7番めのカードが[4]であることと条件[2]と[3]より[2]または[3]を並べることができない。

左から5番めが[2]のとき，6番めは[3]を並べて，7番めは[4]を並べることができる。

同様に，左から5番めが[3]，[4]のとき，6番めはそれぞれ[3]または[4]，[4]を並べて，7番めは[4]を並べることができる。

よって，左から5番めに並べることができるのは，[2]，[3]，[4]である。

**答え** [2]，[3]，[4]

(2) 条件に従ったカードの並べ方は，下の図のように12個の□を1列に並べ，その間の11ヶ所から5ヶ所を選んで仕切り「|」を1個ずつ入れる方法と1対1に対応する。

[1][1] | [2][2][2] | [3] | [4][4][4] | [5][5] | [6]

左から7番めが[4]のとき，左から1番めから7番めまでについては，7個の□の間の6ヶ所から3ヶ所を選んで|を1個ずつ入れる方法の${}_6C_3$通りである。

左から7番めから12番めまでについては，6個の□の間の5ヶ所から2ヶ所を選んで|を1個ずつ入れる方法の${}_5C_2$通りである。

以上より，カードの並べ方は

$${}_6C_3 \cdot {}_5C_2 = \frac{6\cdot5\cdot4}{3\cdot2\cdot1}\cdot\frac{5\cdot4}{2\cdot1} = 200\text{(通り)}$$

**答え** 200通り

## 8

できる長方形がマス目状になっているので，黒と白で色分けができないか考える。チェス盤のように縦横隣り合うマスを黒と白に色分けしてもうまくいかないので，Aのテトロミノとそれ以外のテトロミノの形状に着目し，Aの覆う黒マスの数が奇数，B，Cの覆う黒マスの数が偶数となるように色分けを考える。

数学検定